一流本科专业一流本科课程建设系列教材

信号与系统

廖 斌 编

机 械 工 业 出 版 社

本书主要介绍信号和线性系统分析的基础理论及其应用，分别从时域、频域以及复频域等不同角度分析系统对信号的加工和处理作用。在这个过程中，信号分解的思想占据了重要地位，成为贯穿于不同分析方法的一条主线。不同的信号分解和表示方法衍生出不同的系统分析方法。为了便于读者理解和掌握连续系统和离散系统之间的关系，以免发生概念上的混淆，教材内容的组织方式按照先连续后离散、先时域后变换域的方式逐步推进。

本书内容主要包括九章，分别为：信号导论、系统导论、连续时间系统的时域分析、连续时间信号的傅里叶表示、连续时间系统的频域分析、连续信号的拉普拉斯变换、连续时间系统的复频域分析、离散时间系统的时域分析以及 z 域分析。各章节之间的内容在叙述上力求衔接紧密，组织有序，概念上做到承上启下，引导读者理解和掌握信号与系统这个领域的核心要点。

本书既可以作为电子信息工程、通信工程、自动化、计算机等专业的本科生教材，也可以作为科技工作者的参考书。

图书在版编目（CIP）数据

信号与系统/廖斌编．—北京：机械工业出版社，2022.11

一流本科专业一流本科课程建设系列教材

ISBN 978-7-111-71497-2

Ⅰ.①信…　Ⅱ.①廖…　Ⅲ.①信号系统-高等学校-教材　Ⅳ.①TN911.6

中国版本图书馆 CIP 数据核字（2022）第 155414 号

机械工业出版社（北京市百万庄大街 22 号　邮政编码 100037）

策划编辑：王雅新　　　　责任编辑：王雅新

责任校对：陈　越　李　婷　封面设计：张　静

责任印制：郜　敏

北京富资园科技发展有限公司印刷

2023 年 1 月第 1 版第 1 次印刷

184mm×260mm · 15.5 印张 · 355 千字

标准书号：ISBN 978-7-111-71497-2

定价：45.00 元

电话服务　　　　　　　　网络服务

客服电话：010-88361066　机　工　官　网：www.cmpbook.com

010-88379833　机　工　官　博：weibo.com/cmp1952

010-68326294　金　　书　　网：www.golden-book.com

　机工教育服务网：www.cmpedu.com

前言

“信号与系统”主要研究确定性信号的时域特性和频域特性，以及确定性信号通过线性时不变系统进行传输和处理的基本理论和分析方法，它是信息通信、自动控制和电子类专业的重要专业基础课。该课程的先导课程包括高等数学、电路分析和模拟电路等，后续课程包括数字信号处理、通信原理、数字通信原理等，它是衔接学科基础课与专业课之间的桥梁，具有举足轻重的地位。

多年的实际教学经验表明，“信号与系统”对于大多数学生来说是一门难度较高、学习难度较大的课程，主要原因在于内容系统性、抽象性强，同时需要多角度分析问题，对数学基础要求高。那么如何才能更好地学习这门课程呢？我们知道，在分析科学问题时，以哲学思想作为指导，往往能够取得事半功倍的效果。哲学思想中有一条非常简单的道理，就是复杂的问题背后往往蕴含着简单的思想。本书主要从“信号分解和表示”的角度阐述和组织本课程的主要知识点，它作为一条主线贯穿所有章节的内容。由于任意信号均可以表示成基本信号的线性组合，那么任意信号通过线性系统的响应就可以表示成基本信号通过线性系统响应的线性组合。这样在分析信号通过线性时不变系统的响应特性时，问题就转化成为研究基本信号通过线性系统的响应。无论是课程中所提到的系统的时域分析方法还是频域分析方法，本质上都是基于这种思想，区别仅仅在于所选择的信号分解和表示方法的不同，在时域分析中选择的基本信号是单位冲激信号，而在频域分析中基本信号是虚指数信号。

为了帮助学生学习和理解，本书分为连续时间系统和离散时间系统分析两大部分，内容主要包括九章，分别为：信号导论、系统导论、连续时间系统的时域分析、连续时间信号的傅里叶表示、连续时间系统的频域分析、连续信号的拉普拉斯变换、连续时间系统的复频域分析、离散时间系统的时域分析以及 z 域分析。

考虑到相关专业后续都开设了数字信号处理或者自动控制理论等类似课程，因此本书不包含离散傅里叶变换以及系统状态变量分析等内容，避免出现重复，同时保证结构的完整性和条理性。

限于编者水平，书中可能会存在疏漏和差错的地方，敬请读者批评和指正。

编　者
于华北电力大学（北京）

目录

第1章 信号导论

所有信息类学科，包括电气工程、信息与通信工程、计算机工程以及控制科学与工程等都需要用到信号与系统的基本概念和原理，因此信号与系统是信息类专业重要的专业基础课。作为开篇，本章信号导论以及第 2 章系统导论主要介绍信号与系统所涉及的基础知识。

本章主要介绍信号的定义与描述、信号的分类、典型信号、信号的运算、信号的分解与重构以及信号的卷积积分。

1.1 信号的定义与描述

现今人类已进入以计算机、通信、互联网、大数据等技术支撑的信息社会，同时正进一步朝着以人工智能为关键技术的智能社会迈进。信息对于人类社会而言处于举足轻重的地位，社会经济的发展增加了信息要素，人类对信息资源的开发、传输、处理和利用达到了一个前所未有的高度。在此过程中，离不开信号的相互传递，所谓信号就是消息的表现形式，而消息则是信号的具体内容，如文字、图片、声音等。而信息则是抽象的大脑意识或知识，通俗来说，信息是人们得到消息后所获得的原来不了解的知识。相同的信息可以采用不同形式的消息进行传递，不同的消息所蕴含的信息量则不尽相同，有的丰富，有的稀少。信号既是消息的载体，也是承载信息的某种物理现象和过程，例如随着信息变化的电压和电流，或者声、光、电、位移、速度、加速度、温度和湿度等物理量。

人类的发展史也是一部信号传输的发展史。早在几千年前，中国古代就有使用烽火传递边疆警报的实例。西方古代也有希腊人使用火炬的位置表示字母符号的实例，这可以看作最早的光通信。类似还有击鼓鸣金的声信号传输等。但是，这些古老的信号传递方法在距离、速度、可靠性和有效性方面都受到极大的限制。到了近代，1837 年莫尔斯（F. B. Morse）发明了莫尔斯电码，使用点、划、空组合的代码来表示字母和数字。1876 年贝尔（A. G. Bell）发明了电话，使用电信号在导线中快速传递语音信息。19 世纪末，电信号又进一步发展为用电磁波传送无线电信号，其传输距离最初仅仅几百米，直到 1901 年，马可尼（G. Marconi）才首次实现了横渡大西洋的远距离无线电通信。随着社会生产力和技术的进步，无线电信号的传输已不再受到高山和海洋的阻碍，甚至已经遍及全世界并通向宇宙。例如，美国的“全球定位系统”（Global Positioning System，GPS）、欧洲的“伽利略导航卫星系统”、俄罗斯的“格洛纳斯导航卫星系统”和中国的“北斗导航卫星系统”都属于卫星通信技术，它们为人类带来了巨大的社会经济效益，在环境、交通、物流、水文、测绘等经济建设、军事领域和国家安全中都发挥了巨大作用。

在所有信息的传递方式中，电信号具有显而易见的优点，如传播速度快、传播方式多（有线、无线、电磁波、卫星等），而且容易进行加工和处理。因此对于许多非电信号的物理量，例如同样用来传递信息的声音、图像、温度、湿度等，都可以通过一定的手段将它们转化为易于处理和传输的电信号。电信号一般就是指随着时间变化的电压或者电流，也可以是电荷或者磁通。

为了方便信号进行处理或传输，需要对信号的特性进行分析和研究。信号的特性既可以从时域的角度也可以从频域的角度进行分析。从时域分析信号，就是从信号随时间变化的快、慢、延时角度来分析。信号随着时间变化的关系，可以用关于时间的函数来表示，同时信号的波形也可以绘制为相应的图形。从频域的角度分析信号，则主要讨论信号包含的主要频率分量的振幅大小以及相位变化的情况。信号所包含的各种频谱成分构成，则可以通过绘制信号的幅频图和相频图来进行分析和表示。

1.2 信号的分类

本节主要讨论信号的分类，按照信号各自不同的性质和数学特性，可以有多种分类方法，如电信号、光信号是依据信号物理性质分类；雷达信号、手机信号是依据信号用途分类；奇信号、偶信号、非对称信号是依据数学对称性分类；此外，连续信号与离散信号、确定信号与随机信号、周期信号与非周期信号等是依据信号特征来分类。

1. 电信号与非电信号

电信号一般是指随时间变化的电压或电流。相比于非电信号，如声音、温度、湿度等，电信号明显地更加易于控制和传输。对于非电的物理量，可以方便地使用不同类型的传感器将其转换为电信号。因此，在实际应用系统中，更多的情况下希望使用电信号，而不是非电信号。

2. 周期信号与非周期信号

按照信号随时间变化是否遵循某种规律或者模式，可将信号分为周期信号和非周期信号，周期信号与周期序列如图 1-1 所示。对于连续周期信号，它的函数表达式满足下列要求：

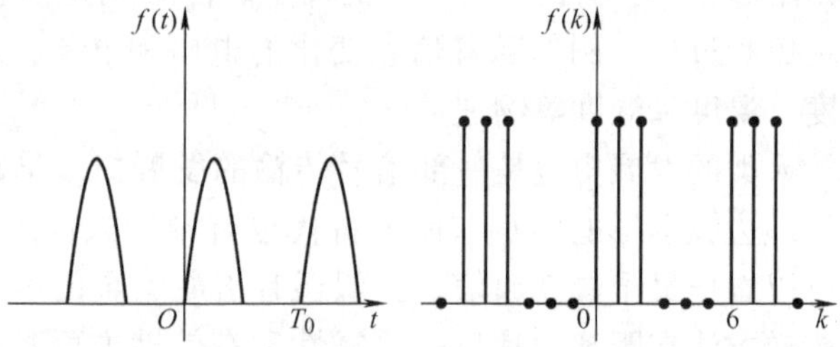

a) 连续周期信号　　b) 离散周期序列

图 1-1　周期信号与周期序列

$$f(t)=f(t+mT_0),\ m=0,\ \pm 1,\ \pm 2,\cdots \tag{1-1}$$

同时，对于离散周期序列，可用函数表达式

$$f(k)=f(k+mN),\ m=0,\ \pm 1,\ \pm 2,\cdots \tag{1-2}$$

表示，满足式(1-1) 及式(1-2) 则称为周期信号或周期序列，其中满足式(1-1) 最小的 T_0 值，以及满足式(1-2) 最小的 N 值，称为信号的周期。周期信号具有“周而复始，贯彻始终”的特点。而非周期信号则不具备周而复始的特点，非周期信号可以看作是周期信号的周期 T_0 或 N 趋于无限大的结果。

3. 确定性信号与随机信号

按照信号是否可以预知，信号可分为确定性信号和随机信号。确定性信号可以采用明确的数学表达式进行刻画和描述，并唯一确定其在任意指定时刻的函数值。例如，经常用到的正弦信号属于确定性信号，同样的指数信号也是确定性信号，这一类信号都可以确定其变化规律，即在相同条件下能够准确重现。

然而，实际生活中，这类理想信号是很少的。由于受到不可避免的噪声和干扰的影响，严格意义上的确定性信号是不存在的，通常这类信号被称为随机信号。随机信号在任何时间点上的取值可以看作是一个不确定的变量，服从某种概率分布。随机信号在通信系统中大量存在。通信系统中传送的信息本身就是随机的。发送端将要传送什么样的信息，对于接受方而言一般是无法预料的。但随机信号在一定条件下仍能表现出一定的确定性，可以按照确定性信号来进行分析和处理。虽然本书只讨论确定性信号，然而随机信号的研究仍然是以确定性信号研究为基础的。

4. 连续时间信号与离散时间信号

根据信号的自变量是否连续取值，可以将信号分为连续时间信号和离散时间信号。

连续时间信号是指在信号的定义域内，除了有限个间断点外的所有时刻都有确定的值，简称连续信号。至于信号的值域可以是连续的或者离散的，图 1-2 分别给出正弦波信号$f_1(t)$ 和矩形脉冲信号 $f_2(t)$ 的波形。从中可以看出，$f_1(t)$ 在整个时间定义域内的连续，同时其幅值也是连续的，而$f_2(t)$ 在有限个间断点处不连续，且其幅值是离散的，但二者均属于连续时间信号。

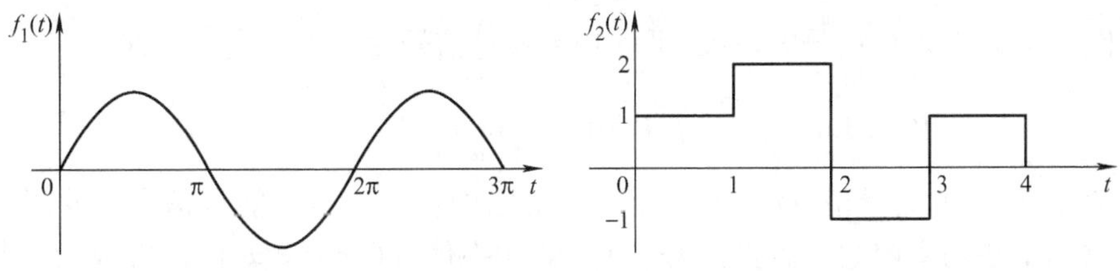

a) 正弦波信号　　b) 矩形脉冲信号

图 1-2　连续时间信号

离散时间信号是指仅仅在一些离散时刻有函数值，在这些特定的时刻之外没有定义的信号，这类信号简称离散信号。这样的离散时刻通常记为 $t_k(k=0,\ \pm1,\ \pm2,\ \cdots)$，相邻的时刻之间的间隔 $T_k(=t_k-t_{k-1})$ 可以是常数，也可以随着 k 变化。本书只讨论间隔 T_k 是常量的情况，如图 1-3a 所示。如果时间间隔 $T_k=T_0$，那么离散信号只在均匀的离散时刻 $t=\cdots,\ -2T_0,\ -T_0,\ 0,\ T_0,\ 2T_0,\ \cdots$上有定义，可以表示为$f(kT_0)$。为了书写简便，考虑到 T_0 是个常数，$f(kT_0)$ 简记为$f(k)$。离散时间信号的幅值可以是连续的，也可以是离散的，如图 1-3b 所示。

时间和幅值均为连续的信号称为模拟信号，时间离散而幅值连续的信号称为离散信号，而时间和幅值均为离散的信号称为数字信号。在实际应用过程中，模拟信号和连续信号通常不加以区分，离散信号和数字信号也是经常混用。

5. 能量信号与功率信号

按照信号的能量或功率是否有限，可以将信号分为能量有限信号或者功率有限信

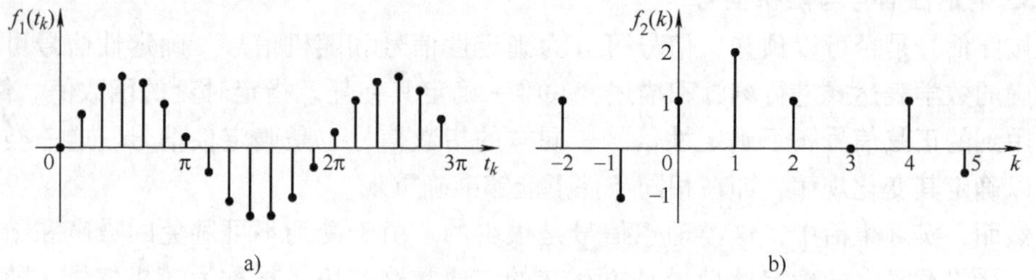

图 1-3 离散时间信号

号，简称为能量信号和功率信号。

为了更好地了解信号的能量或功率特性，通常研究信号（电压或电流）在单位电阻上消耗的能量或功率，也称为归一化能量或功率。

信号 $f(t)$ 作为电压或者电流，施加在单位电阻上一个周期内消耗的总能量为

$$E = \int_{-\frac{T}{2}}^{\frac{T}{2}} f^2(t)\,\mathrm{d}t \tag{1-3}$$

则此时，P 为定义在区间（$-T/2$，$T/2$）的信号 $f(t)$ 的平均功率，即

$$P = \frac{1}{T}\int_{-\frac{T}{2}}^{\frac{T}{2}} f^2(t)\,\mathrm{d}t \tag{1-4}$$

当定义的周期 T 为无穷大时，即在区间（$-\infty$，∞）上信号 $f(t)$ 的能量 E 定义为

$$E = \lim_{T\to\infty}\int_{-\frac{T}{2}}^{\frac{T}{2}} f^2(t)\,\mathrm{d}t = \lim_{T\to\infty}\int_{-\frac{T}{2}}^{\frac{T}{2}} |f(t)|^2\mathrm{d}t = \int_{-\infty}^{\infty} |f(t)|^2\mathrm{d}t \tag{1-5}$$

而在区间（$-\infty$，∞）信号 $f(t)$ 的平均功率就是信号功率 P 的定义，即

$$P = \lim_{T\to\infty}\frac{1}{T}\int_{-\frac{T}{2}}^{\frac{T}{2}} f^2(t)\,\mathrm{d}t = \lim_{T\to\infty}\frac{1}{T}\int_{-\frac{T}{2}}^{\frac{T}{2}} |f(t)|^2\mathrm{d}t \tag{1-6}$$

当信号 $f(t)$ 的能量值（$0<E<\infty$）是有限的，该信号为能量信号，同时其功率 $P=0$，必然不是功率信号。而当信号 $f(t)$ 的功率值（$0<P<\infty$）是有限的，其能量值 $E=\infty$，因此必定不是能量信号。一个信号不可能既是能量信号，又是功率信号。

另外，根据式(1-6)，可知一般的周期信号是功率信号。因为周期信号的平均功率（一个周期内功率的平均值）是有限的，但是其全部时间内的能量是无穷大的。与之相对的非周期信号则要复杂得多，一般非周期信号会有三种情况：

1）非周期信号其持续时间是有限的。非周期信号由于其时间的限制，所以全部时间内的能量是有限的，因此这类信号属于能量信号；同时，因为具有无限大的周期，所以其平均功率是零，如图 1-4a 所示。

2）非周期信号其持续时间无限，但是其幅度是有限的，即存在幅度的上限值，这种信号全部时间内的能量是无穷大的，但是因为其幅度存在上限，所以平均功率是有限的，因此这类信号属于功率信号，如图 1-4b 所示。

3）非周期信号其能量无限，并且其功率亦为无限，既不符合能量信号也不符合功率信号定义，因此属于非功率、非能量信号，如图 1-4c 所示。

【例 1-1】 判断下列信号属于能量信号还是功率信号。

(1) $A\sin(\omega_0 t+\theta)$　　　(2) $\mathrm{e}^{-|t|}$

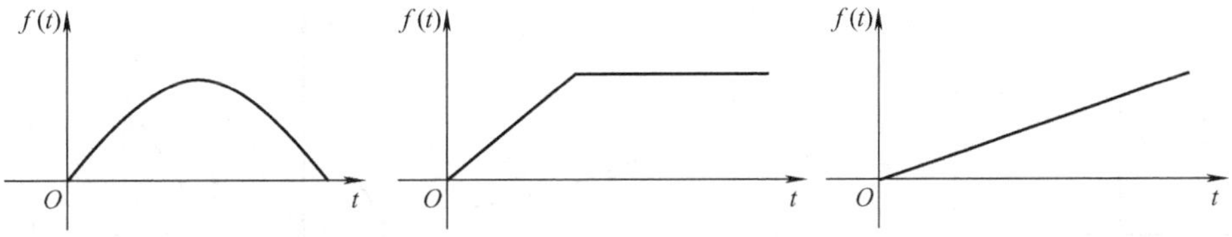

a) 能量信号　　b) 功率信号　　c)非功率、非能量信号

图 1-4　三种非周期信号

解：

（1）该信号是基本周期为 $T_0=2\pi/\omega_0$ 的正弦信号，根据能量信号的定义，

$$\begin{aligned} E &= \int_{-\infty}^{\infty} |f(t)|^2 \mathrm{d}t = \int_{-\infty}^{\infty} [A\sin(\omega_0 t+\theta)]^2 \mathrm{d}t \\ &= \cdots + \int_{-T_0}^{0} [A\sin(\omega_0 t+\theta)]^2 \mathrm{d}t + \int_{0}^{T_0} [A\sin(\omega_0 t+\theta)]^2 \mathrm{d}t + \cdots \\ &= \lim_{n\to\infty} n \int_{0}^{T_0} [A\sin(\omega_0 t+\theta)]^2 \mathrm{d}t = \lim_{n\to\infty} nA^2 \int_{0}^{T_0} \frac{1+\cos(2\omega_0 t+\theta)}{2} \mathrm{d}t \\ &= \lim_{n\to\infty} nA^2 \frac{T_0}{2} = \infty \end{aligned}$$

由于周期信号在一个周期内的能量通常是有限值，那么在整个时间轴长其能量就是无穷大。

下面计算该信号的功率，根据功率的定义，

$$P = \lim_{T\to\infty} \frac{1}{T} \int_{-\frac{T}{2}}^{\frac{T}{2}} |f(t)|^2 \mathrm{d}t = \frac{nA^2 \frac{T_0}{2}}{nT_0} = \frac{A^2}{2}$$

由于功率是常数，所以该信号属于功率信号。

（2）该信号是一个偶函数，关于纵轴对称，因此，其能量为

$$E = \int_{-\infty}^{\infty} |f(t)|^2 \mathrm{d}t = 2\int_{0}^{\infty} \mathrm{e}^{-2t} \mathrm{d}t = -\mathrm{e}^{-2t}\Big|_{0}^{\infty} = 1$$

由于该信号能量是有限值，所以属于能量信号。

6. 因果信号与非因果信号

按照信号所存在的时间范围，可以将信号分为因果信号与非因果信号。

因果信号是指满足 $f(t)$ 在 $t<0$ 时，恒有 $f(t)=0$ 的这类信号，如图 1-5a 和 b 所示均是因果信号，反之不满足则为非因果信号，如图 1-5c 所示。对于离散信号也是如此，离散信号 $f(k)$ 在 $k<0$ 时，恒满足 $f(k)=0$ 则为因果信号，如图 1-5d 所示，反之则为非因果信号，如图 1-5e 所示。

7. 实信号与复信号

按照信号是关于时间的实函数或复函数，可将信号分为实信号与复信号。关于时间的实函数是物理可实现的信号，由于其在各个时刻的函数值均为实数，因此又称为实信号。复信号可以理解为在二维复平面上的点运动轨迹，它在数学分析上经常会用到，如常用的复指数信号 $\mathrm{e}^{\mathrm{j}\omega t}$，它可以看作是沿着半径为 1 的圆，以角频率 ω 周而复始运动的点。

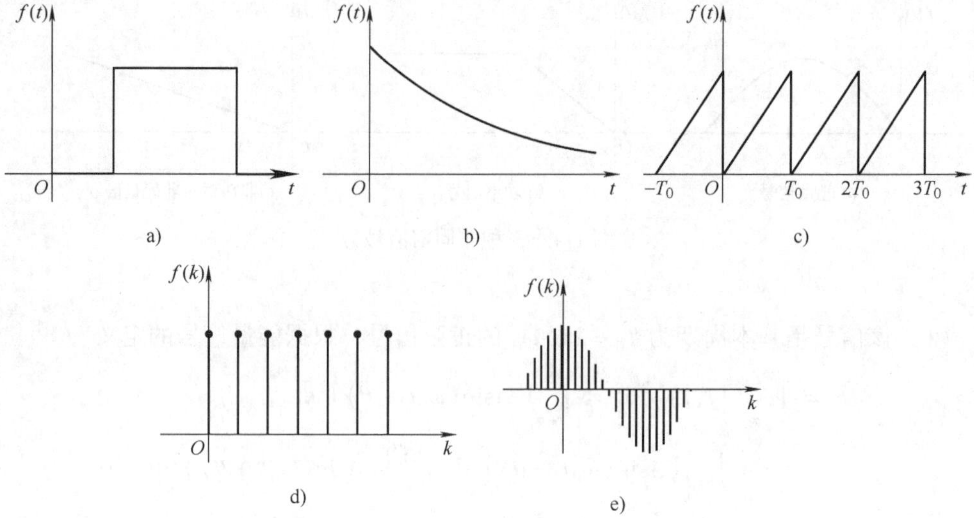

图 1-5　因果信号与非因果信号

8. 一维信号与多维信号

按照信号的数学表达式中所含变量的个数分类，可将信号分为一维信号与多维信号。典型的一维信号，如语音信号，如图 1-6 所示。其物理意义表示的是声压随着时间变化的函数。

典型的二维信号，如灰度图像，如图 1-7 所示。该图像的每个像素点取值反映出不同位置上的光强度信息，而像素点位置坐标是二元变量。实际上还会出现更多维数变量的信号，如电磁波在三维空间的传播，会考虑三维空间的三个坐标变量和电磁波本身的强度，如果此时再考虑时间变量，就是四维信号。在本书中，主要研究信号与系统问题，一般只讨论一维信号，且自变量通常是时间。

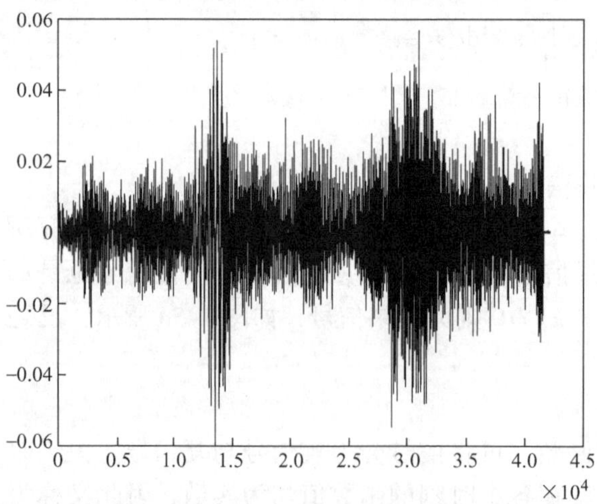

图 1-6　一维信号：语音波形

图 1-7　二维信号：人物灰度图像

1.3 典型信号

1.3.1 典型普通信号

1. 实指数信号

实指数信号简称指数信号，其数学表达式为

$$f(t)=Ae^{\alpha t} \tag{1-7}$$

式中，A 和 α 是实数。系数 A 是当 $t=0$ 时指数信号的取值；而参数 α 的不同取值则会对指数信号的变化趋势产生重要影响。

1）当 $\alpha<0$ 时，指数信号 $f(t)$ 随着时间而衰减，如图 1-8a 所示，一般可以表示 RC 放电过程或放射性衰变等。

2）当 $\alpha>0$ 时，指数信号 $f(t)$ 随着时间而增长，如图 1-8b 所示，一般可以表示细菌繁殖或原子弹爆炸等物理现象。

3）当 $\alpha=0$ 时，指数信号 $f(t)$ 不随着时间变化而变化，为一固定常数，如图 1-8c 所示，一般可以表示直流信号。

此外，指数信号 $f(t)$ 的增长或衰减的快慢是受到指数 α 的绝对值影响的，$|\alpha|$ 值越大则变化越快。

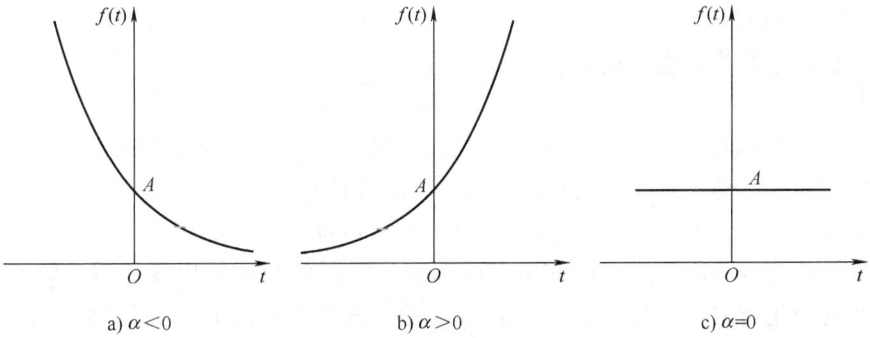

图 1-8　实指数信号波形

图 1-9 中给出了单边指数信号的波形，它是在实际工作中经常遇到的一类信号，其数学表达式可以写为

$$f(t)=\begin{cases}0, & t<0\\ Ae^{-\frac{t}{\tau}}, & t\geqslant 0\end{cases} \tag{1-8}$$

可以计算得到在 $t=0$ 时有 $f(0)=A$，在 $t=\tau$ 时有 $f(\tau)=Ae^{-1}=0.368A$，即认为信号在经过时间 $t=\tau$ 后，信号的幅度衰减为初始值的 36.8%。参数 τ 取值越大，意味着衰减的速度越慢，反之则越快，因此参数 τ 被称为时间常数。

2. 正弦信号

正弦信号和余弦信号仅是在相位上相差了 $\pi/2$，其波形特点完全一致，因此统称为正弦信号，记作

$$f(t)=A\sin(\omega_0 t+\varphi)=A\sin(2\pi f_0 t+\varphi) \tag{1-9}$$

式中，A 表示振幅；φ 称为初始相角或初相位；ω_0 为角频率；f_0 是频率。正弦信号波形如图 1-10 所示。

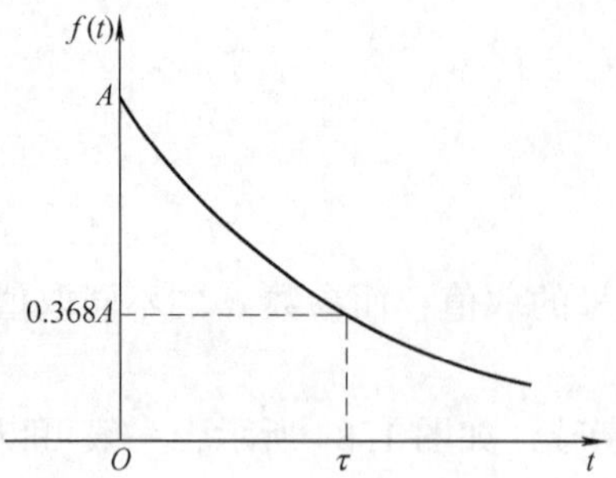

图 1-9　单边指数信号波形

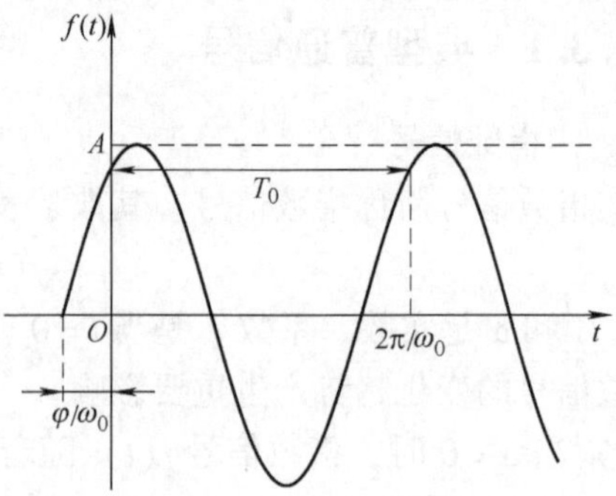

图 1-10　正弦信号波形

另外，利用欧拉公式，可以将正弦信号表达成其虚指数形式

$$A\sin(\omega_0 t+\varphi)=\frac{A}{2\mathrm{j}}[\mathrm{e}^{\mathrm{j}(\omega_0 t+\varphi)}-\mathrm{e}^{-\mathrm{j}(\omega_0 t+\varphi)}] \tag{1-10}$$

同样有

$$A\cos(\omega_0 t+\varphi)=\frac{A}{2}[\mathrm{e}^{\mathrm{j}(\omega_0 t+\varphi)}+\mathrm{e}^{-\mathrm{j}(\omega_0 t+\varphi)}] \tag{1-11}$$

3. 复指数信号

复指数信号的数学表达式为

$$f(t)=A\mathrm{e}^{st},\ -\infty<t<+\infty \tag{1-12}$$

式中，s 是复数常数，$s=\sigma+\mathrm{j}\omega$；$A$ 为实数。该复数信号的物理意义在于反映出 s 复平面某点随时间的运动轨迹。利用欧拉公式，可以将其展开为

$$f(t)=A\mathrm{e}^{st}=A\mathrm{e}^{(\sigma+\mathrm{j}\omega)t}=A\mathrm{e}^{\sigma t}\cos\omega t+\mathrm{j}A\mathrm{e}^{\sigma t}\sin\omega t \tag{1-13}$$

可见，复指数信号可以分为实部和虚部两部分。实部函数反映出该点运动轨迹的横坐标随时间的变化情况，而虚部函数则表示运动轨迹纵坐标随时间的变化情况。根据 σ 和 ω 取值的不同，可以分为下列几种情况：

1）当 $\sigma\neq0$，且 $\omega\neq0$ 时，复指数信号的实部和虚部都是幅度按照指数规律变化的正弦信号。若 $\sigma<0$，则复指数信号的实部和虚部是幅度呈指数递减的正弦信号，如图 1-11a所示。复平面上点的运动轨迹是呈螺旋状收敛的态势，如图 1-12a 所示；如果加上时间轴，那么三维空间的运动轨迹如图 1-13a 所示。若 $\sigma>0$，则复指数信号的实部和虚部是幅度呈指数递增的正弦信号，如图 1-11c 所示；复平面上点的运动轨迹是呈螺旋状发散的态势，如图 1-12c 所示；在三维空间的运动轨迹如图 1-13c 所示。

2）当 $\sigma=0$，且 $\omega\neq0$ 时，则复指数信号相当于虚指数信号 $A\mathrm{e}^{\mathrm{j}\omega t}$，如图 1-11b 所示；复平面上点的运动轨迹是围绕半径为 A 的圆进行周而复始的往复运动，如图 1-12b 所示；那么三维空间的运动轨迹如图 1-13b 所示。

3）当 $\sigma=0$，且 $\omega=0$ 时，则复指数信号相当于直流信号 A。

由此可见，复指数信号的表达形式涵盖了实指数信号、正弦信号和虚指数信号等多种信号，内涵丰富。因此，在信号分析理论中，复指数信号 e^{st} 是很重要的一类信号，

它是拉普拉斯变换所使用的基本信号；而当 $\sigma=0$ 时，复指数信号退变成虚指数信号 $e^{j\omega t}$，而它是傅里叶变换使用的基本信号。

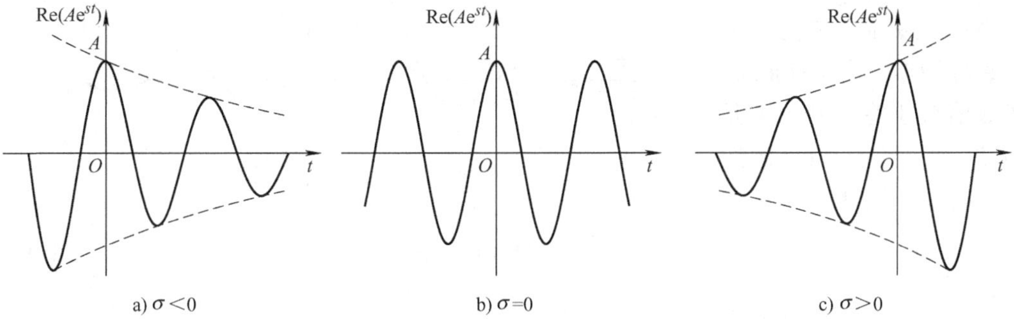

图 1-11　复指数信号的实部波形

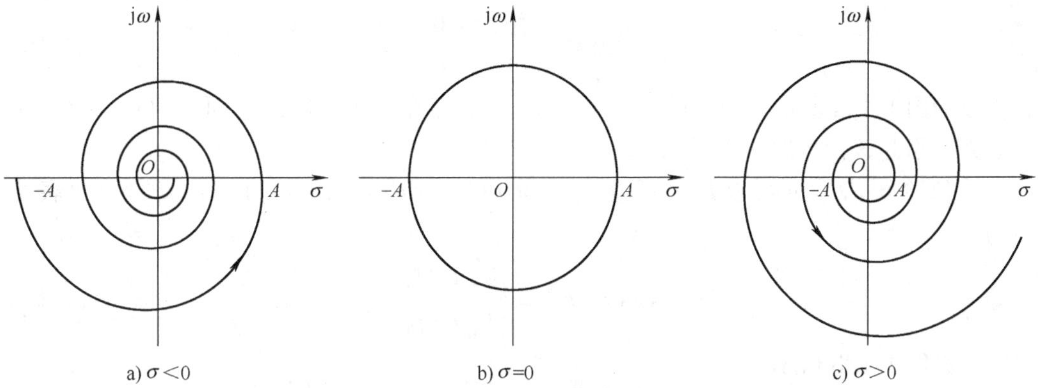

图 1-12　复平面点的运动轨迹

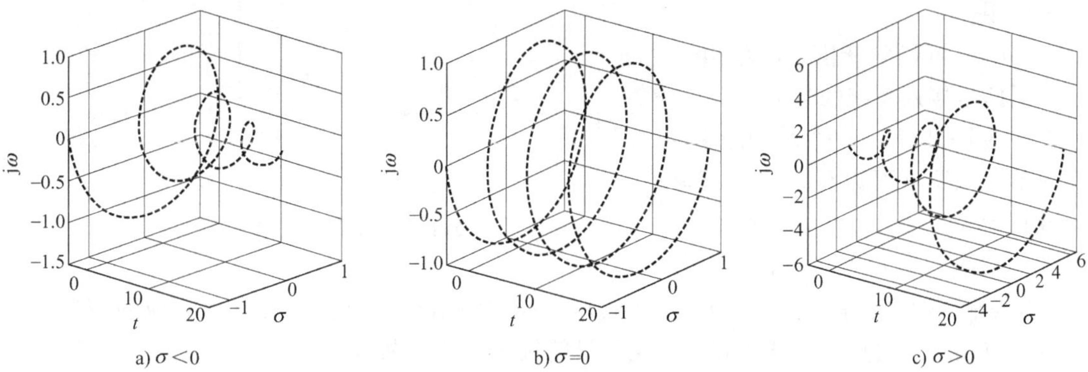

图 1-13　三维空间点的运动轨迹

4. 抽样信号

抽样信号的数学表达式定义为

$$f(t)=\mathrm{Sa}(t)=\frac{\sin t}{t} \tag{1-14}$$

其波形如图 1-14 所示。不难看出 $\mathrm{Sa}(t)=\mathrm{Sa}(-t)$，故抽样信号是实偶函数；且当$t\to\pm\infty$时，其振幅逐渐衰减为零；当 $t=k\pi$ 时，函数值等于零，其中 k 是整数。此外，$\mathrm{Sa}(t)$ 函数还具有如下积分性质：

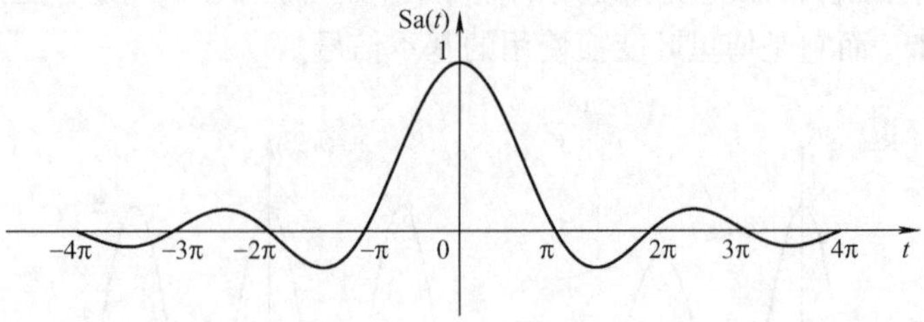

图 1-14　Sa(t) 信号波形

$$\int_{-\infty}^{\infty}\mathrm{Sa}(t)\mathrm{d}t=\pi \tag{1-15}$$

1.3.2　单位阶跃信号

单位阶跃信号通常用符号 $\varepsilon(t)$ 表示，其数学定义为

$$\varepsilon(t)=\begin{cases}0, & t<0\\ 1, & t>0\end{cases} \tag{1-16}$$

其波形如图 1-15a 所示。单位阶跃信号在 $t=0$ 处存在一个间断点，而在此点该函数值未定义，因此该信号属于奇异信号。

单位阶跃信号也可以延迟任意 t_0 时间单位，记为 $\varepsilon(t-t_0)$，对应的数学表达式为

$$\varepsilon(t-t_0)=\begin{cases}0, & t<t_0\\ 1, & t>t_0\end{cases} \tag{1-17}$$

其波形如图 1-15b 所示。

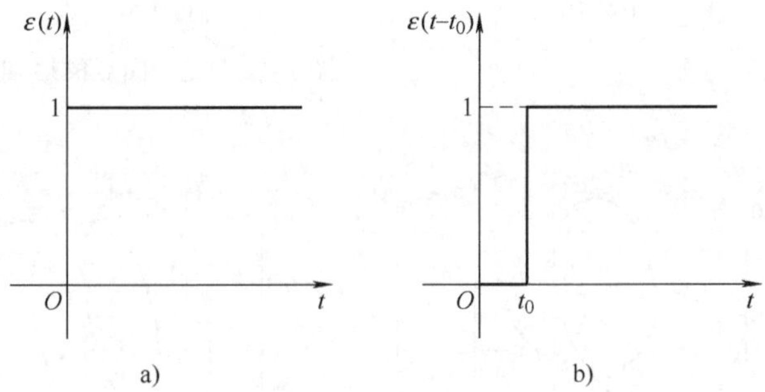

图 1-15　单位阶跃信号

单位阶跃信号作为一种理想信号模型，引入该信号定义有如下作用：

（1）利用阶跃信号的单边性表示信号接入系统的时刻

在 $t=0$ 时刻，对某一电路接入单位电源（可以是直流电压源或直流电流源），并无限持续下去。此时，电路中接入的电压（或电流）信号，就可以数学抽象为 $\varepsilon(t)$。在大多数情况下，它可以与其他的信号结合，方便地采用代数表达式表示各类信号的接入特性。例如

$$f(t)=\sin t\varepsilon(t) \tag{1-18}$$

（2）利用阶跃信号表示有限长信号的作用时间

如果接入的电源不是无限持续的，而是在 $t=\tau$ 时刻电源断开，就得到了另一常用的理想信号——单位矩形脉冲，其波形如图 1-16a 所示。同样，可以利用阶跃信号与其延时信号来表示矩形脉冲，对于图 1-16a 信号可以表示为

$$R_{\tau}(t)=\varepsilon(t)-\varepsilon(t-\tau) \tag{1-19}$$

由此推广，可以用单位阶跃信号表示任意有限长信号。例如，给定连续信号$f(t)$，截取其$t\in[t_0, t_1]$范围内的有限长信号，可以将其表示为$f(t)[\varepsilon(t-t_0)-\varepsilon(t-t_1)]$。

通常将单位矩形脉冲进行左移使其关于纵坐标对称，如图1-16b所示，记为$g_\tau(t)$。下标τ表示矩形脉冲的作用区间在$-\tau/2$到$\tau/2$之间。

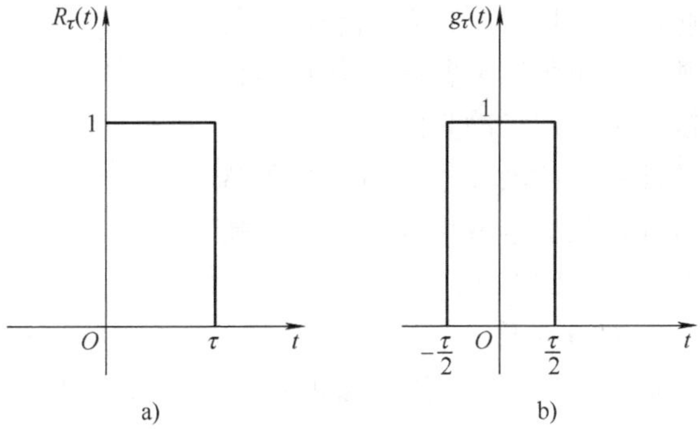

图1-16 矩形脉冲

$$g_\tau(t)=\varepsilon\left(t+\frac{\tau}{2}\right)-\varepsilon\left(t-\frac{\tau}{2}\right) \tag{1-20}$$

1.3.3 单位冲激信号

单位冲激信号又称为狄拉克（Dirac）函数，记作$\delta(t)$，它属于奇异信号，其数学定义为

$$\delta(t)=\begin{cases}\infty, & t=0\\ 0, & t\neq 0\end{cases} \qquad \int_{-\infty}^{\infty}\delta(t)\,\mathrm{d}t=1 \tag{1-21}$$

其波形如图1-17a所示。

冲激信号在$t=0$的函数值是无穷大，无法以幅值进行表示，而只能以强度进行度量。冲激信号的强度定义为冲激信号关于时间的积分值，需要在图中以括号注明，以区别于信号的幅值。当冲激信号的强度为单位1时，该冲激信号称为单位冲激信号。单位冲激信号可以延迟到任意时刻t_0，记为$\delta(t-t_0)$，其数学定义为

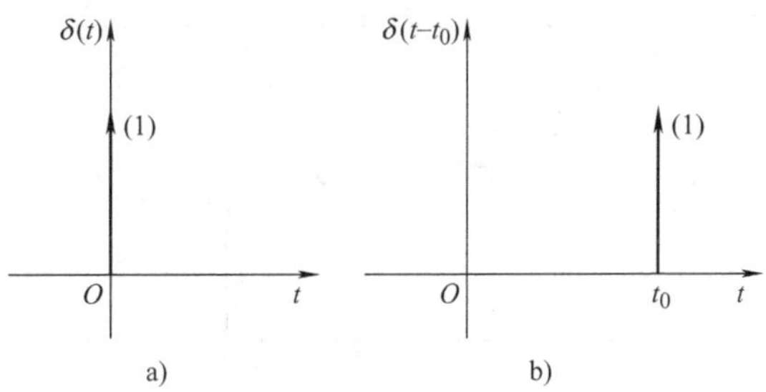

图1-17 单位冲激信号

$$\begin{cases}\int_{-\infty}^{\infty}\delta(t-t_0)\,\mathrm{d}t=1\\ \delta(t-t_0)=0,\ t\neq t_0\end{cases} \tag{1-22}$$

其波形如图1-17b所示。

冲激信号通常用于描述作用时间极短，物理量取值极大的一种理想信号模型，如撞击过程中瞬间的冲击力等。在研究这些特殊的实际问题时，冲激信号是一种非常重要的信号。为了加深对于该函数的理解，不妨将它首先看作一个普通的矩形脉冲信号，如图1-18所示的宽为τ、高为$1/\tau$的窄矩形脉冲，此时矩形脉冲的面积为$\tau\cdot 1/\tau=1$。然后，当不断减小矩形脉冲的宽度τ时，矩形脉冲的高度将不断增加，但其面积恒等于1。在极限情况下，当$\tau\to 0$时，$1/\tau\to\infty$，矩形脉冲信号就演变为冲激信号。除了矩

形脉冲信号以外，还可以利用抽样函数、三角脉冲函数等其他信号的极限模型来定义冲激信号。

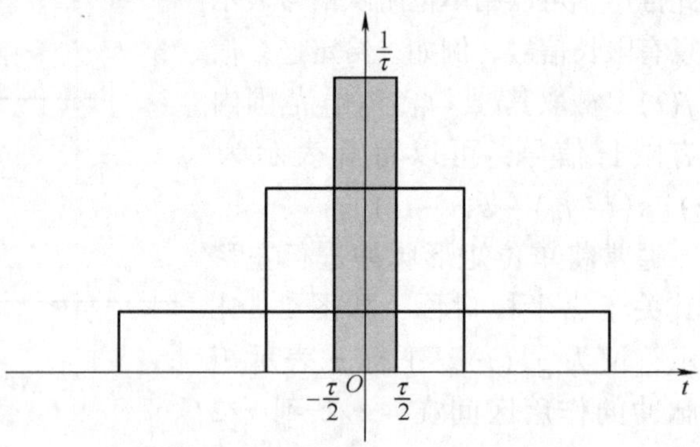

图 1-18　矩形脉冲表示的演变模型

此外，冲激信号具有一些特殊的重要性质，这些性质在应用中能发挥很重要的作用。

1. 抽样性质

对于一个在原点连续的函数 $f(t)$，如果与 $\delta(t)$ 相乘，则只在原点处得到 $f(0)\ \delta(t)$，其余全部为零，即

$$f(t)\delta(t)=f(0)\delta(t) \tag{1-23}$$

于是可以得到冲激信号的筛选特性：

$$\int_{-\infty}^{\infty} f(t)\delta(t)\,\mathrm{d}t = f(0) \tag{1-24}$$

类似地，对于延迟的单位冲激信号有

$$f(t)\delta(t-t_0)=f(t_0)\delta(t-t_0) \tag{1-25}$$

通过延迟的单位冲激信号，可以对任意连续函数 $f(t)$ 某一时刻 $t=t_0$ 处的值进行抽样，如图 1-19 所示。

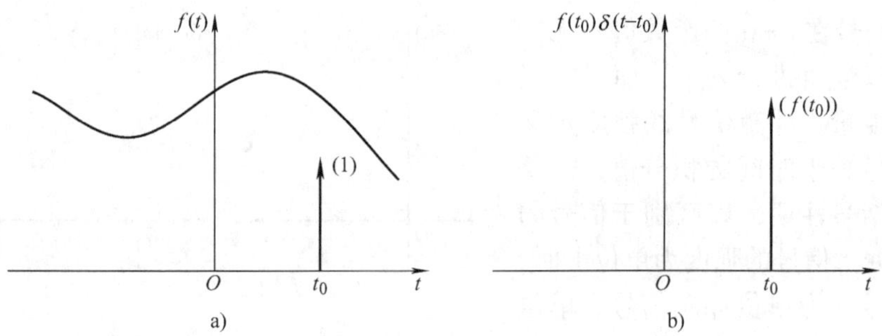

图 1-19　冲激函数的抽样性质

2. 尺度变换特性

设常数 $a\neq0$，对 $\delta(t)$ 进行尺度变换得到 $\delta(at)$，变换结果仍然是一个冲激信号，那么该冲激信号的强度计算如下：

$$\int_{-\infty}^{\infty}\delta(at)\,\mathrm{d}t \xrightarrow{令\tau=at} \int_{-\infty}^{\infty}\delta(\tau)\,\mathrm{d}\left(\frac{\tau}{a}\right)=\frac{1}{a}\int_{-\infty}^{\infty}\delta(\tau)\,\mathrm{d}\tau=\frac{1}{a},\ a>0 \tag{1-26}$$

$$\int_{-\infty}^{\infty}\delta(at)\,\mathrm{d}t \xrightarrow{令\tau=at} \int_{\infty}^{-\infty}\delta(\tau)\,\mathrm{d}\left(-\frac{\tau}{a}\right)=-\frac{1}{a}\int_{-\infty}^{\infty}\delta(\tau)\,\mathrm{d}\tau=-\frac{1}{a},\ a<0 \tag{1-27}$$

综上可得，冲激信号 $\delta(at)$ 的强度为 $1/|a|$，所以有

$$\delta(at)=\frac{1}{|a|}\delta(t),\ a\neq0 \tag{1-28}$$

利用尺度变换特性，若取 $a=-1$，那么有

$$\delta(-t)=\delta(t) \tag{1-29}$$

可见，单位冲激信号 $\delta(t)$ 是偶函数。

3. 冲激信号与阶跃信号的关系

由式(1-21)可以得到

$$\int_{-\infty}^{t}\delta(t)\mathrm{d}t=\begin{cases}1, & t>0\\ 0, & t<0\end{cases}\Rightarrow\int_{-\infty}^{t}\delta(t)\mathrm{d}t=\varepsilon(t) \tag{1-30}$$

可见冲激函数的积分等于阶跃函数。类似地，也可以得到阶跃函数的微分等于冲激函数。因此，冲激函数与阶跃函数是互为微积分的关系。

【例1-2】 计算下列各式。

(1) $\int_{-\infty}^{\infty}\mathrm{e}^{-2t}(2t+1)\delta(t)\mathrm{d}t$ (2) $\int_{-\infty}^{\infty}\cos\pi t\delta(t-2)\mathrm{d}t$ (3) $\int_{0}^{\infty}\mathrm{e}^{-3t}\delta(t+1)\mathrm{d}t$

(4) $\int_{-\infty}^{\infty}(2t^2+1)\delta(1-2t)\mathrm{d}t$ (5) $\int_{-\infty}^{\infty}\delta(t^2-4)\mathrm{d}t$

解：

(1) 将 $\mathrm{e}^{-2t}(2t+1)$ 作为函数 $f(t)$，利用式(1-24)的筛选性质，可得

$$\int_{-\infty}^{\infty}\mathrm{e}^{-2t}(2t+1)\delta(t)\mathrm{d}t=1$$

(2) 利用式(1-25)可得

$$\int_{-\infty}^{\infty}\cos\pi t\delta(t-2)\mathrm{d}t=\cos 2\pi=1$$

(3) 由于冲激函数位于 $t=-1$，积分区间不包含冲激函数

$$\int_{0}^{\infty}\mathrm{e}^{-3t}\delta(t+1)\mathrm{d}t=0$$

(4) 利用冲激函数的尺度变换性质

$$\int_{-\infty}^{\infty}(2t^2+1)\delta(1-2t)\mathrm{d}t=\int_{-\infty}^{\infty}(2t^2+1)\cdot\frac{1}{2}\delta\left(t-\frac{1}{2}\right)\mathrm{d}t=\frac{3}{4}$$

(5) $\delta(t^2-4)$ 是一个复合冲激信号，令 $t^2-4=0$，可以得知该冲激信号在 $t=\pm 2$ 的位置存在两个冲激信号，但其强度未知。令 $\tau=t^2-4$，得 $t=\pm\sqrt{\tau+4}$，

$$\begin{aligned}\int_{-\infty}^{\infty}\delta(t^2-4)\mathrm{d}t&=\int_{-\infty}^{0}\delta(t^2-4)\mathrm{d}t+\int_{0}^{\infty}\delta(t^2-4)\mathrm{d}t\\&=-\int_{\infty}^{-4}\delta(\tau)\mathrm{d}\sqrt{\tau+4}+\int_{\infty}^{-4}\delta(\tau)\mathrm{d}\sqrt{\tau+4}\\&=\frac{1}{2}\int_{-4}^{\infty}\frac{1}{\sqrt{\tau+4}}\delta(\tau)\mathrm{d}\tau+\frac{1}{2}\int_{-4}^{\infty}\frac{1}{\sqrt{\tau+4}}\delta(\tau)\mathrm{d}\tau\\&=\frac{1}{2}\end{aligned}$$

1.3.4 冲激偶信号

冲激函数对时间求导即可得到冲激偶函数，其波形如图1-20所示。

$$\delta'(t)=\frac{\mathrm{d}\delta(t)}{\mathrm{d}t} \tag{1-31}$$

冲激偶函数与冲激函数类似，也具有诸多性质。

1. 抽样性质

与冲激信号类似，冲激偶函数也具有抽样性质。如果函数$f(t)$及其导函数中在原点均连续，那么有

$$f(t)\delta'(t-t_0)=-f'(t_0)\delta(t-t_0)+f(t_0)\delta'(t-t_0) \tag{1-32}$$

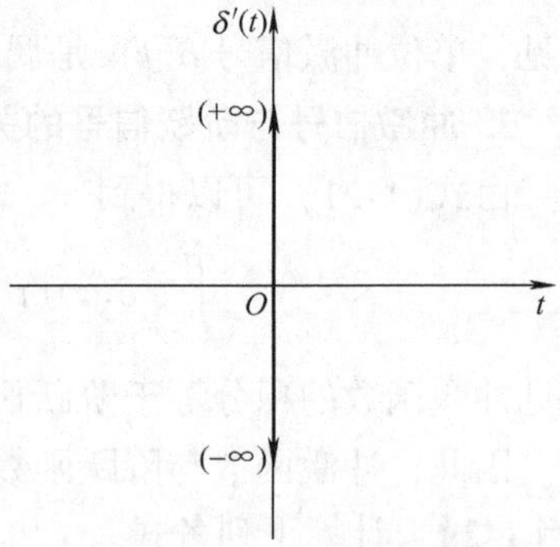

图 1-20　冲激偶信号

于是可以得到有关冲激信号的如下特性：

$$\int_{-\infty}^{+\infty} f(t)\delta'(t-t_0)\mathrm{d}t=-f'(t_0) \tag{1-33}$$

2. 尺度变换性质

$$\delta'(at)=\frac{1}{a|a|}\delta'(t),\ a\neq 0 \tag{1-34}$$

由冲激偶函数的尺度变换性质可以得到

$$\delta'(-t)=-\delta'(t) \tag{1-35}$$

因此冲激偶函数是奇函数。

【例 1-3】 计算$\int_0^2(2t^2+1)\delta'(2-2t)\mathrm{d}t$的值。

解： 利用冲激偶信号的尺度变换性质，可得

$$\begin{aligned}\int_0^2(2t^2+1)\delta'(2-2t)\mathrm{d}t&=\int_0^2(2t^2+1)\frac{1}{-2\times|-2|}\delta'(t-1)\mathrm{d}t\\&=-\frac{1}{4}\int_0^2(2t^2+1)\delta'(t-1)\mathrm{d}t\end{aligned}$$

再利用冲激偶信号的抽样性质，

$$-\frac{1}{4}\int_0^2(2t^2+1)\delta'(t-1)\mathrm{d}t=\frac{1}{4}(2t^2+1)'\bigg|_{t=1}=1$$

前面介绍的信号基本上可以概括为普通信号和奇异信号。普通信号以复指数信号和抽样信号为主，复指数信号的特点是无论是微分还是积分运算后其波形保持不变，由其可派生出指数信号、正弦信号和直流信号；而奇异信号以单位冲激信号为主，由它可以派生出阶跃信号、斜坡信号以及冲激偶信号。在所有这些信号当中，复指数信号、冲激信号以及抽样函数在信号与系统分析过程中起着重要的作用。

1.4　信号的运算

在信号的传输和处理过程中往往都需要用到信号的运算，包括信号的时移（延迟）、信号的反转、尺度变换（展缩变换）、微分、积分以及基本的代数运算等。前面学习了常用的一些基本信号，而复杂信号往往是由这些基本信号通过各种运算生成得到的，理解这一点对于后面进一步学习信号的变换域分析以及系统的分析都具有重要意义。此外，学习信号的运算除了需要掌握具体的运算过程，还需要理解对应信号波形的变化情况。

1.4.1 信号的代数运算

信号的代数运算主要包括信号的相加和相乘，这样可以得到一个新的信号。两信号相加或相乘得到的信号在某一时刻的值等于两信号分别在该时刻的值相加或相乘。

已知两信号分别为 $f_1(t)$ 与 $f_2(t)$，其波形分别如图 1-21a、b 所示。

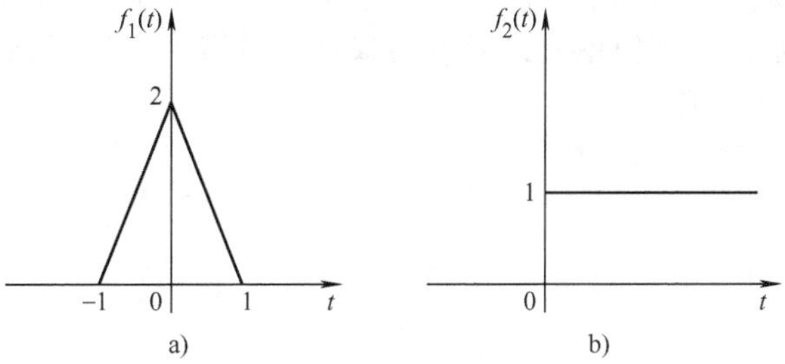

图 1-21 信号波形图

两信号 $f_1(t)$ 与 $f_2(t)$ 分别相加与相乘的结果如图 1-22a、b 所示。

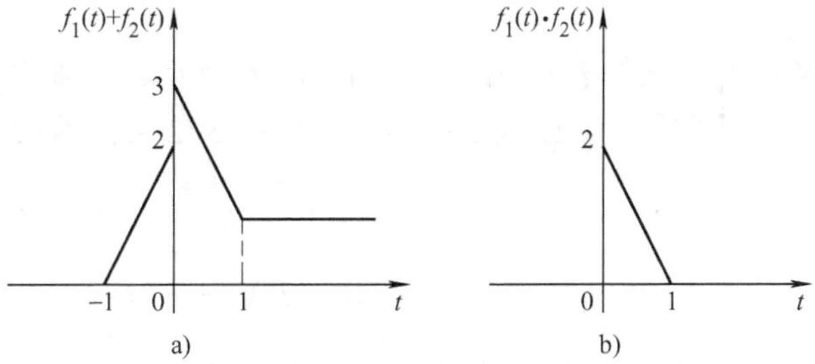

图 1-22 信号的相加与相乘

1.4.2 信号的时移

信号的时移就是以变量 $t+t_0$ 代替信号 $f(t)$ 中的独立变量 t，从而得到时移信号 $f(t+t_0)$。从波形上来看，信号的波形沿时间轴的方向发生了平移。时移的物理背景即信号的波形本身不发生任何改变，但是发生的时间提前或者延后了，如图 1-23 所示信号 $f(t)$ 与其时移 $f(t+1)$ 和 $f(t-1)$ 的波形。

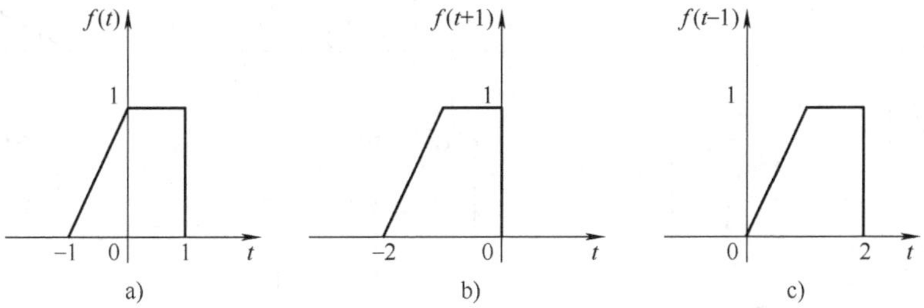

图 1-23 信号的时移

1.4.3 信号的反转

信号的反转是利用 $-t$ 代替信号 $f(t)$ 中的独立变量 t，使信号产生反转。在波形上表现为信号的波形以纵轴为对称轴进行了反折，如图 1-24 所示。

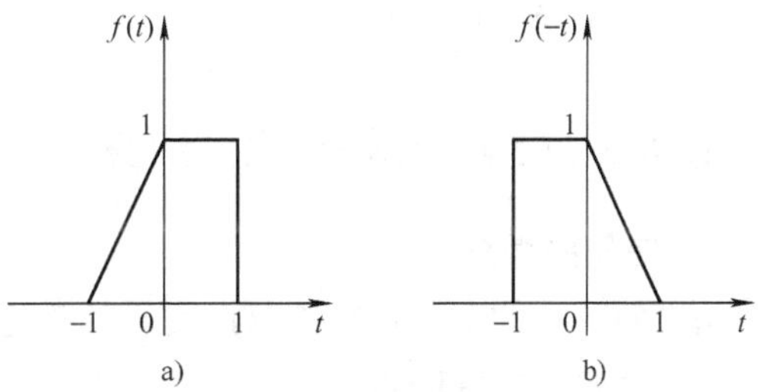

图 1-24 信号的反转

1.4.4 信号的尺度变换

信号的尺度变换与时移和反转有类似之处，尺度变换即利用 at 代替信号 $f(t)$ 中独立变量 t，得到新的尺度变换后的信号 $f(at)$（a 是常数）。在波形上看，$a>1$ 时，信号

$f(at)$ 是将原信号以原点为基准，沿横坐标压缩到原来的 $1/a$；类似地，$a<1$ 时，信号 $f(at)$ 是将原信号以原点为基准，沿横坐标扩展到原来的 a 倍。图 1-25 所示为信号的尺度变换。

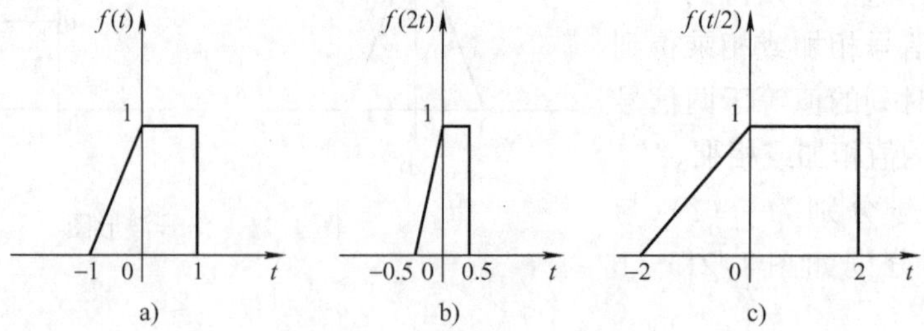

图 1-25　信号的尺度变换

【例 1-4】　已知 $f(t)$ 的波形如图 1-26 所示，试画出 $f(5-2t)$ 的波形。

解：首先将 $f(5-2t)$ 改写成 $f[-2(t-5/2)]$，然后按照如下步骤变换：

$$f(t)\xrightarrow{\text{水平翻转}}f(-t)\xrightarrow{\text{尺度变换}}$$

$$f(-2t)\xrightarrow{\text{时移}}f\left[-2\left(t-\frac{5}{2}\right)\right]$$

$f(5-2t)$ 波形的求解过程如图 1-27 所示。

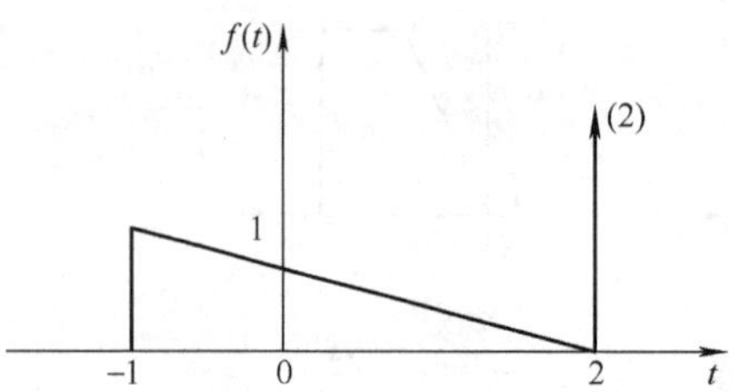

图 1-26　$f(t)$ 的波形

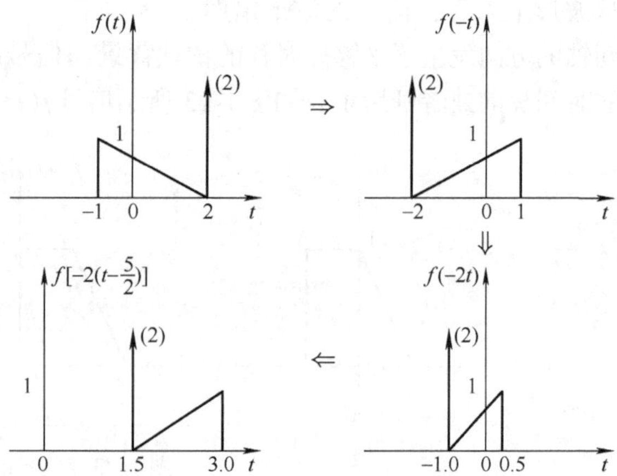

图 1-27　$f(5-2t)$ 波形的求解过程

1.4.5　信号的微分/积分运算

1. 信号的微分运算

信号 $f(t)$ 的微分运算 $f'(t)$ 度量的是连续信号 $f(t)$ 在各个点的变化率，如果 $f(t)$ 在 $t=t_0$ 位置存在间断点，那么 $f'(t)$ 在 $t=t_0$ 处将会产生一个 $[f(t_{0+}-t_{0-})]\delta(t-t_0)$ 的冲激信号，如图 1-28 所示。

2. 信号的积分运算

信号的积分定义为区间 $(-\infty, t)$ 上的积分，即

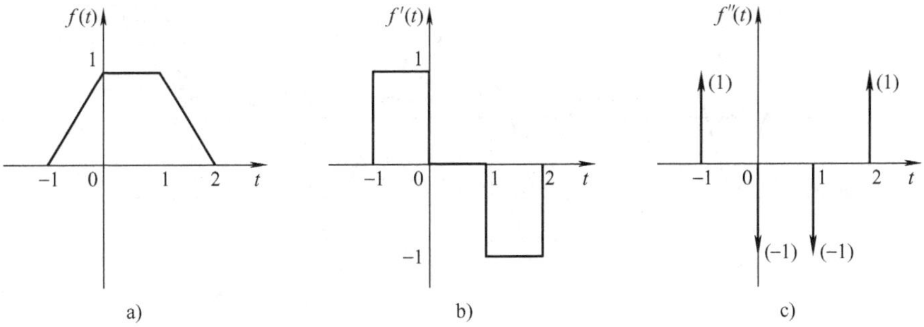

图 1-28 信号$f(t)$及其微分$f'(t)$、二次微分$f''(t)$

$$f^{(-1)}(t) = \int_{-\infty}^{t} f(\tau)\,d\tau \tag{1-36}$$

同理，$f^{(-2)}(t)$表示信号$f(t)$的二次积分运算。图 1-29 所示为信号$f(t)$及其积分$f^{(-1)}(t)$。

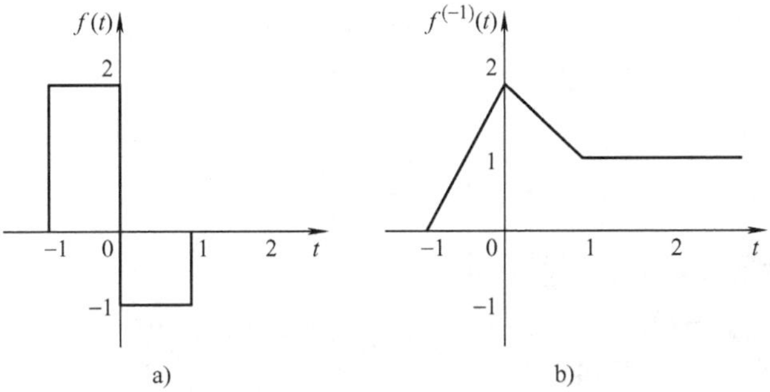

图 1-29 信号$f(t)$及其积分$f^{(-1)}(t)$

1.5 信号的分解与重构

了解信号分解与重构的过程有助于在分析和解决问题时化繁为简。例如，在研究复杂信号通过线性系统的响应和特性时，如果能够将复杂信号分解为一系列基本信号的线性组合（通常这些基本信号相对于原始信号要简单得多，否则这样的分解没有意义），那么就可以将研究问题转化成为先研究基本信号通过线性系统的响应特性，最后再讨论复杂信号通过线性系统的响应。信号按照不同的思路有不同的分解方法，下面给出几种常见的分解和合成方法，后续章节所要介绍的傅里叶变换同样也是一种信号分解方法。

1.5.1 直流分量与交流分量

信号的直流分量可以通过计算信号的平均值得到。从信号中去除直流分量即可得到信号的交流分量。设原信号为$f(t)$，直流分量与交流分量分别为$f_D(t)$与$f_A(t)$，则

$$f(t) = f_D(t) + f_A(t) \tag{1-37}$$

在电信号的分析中，会经常用到该分解方法。将电信号分解为直流信号与交流信号，是电路分析中非常重要的方法，如图 1-30 所示。

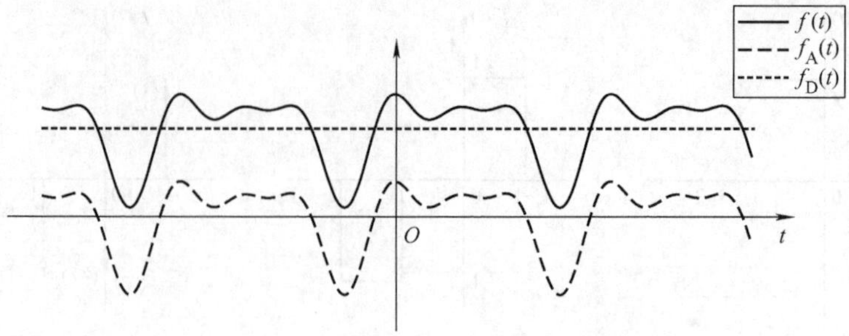

图 1-30　信号 $f(t)$ 及其直流分量 $f_D(t)$ 和交流分量 $f_A(t)$

1.5.2　奇分量与偶分量

任何一个信号都可以分解为奇分量与偶分量，即

$$f(t) = f_e(t) + f_o(t) \tag{1-38}$$

奇分量的定义为

$$f_o(t) = \frac{f(t) - f(-t)}{2} \tag{1-39}$$

偶分量的定义为

$$f_e(t) = \frac{f(t) + f(-t)}{2} \tag{1-40}$$

根据奇分量与偶分量的定义，容易证明

$$\begin{aligned} f(-t) &= f_o(-t) + f_e(-t) \\ &= f_e(t) - f_o(t) \end{aligned} \tag{1-41}$$

图 1-31 所示为一个信号 $f(t)$ 的奇偶分解过程。无论是偶分量还是奇分量，由于波形对称的缘故，实际都只包含了原信号一半的信息量。

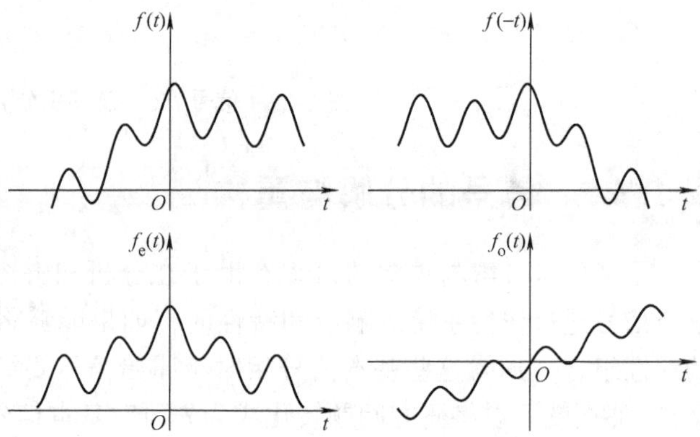

图 1-31　信号的奇偶分解

1.5.3　冲激信号分解

任意连续信号 $f(t)$ 可以分解为无穷多个经过时移的单位冲激信号线性叠加的形式。为了推导和讨论的方便，首先构造一个宽度为 $\Delta\tau$，高度为常数 1 的矩形窄脉冲信号 $g_{\Delta\tau}(t)$，如图 1-32 所示，其代数表达式可写为

$$g_{\Delta\tau}(t) = \varepsilon\left(t - \frac{\Delta\tau}{2}\right) - \varepsilon\left(t + \frac{\Delta\tau}{2}\right) \tag{1-42}$$

然后将连续信号 $f(t)$ 近似表达为无穷多个宽度为 $\Delta\tau$ 的矩形窄脉冲分量之和，每个矩形脉冲的高度为 $f(n\Delta\tau)$，如图 1-33 所示。

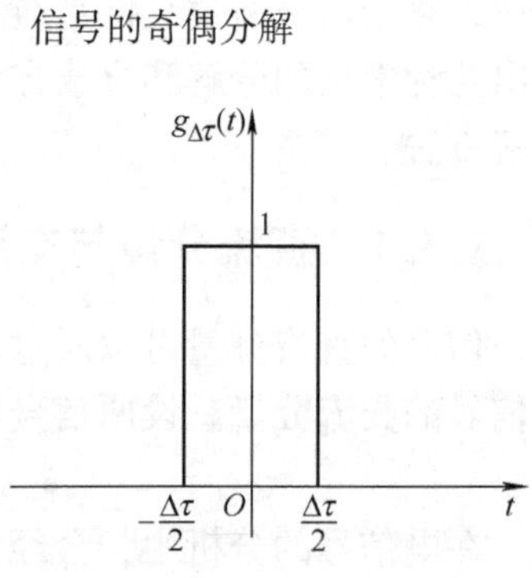

图 1-32　辅助脉冲函数

每个矩形窄脉冲的代数表达式可以写为

$$f(n\Delta\tau)g_{\Delta\tau}(t-n\Delta\tau),n=0,\pm1,\pm2,\cdots \tag{1-43}$$

当无穷多个矩形窄脉冲进行叠加后所得到的信号 $\hat{f}(t)$ 可以看作是连续信号 $f(t)$ 的一个近似，其代数表达式可以写成

$$\hat{f}(t)=\sum_{n=-\infty}^{\infty}f(n\Delta\tau)\,g_{\Delta\tau}(t-n\Delta\tau)=\sum_{n=-\infty}^{\infty}f(n\Delta\tau)\Delta\tau\cdot\frac{g_{\Delta\tau}(t-n\Delta\tau)}{\Delta\tau} \tag{1-44}$$

很显然，当矩形窄脉冲的宽度 $\Delta\tau$ 越小，近似信号 $\hat{f}(t)$ 越逼近连续信号 $f(t)$。

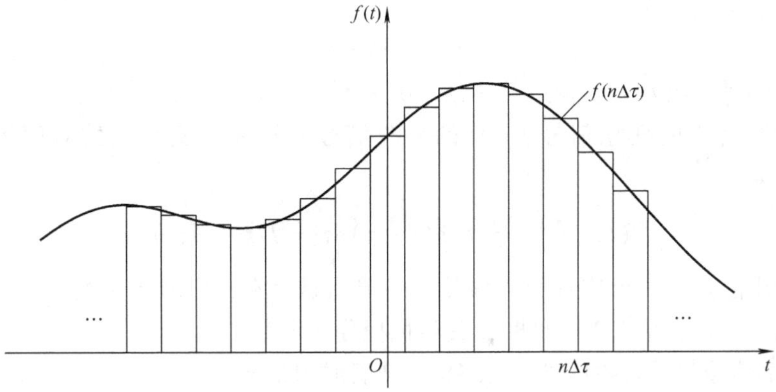

图 1-33 信号分解为脉冲分量

极限情况下，令矩形脉冲宽度 $\Delta\tau\to0$，此时 $\Delta\tau\to\mathrm{d}\tau$，$n\Delta\tau\to\tau$。矩形脉冲信号 $\frac{g_{\Delta\tau}(t-n\Delta\tau)}{\Delta\tau}$ 变成宽度为无穷小，高度为无穷大，面积恒为 1 的单位冲激信号 $\delta(t-\tau)$。公式中的求和运算亦变成了积分运算。那么，式(1-44) 可以改写为

$$\begin{aligned}f(t)&=\lim_{\Delta\tau\to0}\hat{f}(t)=\lim_{\Delta\tau\to0}\sum_{n=-\infty}^{\infty}f(n\Delta\tau)\Delta\tau\cdot\frac{g_{\Delta\tau}(t-n\Delta\tau)}{\Delta\tau}\\&=\int_{-\infty}^{\infty}f(\tau)\delta(t-\tau)\mathrm{d}\tau\end{aligned} \tag{1-45}$$

由此可见，任意信号 $f(t)$ 可以表达为无穷多个强度为 $f(\tau)\mathrm{d}\tau$ 的冲激信号 $\{\delta(t-\tau)\}_{\tau\in R}$ 的线性叠加求和的形式。

$$f(t)=\int_{-\infty}^{\infty}f(\tau)\delta(t-\tau)\mathrm{d}\tau \tag{1-46}$$

式(1-46) 可以看作是一个信号的重构公式，其对应的信号分解公式为

$$f(\tau)=\int_{-\infty}^{\infty}f(t)\delta(t-\tau)\mathrm{d}t \tag{1-47}$$

显然，这个公式就是前面所学习到的单位冲激信号的采样性质。基于冲激信号的信号分解过程可以看作是利用一个含时移参数 τ 的冲激信号 $\delta(t-\tau)$ 对连续信号 $f(t)$ 进行采样的过程。

1.6 信号的卷积积分

卷积积分运算在信号与系统分析中占有重要地位，其物理意义体现在连续时间 LTI

系统零状态响应的求解过程中，在后续章节会有详细阐述。本节主要介绍卷积积分的定义和计算方法。

1.6.1 卷积的定义

对于给定的两个信号 $f_1(t)$ 和 $f_2(t)$，则

$$y(t) = \int_{-\infty}^{\infty} f_1(\tau) f_2(t-\tau)\mathrm{d}\tau \tag{1-48}$$

称为信号 $f_1(t)$ 和 $f_2(t)$ 的卷积积分，简称卷积。其中变量 τ 为积分变量，变量 t 为参变量。卷积运算通常简记为

$$y(t) = f_1(t) * f_2(t) \tag{1-49}$$

从运算关系的角度出发，卷积运算本质上是一种线性运算。在引入卷积运算的定义以后，上一节所讨论的任意信号 $f(t)$ 的冲激信号分解表示实际上就对应于一个卷积运算：

$$f(t) = \int_{-\infty}^{\infty} f(\tau)\delta(t-\tau)\mathrm{d}\tau = f(t) * \delta(t) \tag{1-50}$$

需要特别指出的是，两个信号的卷积并不一定总是存在，它取决于卷积积分运算是否收敛。当两个信号满足以下条件时，其卷积积分一定存在：

1）两个信号都是有始信号、有终信号或者时限信号。

2）两个信号当中至少一个是时限信号。

但上述条件只是充分条件，而非必要条件。当两个信号不满足上述条件时，卷积可能存在也可能不存在。

【例 1-5】 已知两个信号 $f(t) = \mathrm{e}^t, (-\infty < t < \infty), g(t) = (6\mathrm{e}^{-2t} - 1)\varepsilon(t)$，试计算 $f(t) * g(t)$。

解：利用卷积积分公式定义，有

$$f(t) * g(t) = \int_{-\infty}^{\infty} \mathrm{e}^{\tau}[6\mathrm{e}^{-2(t-\tau)} - 1]\varepsilon(t-\tau)\mathrm{d}\tau$$

当 $t > \tau$，$\varepsilon(t-\tau) \neq 0$，那么有

$$\begin{aligned} f(t) * g(t) &= \int_{-\infty}^{t} \mathrm{e}^{\tau}[6\mathrm{e}^{-2(t-\tau)} - 1]\mathrm{d}\tau = \int_{-\infty}^{t} (6\mathrm{e}^{-2t+3\tau} - \mathrm{e}^{\tau})\mathrm{d}\tau \\ &= 6\mathrm{e}^{-2t}\int_{-\infty}^{t} \mathrm{e}^{3\tau}\mathrm{d}\tau - \int_{-\infty}^{t} \mathrm{e}^{\tau}\mathrm{d}\tau = 2\mathrm{e}^{-2t}\mathrm{e}^{3\tau}\Big|_{-\infty}^{t} - \mathrm{e}^{\tau}\Big|_{-\infty}^{t} \\ &= 2\mathrm{e}^{-2t}\mathrm{e}^{3t} - \mathrm{e}^{t} = \mathrm{e}^{t} \end{aligned}$$

1.6.2 卷积运算过程的图形化解释

为了更好地理解两个信号的卷积积分运算过程，可以借助于图形化的方式。由于参与卷积运算的两个信号的时限性，卷积的积分限也会相应地有所变化。下面给出图解法的主要计算步骤：

1）换元。将信号 $f_1(t)$ 和 $f_2(t)$ 中的自变量由 t 改为 τ。

2）反转。将其中一个信号反转，如将 $f_2(\tau)$ 反转得到 $f_2(-\tau)$。

3）平移。将 $f_2(-\tau)$ 向右平移 t 个时间单位，得 $f_2(t-\tau)$，t 是一个参变量，如果

$t>0$，则是将 $f_2(-\tau)$ 右移；如果 $t<0$，则是将 $f_2(-\tau)$ 左移。

4）相乘。把两个信号相乘，即 $f_1(\tau)f_2(t-\tau)$。

5）积分。计算 $f_1(\tau)$ 与 $f_2(t-\tau)$ 相乘所得到的曲线下方的面积即为 t 时刻的卷积值。

下面举例说明卷积积分图解法的计算过程。

【例 1-6】 已知分段函数

$$f(t)=\begin{cases}1, & -\dfrac{1}{2}<t<1\\ 0, & \text{其他}\end{cases} \quad 和 \quad h(t)=\begin{cases}\dfrac{1}{2}t, & 0<t<2\\ 0, & \text{其他}\end{cases}$$

其波形分别如图 1-34a、b 所示，试计算卷积 $y(t)=f(t)*h(t)$。

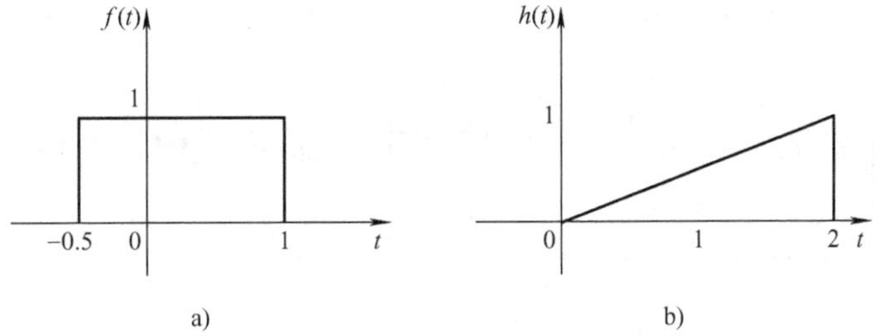

图 1-34 例 1-6 图

解： 将信号 $f(t)$ 的自变量换成 τ，如图 1-35a 所示。另外，将信号 $h(t)$ 的自变量换成 τ，并反转，如图 1-35b 所示；然后向右平移 t 个时间单位，如图 1-35c 所示。

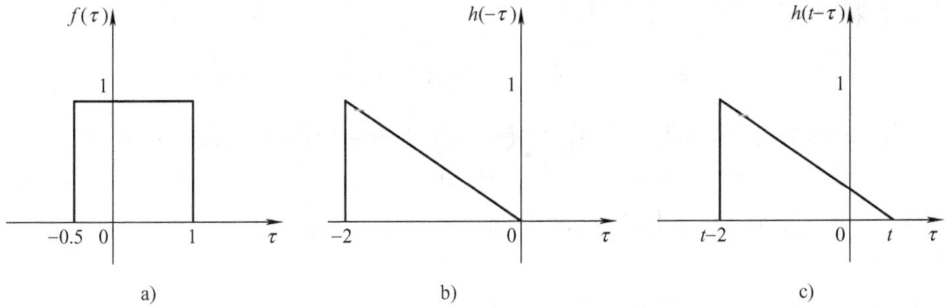

图 1-35 反转和平移

信号 $h(t-\tau)$ 的区间范围为 $[t-2, t]$，观察 $f(\tau)$ 和 $h(t-\tau)$ 的重叠区间随参数 t 的变换情况，可以分为如下几种情况：

1）当 $t<-0.5$ 时，$f(\tau)$ 和 $h(t-\tau)$ 之间不存在公共区域，如图 1-36a 所示。此时

$$y(t)=0$$

2）当 $-0.5\leqslant t<1$ 时，信号 $f(\tau)$ 和 $h(t-\tau)$ 之间存在公共区域，随着参数 t 取值增加，重叠区域逐渐增大，如图 1-36b 所示，公共区间范围为 $(-0.5, t)$。因此卷积积分的上下限分别取 t 和 -0.5，则有

$$y(t)=\int_{-0.5}^{t} 1\times\frac{1}{2}(t-\tau)\mathrm{d}\tau=\frac{t^2}{4}+\frac{t}{4}+\frac{1}{16}$$

3）当$1\leqslant t<1.5$时，信号$f(\tau)$和$h(t-\tau)$之间的公共区间范围保持不变，如图1-36c所示，公共区间为$(-0.5,1)$。因此卷积积分的上下限分别取1和-0.5，则有

$$y(t)=\int_{-0.5}^{1}1\times\frac{1}{2}(t-\tau)\mathrm{d}\tau=\frac{3}{4}t-\frac{3}{16}$$

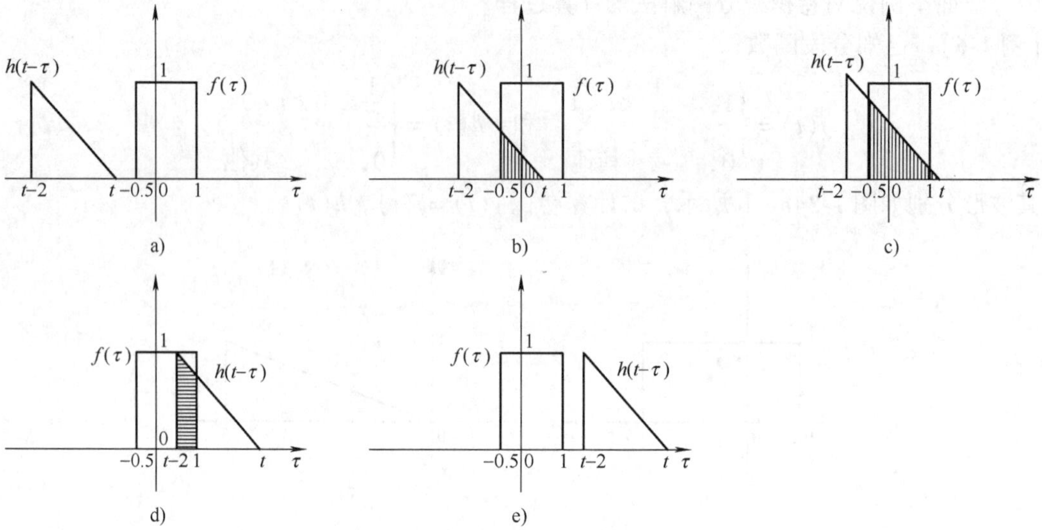

图1-36　卷积积分的图解法

4）当$1.5\leqslant t<3$时，信号$f(\tau)$和$h(t-\tau)$之间存在公共区域，但随着参数t取值增加，重叠区域逐渐减小，如图1-36d所示，公共区间范围为$(t-2,1)$。因此卷积积分的上下限分别取1和$t-2$，则有

$$y(t)=\int_{t-2}^{1}1\times\frac{1}{2}(t-\tau)\mathrm{d}\tau=-\frac{t^2}{4}+\frac{t}{2}+\frac{3}{4}$$

5）当$t\geqslant 3$时，二者不存在公共区域，如图1-36e所示，则有

$$y(t)=0$$

最后，$f(t)$与$h(t)$各段卷积结果如图1-37所示。

由此可见，采用卷积积分的图解法可以比较直观地确定积分的上、下限。不过相比于卷积积分的代数运算方法，图解法仅仅适用于信号相对简单的情形。

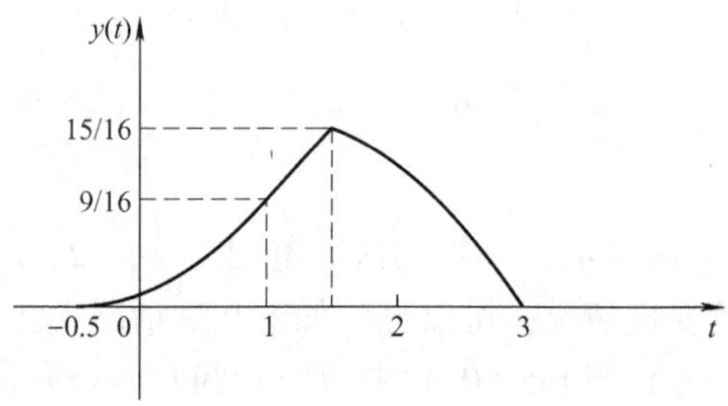

图1-37　例1-6的卷积结果

1.6.3　卷积的性质

1. 运算规律

（1）交换律

卷积积分满足交换律，即

$$f_1(t)*f_2(t)=f_2(t)*f_1(t) \tag{1-51}$$

证明：根据卷积积分的定义，

$$f_1(t)*f_2(t)=\int_{-\infty}^{\infty}f_1(\tau)f_2(t-\tau)\mathrm{d}\tau$$

令 $\lambda=t-\tau$，那么有 $\tau=t-\lambda$，代入积分公式，有

$$\int_{-\infty}^{\infty}f_2(\lambda)f_1(t-\lambda)\mathrm{d}\lambda=f_2(t)*f_1(t)$$

由此可见，卷积积分运算结果与卷积次序无关，两个函数在卷积积分中的次序是可以交换的。

（2）分配律

$$f_1(t)*[f_2(t)+f_3(t)]=f_1(t)*f_2(t)+f_1(t)*f_3(t) \tag{1-52}$$

证明：可由卷积的定义直接证明

$$\begin{aligned}f_1(t)*[f_2(t)+f_3(t)]&=\int_{-\infty}^{\infty}f_1(\tau)[f_2(t-\tau)+f_3(t-\tau)]\mathrm{d}\tau\\&=\int_{-\infty}^{\infty}f_1(\tau)f_2(t-\tau)\mathrm{d}\tau+\int_{-\infty}^{\infty}f_1(t)f_3(t-\tau)\mathrm{d}\tau\\&=f_1(t)*f_2(t)+f_1(t)*f_3(t)\end{aligned}$$

（3）结合律

$$[f_1(t)*f_2(t)]*f_3(t)=f_1(t)*[f_2(t)*f_3(t)] \tag{1-53}$$

证明：根据卷积积分的定义

$$[f_1(t)*f_2(t)]*f_3(t)=\int_{-\infty}^{\infty}\left[\int_{-\infty}^{\infty}f_1(\lambda)f_2(\tau-\lambda)\mathrm{d}\lambda\right]f_3(t-\tau)\mathrm{d}\tau$$

交换内外的积分次序，可得

$$\int_{-\infty}^{\infty}f_1(\lambda)\left[\int_{-\infty}^{\infty}f_2(\tau-\lambda)f_3(t-\tau)\mathrm{d}\tau\right]\mathrm{d}\lambda$$

令 $\gamma=\tau-\lambda$，那么有 $\tau=\gamma+\lambda$，代入上式，得

$$\int_{-\infty}^{\infty}f_1(\lambda)\left[\int_{-\infty}^{\infty}f_2(\gamma)f_3(t-\lambda-\gamma)\mathrm{d}\gamma\right]\mathrm{d}\lambda$$

令 $f_{23}(t)=f_2(t)*f_3(t)=\int_{-\infty}^{\infty}f_2(\gamma)f_3(t-\gamma)\mathrm{d}\gamma$,代入上式,得

$$\int_{-\infty}^{\infty}f_1(\lambda)f_{23}(t-\lambda)\mathrm{d}\lambda=f_1(t)*f_{23}(t)=f_1(t)*[f_2(t)*f_3(t)]$$

2. 卷积性质

假设

$$f_1(t)*f_2(t)=y(t)$$

卷积具有以下性质：

（1）时移性

$$f_1(t)*f_2(t-t_0)=y(t-t_0) \tag{1-54}$$

证明：

$$\begin{aligned}f_1(t)*f_2(t-t_0)&=\int_{-\infty}^{\infty}f_1(\tau)f_2(t-\tau-t_0)\mathrm{d}\tau\\&=\int_{-\infty}^{\infty}f_1(\tau)f_2[(t-t_0)-\tau]\mathrm{d}\tau=y(t-t_0)\end{aligned}$$

更一般的情况，有

$$f_1(t-t_1)*f_2(t-t_2)=y(t-t_1-t_2) \tag{1-55}$$

利用卷积的时移性能够使得时移信号的卷积运算变得简单很多。

（2）微分性

两个信号卷积后的微分等于其中一个信号的微分与另一个信号的卷积，即

$$[f_1(t)*f_2(t)]'=f_1(t)*f_2'(t)=f_1'(t)*f_2(t) \tag{1-56}$$

证明：由卷积的定义式来证明微分性

$$\begin{aligned}[f_1(t)*f_2(t)]' &= \frac{\mathrm{d}}{\mathrm{d}t}\int_{-\infty}^{\infty} f_1(\tau)f_2(t-\tau)\mathrm{d}\tau \\ &= \int_{-\infty}^{\infty} f_1(\tau)\frac{\mathrm{d}f_2(t-\tau)}{\mathrm{d}t}\mathrm{d}\tau \\ &= f_1(t)*f_2'(t)\end{aligned}$$

同理可证

$$[f_1(t)*f_2(t)]'=f_1'(t)*f_2(t)$$

推广到一般情况，有

$$f^{(n)}(t)=f_1^{(n)}(t)*f_2(t)=f_1(t)*f_2^{(n)}(t) \tag{1-57}$$

由此可见，先对其中任何一个信号求导再与另一个信号卷积和两个信号先卷积再求导的结果是一样的。

【例 1-7】 已知$f(t)*t\varepsilon(t)=(\mathrm{e}^{-t}-2)\varepsilon(t)$，求$f(t)$。

解：利用卷积积分的微分性质，等式两边同时取二次微分，有

$$[f(t)*t\varepsilon(t)]''=f(t)*[t\varepsilon(t)]''=f(t)*\delta(t)=[(\mathrm{e}^{-t}-2)\varepsilon(t)]''$$

所以可得

$$f(t)=[(\mathrm{e}^{-t}-2)\varepsilon(t)]''=[-\delta(t)-\mathrm{e}^{-t}\varepsilon(t)]'=-\delta(t)-\delta'(t)+\mathrm{e}^{-t}\varepsilon(t)$$

（3）积分性

两个信号卷积后的积分等于其中一个信号的积分与另一个信号的卷积，即

$$\int_{-\infty}^{t}[f_1(\lambda)*f_2(\lambda)]\mathrm{d}\lambda=f_1(t)*f_2^{(-1)}(t)=f_1^{(-1)}(t)*f_2(t) \tag{1-58}$$

证明：

$$\begin{aligned}\int_{-\infty}^{t}[f_1(\lambda)*f_2(\lambda)]\mathrm{d}\lambda &= \int_{-\infty}^{t}\left[\int_{-\infty}^{\infty} f_1(\tau)f_2(\lambda-\tau)\mathrm{d}\tau\right]\mathrm{d}\lambda \\ &= \int_{-\infty}^{\infty} f_1(\tau)\left[\int_{-\infty}^{t} f_2(\lambda-\tau)\mathrm{d}\lambda\right]\mathrm{d}\tau \\ &= \int_{-\infty}^{\infty} f_1(\tau)f_2^{(-1)}(t-\tau)\mathrm{d}\tau \\ &= f_1(t)*f_2^{(-1)}(t)\end{aligned}$$

同理可证

$$\int_{-\infty}^{t}[f_1(\lambda)*f_2(\lambda)]\mathrm{d}\lambda=f_1^{(-1)}(t)*f_2(t)$$

推广到一般情况，有

$$f^{(-n)}(t)=f_1^{(-n)}(t)*f_2(t)=f_1(t)*f_2^{(-n)}(t) \tag{1-59}$$

由此可见，先对其中任何一个函数积分再与另一个函数卷积和两个函数先卷积再积分的结果是一样的。

（4）微分、积分性质

将微分性质和积分性质同时应用，则有

$$y(t)=f_1(t)*f_2(t)=f_1'(t)*f_2^{(-1)}(t)=f_1^{(-1)}(t)*f'_2(t) \tag{1-60}$$

提示：应用上述性质时，被求导的函数在 $t=-\infty$ 处应为零值，被积分的函数必须为可积函数；否则，该性质不适用。

（5）与冲激函数的卷积

由卷积运算的交换律和冲激函数的抽样性质，可以得到

$$f(t)*\delta(t)=\delta(t)*f(t)=f(t) \tag{1-61}$$

式(1-61）表明，任意函数和单位冲激函数的卷积，其结果就是该函数本身。

由卷积定义和冲激函数的性质可以证明

$$\begin{aligned} f(t)*\delta(t) &= \int_{-\infty}^{\infty} f(\tau)\delta(t-\tau)\mathrm{d}\tau \\ &= \int_{-\infty}^{\infty} f(\tau)\delta(\tau-t)\mathrm{d}\tau = f(t) \end{aligned}$$

进一步，若函数有延时，则有

$$f(t)*\delta(t-t_0)=f(t-t_0) \tag{1-62}$$

$$f(t-t_1)*\delta(t-t_0)=f(t-t_1-t_0) \tag{1-63}$$

这表明，任何信号与 $\delta(t-t_0)$ 信号相卷积的结果，相当于信号本身延迟 t_0。

结合卷积的微分、积分特性，还可以得到以下结论：

$$f(t)*\delta'(t)=f'(t) \tag{1-64}$$

$$f(t)*\varepsilon(t)=f^{(-1)}(t) \tag{1-65}$$

推广到一般情况，可得

$$f(t)*\delta^{(k)}(t)=f^{(k)}(t) \tag{1-66}$$

$$f(t)*\delta^{(k)}(t-t_0)=f^{(k)}(t-t_0) \tag{1-67}$$

式中，k 取正整数表示求导次数，k 取负整数表示积分次数。

【例 1-8】 计算 $f(t)=\mathrm{e}^{-t}\varepsilon(t)*[\varepsilon(t)-\varepsilon(t-3)]$。

解：由卷积积分的分配律，得

$$f(t)=\mathrm{e}^{-t}\varepsilon(t)*\varepsilon(t)-\mathrm{e}^{-t}\varepsilon(t)*\varepsilon(t-3)$$

根据卷积积分的微分、积分性质，

$$\mathrm{e}^{-t}\varepsilon(t)*\varepsilon(t) = \int_{-\infty}^{t}\mathrm{e}^{-\tau}\varepsilon(\tau)\mathrm{d}\tau*\delta(t) = \int_{-\infty}^{t}\mathrm{e}^{-\tau}\varepsilon(\tau)\mathrm{d}\tau = (1-\mathrm{e}^{-t})\varepsilon(t)$$

根据卷积积分的时移性质，

$$f(t)=(1-\mathrm{e}^{-t})\varepsilon(t)-(1-\mathrm{e}^{3-t})\varepsilon(t-3)$$

【例 1-9】 重新计算【例 1-6】。

解：由图 1-34 可以写出

$$f(t)=\varepsilon\left(t+\frac{1}{2}\right)-\varepsilon(t-1)$$

$$h(t)=\frac{1}{2}t[\varepsilon(t)-\varepsilon(t-2)]$$

解法 1：直接代数求解

$$\begin{aligned}
y(t)&=f(t)*h(t)\\
&=\left[\varepsilon\left(t+\frac{1}{2}\right)-\varepsilon(t-1)\right]*\frac{1}{2}t[\varepsilon(t)-\varepsilon(t-2)]\\
&=\varepsilon\left(t+\frac{1}{2}\right)*\frac{t}{2}\varepsilon(t)-\varepsilon(t-1)*\frac{t}{2}\varepsilon(t)-\varepsilon\left(t+\frac{1}{2}\right)*\frac{t}{2}\varepsilon(t-2)+\varepsilon(t-1)*\frac{t}{2}\varepsilon(t-2)\\
&=\int_{-\frac{1}{2}}^{t}1\times\frac{t-\tau}{2}\mathrm{d}\tau\cdot\varepsilon\left(t+\frac{1}{2}\right)-\int_{1}^{t}1\times\frac{t-\tau}{2}\mathrm{d}\tau\cdot\varepsilon(t-1)-\int_{-\frac{1}{2}}^{t-2}1\times\frac{t-\tau}{2}\mathrm{d}\tau\cdot\varepsilon\left(t-\frac{3}{2}\right)-\\
&\quad\int_{1}^{t-2}1\times\frac{t-\tau}{2}\mathrm{d}\tau\cdot\varepsilon(t-3)\\
&=\left(\frac{t^2}{4}+\frac{t}{4}+\frac{1}{16}\right)\varepsilon\left(t+\frac{1}{2}\right)-\left(\frac{t^2}{4}-\frac{t}{2}+\frac{1}{4}\right)\varepsilon(t-1)-\left(\frac{t^2}{4}+\frac{t}{4}-\frac{15}{16}\right)\varepsilon\left(t-\frac{3}{2}\right)+\\
&\quad\left(\frac{t^2}{4}-\frac{t}{2}-\frac{3}{4}\right)\varepsilon(t-3)
\end{aligned}$$

值得注意的是，以上各项中的延迟阶跃函数必须保留。另外，若将上述结果写成分段函数，便能得到和【例 1-6】相同的结果。

解法 2：利用卷积积分的微分、积分性质，以及冲激函数的卷积性质，可得

$$\begin{aligned}
y(t)&=f(t)*h(t)\\
&=\left[\varepsilon\left(t+\frac{1}{2}\right)-\varepsilon(t-1)\right]'*\int_{-\infty}^{t}\frac{1}{2}\tau[\varepsilon(\tau)-\varepsilon(\tau-2)]\mathrm{d}\tau\\
&=\left[\delta\left(t+\frac{1}{2}\right)-\delta(t-1)\right]*\left[\frac{1}{4}t^2\varepsilon(t)-\left(\frac{1}{4}t^2-1\right)\varepsilon(t-2)\right]\\
&=\frac{1}{4}\left(t+\frac{1}{2}\right)^2\varepsilon\left(t+\frac{1}{2}\right)-\left[\frac{1}{4}\left(t+\frac{1}{2}\right)^2-1\right]\varepsilon\left(t-\frac{3}{2}\right)-\frac{1}{4}(t-1)^2\varepsilon(t-1)+\\
&\quad\left[\frac{1}{4}(t-1)^2-1\right]\varepsilon(t-3)\\
&=\left(\frac{t^2}{4}+\frac{t}{4}+\frac{1}{16}\right)\varepsilon\left(t+\frac{1}{2}\right)-\left(\frac{t^2}{4}+\frac{t}{4}-\frac{15}{16}\right)\varepsilon\left(t-\frac{3}{2}\right)-\left(\frac{t^2}{4}+\frac{t}{2}+\frac{1}{4}\right)\varepsilon(t-1)+\\
&\quad\left(\frac{t^2}{4}-\frac{t}{2}-\frac{3}{4}\right)\varepsilon(t-3)
\end{aligned}$$

习　题

1-1　确定下列信号是否为周期信号？若是则说明其周期是多少？

(1) $\cos20t+\sin30t$　(2) $\sin^2(8t)$　(3) $\sin\pi t+\cos5t$

(4) $\mathrm{e}^{\mathrm{j}\frac{\pi}{3}t}$　(5) $\sin\left(3t+\frac{\pi}{3}\right)$　(6) $\cos(10\pi t)+\sin(25\pi t)$

1-2　判断下列信号中哪些是能量信号，哪些是功率信号？

(1) $t\mathrm{e}^{-5t}$　(2) $\mathrm{e}^{-2|t|}$　(3) $\sin(3t)+\cos(4t)$

(4) $e^{-2t}\cos\left(3t+\frac{\pi}{3}\right)$　　(5) e^{-t^2}　　(6) $e^{-4t}\sin(5t)$，$t\geqslant 0$

1-3　判断下列表述的对错。

(1) 周期信号都是非能量信号；

(2) 两个周期信号之和仍然是周期信号；

(3) 非周期信号都是能量信号；

(4) 两个功率信号的乘积总是一个功率信号；

(5) 一个能量信号和一个功率信号的乘积总是一个能量信号。

1-4　已知信号 $f(t)$ 的波形如图 1-38 所示，画出下列各信号的波形。

(1) $f(t-1)\varepsilon(t)$　　(2) $f(t-1)\varepsilon(t-1)$　　(3) $f(2-t)$

(4) $f(2-t)\varepsilon(2-t)$　　(5) $f(1-2t)\varepsilon(t)$　　(6) $f\left(-\frac{t}{2}+2\right)$

1-5　已知 $f(-3t+1)$ 的波形如图 1-39 所示，试画出信号 $f(t)$ 的波形。

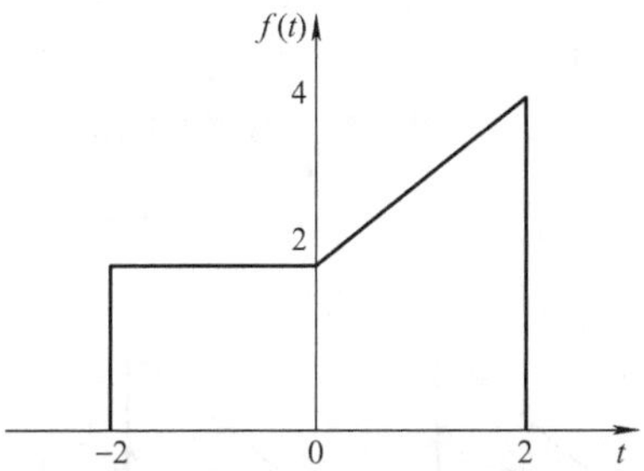

图 1-38　习题 1-4 图

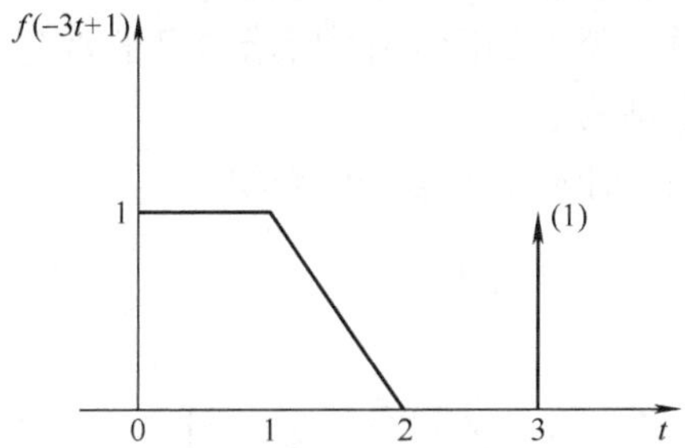

图 1-39　习题 1-5 图

1-6　利用阶跃信号表示如图 1-40 所示的各信号波形。

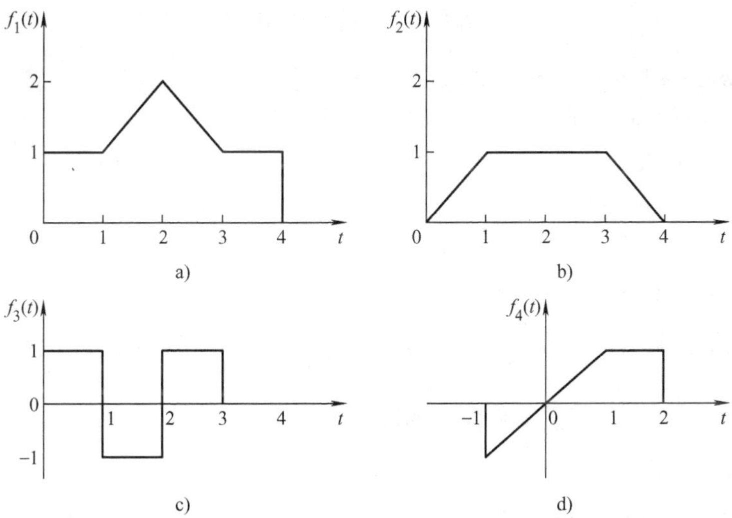

图 1-40　习题 1-6 图

1-7　利用冲激信号的性质计算下列各表达式的值。

(1) $\int_{-\infty}^{\infty}(t^2+2)\delta(t-2)\mathrm{d}t$　　(2) $\int_{-\infty}^{\infty}\left[t^2+\sin\left(\frac{\pi}{3}t\right)\right]\delta(1-2t)\mathrm{d}t$

(3) $\int_{-\infty}^{\infty}\frac{\sin\pi t}{t}\delta(t)\mathrm{d}t$　　(4) $\int_{0}^{4}(t+2)\delta(2-4t)\mathrm{d}t$

(5) $\int_{-\infty}^{\infty}\delta(t^2-9)\mathrm{d}t$　　(6) $\int_{-\infty}^{\infty}(\mathrm{e}^{-2t}+3t)\delta'(t)\mathrm{d}t$

1-8　写出如图1-41中所示信号关于阶跃信号的代数表达式，并画出其一阶求导后的波形。

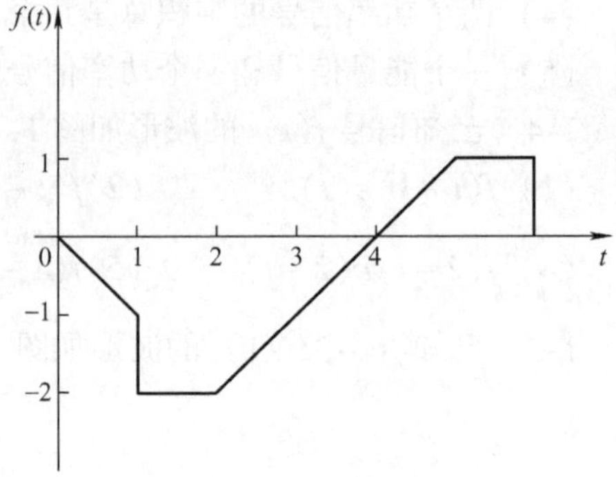

图1-41　习题1-8图

1-9　画出习题1-6图中所示信号一阶求导以后的波形，并写出其代数表达式。

1-10　确定下列信号的直流分量和交流分量。

(1) $\sin^2(2t)$　　(2) $|\cos(2t)|$

1-11　绘出如图1-42所示信号的奇分量和偶分量波形。

1-12　计算下列信号的卷积。

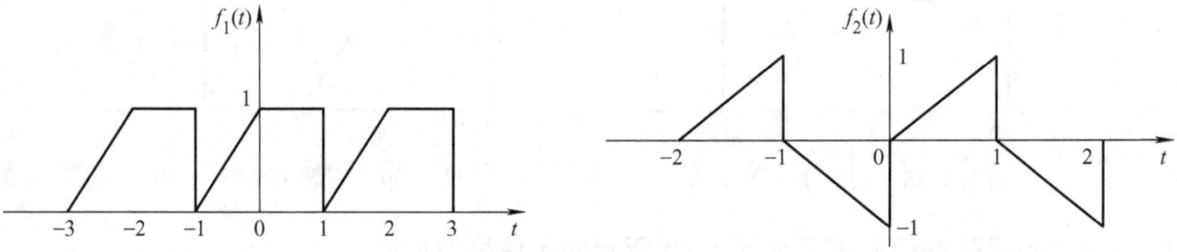

a)　　b)

图1-42　习题1-11图

(1) $\mathrm{e}^{-t}\varepsilon(t)*[\varepsilon(t)-\varepsilon(t-2)]$

(2) $\mathrm{e}^{-3t}\varepsilon(t)*\mathrm{e}^{-3t}\varepsilon(t)$

(3) $t\varepsilon(t)*\mathrm{e}^{-t}\varepsilon(t)$

(4) $\sin t\varepsilon(t)*\mathrm{e}^{-t}\varepsilon(t)$

(5) $\sin t\varepsilon(t)*[\delta(t+1)+\delta(t-1)]$

(6) $3\mathrm{e}^{-t}\varepsilon(-t)*2\mathrm{e}^{-2t}\varepsilon(t)$

1-13　已知信号$f_1(t)=\varepsilon\left(t+\frac{1}{2}\right)+\varepsilon\left(t-\frac{1}{2}\right)$，$f_2(t)=\delta(t+3)+\delta(t-3)$，$f_3(t)=\delta\left(t+\frac{1}{2}\right)+\delta\left(t-\frac{1}{2}\right)$，试画出下列信号的波形。

(1) $f_1(t)*f_2(t)$

(2) $f_1(t)*f_2(t)*f_3(t)$

(3) $f_1(t)*f_3(t)$

1-14　利用图解法计算图1-43所示信号$f_1(t)$和$f_2(t)$的卷积。

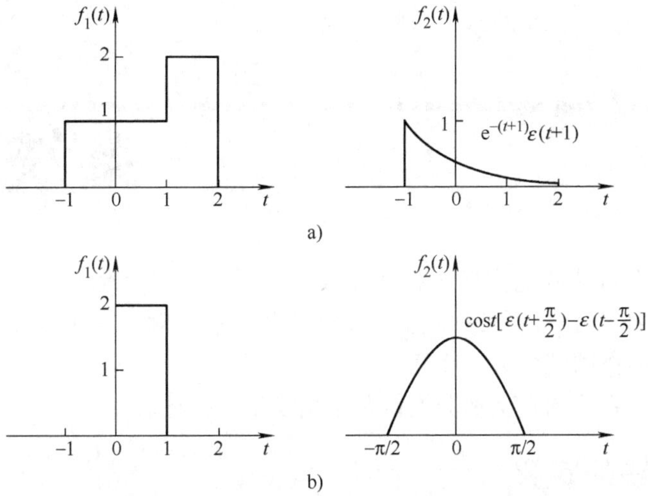

$f_1(t)$
2
1
−1
0
1
2
t
$f_2(t)$
1
$e^{-(t+1)}\varepsilon(t+1)$
−1
0
1
2
t
a)
$f_1(t)$
2
1
−1
0
1
2
t
$f_2(t)$
$\cos t[\varepsilon(t+\frac{\pi}{2})-\varepsilon(t-\frac{\pi}{2})]$
−π/2
0
π/2
t
b)

图 1-43　习题 1-14 图

第2章 系统导论

信号与系统之间是彼此依赖、相辅相成的关系。信号是信息的载体，系统则是产生、传输和处理加工信号的物理实体。信号脱离了系统就没有了存在的价值，系统没有外接激励信号的作用就失去了作用。

本章主要介绍系统的定义和分类以及系统模型和描述。

2.1 系统的定义

系统是由相互作用、相互依赖的若干部分结合而成的具有特定功能的有机整体。它广泛存在于自然界、人类社会活动以及日常生活的各个方面，太阳系、自动控制系统、水利灌溉、通信网、电力网等都是常见的系统。系统本身可分成若干个子系统，子系统里有时还可以分出更小的子系统；反过来，系统本身还可以作为更大系统的一个子系统。

电路系统是由某些器件如电阻、电感、电容、开关和连接导线以特定方式连接而成的一个整体，它在外加电压或电流的激励下，电路内部的各个支路电流和所有元件两端的电压都将发生变化，这些电压或电流的变化称为电路的响应。在某种激励下，电路会产生什么样的响应，就是该电路系统的特定功能；而电力网则是十分复杂的电路系统，它由多个发电机、各种变压器、不同等级的输电线路和众多的用电负载组成，其特定功能是进行能量的输送和分配。

最简单的通信系统由一个发射机、传输媒质和一个接收机组成，而复杂的通信系统则由多个收发终端、复用设备、交换机、多种传输媒质以及负责通信网运行管理的计算机等组成。它的特定功能是能够实现端到端的通信，即终端 A 和终端 B 之间消息的传递。实际上，组成通信系统或通信网的每个不同部分本身就是一个系统，它们也都由元器件和部件组成，并具有各自特定的功能，缺少哪个单元，都无法完成特定的功能。

机械系统通常是微型计算机控制伺服系统的有机组成部分，由相互关联和相互作用的若干物体构成，作用于系统中各个物体上的外力将使其中的物体发生运动，物体运动的速度或加速度就是系统的响应。

所有这些系统具有一个共同特点，即系统对施加于它的信号（激励、影响因素等）做出响应，产生出另外的信号。

如果系统存在多个输入信号或者输出信号，这样的系统称为多输入—多输出系统（Multiple Inputs and Multiple Output，MIMO）。如果系统只有一个输入信号和一个输出信号，如图 2-1 所示，

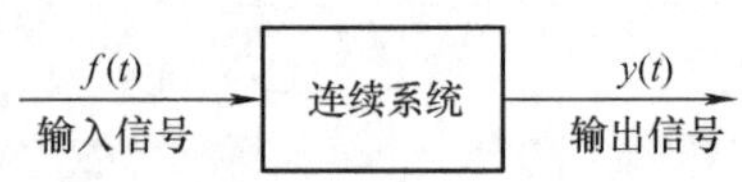

图 2-1　单输入—单输出的连续时间系统

这样的系统称为单输入—单输出系统（Single Input and Single Output, SISO）。系统的输入信号 $f(t)$ 又称为激励信号，由此产生的系统输出信号 $y(t)$ 又称为系统响应信号。系统的功能主要体现输入信号经过系统处理以后产生什么样的输出信号。本书重点讨论的是单输入—单输出系统。

2.2 系统的分类

系统的种类有很多，如电路系统、通信系统、经济系统、机械系统、社会系统、计算机系统等。通常，从不同的角度可以将系统分成下面几类。

根据系统处理信号的形式不同，可以将系统分为连续时间系统（Continuous Time System）、离散时间系统（ Discrete Time System） 和混合系统（ Hybrid System）。如果一个系统的输入信号、输出信号均为连续信号，且其内部也没有转换成离散信号，则该系统为连续时间系统，如图 2-2a 所示；同样地，如果一个系统的输入信号、输出信号均为离散信号，且在系统中该信号没有转换为连续信号，则称该系统为离散时间系统，如图 2-2b 所示；事实上，连续系统与离散系统常常组合运用，也就是说系统的子系统一部分是连续时间系统，另一部分为离散时间系统，这样的系统被称为混合系统，如图 2-2c 所示。

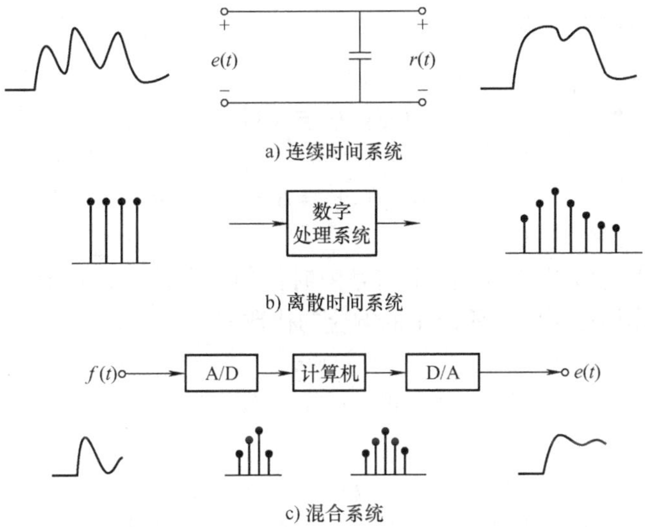

图 2-2 连续时间系统、离散时间系统和混合系统

系统除了可以分成上述三类以外，还可以依据系统本身的特征分为：动态系统与非动态系统、因果系统与非因果系统、线性系统与非线性系统、时变系统与时不变系统等。下面分别说明它们的含义。

2.2.1 动态系统与非动态系统

动态系统（Dynamic System，或称记忆系统）指的是系统在 t_0 时刻的输出 $y(t_0)$ 不仅与该时刻的激励 $f(t_0)$ 有关，而且与 t_0 时刻以前的系统内部状态有关。系统的输出响应是 $(-\infty, t_0)$ 区间内所有外加激励和内部状态共同作用的效果。从能量的角度来说，系统的内部状态指系统中储能元件（例如电路的电感和电容）在 t_0 时刻的储能。可以发现，动态系统中必须存在一个或多个储能元件。

反之，非动态系统（Instantaneous System，或称即时系统）中不含有储能元件，系统内部只存在电阻元件。系统在 t_0 时刻的响应 $y(t_0)$ 只与该时刻的激励 $f(t_0)$ 有关，与过去的输入无关。

2.2.2 因果系统与非因果系统

因果系统（Causal System）是指当且仅当输入信号激励系统时，才会出现输出（响应）的系统。即因果系统的输出不会超前于输入信号激励系统的时刻；也就是说，系统的输出仅与当前及过去的输入有关，而与将来的输入无关。如果一个系统当前时刻的输出与将来的输入有关，则该系统称为非因果系统（Non-causal System）。

2.2.3 线性系统与非线性系统

如果一个系统具有线性特性，那么就称该系统为线性系统（Linear System）。线性特性（Linearity）包含两层含义：齐次性（Homogeneity Property）和叠加性（Superposition Property），缺一不可。不满足齐次性或叠加性的系统则称为非线性系统。

系统的齐次性是指当输入信号放大常数 K 倍时，输出信号也相应放大 K 倍。对于连续时间系统，可以表示为

若

$$T\{f(t)\}=y(t)$$

那么有

$$T\{K\cdot f(t)\}=K\cdot y(t) \tag{2-1}$$

式中，$T\{\cdot\}$表示系统作用。

系统的叠加性是指当若干个激励信号同时作用于系统时，系统所产生的响应是各个激励信号单独作用在系统上所产生的响应的代数和。

若

$$T\{f_1(t)\}=y_1(t),\ T\{f_2(t)\}=y_2(t)$$

那么有

$$T\{f_1(t)+f_2(t)\}=y_1(t)+y_2(t) \tag{2-2}$$

当系统同时满足齐次性和叠加性时，这意味着如果系统的输入由若干个信号加权求和构成，那么输出信号也就是系统对构成输入信号的每个成分信号单独通过系统产生的响应加权求和，如图 2-3 所示。

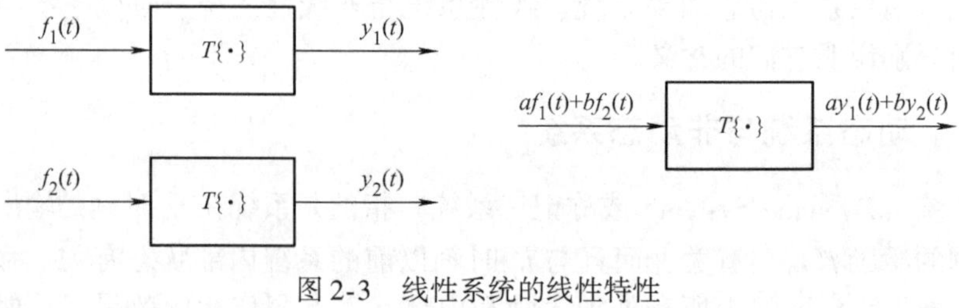

图 2-3　线性系统的线性特性

若

$$T\{f_1(t)\}=y_1(t),\ T\{f_2(t)\}=y_2(t)$$

那么有

$$T\{af_1(t)+bf_2(t)\}=ay_1(t)+by_2(t) \tag{2-3}$$

【例 2-1】 判断下列系统是否线性。

(1) $y(t)=tf(t)$ (2) $y(t)=4+f'(t)$ (3) $y(t)=\int_{-\infty}^{\infty}f(t)\mathrm{d}t$

解：(1) 设 $y_1(t)=T\{f_1(t)\}=tf_1(t)$，$y_2(t)=T\{f_2(t)\}=tf_2(t)$

令 $f(t)=af_1(t)+bf_2(t)$，它通过系统产生的响应为

$$\begin{aligned}y(t)&=T\{af_1(t)+bf_2(t)\}=t[af_1(t)+bf_2(t)]\\&=a\cdot tf_1(t)+b\cdot tf_2(t)=ay_1(t)+by_2(t)\end{aligned}$$

因此，该系统是线性系统。

(2) 设 $y_1(t)=T\{f_1(t)\}=4+f_1'(t)$，$y_2(t)=T\{f_2(t)\}=4+f_2'(t)$

令 $f(t)=af_1(t)+bf_2(t)$，它通过系统产生的响应为

$$y(t)=T\{af_1(t)+bf_2(t)\}=4+[af_1(t)+bf_2(t)]'=4+af_1'(t)+bf_2'(t)$$

$$ay_1(t)+by_2(t)=4a+4b+af_1'(t)+bf_2'(t)$$

由于 $T\{af_1(t)+bf_2(t)\}\neq ay_1(t)+by_2(t)$，所以该系统不是线性系统。

(3) 设

$$y_1(t)=T\{f_1(t)\}=\int_{-\infty}^{\infty}f_1(t)\mathrm{d}t$$

$$y_2(t)=T\{f_2(t)\}=\int_{-\infty}^{\infty}f_2(t)\mathrm{d}t$$

令 $f(t)=af_1(t)+bf_2(t)$，它通过系统产生的响应为

$$y(t)=T\{af_1(t)+bf_2(t)\}=\int_{-\infty}^{\infty}[af_1(t)+bf_2(t)]\mathrm{d}t=a\int_{-\infty}^{\infty}f_1(t)\mathrm{d}t+b\int_{-\infty}^{\infty}f_2(t)\mathrm{d}t$$

$$ay_1(t)+by_2(t)=a\int_{-\infty}^{\infty}f_1(t)\mathrm{d}t+b\int_{-\infty}^{\infty}f_2(t)\mathrm{d}t$$

由于 $T\{af_1(t)+bf_2(t)\}=ay_1(t)+by_2(t)$，所以该系统是线性系统。

2.2.4 时变系统与时不变系统

系统的参数不随时间变化，则该系统就是时不变系统（Time Invariant System），反之则为时变系统（Time Variant System）。时不变系统的重要特征就是系统响应的变化波形不会随激励信号接入系统时刻的改变而变化，具体描述如下：

若

$$T\{f(t)\}=y(t)$$

那么有

$$T\{f(t-t_\mathrm{d})\}=y(t-t_\mathrm{d}) \tag{2-4}$$

【例 2-2】 判断下列系统是否为时不变系统。

(1) $y(t)=tf(t)$ (2) $y(t)=f(2t)$

解：(1) 当激励信号 $f(t)$ 延迟 t_d 时刻作用在系统上，得

$$T\{f(t-t_d)\}=tf(t-t_d)$$

而
$$y(t-t_d)=(t-t_d)f(t-t_d)$$

很显然 $y(t-t_d)\neq T\{f(t-t_d)\}$，所以该系统是时变系统。

(2) 当激励信号 $f(t)$ 延迟 t_d 时刻作用在系统上，得

$$T\{f(t-t_d)\}=f(2t-t_d)$$

注意此处需将 $2t$ 看作一个整体，对应的是激励信号的自变量。

而

$$y(t-t_d)=f(2(t-t_d))=f(2t-2t_d)$$

很显然 $y(t-t_d)\neq T\{f(t-t_d)\}$，所以该系统是时变系统。

2.2.5 线性时不变系统

若系统既是线性的，又是时不变的，则称为线性时不变（Linear Time Invariant, LTI）系统。虽然实际系统中很少出现线性时不变系统，但许多系统如非线性和时变系统都可以在限定范围内与指定条件下简化为线性时不变系统。实践表明，关于 LTI 系统的理论和方法具有重要意义，本书讨论的系统都属于 LTI 系统。

LTI 系统满足微分特性和积分特性，如图 2-4 所示。这个性质在后续的系统分析中有着重要的应用。

图 2-4 线性系统的微分和积分特性

若

$$y(t)=T\{f(t)\}$$

那么有

$$y'(t)=T\{f'(t)\},\ y^{(-1)}(t)=T\{f^{(-1)}(t)\} \tag{2-5}$$

证明：由于

$$f'(t)=\lim_{\Delta\to 0}\frac{f(t)-f(t-\Delta)}{\Delta}$$

其中，Δ 可以看作常数，结合 LTI 系统的线性特性和时不变特性，可得

$$T\{f'(t)\}=T\left\{\lim_{\Delta\to 0}\frac{f(t)-f(t-\Delta)}{\Delta}\right\}=\lim_{\Delta\to 0}\frac{T\{f(t)\}-T\{f(t-\Delta)\}}{\Delta}$$

$$=\lim_{\Delta\to 0}\frac{y(t)-y(t-\Delta)}{\Delta}=y'(t)$$

同理可证积分性质。

2.2.6 稳定系统与不稳定系统

如果对于任何有界的输入信号，系统所产生的输出信号也有界，那么称该系统为稳定系统。这意味着，若输入信号 $f(t)$ 具有一个有限的边界 $M<\infty$，使得 $|f(t)|<M$，即信号 $f(t)$ 在这个有限的边界范围 $[-M, M]$ 以内波动变化，则系统所产生的

输出信号 $f(t)$ 也是有界的，即 $|y(t)| < L < \infty$。反之，如果激励信号有界，而系统的输出无界，则称该系统是不稳定系统。

2.3 系统的模型和描述

分析一个系统的前提是正确地描述该系统，也就是俗称的建模，然后利用数学方法分析和计算系统的响应，从而进一步辨识系统的功能。从本节开始将介绍 LTI 系统的数学模型及描述方法。本书中用到的数学模型主要有两种，即系统微分方程和系统模拟框图。

2.3.1 系统微分方程

系统可以看作将输入信号（又称激励）转变为输出信号（又称响应）的一种运算。下面以电路系统为例，讨论建立该系统的常系数微分方程的数学模型。构成该方程一般具有两类约束特性，其一是元件的约束特性，也即表征电路元件模型的关系式；其二就是网络拓扑结构约束，也就是网络结构决定的各电压、电流之间的约束关系，一般是以基尔霍夫电压定律（KVL）和基尔霍夫电流定律（KCL）的形式给出。

下面来看一个系统的微分方程建立的例子。

图 2-5 所示为一个由电容器、电阻器和线圈组合而成的 *RLC* 串联回路，其中电压源 $e(t)$ 可以看作系统的激励信号，回路中的电流 $i(t)$ 则是系统的输出响应。

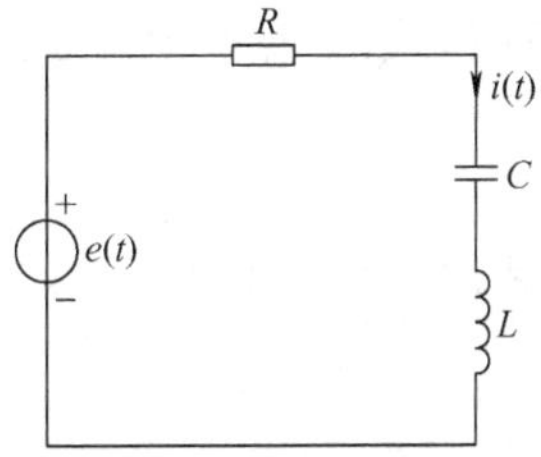

图 2-5　*RLC* 串联回路

根据各个元件的理想特性以及基尔霍夫定律（KVL）可以得到：

（1）元件约束特性

$$\begin{cases} u_R = i(t)R \\ u_C = \dfrac{1}{C}\displaystyle\int_{-\infty}^{t} i(t)\,\mathrm{d}t \\ u_L = L\dfrac{\mathrm{d}i(t)}{\mathrm{d}t} \end{cases} \tag{2-6}$$

（2）网络拓扑结构约束

$$e(t) = u_C + u_L + u_R \tag{2-7}$$

将式(2-6) 代入式(2-7)，整理得

$$\frac{1}{C}\int_{-\infty}^{t} i(t)\,\mathrm{d}t + L\frac{\mathrm{d}i(t)}{\mathrm{d}t} + i(t)R = e(t)$$

进一步化简，上式可以化简为如下的微分方程：

$$LC\frac{\mathrm{d}^2 i(t)}{\mathrm{d}t} + RC\frac{\mathrm{d}i(t)}{\mathrm{d}t} + i(t) = C\frac{\mathrm{d}e(t)}{\mathrm{d}t} \tag{2-8}$$

由此可知，图 2-5 所示的系统可以用一个二阶常系数线性微分方程来表示。

推广到更一般的情况，如果激励信号为 $f(t)$，响应信号为 $y(t)$，单输入—单输出的 LTI 连续系统的数学模型是一个具有如下形式的常系数 n 阶微分方程：

$$y^{(n)}(t)+a_{n-1}y^{(n-1)}(t)+\cdots+a_1y'(t)+a_0y(t)$$
$$=b_mf^{(m)}(t)+b_{m-1}f^{(m-1)}(t)+\cdots+b_1f'(t)+b_0f(t) \tag{2-9}$$

其中，a_0，a_1，…，a_{n-1}和 b_0，b_1，…，b_m 均为常数。

【**例 2-3**】 试列出图 2-6 所示电路的微分方程，其中电压源 $u(t)$ 为激励信号，系统的输出响应为 $i_1(t)$。

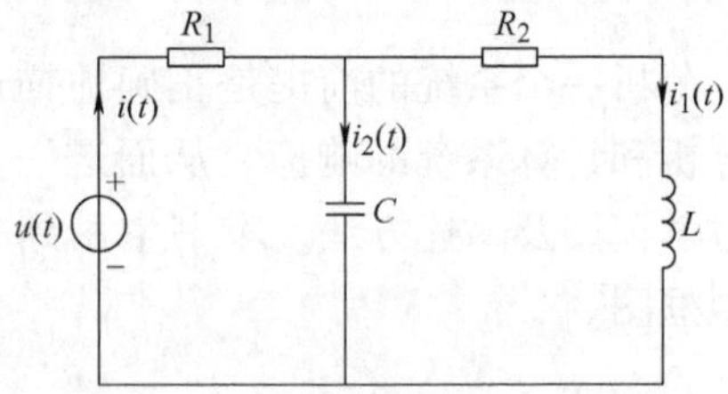

图 2-6 例 2-3 的电路

解：利用 KVL 和 KCL 定律，可以列出如下方程：

$$R_1i(t)+\frac{1}{C}\int_{-\infty}^{t}i_2(t)\mathrm{d}t=u(t) \tag{2-10}$$

$$R_1i(t)+R_2i_1(t)+Li_1'(t)=u(t) \tag{2-11}$$

$$i(t)=i_1(t)+i_2(t) \tag{2-12}$$

对式(2-10) 两边同时求微分，可得

$$R_1i'(t)+\frac{1}{C}i_2(t)=u'(t) \tag{2-13}$$

然后将式(2-12) 代入式(2-13)，消去 $i_2(t)$ 得

$$R_1i'(t)+\frac{1}{C}[i(t)-i_1(t)]=u'(t) \tag{2-14}$$

由式(2-11) 可得

$$i(t)=\frac{u(t)-R_2i_1(t)-Li_1'(t)}{R_1}$$

代入式(2-14)，消去 $i(t)$ 得

$$[u(t)-R_2i_1(t)-Li_1'(t)]'+\frac{1}{C}\left[\frac{u(t)-R_2i_1(t)-Li_1'(t)}{R_1}-i_1(t)\right]=u'(t)$$

最后整理微分方程可得

$$i_1''(t)+\left(\frac{R_2}{L}+\frac{1}{R_1C}\right)i_1'(t)+\left(\frac{1}{LC}+\frac{R_2}{R_1LC}\right)i_1(t)=\frac{1}{R_1LC}u(t) \tag{2-15}$$

2.3.2 系统的模拟框图

在建立系统模型时，除了可以利用系统输入—输出方程来对系统模型进行描述之外，也可以使用模拟框图表示系统的输入信号与输出信号之间的运算关系。根据系统的运算关系，完整的系统模拟框图一般由一个或多个单元框图互联而成。每个框图都表示一种基本的数学逻辑运算，给出输入信号和输出信号的约束关系。连续系统中最常用的三种基本单元框图：加法器、标量乘法器和积分器，如图 2-7 所示。虽然微分器也是一个基本运算单元，但由于在实际应用中存在噪声信号带来的干扰，而微分器对噪声很敏感，因此往往选用积分单元，所以这里略去微分器不提。

1. 加法器

加法器是一个多输入单输出单元，主要实现多路信号的相加运算。由于加法器分为正输入和负输入两种，如果信号是正输入，那么输出是该输入的相加；反之，如果

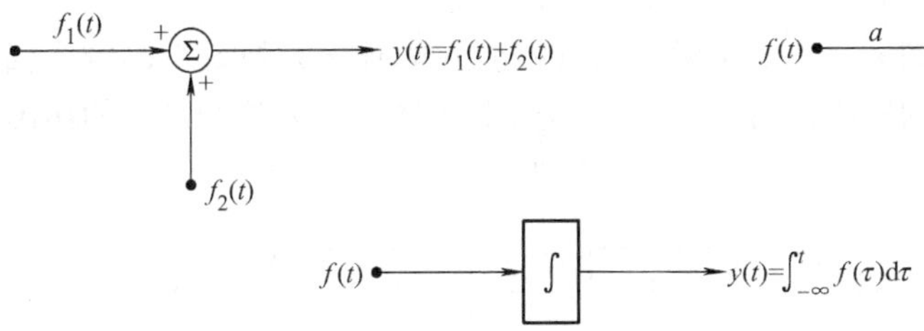

图 2-7 连续系统的基本单元框图

信号是负输入，那么输出是与该信号相减。

2. 标量乘法器

标量乘法器的输出是输入的 a 倍，其中 a 为实常数。如果 $a=1$ 可省略不写。

3. 积分器

只有连续系统中才存在积分器，积分器的输出是输入信号的积分。

在 LTI 连续时间系统中，输入信号记为 $f(t)$，系统的响应信号记为 $y(t)$。系统的模拟框图可以根据系统的微分方程绘制而成，而且结果并不是唯一的。

【例 2-4】 系统的微分方程为 $y''(t)+5y'(t)+6y(t)=f(t)$，画出系统的模拟框图。

解：将微分方程左边的最高阶次项保留在方程的左边，其余项移动到方程的右边，得

$$y''(t)=f(t)-5y'(t)-6y(t)$$

等式的右边可以看作一个加法器的输入，等式的左边为加法器的输出。此时还需要两个积分器，分别产生信号 $y'(t)$ 和 $y(t)$。两个积分器级联，得到如图 2-8 所示的系统模拟框图。

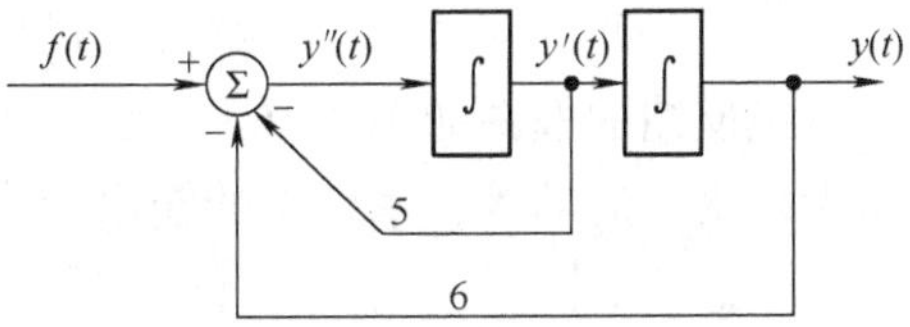

图 2-8 例 2-4 的系统模拟框图

【例 2-5】 系统的微分方程为 $y''(t)+5y'(t)+6y(t)=2f'(t)+f(t)$，画出系统的模拟框图。

解：本题当中所给出的系统的微分方程与例 2－4 相比较，微分方程的左边完全相同，区别仅在于等式的右边。微分方程的右边表示的是系统的激励，此处需要引入一个中间变量 $y_0(t)$，表示激励信号 $f(t)$ 通过系统产生的响应，即

$$y_0''(t)+5y_0'(t)+6y_0(t)=f(t) \tag{2-16}$$

而当系统的激励信号为 $2f'(t)+f(t)$ 时，根据系统的线性特性以及微分特性，系统的响应信号为

$$y(t)=2y_0'(t)+y_0(t) \tag{2-17}$$

因此，需要在图 2-8 的模拟框图的输出端引入一个加法器，产生本系统的输出信号，如图 2-9 所示。

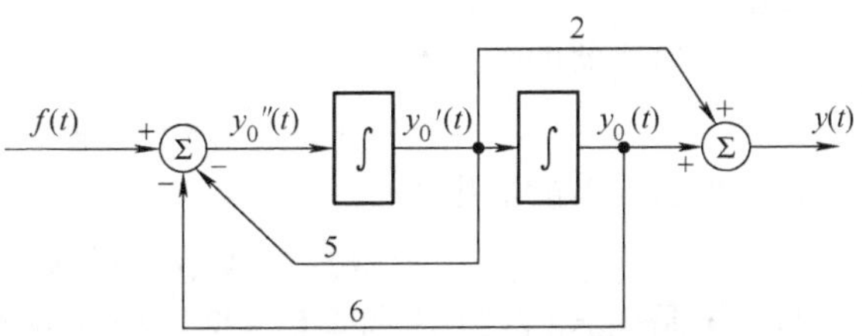

图 2-9 例 2-5 的系统模拟框图

2.3.3 系统的连接方式

复杂系统往往由多个子系统构成，这些子系统之间的基本联结方

式有三种，分别为系统并联、系统级联和系统反馈。

系统级联的框图如图 2-10a 所示，系统的输入信号作为系统 1 的输入信号，系统 1 的输出信号为系统 2 的输入信号，系统 2 的输出信号则作为整个系统的输出，即

$$y(t)=T_2\{T_1\{f(t)\}\} \tag{2-18}$$

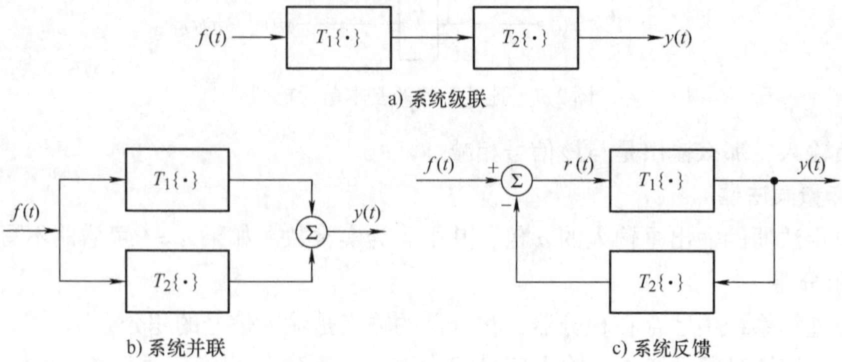

图 2-10　系统之间的三种基本连接方式

系统并联的框图如图 2-10b 所示，系统的输入同时作为系统 1 和系统 2 的输入信号，系统 1 和系统 2 的输出相加求和作为整个系统的输出信号，即

$$y(t)=T_1\{f(t)\}+T_2\{f(t)\} \tag{2-19}$$

系统反馈的框图如图 2-10c 所示，系统输入信号减去输出信号经过系统 2 反馈的信号作为系统 1 的输入，系统 1 的输出则作为整个系统的输出，即

$$\begin{cases}r(t)=f(t)-T_2\{y(t)\}\\ y(t)=T_1\{r(t)\}\end{cases} \tag{2-20}$$

利用这三种基本的连接方式，简单系统就可以组合成不同的复杂系统。同样地，这些复杂系统的数学模型也可以利用系统框图来表示。例 2-5 所示的系统可以看作是式(2-16) 所示系统与式(2-17) 所示系统串联而成。

【例 2-6】　某连续系统的系统框图如图 2-11 所示，写出该系统的微分方程。

解：图 2-11 所示系统模拟框图中包含两个加法器，因此需要引入一个中间变量。假定右方的积分器的输出信号为 $x(t)$，则各积分器（从左到右）的输入分别为 $x''(t)$ 和 $x'(t)$。

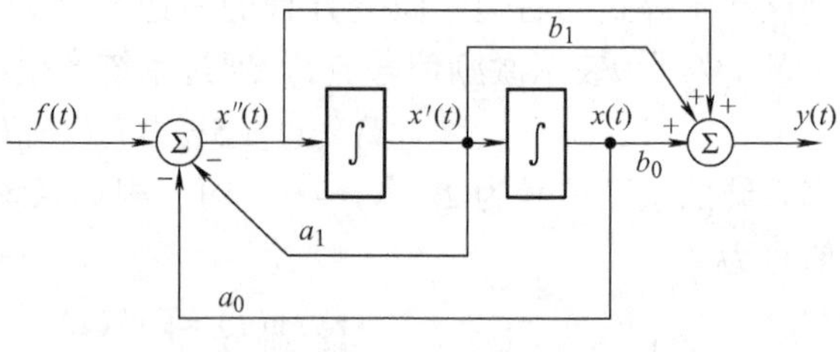

图 2-11　例 2-6 的系统模拟框图

第一个加法器的输出为

$$x''(t)+a_1x'(t)+a_0x(t)=f(t) \tag{2-21}$$

第二个加法器的输出为

$$y(t)=b_2x''(t)+b_1x'(t)+b_0x(t) \tag{2-22}$$

本系统是由式(2-21) 和式(2-22) 所示微分方程定义的两个子系统串联而成。由于系统方程是表述输入信号 $f(t)$ 与输出信号 $y(t)$ 之间关系的方程式，因此需要

从中消去中间变量 $x(t)$ 及其导数。由于 $f(t)$ 通过第一个子系统的输出是 $x(t)$，根据线性系统的微分特性可知，$f'(t)$ 通过系统的输出是 $x'(t)$，$f''(t)$ 通过系统的输出是 $x''(t)$。当系统的输入为 $b_2f''(t)+b_1f'(t)+b_0f(t)$ 时，通过系统产生的输出就是 $b_2x''(t)+b_1x'(t)+b_0x(t)$，即 $y(t)$。因此，系统的微分方程应为

$$y''(t)+a_1y'(t)+a_0y(t)=b_2f''(t)+b_1f'(t)+b_0f(t)$$

习　题

2-1　试判别下列系统是否为线性系统，并说明原因。其中 $f(t)$ 为外部激励信号，$q(0)$ 表示系统内部状态，$y(t)$ 为系统响应。

(1) $y(t)=2q^2(0)+f(t)$

(2) $y(t)=q(0)+\int_0^t f(\tau)d\tau$

(3) $y(t)=q(0)\cos 5t+tf(t)$

(4) $y(t)=q(0)f(t)$

2-2　判断下列系统是否为线性、时不变、因果系统。

(1) $y'(t)+ty(t)=f(t)$　　(2) $y''(t)+3y(t)+2y(t)=f(t)$

(3) $y'(t)+3y(t)+2=f(t)$　　(4) $y'(t)+5y(t)=f(t+2)$

(5) $y'(t)=tf^2(t)$　　(6) $y(t)=f(2t-1)$

2-3　线性时不变系统的一个基本性质是：只要系统的输入是某个频率的正弦信号，输出就是同频率的正弦，只是其幅度和相位发生改变，取决于系统特性。那么对于下列系统，当输入信号为 $f(t)=\cos 5t(-\infty<t<\infty)$，其输出信号为 $y(t)$，试判断系统是否为 LTI 系统。

(1) $y(t)=|f(t)|^2$

(2) $y(t)=0.5[f(t)+f(t-1)]$

(3) $y(t)=f(t)\varepsilon(t)$

(4) $y(t)=\int_{t-2}^t f(\tau)\mathrm{d}\tau$

2-4　对于某线性时不变系统，若已知当激励信号 $f(t)=\varepsilon(t)$ 时，其零状态响应为 $y_{zs}(t)=(\mathrm{e}^{-2t}+\mathrm{e}^{-t})\varepsilon(t)$，求：

(1) 当输入信号为 $\delta(t)$ 时，系统的零状态响应；

(2) 当输入信号为 $t\varepsilon(t)$ 时，系统的零状态响应；

(3) 当输入信号为 $\varepsilon(t)-\varepsilon(t-1)$ 时，系统的零状态响应。

2-5　某线性时不变系统包含两个初始条件 $q_1(0)$ 和 $q_2(0)$。若已知：

(1) 当 $q_1(0)=1$，$q_2(0)=0$ 时，系统的零输入响应为 $(2\mathrm{e}^{-t}+\mathrm{e}^{-2t})\varepsilon(t)$；

(2) 当 $q_1(0)=0$，$q_2(0)=1$ 时，系统的零输入响应为 $(\mathrm{e}^{-t}-2\mathrm{e}^{-2t})\varepsilon(t)$；

(3) 当 $q_1(0)=1, q_2(0)=-1$ 时，而激励信号为 $f(t)$ 时，系统的全响应为 $y(t)=(3+\mathrm{e}^{-t})\varepsilon(t)$。

试求当 $q_1(0)=2$，$q_2(0)=3$ 时，激励信号为 $2f(t)$ 时系统的全响应。

2-6　已知某线性时不变系统在图 2-12a 所示信号激励作用下，零状态响应 $y_{zs}(t)$ 如图 2-12b 所示。那么，系统在如图 2-12c 所示激励信号作用下，系统的零状态响应为多少？

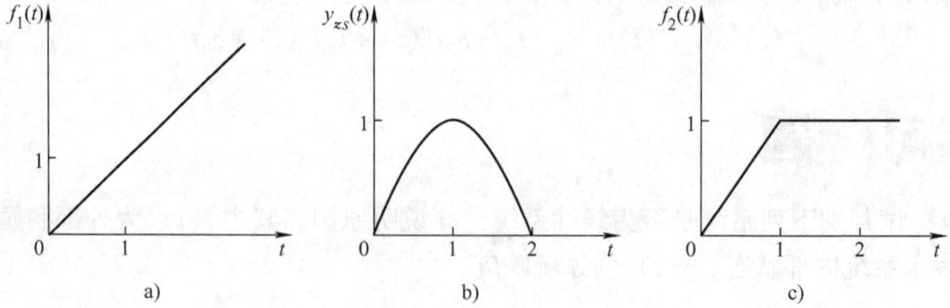

图 2-12　习题 2-6 图

2-7　根据图 2-13 所示电路图，写出系统的输入—输出微分方程。

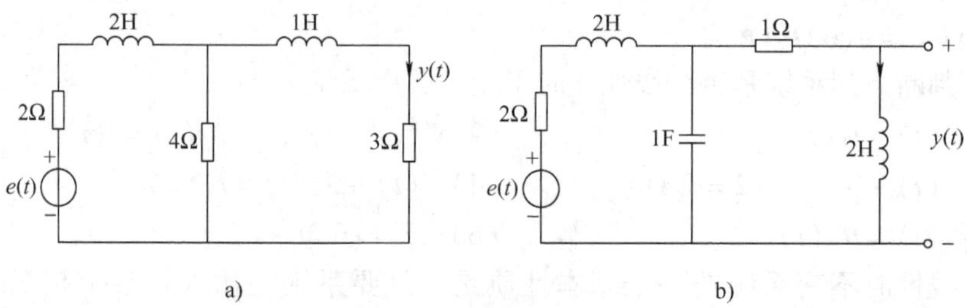

图 2-13　习题 2-7 图

2-8　试证明常系数线性微分方程表示的系统是线性时不变系统。

2-9　某系统框图如图 2-14 所示，写出其微分方程。

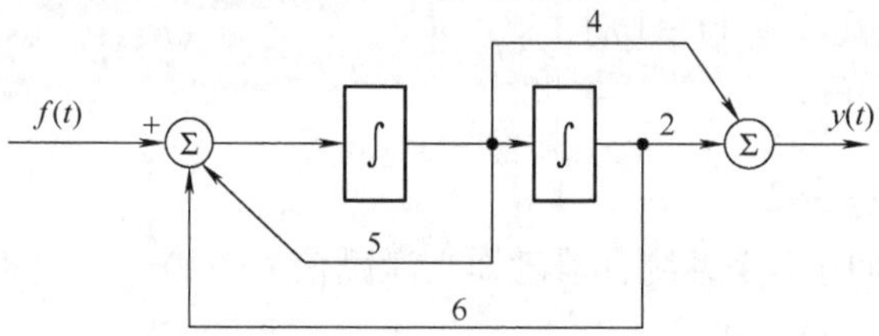

图 2-14　习题 2-9 图

2-10　试画出下面微分方程所描述系统的系统框图。

（1）$y'''(t)+3y''(t)+2y'(t)+y(t)=2f(t)$

（2）$y''(t)+4y'(t)+3y(t)=2f'(t)+f(t)$

第3章 连续时间系统的时域分析

3.1 引言

在给定系统的结构、参数以及系统的初始状态基础上，分析和讨论系统的功能和作用称为系统分析。而系统的时域分析方法则主要是建立在信号时域分解表示的基础上，研究一个复杂信号通过系统所产生的输出或者响应，同时对所得结果进行物理解释，分析系统对信号进行处理和变换的过程。由于本书重点讨论的对象是线性时不变系统，系统的线性和时不变特性使得系统响应求解的问题得到简化。

第2章介绍了描述线性时不变系统的数学模型——线性常系数微分方程。在分析和求解线性常系数微分方程过程中，可以采用时域经典方法求解，即齐次解和特解的形式。这种求解方法在实际计算过程中存在很大的局限性。首先，特解的形式与输入激励信号的表达形式密切相关，对于常用的一些激励信号，其特解形式是已知的，而对于更广泛一类的信号，由于结构复杂，其特解形式难以预先设定，这给系统的求解造成不小的难度；其次，系统初始状态直接影响到系统响应的求解，系统初始状态一旦发生变化，整个计算过程就需要重新求解；最后，经典求解方法借助常系数微分方程的数学分析方法，其求解过程缺乏相应的物理解释。虽然时域经典方法存在很多缺点，但却仍然是掌握信号与系统最基础和最为直接的方法，在计算过程中，无需理解有关信号复杂的物理意义，因此它依旧是学习其他解法的重要基础。

另外一种时域分析方法称为双零响应法，即零输入响应和零状态响应法。在这种分析方法中，把系统的初始状态称为内部激励，将系统的输入信号称为外部激励。由于本书讨论的系统都是线性系统，因此当系统内部激励和外部激励同时作用在系统上所产生的完全响应 $y(t)$，可以看作是内部激励信号单独作用在系统上产生的响应与外部激励信号单独作用在系统上所产生的响应之和。这里，内部激励信号单独作用在系统上产生的响应，一般称为系统的零输入响应，记为 $y_{zi}(t)$；而外部激励信号单独作用在系统上所产生的响应，称为系统的零状态响应，记为 $y_{zs}(t)$。那么，就可以得到系统的完全响应 $y(t)=y_{zi}(t)+y_{zs}(t)$，$t>0$。对于系统的零输入响应计算，可以求解微分方程的齐次方程；而对于系统的零状态响应的求解，一种是采用经典解法求解，把系统零状态响应分为齐次解和特解；另外一种则可以采用信号时域分解的形式，将外部激励信号分解成为无数个经过时移的冲激信号的线性叠加形式，再根据所讨论的系统满足线性性质以及时不变特性，外部激励信号通过系统所产生的零状态响应就表达成为无数个处于不同时间点上的冲激信号 $\{\delta(t-\tau)\}_{\tau\in R}$ 通过系统产生的冲激响应 $\{h(t-\tau)\}_{\tau\in R}$ 的线性叠加形式，从而推导出，系统的零状态响应等于外部激励信号与系统冲激响应的卷积：$y_{zs}(t)=f(t)*h(t)$，在这个过程中还将引入系统单位冲激响应的概念。

系统的单位冲激响应表征了系统的主要特性，通过它可以判断一个 LTI 系统的因果性和稳定性。

3.2 常系数微分方程的经典解

连续时间 LTI 系统可以采用如下 n 阶线性常系数微分方程进行描述，其一般形式为

$$\begin{cases} y^{(n)}(t)+a_{n-1}y^{(n-1)}(t)+\cdots+a_1y'(t)+a_0y(t) \\ \qquad =b_mf^{(m)}(t)+b_{m-1}f^{(m-1)}(t)+\cdots+b_1f'(t)+b_0f(t),t>0 \\ y^{(i)}(0)=c_i,\ i=0,1,\cdots,n-1 \end{cases} \tag{3-1}$$

式中，a_0，a_1，$\cdots$，a_{n-1}和 b_0，b_1，$\cdots$，b_m 均为常数；$y^{(i)}(0)$ 表示系统的初始条件。

根据微分方程的相关理论，上述 n 阶微分方程的完全解主要由两部分构成：一个是齐次解 $y_h(t)$，它是由原方程对应的齐次方程求解得到；另外一个是满足原方程的一个特解 $y_p(t)$。因此，系统的完全解可以写为如下形式：

$$y(t)=y_h(t)+y_p(t) \tag{3-2}$$

下面将常系数线性微分方程的经典求解过程划分为三个步骤，分别进行介绍。

1. 齐次解

齐次解的函数形式主要由特征方程

$$\lambda^n+a_{n-1}\lambda^{n-1}+\cdots+a_1\lambda+a_0=0 \tag{3-3}$$

的 n 个特征根$\{\lambda_i\}_{1\leqslant i\leqslant n}$决定。

特征方程 n 个特征根的形式存在两种可能情况：

1）当 n 个特征根均为单根的情况下，齐次解的形式可以写成

$$y_h(t) = C_1\mathrm{e}^{\lambda_1 t} + C_2\mathrm{e}^{\lambda_2 t} + \cdots + C_n\mathrm{e}^{\lambda_n t} = \sum_{i=1}^{n} C_i\mathrm{e}^{\lambda_i t} \tag{3-4}$$

其中，$\lambda_1\neq\lambda_2\neq\cdots\neq\lambda_n$。

2）当 n 个特征根中包含一个 r 重根 λ_1 的情况，那么齐次解的形式为

$$\begin{aligned} y_h(t) &= (C_0 + C_1t + \cdots + C_{r-1}t^{r-1})\mathrm{e}^{\lambda_1 t} + \sum_{i=r+1}^{n} C_i\mathrm{e}^{\lambda_i t} \\ &= \left(\sum_{j=0}^{r-1} C_jt^j\right)\mathrm{e}^{\lambda_1 t} + \sum_{i=r+1}^{n} C_i\mathrm{e}^{\lambda_i t} \end{aligned} \tag{3-5}$$

2. 特解

特解是指满足式(3-1) 所示微分方程的一个解，其形式与外加激励信号 $f(t)$ 的函数形式有关。表 3-1 列举出几种常见的输入信号所对应特解的函数形式，表中特解表达式的待定系数可以通过将特解 $y_p(t)$ 代入到微分方程中，然后比较微分方程左右两边的系数求得。

表 3-1 激励信号 $f(t)$ 与对应的特解函数形式

激励信号 $f(t)$	特解 $y_p(t)$
常数 E	常数 P
$\mathrm{e}^{\alpha t}$，$\alpha\neq\lambda_i$	$P\mathrm{e}^{\alpha t}$

（续）

激励信号 $f(t)$	特解 $y_p(t)$
$e^{\alpha t}$，$\alpha=\lambda_i$，其中 λ_i 为 r 重根	$Pt^r e^{\alpha t}$
$\cos(\omega_0 t)$	$P\cos(\omega_0 t)+Q\sin(\omega_0 t)$
$\sin(\omega_0 t)$	$P\cos(\omega_0 t)+Q\sin(\omega_0 t)$
t^k	$P_k t^k+P_{k-1}t^{k-1}+\cdots+P_1 t+P_0$

3. 确定待定系数

在获得系统齐次解和特解的情况下，可以得到系统的完全解。而齐次解中所包含的待定系数，需要结合系统给出的 n 个初始条件联立方程组求得，稍后将结合例题予以讲解。这里，完全解中的齐次解部分，通常称之为系统的自由响应或固有响应，它主要由系统特征方程的特征根决定，这些特征根又称为系统的固有频率或自然频率；而特解部分称为强迫响应，因此强迫响应形式则只与激励信号有关。

【例 3-1】 已知某连续 LTI 系统的微分方程为

$$y''(t)+5y'(t)+6y(t)=f(t)$$

系统初始值 $y(0)=2$，$y'(0)=-1$，输入 $f(t)=2e^{-t},t\geqslant 0$，求系统的全解。

解： 首先，列出系统微分方程的特征方程

$$\lambda^2+5\lambda+6=0$$

其特征根 $\lambda_1=-2$，$\lambda_2=-3$。从而得到系统的齐次解

$$y_h(t)=C_1 e^{-2t}+C_2 e^{-3t}$$

根据表 3-1 可知，当激励信号 $f(t)=2e^{-t}\varepsilon(t)$ 时，其特解形式为

$$y_p(t)=Pe^{-t}\varepsilon(t)$$

将特解 $y_p(t)$ 和系统的激励信号 $f(t)$ 分别代入到系统微分方程的左边和右边，得

$$Pe^{-t}+5(-Pe^{-t})+6Pe^{-t}=2e^{-t}$$

比较方程左右两边的系数，解得 $P=1$。那么系统微分方程的特解为

$$y_p(t)=e^{-t}\varepsilon(t)$$

于是，可得系统微分方程的全解形式如下：

$$y(t)=y_h(t)+y_p(t)=(C_1 e^{-2t}+C_2 e^{-3t}+e^{-t})\varepsilon(t)$$

代入系统初始值，$y(0)=2,y'(0)=-1$，代入系统全解中，联立方程组

$$\begin{cases}y(0)=C_1+C_2+1=2\\ y'(0)=-2C_1-3C_2-1=-1\end{cases}$$

解得 $C_1=3$，$C_2=-2$，从而得出微分方程全解

$$y(t)=(3e^{-2t}-2e^{-3t}+e^{-t})\varepsilon(t)$$

在该系统全解中，强迫响应分量是 $e^{-t}\varepsilon(t)$，而自由响应分量是 $(3e^{-2t}-2e^{-3t})\varepsilon(t)$。

【例 3-2】 描述某连续 LTI 系统的微分方程为

$$y''(t)+5y'(t)+6y(t)=f(t)$$

系统初始值 $y(0)=2$，$y'(0)=0$，求输入 $f(t)=10\cos t$，$t\geqslant 0$ 时系统的全响应。

解： 与上题相同，系统的齐次解为

$$y_h(t)=C_1\mathrm{e}^{-2t}+C_2\mathrm{e}^{-3t}$$

根据表3-1可知，由于激励信号$f(t)=10\cos t$，故方程的特解形式为

$$y_p(t)=P\cos(t)+Q\sin(t)$$

将特解$y_p(t)$和系统的激励信号$f(t)$分别代入到系统微分方程的左边和右边，并整理方程可得

$$(5P+5Q)\cos(t)+(5Q-5P)\sin(t)=10\cos(t)$$

因上式对所有的$t\geqslant0$成立，故有

$$5P+5Q=10$$
$$-5P+5Q=0$$

解得$P=Q=1$，那么系统的特解为

$$y_p(t)=\cos(t)+\sin(t)=\sqrt{2}\cos\left(t-\frac{\pi}{4}\right)$$

于是，可以写出系统的全响应为

$$y(t)=y_h(t)+y_p(t)=C_1\mathrm{e}^{-2t}+C_2\mathrm{e}^{-3t}+\sqrt{2}\cos\left(t-\frac{\pi}{4}\right)$$

代入系统初始值，$y(0)=2$，$y'(0)=0$得

$$\begin{cases}y(0)=C_1+C_2+1=2\\ y'(0)=-2C_1-3C_2+1=0\end{cases}$$

解得$C_1=2$，$C_2=-1$。从而得到系统的全响应为

$$y(t)=2\mathrm{e}^{-2t}-\mathrm{e}^{-3t}+\sqrt{2}\cos\left(t-\frac{\pi}{4}\right),\ t\geqslant0$$

在该系统全解中，强迫响应分量是$\sqrt{2}\cos\left(t-\frac{\pi}{4}\right)\varepsilon(t)$，而自由响应分量是$(2\mathrm{e}^{-2t}-\mathrm{e}^{-3t})\varepsilon(t)$。

3.3 系统初值从0_-到0_+跳变的计算

在系统分析过程中，通常把系统输出信号$y(t)$的作用区间，定义为外部激励信号$f(t)$在$t=0$时刻接入系统以后对应于系统状态变化的区间，即$0_+\leqslant t<\infty$。如果系统在外部激励信号作用之前有一组瞬时状态，记为

$$y^{(i)}(0_-)=\{y(0_-),y'(0_-),\cdots,y^{(n-1)}(0_-)\}$$

那么，这组状态称为系统的初始状态，它反映出系统原始的过去信息，与外部激励信号无关。而在外部激励信号$t=0$时刻接入系统以后，由于受到激励信号的作用，就有可能使得系统的这组状态在$t=0_-$到$t=0_+$之间发生变化，而发生变化以后的这组状态记为

$$y^{(i)}(0_+)=\{y(0_+),y'(0_+),\cdots,y^{(n-1)}(0_+)\}$$

这组状态称为系统的初始条件或者初始值。在连续时间系统的时域经典方法计算过程中，待定系数的求解依据的是系统的初始值$y^{(i)}(0)$（$i=0,1,\cdots2,n-1$），而这个初始值就对应于这里的$y^{(i)}(0_+)$。

由于系统的初始值$y^{(i)}(0_+)$中已经包含了激励信号的作用，因此通常并不用它描

述和刻画一个系统，而是采用的系统的初始状态 $y^{(i)}(0_-)$。然而在利用时域经典法求解系统全响应时，为了确定待定系数的值，又需要用到系统的初始值，因此就需要根据系统的初始状态并结合激励信号的作用计算得到系统在 $t=0_+$ 时刻的初始值。下面通过具体例题来讨论系统的初始值计算方法。

【例3-3】 已知某系统的微分方程为

$$y''(t)+3y'(t)+2y(t)=2f'(t)+6f(t)$$

系统的初始值 $y(0_-)=2$，$y'(0_-)=0$，激励信号 $f(t)=\varepsilon(t)$，求 $y(0_+)$ 和 $y'(0_+)$。

解：将输入 $f(t)=\varepsilon(t)$ 代入上述微分方程右边得

$$y''(t)+3y'(t)+2y(t)=2\delta(t)+6\varepsilon(t)$$

利用系数匹配法分析：在 $0_-<t<0_+$ 区间等号两端 $\delta(t)$ 项的系数应相等。

由于等号右端包含冲激项 $\delta(t)$，那么它只可能出现在方程左边关于 $y(t)$ 的最高阶次项中，否则方程左边就会出现冲激函数的微分项，而方程的右边并没有冲激函数微分项。因此，$y''(t)$ 应包含冲激函数，这意味着 $y'(t)$ 在 $t=0$ 处将发生跃变，即 $y'(0_+)\neq y'(0_-)$。

另外一方面，$y'(t)$ 不可能含冲激项，否则 $y''(t)$ 将含有 $\delta'(t)$ 项。由于 $y'(t)$ 中不含 $\delta(t)$，故 $y(t)$ 在 $t=0$ 处是连续的。故 $y(0_+)=y(0_-)=2$。此时，对上式两端积分得

$$\int_{0_-}^{0_+}y''(t)\mathrm{d}t+3\int_{0_-}^{0_+}y'(t)\mathrm{d}t+2\int_{0_-}^{0_+}y(t)\mathrm{d}t=2\int_{0_-}^{0_+}\delta(t)\mathrm{d}t+6\int_{0_-}^{0_+}\varepsilon(t)\mathrm{d}t$$

由于积分是在无穷小区间 $[0_-,0_+]$ 进行的，且 $y(t)$ 在 $t=0$ 连续，故

$$\int_{0_-}^{0_+}y(t)\mathrm{d}t=0,\ \int_{0_-}^{0_+}\varepsilon(t)\mathrm{d}t=0$$

于是得

$$[y'(0_+)-y'(0_-)]+3[y(0_+)-y(0_-)]=2$$

考虑 $y(0_+)=y(0_-)=2$，所以

$$y'(0_+)=y'(0_-)+2=2$$

【例3-4】 已知某连续 LTI 系统的微分方程为

$$y''(t)+2y'(t)+y(t)=f''(t)+2f(t)$$

系统初始值 $y(0_-)=1$，$y'(0_-)=-1$，$f(t)=\delta(t)$，求 $y(0_+)$ 和 $y'(0_+)$。

解：将输入信号 $f(t)=\delta(t)$ 代入微分方程右边，得

$$y''(t)+2y'(t)+y(t)=\delta''(t)+2\delta(t)$$

利用系数匹配法分析，等式两端 $\delta(t)$ 及其各阶导数的系数应分别相等。因此，$y''(t)$ 中必然含有冲激函数导数的最高阶次项以及其他阶次，故令

$$y''(t)=a\delta''(t)+b\delta'(t)+c\delta(t)+r_0(t)$$

式中，a、b、c 为待定系数，函数 $r_0(t)$ 为连续函数，不含 $\delta(t)$ 及其各阶导数。相应地，可以得到

$$y'(t)=a\delta'(t)+b\delta(t)+r_1(t)$$

$$y(t)=a\delta(t)+r_2(t)$$

将以上两式代入系统微分方程左边，只考虑 $0_-<t<0_+$ 时间范围，那么可得

$$a\delta''(t)+(2a+b)\delta'(t)+(a+2b+c)\delta(t)=\delta''(t)+2\delta(t)$$

匹配等式两端 $\delta(t)$ 及其各阶导数的系数，得

$$\begin{cases}a=1\\2a+b=0\\a+2b+c=2\end{cases}$$

由上式解得 $a=1$，$b=-2$，$c=5$。由于 $y''(t)$ 包含冲激项，因此 $y'(t)$ 必然发生跳变，可得

$$y'(0_+)-y'(0_-)=5$$

代入系统初值 $y'(0_-)=-1$，得 $y'(0_+)=4$。

同理，由于 $y'(t)$ 包含冲激项，因此 $y(t)$ 必然发生跳变，可得

$$y(0_+)-y(0_-)=-2$$

代入系统初值 $y(0_-)=1$，得 $y(0_+)=-1$。

3.4 系统零输入响应和零状态响应

连续 LTI 系统的时域经典求解方法将系统的全响应划分成为齐次解（自由响应）和特解（强迫响应），而这种划分方法只反映出数学形式的求解过程，而缺乏相应的物理解释。本节将讨论线性系统的另外一种时域求解方法，即零输入响应和零状态响应法。

考虑到本书讨论的系统均满足线性时不变特性，如果将系统的内部初始状态 $y^{(i)}(0_-)$ 也看作是一种内部激励信号，当内部激励和外部激励信号同时作用在系统上所产生的响应可以认为是内部激励和外部激励信号分别单独作用在系统上所产生的响应之和，如图 3-1 所示。

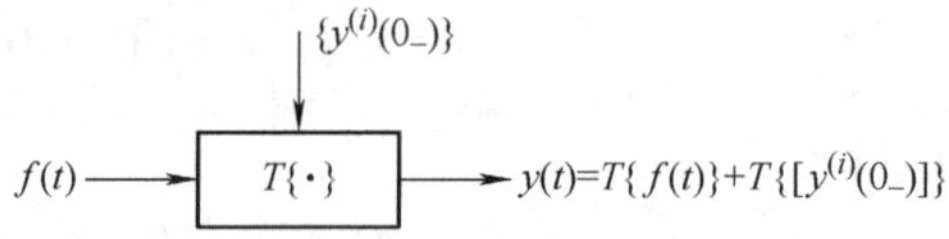

图 3-1　系统的全响应

$T\{\cdot\}$ 表示系统作用。

1. 零输入响应

定义：在没有外部激励作用下，仅仅由系统的内部状态作用在系统上产生的响应即为零输入响应，记为 $y_{zi}(t)$ 或 $y_x(t)$。它满足方程

$$\begin{cases}y_{zi}{}^{(n)}(t)+a_{n-1}y_{zi}{}^{(n-1)}(t)+\cdots+a_1y_{zi}{}'(t)+a_0y_{zi}(t)=0,\ t\geqslant0\\y_{zi}{}^{(i)}(0_-)=y^{(i)}(0_-),i=0,1,\cdots,n-1\end{cases}\tag{3-6}$$

由于系统没有外部激励的作用，因此系统的初始状态也不会发生变化，那么就可得知 $y_{zi}{}^{(i)}(0_+)=y_{zi}{}^{(i)}(0_-)$。这种情况下，系统只有齐次解（单根情况下），其形式如下：

$$y_{zi}(t)=\sum_{i=1}^{n}C_{izi}\mathrm{e}^{\lambda_it}\tag{3-7}$$

这里，齐次解的待定系数完全由系统的初始状态决定。

2. 零状态响应

定义：在系统的初始状态为零的前提下，由外部激励信号作用在系统上产生的响

应即为零状态响应，记为 $y_{zs}(t)$ 或 $y_f(t)$。它满足方程

$$\begin{cases} {y_{zs}}^{(n)}(t)+a_{n-1}{y_{zs}}^{(n-1)}(t)+\cdots+a_1{y_{zs}}'(t)+a_0y_{zs}(t) \\ \qquad =b_mf^{(m)}(t)+b_{m-1}f^{(m-1)}(t)+\cdots+b_1f'(t)+b_0f(t),\ t>0 \\ {y_{zs}}^{(i)}(0-)=0,i=0,1,\cdots,n-1 \end{cases} \tag{3-8}$$

其解的形式当中既包括齐次解，又包含特解，其形式如下：

$$y_{zs}(t)=\sum_{i=1}^{n}C_{izs}\mathrm{e}^{\lambda_i t}+P(t) \tag{3-9}$$

式中，$P(t)$ 表示系统的特解。

因此，系统的全响应形式就可以写成

$$y(t)=y_{zi}(t)+y_{zs}(t)=\underbrace{\underbrace{\sum_{i=1}^{n}C_{izi}\mathrm{e}^{\lambda_i t}}_{零输入响应}+\mathrlap{\underbrace{\phantom{\sum_{i=1}^{n}C_{izs}\mathrm{e}^{\lambda_i t}+P(t)}}_{零状态响应}}\sum_{i=1}^{n}C_{izs}\mathrm{e}^{\lambda_i t}}_{自由响应}+\underbrace{P(t)}_{强迫响应}=\sum_{i=1}^{n}C_i\mathrm{e}^{\lambda_i t}+P(t) \tag{3-10}$$

【例 3-5】 描述某 LTI 系统的微分方程为

$$y''(t)+3y'(t)+2y(t)=2f'(t)+6f(t)$$

系统初始状态 $y(0_-)=2$，$y'(0_-)=1$，$f(t)=\varepsilon(t)$，求该系统的零输入响应、零状态响应和全响应。

解：(1) 零输入响应 $y_{zi}(t)$

在零输入响应下，由于没有外部激励作用，系统初始状态不会发生跳变，因此

$$y_{zi}(0_+)=y_{zi}(0_-)=y(0_-)=2$$
$$y_{zi}'(0_+)=y_{zi}'(0_-)=y'(0_-)=1$$

由系统的特征方程 $\lambda^2+3\lambda+2=0$，得出特征根为 $\lambda_1=-1$，$\lambda_2=-2$，故零输入响应形式为

$$y_{zi}(t)=C_1\mathrm{e}^{-t}+C_2\mathrm{e}^{-2t}$$

代入零输入响应下的系统初始值，联立方程组

$$\begin{cases} y_{zi}(0_+)=C_1+C_2=2 \\ y_{zi}'(0_+)=-C_1-2C_2=1 \end{cases}$$

解得 $C_1=5$，$C_2=-3$。系统的零输入响应为

$$y_{zi}(t)=(5\mathrm{e}^{-t}-3\mathrm{e}^{-2t})\varepsilon(t)$$

(2) 零状态响应 $y_{zs}(t)$

将激励信号 $f(t)=\varepsilon(t)$ 代入到系统微分方程右边，得

$$y_{zs}''(t)+3y_{zs}'(t)+2y_{zs}(t)=2\delta(t)+6\varepsilon(t)$$

分析：系统在零状态响应下，初始状态均为 0，即 $y_{zs}(0_-)=y_{zs}'(0_-)=0$。考虑到方程右边有一个冲激项 $\delta(t)$，利用系数匹配法，方程左边只可能在最高阶次项 $y_{zs}''(t)$ 中出现冲激项，这就意味着 $y_{zs}'(t)$ 从 0_- 到 0_+ 之间会发生跳变。$y_{zs}'(t)$ 中不可能包含冲激项，否则方程左边会出现冲激偶，而方程的右边并不含冲激偶。因此，$y_{zs}(t)$ 从 0_- 到 0_+ 之间不会发生跳变，即 $y_{zs}(0_+)=y_{zs}(0_-)=0$。下面对微分方程左右两边从 0_- 到 0_+ 积分，有

$$y'_{zs}(0_+)-y'_{zs}(0_-)=2$$

解得 $y'_{zs}(0_+)=2$。

零状态响应的齐次解为

$$y_h(t)=(C_1\mathrm{e}^{-t}+C_2\mathrm{e}^{-2t})\varepsilon(t)$$

由于激励信号 $f(t)=\varepsilon(t)$ 是一个常数，因此特解 $y_p(t)=P$(常数)，代入系统微分方程，比较两边系数，可以求得 $P=3$，于是可得

$$y_{zs}(t)=y_h(t)+y_p(t)=(C_1\mathrm{e}^{-t}+C_2\mathrm{e}^{-2t}+3)\varepsilon(t)$$

代入初始值，联立方程组

$$\begin{cases}y_{zs}(0_+)=C_1+C_2+3=0\\ y'_{zs}(0_+)=-C_1-2C_2=2\end{cases}$$

解得 $C_1=-4$，$C_2=1$，代入得系统的零状态响应为

$$y_{zs}(t)=(-4\mathrm{e}^{-t}+\mathrm{e}^{-2t}+3)\varepsilon(t)$$

（3）全响应 $y(t)$

$$\begin{aligned}y(t)&=y_{zi}(t)+y_{zs}(t)=(5\mathrm{e}^{-t}-3\mathrm{e}^{-2t})\varepsilon(t)+(-4\mathrm{e}^{-t}+\mathrm{e}^{-2t}+3)\varepsilon(t)\\&=(\mathrm{e}^{-t}-2\mathrm{e}^{-2t}+3)\varepsilon(t)\end{aligned}$$

其中系统的自由响应为 $(\mathrm{e}^{-t}-2\mathrm{e}^{-2t})\varepsilon(t)$；强迫响应为 $3\varepsilon(t)$。

【例3-6】 如图3-2所示电路，系统的响应信号定义为电容 C 两端的电压 $u_C(t)$。在 $t=0$ 时开关S由1切换到2，试分别计算当激励信号 $e_1(t)=\mathrm{e}^{-2t}\varepsilon(t)$ 及 $e_2(t)=2\mathrm{e}^{-2t}\varepsilon(t)$ 时，该系统的零输入响应、零状态响应以及全响应。

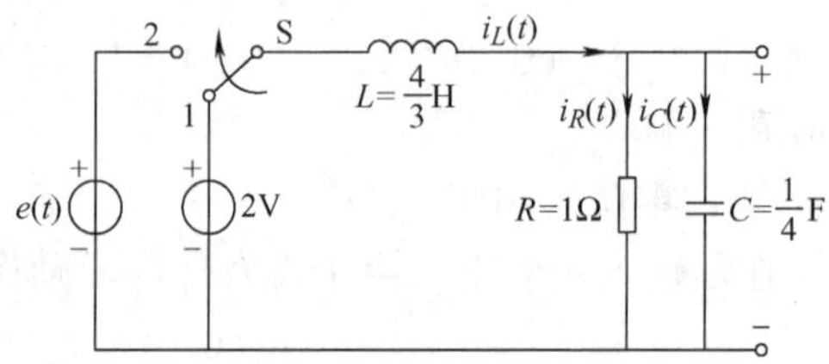

图3-2 例3-6的电路

解：（1）确定系统中动态元件的初始状态

当开关S处于位置1的时刻，可以直接求得电容 C 的两端电压 $u_C(0_-)=2\mathrm{V}$，$i_C(0_-)=0$。经过电容的电流 $i_C(t)$ 不发生跳变，这意味着 $u'_C(0_-)=0$。

（2）根据电路拓扑结构，建立系统的微分方程模型

当0时刻开关S由1切换到2，系统激励信号发生了变化，系统的响应信号定义电容 C 两端的电压 $u_C(t)$。令 $u_L(t)$、$u_R(t)$ 及 $u_C(t)$ 分别表示电感 L、电阻 R 以及电容 C 两端的电压，$i_L(t)$，$i_R(t)$ 和 $i_C(t)$ 分别表示通过的电流，依据电路元件的约束特性有

$$\begin{cases}i_R(t)=\dfrac{1}{R}u_R(t)\\ i_L(t)=\dfrac{1}{L}\displaystyle\int_{-\infty}^{t}u_L(\tau)\mathrm{d}\tau\\ i_C(t)=Cu'_C(t)\end{cases}$$

由基尔霍夫电流定律，得到

$$i_L(t)=i_R(t)+i_C(t)$$

利用 $u_C(t)=u_R(t)$，整理方程组得到

$$Cu''_C(t)+\frac{1}{R}u'_C(t)+\frac{1}{L}u_C(t)=\frac{1}{L}e(t)$$

代入元件参数 $R=1$，$L=4/3$，$C=1/4$，得到

$$u''_C(t)+4u'_C(t)+3u_C(t)=3e(t)$$

（3）求解系统的零输入响应、零状态响应以及全响应

1）系统的零输入响应。

当外接激励信号为零时，根据系统的齐次方程，求得系统的特征根分别为 $\lambda_1=-1$，$\lambda_2=-3$，则系统的零输入响应形式为

$$u_{zi}(t)=(C_1\mathrm{e}^{-t}+C_2\mathrm{e}^{-3t})\varepsilon(t)$$

系统的初始状态为 $u_C(0_-)=2$，$u'_C(0_-)=0$，由于没有外部激励作用，系统初始状态不会发生跳变，因此

$$u_{zi}(0_+)=u_C(0_-)=2$$
$$u'_{zi}(0_+)=u'_C(0_-)=0$$

将其代入零输入响应解中，联立方程组

$$\begin{cases}u_{zi}(0_+)=C_1+C_2=2\\u'_{zi}(0_+)=-C_1-3C_2=0\end{cases}$$

解得 $C_1=3$，$C_2=-1$。系统的零输入响应为

$$u_{zi}(t)=(3\mathrm{e}^{-t}-\mathrm{e}^{-3t})\varepsilon(t)$$

2）系统的零状态响应。

将激励信号 $e_1(t)=\mathrm{e}^{-2t}\varepsilon(t)$ 代入方程中

$$u''_{zs}(t)+4u'_{zs}(t)+3u_{zs}(t)=3\mathrm{e}^{-2t}\varepsilon(t)$$

系统零状态响应下，系统的初始状态 $u_{zs}(0_-)=u'_{zs}(0_-)=0$，由于方程右边不包含冲激项，这就意味着从 0_- 到 0_+ 之间系统不存在跳变。那么，$u_{zs}(0_+)=u_{zs}(0_-)=0$，$u'_{zs}(0_+)=u'_{zs}(0_-)=0$。

根据激励信号 $e_1(t)$ 的形式，可以得出特解形式为 $P\mathrm{e}^{-2t}$，其中 P 为待定系数，代入系统微分方程，得到

$$4P\mathrm{e}^{-2t}-8P\mathrm{e}^{-2t}+3P\mathrm{e}^{-2t}=3\mathrm{e}^{-2t}$$

所以

$$P=-3$$

则系统的零状态响应解为

$$u_{zs}=(C_1\mathrm{e}^{-t}+C_2\mathrm{e}^{-3t}-3\mathrm{e}^{-2t})\varepsilon(t)$$

代入系统初始值，$u_{zs}(0_+)=0$，$u'_{zs}(0_+)=0$

$$\begin{cases}u_{zs}(0_+)=C_1+C_2-3=0\\u'_{zs}(0_+)=-C_1-3C_2+6=0\end{cases}$$

解得 $C_1=3/2$，$C_2=3/2$，代入得系统的零状态响应为

$$u_{zs}(t)=\left(\frac{3}{2}\mathrm{e}^{-t}+\frac{3}{2}\mathrm{e}^{-3t}-3\mathrm{e}^{-2t}\right)\varepsilon(t)$$

3）系统的全响应。

$$u_C(t)=u_{zi}(t)+u_{zs}(t)=(3\mathrm{e}^{-t}-\mathrm{e}^{-3t})\varepsilon(t)+\left(\frac{3}{2}\mathrm{e}^{-t}+\frac{3}{2}\mathrm{e}^{-3t}-3\mathrm{e}^{-2t}\right)\varepsilon(t)$$

$$=\left(\frac{9}{2}\mathrm{e}^{-t}+\frac{1}{2}\mathrm{e}^{-3t}-3\mathrm{e}^{-2t}\right)\varepsilon(t)$$

而当系统的激励信号为 $e_2(t)=2\mathrm{e}^{-2t}\varepsilon(t)$ 时，与 $e_1(t)$ 相比，外部激励信号放大了两倍，在这种情况下系统的零输入响应保持不变；由于讨论的系统是线性时不变系统，其零状态响应也将放大两倍，此时系统的全响应为

$$u_C(t)=u_{zi}(t)+2u_{zs}(t)=(3\mathrm{e}^{-t}-\mathrm{e}^{-3t})\varepsilon(t)+2\left(\frac{3}{2}\mathrm{e}^{-t}+\frac{3}{2}\mathrm{e}^{-3t}-3\mathrm{e}^{-2t}\right)\varepsilon(t)$$

$$=(6\mathrm{e}^{-t}+2\mathrm{e}^{-3t}-6\mathrm{e}^{-2t})\varepsilon(t)$$

从此题分析可知，零状态响应是指系统储能为零时，外加激励作用下引起的系统响应，即系统的初始状态为零，完全由外接激励所得的系统响应。零输入响应则是在系统没有外接激励作用，单纯由系统储能引起的响应。

3.5 系统的冲激响应和阶跃响应

对于连续 LTI 系统，单位冲激响应具有十分重要的作用，它能够表征一个 LTI 系统的所有特性和功能，包括系统的因果性和稳定性等，而对于非 LTI 系统，其系统特性并不能够由单位冲激响应完全表征出来，因此单位冲激响应和系统之间也不存在一一对应关系。

3.5.1 冲激响应

系统的冲激响应定义为：系统在单位冲激信号 $\delta(t)$ 激励作用下的零状态响应，通常记为 $h(t)$。冲激响应 $h(t)$ 仅仅取决于系统本身，属于系统的自由响应。不同的系统对应于不同的冲激响应 $h(t)$，它们之间属于一一对应的关系，反映了系统的时域特性，因此连续 LTI 系统的冲激响应函数 $h(t)$ 可以作为第三种系统的时域描述方式(除了系统常系数微分方程和系统框图以外)。根据连续 LTI 系统的数学模型，其冲激响应 $h(t)$ 应该满足如下微分方程：

$$\begin{cases}h^{(n)}(t)+a_{n-1}h^{(n-1)}(t)+\cdots+a_1h'(t)+a_0h(t)\\ \qquad =b_m\delta^{(m)}(t)+b_{m-1}\delta^{(m-1)}(t)+\cdots+b_1\delta'(t)+b_0\delta(t),t>0\\ h^{(i)}(0_-)=0,\qquad i=0,1,\cdots,n-1\end{cases}\tag{3-11}$$

由于冲激信号 $\delta(t)$ 及其各阶微分在 $t\geqslant 0_+$ 时刻以后都等于零，那么也就意味着微分方程右边的激励项在 $t\geqslant 0_+$ 时刻都恒等于零，因此上述公式就转化为下面的齐次方程组：

$$\begin{cases}h^{(n)}(t)+a_{n-1}h^{(n-1)}(t)+\cdots+a_1h'(t)+a_0h(t)=0,t\geqslant 0_+\\ h^{(i)}(0_-)=0,i=0,1,\cdots,n-1\end{cases}\tag{3-12}$$

那么，当 $t\geqslant 0_+$ 时刻以后，$h(t)$ 解的形式与齐次解相同，当方程的特征根不存在重根时，具有如下形式：

$$h(t)=\sum_{i=1}^{n}C_i\mathrm{e}^{\lambda_i t},\ t\geqslant 0_+\tag{3-13}$$

而对于 $0_-\leqslant t\leqslant 0_+$ 区间范围内，则 $h(t)$ 函数中可能包含有 $\delta(t)$ 项以及其各阶导数，

具体可分为下列三种情况：

1）当 $n>m$ 时，$h(t)$ 中不包含 $\delta(t)$ 及其微分项。

2）当 $n=m$ 时，$h(t)$ 中包含 $\delta(t)$ 项。

3）当 $n<m$ 时，$h(t)$ 中包含 $\delta(t)$ 项以及直到 $m-n$ 的微分项。

这时候，需要利用冲激函数匹配法，确定 $h(t)$ 函数在 $0_-\leqslant t\leqslant 0_+$ 范围内的代数表达形式，同时求出相应的 $h^{(i)}(0_+)$ 值，然后利用这些值计算得到待定系数K_i。某种意义上解释，冲激响应的求解过程类似于系统的零输入响应，不同之处在于，由于冲激信号的作用，将会使得系统的初始状态发生改变，存在某些 $h^{(i)}(0_+)\neq h^{(i)}(0_-)$ 的情况，这样就增加了一个计算初始状态跳变的步骤。下面举例说明冲激响应的求解过程。

【例 3-7】 描述某二阶连续 LTI 系统的微分方程为

$$y''(t)+5y'(t)+6y(t)=f''(t)+2f'(t)+3f(t)$$

求系统冲激响应 $h(t)$。

解法 1： 根据系统冲激响应的定义，它是冲激信号 $\delta(t)$ 作用在系统上产生的零状态响应，因此有

$$\begin{cases}h''(t)+5h'(t)+6h(t)=\delta''(t)+2\delta'(t)+3\delta(t)\\h'(0_-)=h(0_-)=0\end{cases}$$

首先需要讨论系统初始值变化情况，令

$$h''(t)=a\delta''(t)+b\delta'(t)+c\delta(t)+r_0(t)$$

式中，a、b、c 为待定系数；函数 $r_0(t)$ 为连续函数，在 $0_-\leqslant t\leqslant 0_+$ 之间不含 $\delta(t)$ 及其各阶导数。那么，有

$$h'(t)=a\delta'(t)+b\delta(t)+r_1(t)$$

$$h(t)=a\delta(t)+r_2(t)$$

将其代入微分方程左侧，并整理可得

$$a\delta''(t)+(5a+b)\delta'(t)+(6a+5b+c)\delta(t)=\delta''(t)+2\delta'(t)+3\delta(t)$$

利用系数匹配法，联立方程组

$$\begin{cases}a=1\\5a+b=2\\6a+5b+c=3\end{cases}$$

解得 $a=1$，$b=-3$，$c=12$。由于 $h''(t)$ 包含冲激项，因此 $h'(t)$ 必然发生跳变，可得

$$h'(0_+)-h'(0_-)=12$$

得 $h'(0_+)=12$；同理，由于 $h'(t)$ 包含冲激项，因此 $h(t)$ 必然发生跳变，可得

$$h(0_+)-h(0_-)=-3$$

得 $h(0_+)=-3$。

当 $t\geqslant 0_+$ 时刻以后，系统激励信号为零，$h(t)$ 解的形式与齐次解相同，即

$$h(t)=(C_1\mathrm{e}^{-2t}+C_2\mathrm{e}^{-3t})\varepsilon(t)$$

代入系统的初始值 $h(0_+)=-3, h'(0_+)=12$，联立方程组

$$\begin{cases}h(0_+)=C_1+C_2=-3\\h'(0_+)=-2C_1-3C_2=12\end{cases}$$

解得 $C_1=3$，$C_2=-6$。考虑到 $h(t)$ 在 $0_-\leqslant t\leqslant 0_+$ 之间还包含一个冲激项 $\delta(t)$，因此系统的冲激响应

$$h(t)=(3\mathrm{e}^{-2t}-6\mathrm{e}^{-3t})\varepsilon(t)+\delta(t)$$

解法2：首先将原有系统微分方程的右边看作是一个整体，计算该系统的冲激响应 $h_1(t)$，它满足

$$h_1''(t)+5h_1'(t)+6h_1(t)=\delta(t)$$

考虑到方程右边存在冲激项 $\delta(t)$，根据系统匹配法，它只可能出现在方程左边关于 $h_1(t)$ 的最高阶次项 $h_1''(t)$ 中，而 $h_1'(t)$ 不包含冲激项，因此 $h_1(t)$ 的状态没有发生跳变，则 $h_1(0_+)=h_1(0_-)=0$。对上面方程左右两边积分，积分在无穷小区间 $[0_-,0_+]$ 进行，则有

$$h_1'(0_+)-h_1'(0_-)=1$$

所以 $h'_1(0_+)=1$，当 $t\geqslant 0_+$ 时刻以后，系统激励信号为零，$h_1(t)$ 解的形式与齐次解相同，即

$$h_1(t)=(C_1\mathrm{e}^{-2t}+C_2\mathrm{e}^{-3t})\varepsilon(t)$$

代入系统的初始值 $h_1(0_+)=0$，$h_1'(0_+)=1$，联立方程组

$$\begin{cases}h_1(0_+)=C_1+C_2=0\\ h_1'(0_+)=-2C_1-3C_2=1\end{cases}$$

解得 $C_1=1$，$C_2=-1$。所以

$$h_1(t)=(\mathrm{e}^{-2t}-\mathrm{e}^{-3t})\varepsilon(t)$$

然后利用 LTI 系统的微分特性，当系统的激励信号 $\delta''(t)+2\delta'(t)+3\delta(t)$ 时，系统的冲激响应应满足

$$h(t)=h''_1(t)+2h'_1(t)+3h_1(t)$$

先计算 $h_1'(t)$ 和 $h_1''(t)$，有

$$h_1'(t)=(\mathrm{e}^{-2t}-\mathrm{e}^{-3t})\delta(t)+(-2\mathrm{e}^{-2t}+3\mathrm{e}^{-3t})\varepsilon(t)=(-2\mathrm{e}^{-2t}+3\mathrm{e}^{-3t})\varepsilon(t)$$

$$h_1''(t)=(-2\mathrm{e}^{-2t}+3\mathrm{e}^{-3t})\delta(t)+(4\mathrm{e}^{-2t}-9\mathrm{e}^{-3t})\varepsilon(t)=\delta(t)+(4\mathrm{e}^{-2t}-9\mathrm{e}^{-3t})\varepsilon(t)$$

代入可得

$$h(t)=(3\mathrm{e}^{-2t}-6\mathrm{e}^{-3t})\varepsilon(t)+\delta(t)$$

3.5.2 阶跃响应

系统的阶跃响应定义为：系统在单位阶跃信号 $\varepsilon(t)$ 激励作用下的零状态响应，通常记为 $s(t)$。由于阶跃信号可以看作是冲激信号的积分，即二者之间存在如下关系：

$$\varepsilon(t)=\int_{-\infty}^{t}\delta(\tau)\mathrm{d}\tau \tag{3-14}$$

根据连续 LTI 系统的积分性质，在已知系统的冲激响应 $h(t)$ 的前提下，很容易得到系统的阶跃响应为

$$s(t)=\int_{-\infty}^{t}h(\tau)\mathrm{d}\tau \tag{3-15}$$

反之，在已知系统的阶跃响应 $s(t)$ 的前提下，又可以利用连续 LTI 系统的微分性质求得系统的冲激响应，即

$$h(t)=s'(t) \tag{3-16}$$

系统阶跃响应通常具有很大的实际意义，可以利用它确定 LTI 系统的冲激响应。从实际应用的角度来看，阶跃响应对于基于实验测量表征的未知系统更有意义。很显然，直接测量系统的脉冲响应是不可能的，因为在现实世界中无法产生单位冲激信号。然而，可以产生一个非常接近单位阶跃信号的波形。这样就可以通过间接地测量系统的阶跃响应，从而确定系统的冲激响应。

3.6 零状态响应的冲激响应表示

根据第 1 章信号时域分解的内容，任意连续信号都可以表达成为一系列时移冲激信号的加权线性叠加形式：

$$f(t)=\int_{-\infty}^{+\infty} f(\tau)\delta(t-\tau)\mathrm{d}\tau \tag{3-17}$$

式中，τ 是时移参数，线性叠加在时域里面体现为积分形式。权重 $f(\tau)\mathrm{d}\tau$ 表示冲激信号 $\delta(t-\tau)$ 在 $t=\tau$ 位置的强度值。

已知连续 LTI 系统的冲激响应 $h(t)=T[\delta(t)]$，由于系统具备时不变特性，因此有 $h(t-\tau)=T[\delta(t-\tau)]$。这意味着冲激信号经过时移后通过系统，将产生一个时移的冲激响应信号。然后，将时域分解形式的任意信号 $f(t)$ 通过系统，所得到的响应信号记为

$$y(t)=T\left[\int_{-\infty}^{+\infty} f(\tau)\delta(t-\tau)\mathrm{d}\tau\right]$$

利用 LTI 系统的线性特性，可以得到

$$y(t)=\int_{-\infty}^{+\infty} f(\tau)T[\delta(t-\tau)]\mathrm{d}\tau$$

由于系统同时具备时不变特性，可以得到

$$y(t)=\int_{-\infty}^{+\infty} f(\tau)h(t-\tau)\mathrm{d}\tau$$

因此，任意连续信号 $f(t)$ 通过一个线性系统的零状态响应，可以表达为经过时移的一系列系统冲激响应的加权线性叠加的形式，其权重为 $f(\tau)\mathrm{d}\tau$。LTI 系统零状态响应卷积求解的理论依据见表 3-2。而这个计算公式正好满足第 1 章所介绍的卷积积分定义：

$$y(t)=f(t)*h(t)=\int_{-\infty}^{+\infty} f(\tau)h(t-\tau)\mathrm{d}\tau \tag{3-18}$$

表 3-2 LTI 系统零状态响应卷积求解的理论依据

理论依据	输入信号	零状态响应
系统冲激响应	$\delta(t)$	$h(t)$
时不变性	$\delta(t-\tau)$	$h(t-\tau)$
齐次性	$f(\tau)\delta(t-\tau)\mathrm{d}\tau$	$f(\tau)h(t-\tau)\mathrm{d}\tau$
叠加性	$f(t)=\int_{-\infty}^{+\infty} f(\tau)\delta(t-\tau)\mathrm{d}\tau$	$y(t)=\int_{-\infty}^{+\infty} f(\tau)h(t-\tau)\mathrm{d}\tau$

由此可见，系统的零状态响应即为输入信号 $f(t)$ 和系统冲激响应 $h(t)$ 的卷积运

算结果。很显然，系统的冲激响应为描述和研究LTI 系统提供了一个强有力的工具。只要已知某 LTI 系统的冲激响应，就可以计算得到任意激励信号通过该系统所产生的响应。

下面通过一个具体的例子进一步认识如何利用信号分解的思想来理解信号通过线性时不变系统产生响应的过程。假定某系统的冲激响应 $h(t)=e^{-t}\varepsilon(t)$，系统的激励信号为阶跃信号 $\varepsilon(t)$。为了分析方便，将式(3-17) 离散化，采样间隔为 $\Delta\tau$，并只截取前 N 个有限个采样点，可得

$$\hat{f}(t)=\sum_{n=0}^{N-1}\varepsilon(n\Delta\tau)\Delta\tau\delta(t-n\Delta\tau)=\sum_{n=0}^{N-1}\Delta\tau\delta(t-n\Delta\tau) \tag{3-19}$$

根据线性时不变系统性质，可得

$$\hat{y}(t)=\sum_{n=0}^{N-1}\Delta\tau h(t-n\Delta\tau) \tag{3-20}$$

1）当 $N=1$，系统的激励信号是 $\Delta\tau\delta(t)$，系统的输出是 $\Delta\tau h(t)$，如图 3-3a 所示；

2）当 $N=2$，系统的激励信号是 $\Delta\tau\delta(t)+\Delta\tau\delta(t-\Delta\tau)$，系统的输出是 $\Delta\tau h(t)+\Delta\tau h(t-\Delta\tau)$，如图 3-3b 所示。

当输入激励样本的个数继续增多时，系统的总响应就等于各个样本点激励信号通过系统产生的响应之和，如图 3-3d 所示。另外一方面，当采样间隔 $\Delta\tau\to0$ 时，各个样本点激励信号通过系统产生的响应逼近于无穷小，但是多个无穷小相加求和就不再是无穷小，系统的响应将逼近于系统的阶跃响应 $s(t)=(1-e^{-t})\varepsilon(t)$，如图 3-3e、f 所示。

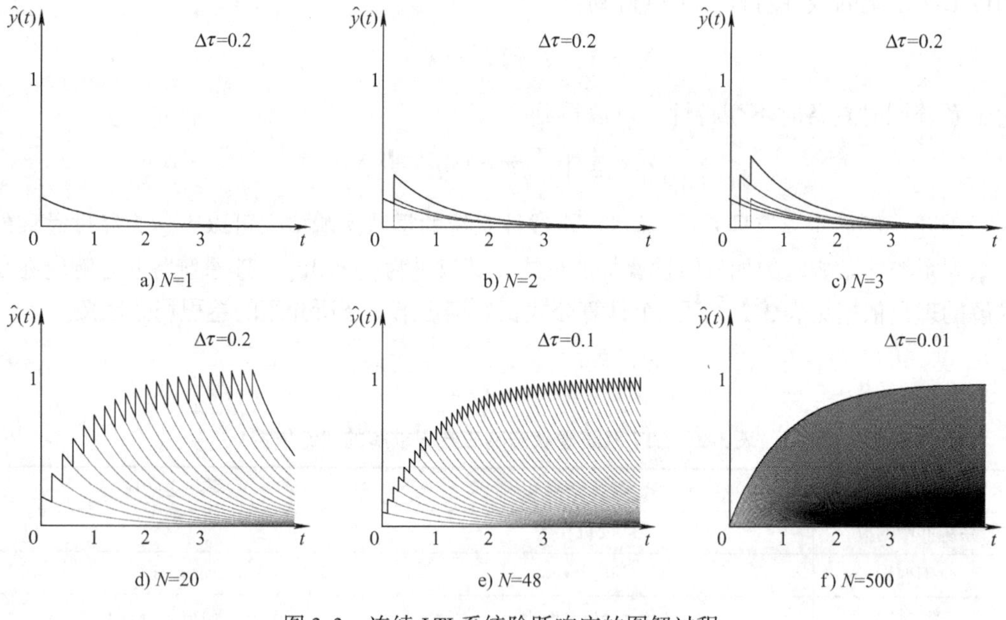

图 3-3 连续 LTI 系统阶跃响应的图解过程

【例 3-8】 对于例 3-7 所示系统，计算其在激励信号 $f(t)=e^{-t}\varepsilon(t)$ 作用下系统的零状态响应。

解： 由例 3-7 计算的结果可知，系统的冲激响应为

$$h(t)=(3e^{-2t}-6e^{-3t})\varepsilon(t)+\delta(t)$$

那么，系统的零状态响应

$$\begin{aligned}y(t)&=f(t)*h(t)\\&=e^{-t}\varepsilon(t)*[\delta(t)+(3e^{-2t}-6e^{-3t})\varepsilon(t)]\\&=e^{-t}\varepsilon(t)+e^{-t}\varepsilon(t)*3e^{-2t}\varepsilon(t)-e^{-t}\varepsilon(t)*6e^{-3t}\varepsilon(t)\\&=[4e^{-t}-3e^{-2t}-6e^{-3t}+6e^{-4t}]\varepsilon(t)\end{aligned}$$

3.7 LTI 系统的性质

第 2 章介绍了线性系统的若干特性，包括因果性、稳定性等。由于系统的单位冲激响应可以用来表征一个线性系统特性，那么下面将讨论如何通过冲激响应函数 $h(t)$ 来分析系统的若干特性，探索它们之间存在的联系。需要强调的是，这里讨论的系统都属于线性时不变系统。对于非线性系统，单位冲激响应无法完全表征系统的特性。

3.7.1 交换律性质

在连续时间系统下，信号的卷积运算满足一个基本的性质——交换律，那么就可以得到

$$y(t)=f(t)*h(t)=h(t)*f(t)=\int_{-\infty}^{+\infty}h(\tau)f(t-\tau)\mathrm{d}\tau \tag{3-21}$$

式(3-21) 表明，输入信号 $f(t)$ 通过一个单位冲激响应为 $h(t)$ 的 LTI 系统所产生的输出等同于输入信号 $h(t)$ 通过一个单位冲激响应为 $f(t)$ 的系统所产生的输出。

3.7.2 分配律性质

信号的卷积运算同样还满足一个分配律，这意味着卷积运算可以在相加项上进行分配。该性质在线性系统并联上有着很好的解释。

如图 3-4a 中所示两个连续 LTI 系统的子系统并联，方框图中给出两个子系统的单位冲激响应分别为 $h_1(t)$ 和 $h_2(t)$。激励信号 $f(t)$ 通过两个子系统处理后，得到的响应信号

$$y_1(t)=f(t)*h_1(t)$$
$$y_2(t)=f(t)*h_2(t)$$

再相加得到整个系统的输出信号

$$y(t)=y_1(t)+y_2(t)=f(t)*h_1(t)+f(t)*h_2(t)$$

利用卷积运算的分配律可得

$$y(t)=f(t)*[h_1(t)+h_2(t)]=f(t)*h(t) \tag{3-22}$$

由此看出，上述子系统的并联等价于单位冲激响应为 $h(t)=h_1(t)+h_2(t)$ 的系统，如图 3-4b 所示。因此，由于卷积运算的分配律，LTI 系统的并联可以用一个单一的 LTI 系统对它进行替代，而该系统的单位冲激响应就是并联的各个子系统的单位冲激响应之和。

另外一方面，当激励信号 $f(t)$ 由多个成分构成时，利用卷积运算的分配律可得

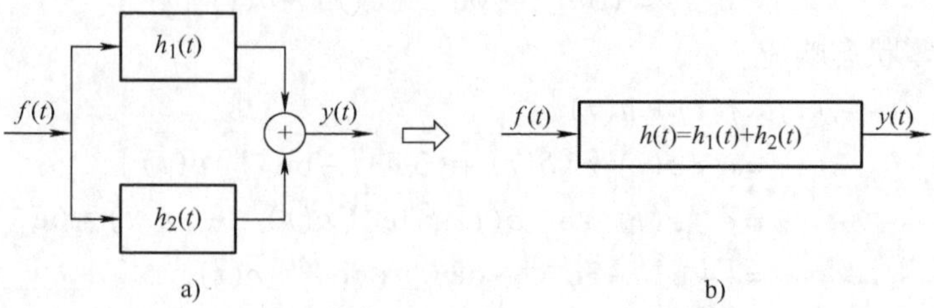

图 3-4 连续 LTI 子系统并联中的卷积分配律应用

$$f(t) * h(t) = [f_1(t) + f_2(t)] * h(t) = f_1(t) * h(t) + f_2(t) * h(t) \tag{3-23}$$

式(3-23)表明计算复杂信号通过系统的响应，可以通过先计算构成复杂信号的各个成分单独通过系统的响应，再将它们求和得到。

3.7.3 结合律性质

信号的卷积运算还有一个重要性质就是满足结合律，它在分析线性系统级联时同样有着很好的解释。

如图 3-5a 所示，激励信号 $f(t)$ 连续通过两个单位冲激响应分别为 $h_1(t)$ 和 $h_2(t)$ 的子系统时，所得到的系统输出响应为

$$y(t) = f(t) * h_1(t) * h_2(t)$$

利用卷积运算的结合律，上式又可写为

$$y(t) = f(t) * [h_1(t) * h_2(t)] = f(t) * h(t) \tag{3-24}$$

由此看出，两子系统的级联等价于单位冲激响应为 $h(t) = h_1(t) * h_2(t)$ 的系统，如图 3-5b 所示。

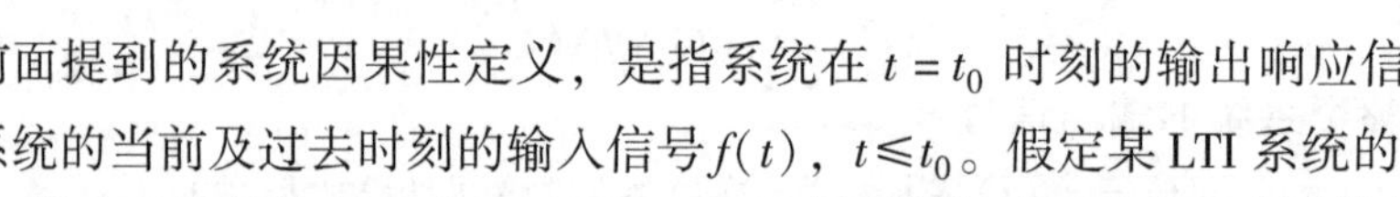

图 3-5 连续 LTI 子系统级联中的卷积结合律应用

3.7.4 LTI 系统的因果性

回顾前面提到的系统因果性定义，是指系统在 $t = t_0$ 时刻的输出响应信号 $y(t)$ 仅仅依赖于系统的当前及过去时刻的输入信号 $f(t)$，$t \leqslant t_0$。假定某 LTI 系统的冲激响应函数为 $h(t)$，那么系统的输出响应 $y(t)$ 在 $t = t_0$ 时刻的值可以通过下式计算得到：

$$\begin{aligned} y(t_0) &= [f(t) * h(t)]\Big|_{t=t_0} = \int_{-\infty}^{\infty} f(\tau)h(t-\tau)\mathrm{d}\tau\Big|_{t=t_0} \\ &= \int_{-\infty}^{t_0} f(\tau)h(t_0-\tau)\mathrm{d}\tau + \int_{t_0}^{\infty} f(\tau)h(t_0-\tau)\mathrm{d}\tau \end{aligned} \tag{3-25}$$

如果系统属于因果系统，那么 $y(t_0)$ 的取值就应该仅仅依赖于 $t \leqslant t_0$ 时刻的激励信号 $f(t)$，这也就意味着式(3-25)的第二项应该等于 0。因此，就要求 $h(t_0 - \tau) = 0$，$\tau \geqslant t_0$。那么对于 $h(t)$ 而言，它就必须满足

$$h(t) = 0,\ t < 0 \tag{3-26}$$

简而言之，冲激响应函数 $h(t)$ 必须是因果信号。在这种情况下有

$$y(t)=\int_{-\infty}^{t} f(\tau)h(t-\tau)\mathrm{d}\tau \tag{3-27}$$

由此可见，对于一个 LTI 系统，它属于因果系统的条件就是系统的冲激响应函数 $h(t)$ 必须是因果信号。

3.7.5 LTI 系统的稳定性

对于一般系统，如果对于任意有界输入，其零状态响应也是有界的，那么这样一个系统就称为有界输入有界输出稳定（Bounded Input Bounded Output，BIBO）系统，简称稳定系统。下面讨论分析稳定 LTI 系统的冲激响应函数 $h(t)$ 的特点。首先，假定输入信号 $f(t)$ 是有界的，即满足 $|f(t)|\leqslant M<\infty$，那么

$$y(t)=f(t)*h(t)=h(t)*f(t)=\int_{-\infty}^{\infty} h(\tau)f(t-\tau)\mathrm{d}\tau \tag{3-28}$$

等式两边同时取绝对值，得

$$|y(t)|=\left|\int_{-\infty}^{\infty} h(\tau)f(t-\tau)\mathrm{d}\tau\right| \tag{3-29}$$

然后，利用绝对值不等式相关知识，可以得到

$$\begin{aligned}|y(t)|&=\left|\int_{-\infty}^{\infty} h(\tau)f(t-\tau)\mathrm{d}\tau\right|\leqslant\int_{-\infty}^{\infty}|h(\tau)f(t-\tau)|\mathrm{d}\tau\\&=\int_{-\infty}^{\infty}|h(\tau)|\cdot|f(t-\tau)|\mathrm{d}\tau\end{aligned} \tag{3-30}$$

根据已知条件，输入信号 $|f(t)|\leqslant M$，那么将 $|f(t)|$ 用其上界代入，可以得到

$$|y(t)|\leqslant\int_{-\infty}^{\infty}|h(\tau)|\cdot|f(t-\tau)|\mathrm{d}\tau\leqslant\int_{-\infty}^{\infty}M|h(\tau)|\mathrm{d}\tau=M\int_{-\infty}^{\infty}|h(\tau)|\mathrm{d}\tau \tag{3-31}$$

从而有

$$|y(t)|\leqslant M\int_{-\infty}^{\infty}|h(\tau)|\mathrm{d}\tau \tag{3-32}$$

由于 M 是一个有限常数，只要冲激响应函数 $h(t)$ 满足

$$\int_{-\infty}^{\infty}|h(\tau)|\mathrm{d}\tau<\infty \tag{3-33}$$

那么，系统的输出就是有界，系统就属于稳定系统。换句话说，系统冲激响应函数满足绝对可积的要求是 LTI 系统属于稳定系统的充分条件。

另外一方面，假设系统的冲激响应函数不满足绝对可积的条件，即

$$\int_{-\infty}^{\infty}|h(\tau)|\mathrm{d}\tau=\infty \tag{3-34}$$

对于如下有界的输入 $f(t)$

$$f(t)=\mathrm{sgn}[h(-t)] \tag{3-35}$$

其中

$$\mathrm{sgn}(\alpha)=\begin{cases}-1, & \alpha<0\\0, & \alpha=0\\1, & \alpha>0\end{cases} \tag{3-36}$$

由于输入信号 $f(t)$ 只有三个可能的取值，因此它必定是有界的，即 $|f(t)|\leqslant 1$。

$$y(t)=f(t)*h(t)=\int_{-\infty}^{\infty}\mathrm{sgn}[h(-\tau)]h(t-\tau)\mathrm{d}\tau \tag{3-37}$$

现在，考虑 $t=0$ 时，

$$y(0)=\int_{-\infty}^{\infty}\mathrm{sgn}[h(-\tau)]h(-\tau)\mathrm{d}\tau \tag{3-38}$$

由于对于符号函数 $\mathrm{sgn}(\alpha)$，有 $\mathrm{sgn}(\alpha)\alpha=|\alpha|$，那么式(3-38) 就可以简写成

$$y(0)=\int_{-\infty}^{\infty}|h(-\tau)|\mathrm{d}\tau=\int_{-\infty}^{\infty}|h(\tau)|\mathrm{d}\tau=\infty \tag{3-39}$$

在这种情况下，有界的输入信号 $f(t)$ 就产生了无界的输出信号 $y(t)$。这进一步说明，当单位冲激响应函数 $h(t)$ 不满足绝对可积条件时，系统就是不稳定的。因此，单位冲激响应函数 $h(t)$ 绝对可积是 LTI 系统稳定的充分必要条件。

3.8 LTI 系统分析应用举例

前面介绍了系统的零输入响应、冲激响应的求解，以及如何利用激励信号和系统冲激响应的卷积来计算系统的零状态响应。下面举例说明连续 LTI 系统的完全响应的求解方法。

【例 3-9】 某连续系统的微分方程为 $y''(t)+3y'(t)+2y(t)=f''(t)+f(t)$，系统的初始条件 $y(0_-)=1$，$y'(0_-)=2$。计算该系统在激励信号 $f(t)=\mathrm{e}^{-t}\varepsilon(t)$ 作用下的零输入响应、冲激响应、零状态响应以及系统的全响应。

解：（1）系统的零输入响应 $y_{zi}(t)$

列出系统的特征方程

$$\lambda^2+3\lambda+2=0$$

解得特征根为

$$\lambda_1=-1,\ \lambda_2=-2$$

所以系统的零输入响应的形式为

$$y_{zi}(t)=(A\mathrm{e}^{-t}+B\mathrm{e}^{-2t})\varepsilon(t)$$

代入系统的初始状态 $y(0_-)=1$，$y'(0_-)=2$，联立方程组得

$$\begin{cases}A+B=1\\-A-2B=2\end{cases}$$

解得待定系数 $A=4$，$B=-3$，故求得系统的零输入响应

$$y_{zi}(t)=(4\mathrm{e}^{-t}-3\mathrm{e}^{-2t})\varepsilon(t)$$

（2）系统的冲激响应 $h(t)$

$$h''(t)+3h'(t)+2h(t)=\delta''(t)+\delta(t)$$

利用冲激函数匹配法，可知 $h(t)$ 的形式应为

$$h''(t)=a\delta''(t)+b\delta'(t)+c\delta(t)$$

那么有

$$h'(t)=a\delta'(t)+b\delta(t),h(t)=a\delta(t)$$

代入到方程中

$$a\delta''(t)+(b+3a)\delta'(t)+(c+3b+2a)\delta(t)=\delta''(t)+\delta(t)$$

比较两端系数可得

$$a=1, b=-3, c=8$$

所以 $h(0_+)=-3$，$h'(0_+)=8$，当 $t>0$ 以后，冲激响应解的形式就是齐次解，因此

$$h(t)=(Ae^{-t}+Be^{-2t})\varepsilon(t)$$

把系统的初值代入，得

$$\begin{cases}A+B=-3\\-A-2B=8\end{cases}$$

解得待定系数 $A=2$，$B=-5$，综上可得系统的冲激响应为

$$h(t)=(2e^{-t}-5e^{-2t})\varepsilon(t)+\delta(t)$$

（3）系统的零状态响应 $y_{zs}(t)$

$$\begin{aligned}y_{zs}(t)&=f(t)*h(t)=e^{-t}\varepsilon(t)*[(2e^{-t}-5e^{-2t})\varepsilon(t)+\delta(t)]\\&=2te^{-t}\varepsilon(t)-5(e^{-t}-e^{-2t})\varepsilon(t)+e^{-t}\varepsilon(t)\\&=(2te^{-t}-4e^{-t}+5e^{-2t})\varepsilon(t)\end{aligned}$$

（4）系统的全响应 $y(t)$

$$y(t)=y_{zi}(t)+y_{zs}(t)=(2te^{-t}+2e^{-2t})\varepsilon(t)$$

习　题

3-1　利用经典法计算下列微分方程的全解。

（1）$y''(t)+3y'(t)+2y(t)=(3+e^{-3t})\varepsilon(t)$，系统的初始条件为 $y'(0)=1$，$y(0)=1$

（2）$y''(t)+2y'(t)+y(t)=\varepsilon(t)$，系统的初始条件为 $y'(0)=1$，$y(0)=2$

（3）$y''(t)+4y'(t)+8y(t)=e^{-2t}\varepsilon(t)$，系统的初始条件为 $y'(0)=1$，$y(0)=1$

（4）$y''(t)+5y'(t)+4y(t)=2\cos t\varepsilon(t)$，系统的初始条件为 $y'(0)=0$，$y(0)=1$

3-2　给定系统的微分方程、初始状态和激励信号，试判断起始点状态从 0_- 到 0_+ 是否发生跳变，并写出发生跳变以后的状态值。

（1）$y'(t)+2y(t)=f(t)$，$f(t)=\varepsilon(t)$，$y(0_-)=0$

（2）$y'(t)+2y(t)=2f'(t)$，$f(t)=\varepsilon(t)$，$y(0_-)=0$

（3）$y''(t)+3y'(t)+5y(t)=2f'(t)$，$f(t)=e^{-t}\varepsilon(t)$，$y(0_-)=1$，$y'(0_-)=1$

（4）$y''(t)+3y'(t)+5y(t)=2f''(t)+f'(t)$，$f(t)=e^{-t}\varepsilon(t)$，$y(0_-)=1$，$y'(0_-)=1$

3-3　某系统的微分方程为 $y''(t)+6y'(t)+5y(t)=2f'(t)+f(t)$，若系统的激励信号和初始状态分别为下述两种情况：

（1）$f(t)=\varepsilon(t)$，$y(0_-)=1$，$y'(0_-)=2$

（2）$f(t)=e^{-2t}\varepsilon(t)$，$y(0_-)=1$，$y'(0_-)=2$

试分别计算系统的零输入响应、零状态响应和全响应，并指出系统的自由响应和强迫响应分量分别为多少？

3-4　某线性 LTI 系统当激励信号为 $\varepsilon(t)$ 时，系统的全响应 $y_1(t)=(e^{-t}+2e^{-2t})\varepsilon(t)$；当激励信号为 $2\delta(t)$ 时，系统的全响应 $y_2(t)=e^{-t}\varepsilon(t)+2\delta(t)$，求：（1）系

统的零输入响应；(2) 系统的冲激响应。

3-5　计算下列微分方程所描述系统的冲激响应。

(1) $y'(t)+3y(t)=f(t)$

(2) $y''(t)+y'(t)+y(t)=f'(t)+2f(t)$

(3) $y''(t)+5y'(t)+6y(t)=2f''(t)+3f'(t)$

(4) $y''(t)+4y'(t)+4y(t)=f'(t)+2f(t)$

(5) $y''(t)+3y'(t)+2y(t)=f'(t)+3f(t)$

3-6　已知某连续 LTI 系统在单位阶跃信号作用下产生的阶跃响应 $s(t)=(3e^{-2t}+1)\varepsilon(t)$，试求系统在激励信号 $f(t)=e^{-t}\varepsilon(t)$ 作用下的零状态响应。

3-7　如图 3-6b 所示电路，其输入电压为单个倒锯齿波，如图 3-6a 所示，利用卷积积分法计算该系统的零状态响应电压 $u_L(t)$。

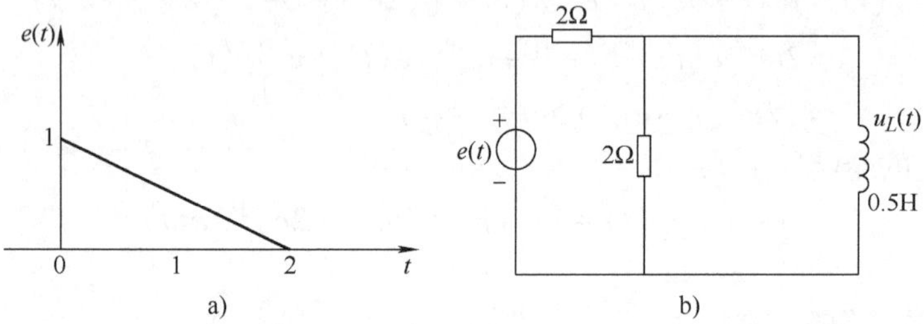

图 3-6　习题 3-7 图

3-8　如图 3-7 所示电路，当 $t<0$ 时，开关 S 处于“1”的位置，且达到稳态；当 $t=0$ 时，开关 S 从“1”转自“2”。

(1) 列出描述系统的微分方程表示；

(2) 判断 $i(0_-)$，$i'(0_-)$ 以及 $i(0_+)$，$i'(0_+)$ 的值；

(3) 计算该系统的完全响应，并指出其中的稳态响应和暂态响应。

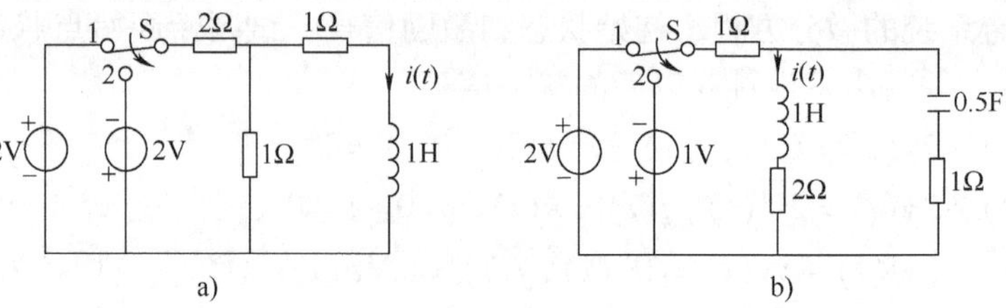

图 3-7　习题 3-8 图

3-9　已知某连续 LTI 系统的输入—输出关系可以用方程 $y'(t)+3y(t)=\int_{-\infty}^{\infty}f(\tau)g(t-\tau)\mathrm{d}\tau+2f(t)$ 表示，其中 $g(t)=e^{-t}\varepsilon(t)+\delta(t)$，求该系统的单位冲激响应。

3-10　已知某连续 LTI 系统的微分方程为 $y''(t)+7y'(t)+6y(t)=f(t)$，已知 $y'(0_-)=1, y(0_-)=2$，激励信号 $f(t)=e^{-2t}\varepsilon(t)$。

(1) 计算系统的冲激响应 $h(t)$；

(2) 计算系统的零输入响应 $y_{zi}(t)$ 和零状态响应 $y_{zs}(t)$；

（3）指出系统的自由响应（固有响应）分量和强迫响应分量为多少。

（4）判断该系统稳定性。

3-11 已知某系统的单位冲激响应 $h(t)=e^{-2t}\varepsilon(t)$，系统的激励信号 $f(t)$ 如图 3-8 所示，计算该系统的零状态响应。

3-12 如图 3-9 所示系统由几个子系统构成，各个子系统的冲激响应分别为

$$h_1(t)=\varepsilon(t),\quad h_2(t)=\delta(t-2),\quad h_3(t)=e^{-2t}\varepsilon(t)$$

试求系统总的冲激响应。

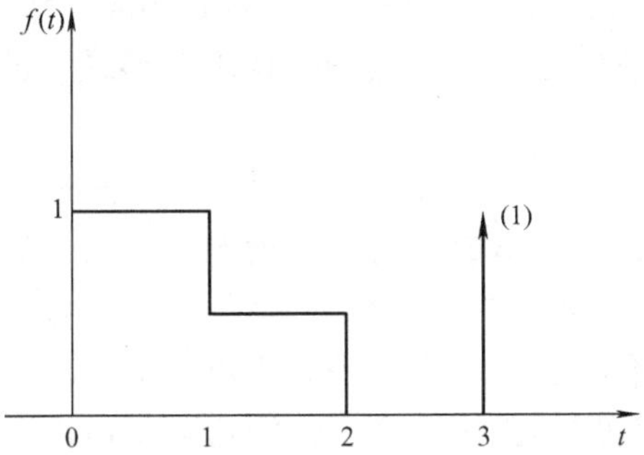

图 3-8 习题 3-11 图

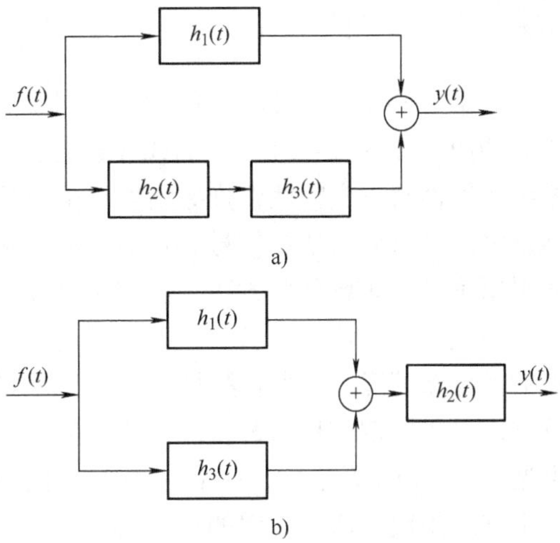

图 3-9 习题 3-12 图

第4章 连续时间信号的傅里叶表示

4.1 引言

在第 1 章介绍信号基本理论时，讨论了如何在时域中将任意信号分解成一系列时移的冲激信号$\{\delta(t-\tau)\}_{\tau\in R}$的线性组合，而在第 3 章，利用系统的单位冲激响应以及系统的线性时不变特性，推导出可以采用卷积积分的形式求解系统的零状态响应方法。本章将讨论如何将任意信号表达成为一系列虚指数信号$\{e^{j\omega t}\}_{\omega\in R}$的线性组合形式，进而引出信号的频域分析方法，也称频谱分析。

通过对周期信号或者非周期信号进行频谱分析，可以表征得到信号在不同频率上的能量分布情况，这种在频域里面观察到的信号各个频谱成分的分布情况称为信号的频谱。对于周期信号而言，信号的频谱是离散的，能量集中在信号的基频 ω_0 以及各次谐波$\omega=n\omega_0$ 的位置上；另外一方面，对于非周期信号，其频谱则是关于频谱变量 ω 的一个连续函数。信号频谱的概念类似于光谱。由物理学常识可知，光源通常是由不同的颜色光所构成，各种颜色的光具有不同的频率，所占的比例可能也有不同。三棱镜透过折射的方式，可以将光源种所包含的不同频率的光折射到不同的位置上的光带，因此可以看到不同颜色的光。光带的颜色表示其频率，而明暗可表示其比例的多寡，这就是光的频谱，一般又称为光谱。在这里，光源就相当于所要讨论和分析的信号，三棱镜则类似于一种频谱分析工具。本章将要介绍的傅里叶表示方法，就属于一种频谱分析工具，利用傅里叶变换，使得人们可以掌握信号当中包含哪些频率成分，以及这些频率成分幅度大小。掌握了信号的傅里叶表示方法，对于后续进一步分析 LTI 系统的频率响应特性具有重要意义。系统的频率响应特性反映出不同频率的正弦信号通过系统以后的响应情况，这对于在系统分析过程中，计算系统的稳态响应至关重要。

无论是基于冲激信号的信号时域分解形式，还是基于虚指数信号的傅里叶表示方法，本质上都属于一种信号的正交分解方法。因此，本章首先介绍基于正交函数集的信号分析和表示框架，在此基础上建立周期信号的傅里叶级数表示方法，然后进一步将其拓展到非周期信号的傅里叶变换，最后再将周期信号也纳入到傅里叶变换中，形成统一的信号频域分析方法。

4.2 信号的正交分解与变换

4.2.1 信号正交与正交函数集

定义在区间（t_1，t_2）上的两个函数 $\phi_1(t)$ 和 $\phi_2(t)$，如果它们之间满足

$$\langle \phi_1(t), \phi_2(t) \rangle = \int_{t_1}^{t_2} \phi_1(t)\phi_2^*(t)\mathrm{d}t = 0 \tag{4-1}$$

则称函数 $\phi_1(t)$ 和 $\phi_2(t)$ 在区间（t_1，t_2）内正交。其中 * 表示取共轭。

例如：$f(t)=\sin(3t)$，$g(t)=\cos(3t)$。由于 $\sin(3t)\cos(3t)$ 是奇函数，这两个函数满足

$$\int_{-\pi}^{\pi} \sin(3t)\cos(3t)\mathrm{d}t = 0$$

那么可以称 $f(t)$ 和 $g(t)$ 函数在区间 $[-\pi,\ \pi]$ 是正交的。

若 n 个函数 $\phi_1(t)$，$\phi_2(t)$，…，$\phi_n(t)$ 构成一个函数集合，当这些函数在区间（t_1，t_2）内满足

$$\int_{t_1}^{t_2} \phi_i(t)\phi_j^*(t)\mathrm{d}t = \begin{cases} 0, & i \neq j \\ K_i \neq 0, & i = j \end{cases} \tag{4-2}$$

则称此函数集是在区间（t_1，t_2）上的一个正交函数集。

例如：函数集 $\{1,\ \cos(t),\ \cos(2t),\ \cos(3t),\ \cdots\} = \{\cos(kt),\ k \in N\}$ 在区间 $[-\pi,\ \pi]$ 是正交的。

如果在正交函数集 $\{\phi_1(t),\ \phi_2(t),\ \cdots,\ \phi_n(t)\}$ 之外，不存在任何一个函数 $\phi(t) \neq 0$ 满足

$$\int_{t_1}^{t_2} \phi(t)\phi_i^*(t)\mathrm{d}t = 0,\ i = 0,1,\cdots,n \tag{4-3}$$

那么称此正交函数集为完备正交函数集。

例如：三角函数集 $\{1,\ \cos(n\omega_0 t),\ \sin(n\omega_0 t),\ n=1,\ 2,\ \cdots\}$ 和虚指数函数集 $\{e^{j\omega_0 t},\ n=0,\ \pm1,\ \pm2,\ \cdots\}$ 是两组典型的位于区间（t_0，t_0+T）（$T=2\pi/\omega_0$）上的完备正交函数集。

4.2.2 信号的正交分解

假设 n 个实数函数 $\phi_1(t)$，$\phi_2(t)$，…，$\phi_n(t)$ 在区间（t_1，t_2）上构成一个正交函数集。此时，对于该区间范围内的任意函数 $f(t)$，可以采用该正交函数集对它进行近似表示，也就是将函数 $f(t)$ 分解成为这 n 个 $\phi_1(t)$，$\phi_2(t)$，…，$\phi_n(t)$ 函数的线性组合，可得

$$f(t) = c_1\phi_1(t) + c_2\phi_2(t) + \cdots + c_n\phi_n(t) + e(t) = \sum_{j=1}^{n} c_j\phi_j(t) + e(t) \tag{4-4}$$

其中 c_i 是待定的表示系数，$e(t)$ 为表示误差，那么该表示的均方误差为

$$\overline{e^2(t)} = \frac{1}{t_2 - t_1}\int_{t_1}^{t_2} \left[f(t) - \sum_{j=1}^{n} c_j\phi_j(t)\right]^2 \mathrm{d}t \tag{4-5}$$

显然，均方误差是关于未知系数 c_1，c_2，…，c_n 的一个多元函数。为了使得该线性表示的均方误差最小，利用拉格朗日极值定理，有

$$\frac{\partial\, \overline{e^2(t)}}{\partial c_l} = \frac{\partial}{\partial c_i}\int_{t_1}^{t_2} \left[f(t) - \sum_{j=1}^{n} c_j\phi_j(t)\right]^2 \mathrm{d}t = 0 \tag{4-6}$$

交换微分和积分次序，并将平方项展开，得到

$$\int_{t_1}^{t_2}\frac{\partial}{\partial c_i}\left[f^2(t)-2f(t)\sum_{j=1}^{n}c_j\phi_j(t)+\left(\sum_{j=1}^{n}c_j\phi_j(t)\right)^2\right]\mathrm{d}t=0 \tag{4-7}$$

由于求导公式中，第一项$f^2(t)$ 与待定系数无关，求导为零，即

$$\int_{t_1}^{t_2}\frac{\partial}{\partial c_i}\left[-2f(t)\sum_{j=1}^{n}c_j\phi_j(t)+\left(\sum_{j=1}^{n}c_j\phi_j(t)\right)^2\right]\mathrm{d}t=0 \tag{4-8}$$

由于n个函数$\phi_1(t)$，$\phi_2(t)$，…，$\phi_n(t)$ 之间满足彼此正交的关系，即

$$\int_{t_1}^{t_2}\phi_i(t)\phi_j(t)\mathrm{d}t=\begin{cases}0, & i\neq j\\ K_i\neq 0, & i=j\end{cases} \tag{4-9}$$

式中K_i为常数，表示函数$\phi_i(t)$ 在区间（t_1，t_2）上的能量。那么式(4-8) 进一步简化得

$$\int_{t_1}^{t_2}\frac{\partial}{\partial c_i}\left[-2f(t)\sum_{j=1}^{n}c_j\phi_j(t)+\sum_{j=1}^{n}c_j^2\phi_j^2(t)\right]\mathrm{d}t=0 \tag{4-10}$$

计算多元函数的偏微分，得到

$$\int_{t_1}^{t_2}\left[-2f(t)\phi_i(t)+2c_i\phi_i^2(t)\right]\mathrm{d}t=0 \tag{4-11}$$

整理上述式，可以得到

$$c_i=\frac{\int_{t_1}^{t_2}f(t)\phi_i(t)\mathrm{d}t}{\int_{t_1}^{t_2}\phi_i^2(t)\mathrm{d}t}=\frac{1}{K_i}\int_{t_1}^{t_2}f(t)\phi_i(t)\mathrm{d}t \tag{4-12}$$

利用上述公式，分别计算系数c_1，c_2，…，c_n，然后代入到式(4-4) 中，就可以得到信号$f(t)$ 在正交函数集 $\{\phi_i(t),\ i=1,\ 2,\ \cdots,\ n\}$ 上的近似表示，即

$$\hat{f}(t)=c_1\phi_1(t)+c_2\phi_2(t)+\cdots+c_n\phi_n(t) \tag{4-13}$$

近似信号$\hat{f}(t)$ 和信号$f(t)$ 之间是存在误差的，两信号之间的均方误差为

$$\overline{e^2(t)}=\frac{1}{t_2-t_1}\left[\int_{t_1}^{t_2}f^2(t)\mathrm{d}t-\sum_{j=1}^{n}c_j^2K_j\right]\geqslant 0 \tag{4-14}$$

当正交函数集中所包含的函数越多，即n越大时，均方误差越小。

另外，如果$\phi_1(t)$，$\phi_2(t)$，…，$\phi_n(t)$ 为复变函数，若满足式(4-2) 的条件，则称复变函数集 $\{\phi_i(t),\ i=1,\ 2,\ \cdots,\ n\}$ 为正交函数集。此时，线性表示的系数计算公式为

$$c_i=\frac{\langle f(t),\phi_i(t)\rangle}{\|\phi_i(t)\|^2}=\frac{\int_{t_1}^{t_2}f(t)\phi_i^*(t)\mathrm{d}t}{\int_{t_1}^{t_2}\phi_i(t)\phi_i^*(t)\mathrm{d}t} \tag{4-15}$$

式(4-15) 适用于任意正交函数集。

4.2.3 帕塞瓦尔守恒定律

帕塞瓦尔（Parseval）守恒定律是指信号$f(t)$ 的能量或者功率等于其在完备正交集上分解表示各分量的能量或功率之和。在上一节中，分析了信号$f(t)$ 在正交函数集

$\{\phi_i(t),\ i=1,\ 2,\ \cdots,\ n\}$ 上的正交分解表示，这个表示的均方误差，随着 n 趋于无穷大，会逐渐趋近于零。在极限情况下，正交函数集就变成了完备正交函数集，在这种情况下，可以得到

$$\overline{e^2(t)} = \frac{1}{t_2 - t_1}\left[\int_{t_1}^{t_2} f^2(t)\,\mathrm{d}t - \sum_{j=1}^{\infty} c_j^2 K_j\right] = 0 \tag{4-16}$$

进一步化简，得

$$\int_{t_1}^{t_2} f^2(t)\,\mathrm{d}t = \sum_{j=1}^{\infty} c_j^2 K_j \tag{4-17}$$

如果正交函数 $\varphi_i(t)$ 的能量归一化为1，那么有 $K_1 = K_2 = \cdots = 1$，代入式(4-17)，就有

$$\int_{t_1}^{t_2} f^2(t)\,\mathrm{d}t = \sum_{j=1}^{\infty} c_j^2 \tag{4-18}$$

式(4-18) 表明在区间 $(t_1,\ t_2)$ 上信号 $f(t)$ 的能量恒等于 $f(t)$ 在完备正交函数集中分解的各正交分量能量的总和。此时，信号 $f(t)$ 可分解为无穷多项正交函数之和，即

$$f(t) = \sum_{j=1}^{\infty} c_j \phi_j(t) \tag{4-19}$$

4.3 周期信号的傅里叶级数表示

19 世纪初，法国数学家和物理学家傅里叶（Joseph Fourier，1768—1830）在研究热的传播和扩散现象过程中，发表了著作《热的解析理论》。该著作是傅里叶数学和物理贡献的代表作，被认为是数学经典文献之一，对数学和理论物理学的发展产生了深远的影响。在该著作中，傅里叶将欧拉、伯努利等人在一些特殊情况应用的三角级数方法发展成为内容丰富的一般理论，提出并证明了将周期函数展开为正弦（Sinusoid）级数的原理，奠定了傅里叶级数的理论基础。在电力工程中，伴随着电机制造、交流电的产生与传输等实际问题的需要，三角函数、指数函数以及傅里叶分析等数学工具得到广泛应用。除此之外，傅里叶分析方法还在通信和信息处理领域、控制、力学、光学、热学和半导体等领域有着广泛而普遍的应用。

本节首先简要回顾和总结周期信号三角函数形式的傅里叶级数表示，然后利用欧拉公式建立三角函数与复指数函数之间的联系，进而推导出周期信号复指数函数形式的傅里叶级数表达，并为后续讨论一般信号的傅里叶变换形式奠定基础。

4.3.1 三角函数形式的傅里叶级数

根据数学分析相关理论，对于周期信号 $f(t)$，其周期为 T_0，角频率 $\omega_0 = 2\pi/T_0$，如果该信号满足狄里赫利（Dirichlet）条件，即在一个周期内：①存在有限个间断点；②有限个极大、极小值；③绝对可积。那么它可以分解表示为

$$\begin{aligned} f(t) &= a_0 + a_1\cos(\omega_0 t) + b_1\sin(\omega_0 t) + a_2\cos(2\omega_0 t) + b_2\sin(2\omega_0 t) + \cdots \\ &\quad + a_n\cos(n\omega_0 t) + b_n\sin(n\omega_0 t) + \cdots \\ &= a_0 + \sum_{n=1}^{\infty}\left[a_n\cos(n\omega_0 t) + b_n\sin(n\omega_0 t)\right] \end{aligned} \tag{4-20}$$

式中，n 为正整数；a_0，a_n，b_n 分别称为 $f(t)$ 的直流分量，n 次谐波余弦分量幅度和

正弦分量幅度。通常，一般遇到的信号都能满足狄里赫利条件。因此，除非极个别情况，一般不需要考虑该条件。

对照式(4-19)，可以将周期信号$f(t)$的三角函数形式傅里叶级数展开式看作是在$\left(-\frac{T_0}{2}, \frac{T_0}{2}\right)$（$T_0=2\pi/\omega_0$）区间上的基于完备正交函数集$\{1, \cos(n\omega_0 t), \sin(n\omega_0 t), n=1, 2, \cdots\}$的信号正交分解。由于

$$\int_{-\frac{T_0}{2}}^{\frac{T_0}{2}} \cos(m\omega_0 t)\cdot\sin(n\omega_0 t)\,dt = 0 \tag{4-21}$$

$$\int_{-\frac{T_0}{2}}^{\frac{T_0}{2}} \cos(m\omega_0 t)\cdot\cos(n\omega_0 t)\,dt = \begin{cases}0, & m\neq n\\ \frac{T_0}{2}, & m=n\end{cases} \tag{4-22}$$

$$\int_{-\frac{T_0}{2}}^{\frac{T_0}{2}} \sin(m\omega_0 t)\cdot\sin(n\omega_0 t)\,dt = \begin{cases}0, & m\neq n\\ \frac{T_0}{2}, & m=n\end{cases} \tag{4-23}$$

根据式(4-12)，可以得到

$$a_0 = \frac{\int_{-\frac{T_0}{2}}^{\frac{T_0}{2}} f(t)\cdot 1\,dt}{\int_{-\frac{T_0}{2}}^{T_0} 1^2\,dt} = \frac{1}{T_0}\int_{-\frac{T_0}{2}}^{\frac{T_0}{2}} f(t)\,dt \tag{4-24}$$

$$a_n = \frac{\int_{-\frac{T_0}{2}}^{\frac{T_0}{2}} f(t)\cdot\cos(n\omega_0 t)\,dt}{\int_{-\frac{T_0}{2}}^{\frac{T_0}{2}} \cos^2(n\omega_0 t)\,dt} = \frac{2}{T_0}\int_{-\frac{T_0}{2}}^{\frac{T_0}{2}} f(t)\cdot\cos(n\omega_0 t)\,dt \tag{4-25}$$

$$b_n = \frac{\int_{-\frac{T_0}{2}}^{\frac{T_0}{2}} f(t)\cdot\sin(n\omega_0 t)\,dt}{\int_{-\frac{T_0}{2}}^{\frac{T_0}{2}} \sin^2(n\omega_0 t)\,dt} = \frac{2}{T_0}\int_{-\frac{T_0}{2}}^{\frac{T_0}{2}} f(t)\cdot\sin(n\omega_0 t)\,dt \tag{4-26}$$

由式(4-25)及式(4-26)可知，由于$\cos(n\omega_0 t)$和$\sin(n\omega_0 t)$分别是关于变量n的偶函数和奇函数，因此a_n是关于n的偶函数，而b_n是关于n的奇函数。

如果采用三角函数的和差化积公式，将式(4-20)中同频率的正弦项和余弦项合并，则可以得到周期信号的余弦谐波形式：

$$f(t) = A_0 + \sum_{n=1}^{\infty} A_n\cos(n\omega_0 t + \varphi_n) \tag{4-27}$$

其中

$$A_0 = a_0,\ A_n = \sqrt{a_n^2 + b_n^2},\ \varphi_n = -\arctan\left(\frac{b_n}{a_n}\right) \tag{4-28}$$

相应地

$$a_n = A_n\cos\varphi_n,\ b_n = A_n\sin\varphi_n \tag{4-29}$$

另外，如果采用正弦谐波形式，则有

$$f(t) = B_0 + \sum_{n=1}^{\infty} B_n \sin(n\omega_0 t + \theta_n) \tag{4-30}$$

其中

$$B_0 = a_0,\ B_n = \sqrt{a_n^2 + b_n^2}, \theta_n = \arctan\left(\frac{b_n}{a_n}\right) \tag{4-31}$$

相应地

$$a_n = B_n \sin\theta_n,\ b_n = B_n \cos\theta_n \tag{4-32}$$

因此，可以看出任何满足狄里赫利条件的周期信号都可以分解成为直流分量和不同频率、不同相位的余弦或正弦信号的线性叠加。这些余弦或正弦信号的频率一定是基频f_0（$f_0 = 1/T_0$）的整数倍。通常，将频率为f_0的信号分量称为基波，频率为$2f_0$，$3f_0$，…等分量称为二次谐波、三次谐波、…等。在这种周期信号的线性分解表示中，对于周期信号波形自身的关注转换成为对于构成周期信号的各次谐波成分的幅度和相位特征的关注。

为了更好地理解周期信号的傅里叶级数分解过程，图4-1中给出周期矩形脉冲信号在傅里叶级数表示下各次谐波展开情况的三维示意图。从图4-1左侧视角观察，反映出信号在时域里随时间变化情况，横坐标是时间轴，纵坐标是信号的强度。利用三角函数傅里叶级数展开公式，可以将任意周期信号分解成直流分量和各次谐波的线性组合。这时候，观察信号的视角从时域切换到频域。此时，如从图4－1正面视角观测，可以更清楚了解到构成周期信号的直流分量和各次谐波的幅度大小，横坐标是频率轴，纵坐标是各次谐波的变化幅度。如果只选取傅里叶级数展开式的5次谐波展开，重构信号如图4-1中“5级展开拟合图”所示，与原信号相比，由于缺乏高频谐波成分，因此存在明显失真。

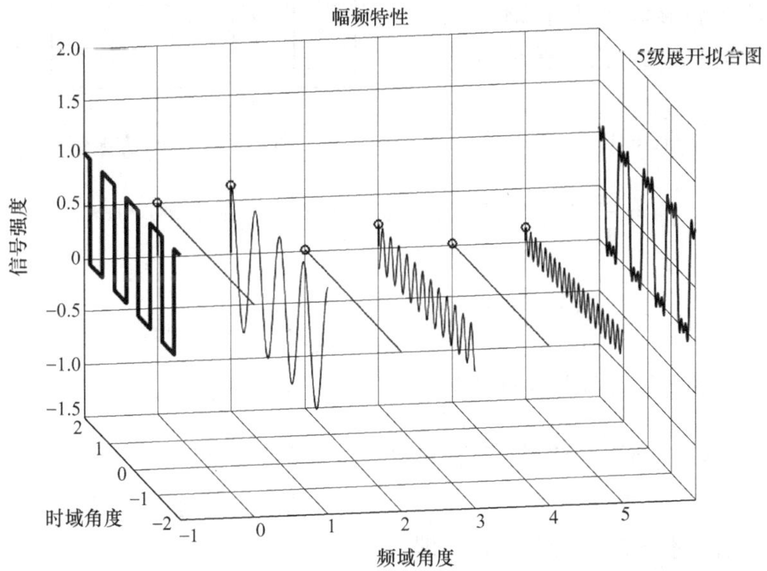

图4-1 周期信号的三角函数傅里叶级数展开

另外，通过式(4-24)～式(4-28)亦可看出，各次谐波分量的幅度A_n和相位φ_n

都是关于 $\omega=n\omega_0$ 的函数。如果将 A_n 对 $n\omega_0$ 的关系绘制成离散线图，如图 4-2a 所示，便可清楚直观地显示各个谐波分量的大小，该图称为信号的幅度频谱或简称幅度谱。图中的每条线代表某个频率分量的幅度，称为谱线。类似地，还可以画出各个谐波分量的相位 φ_n 相对于 $n\omega_0$ 的离散线图，如图 4-2b 所示，该图称为相位频谱或简称相位谱。周期信号的幅度谱和相位谱结合起来构成周期信号的频谱函数，简称频谱。周期信号的频谱只可能出现在 $\omega=0$，ω_0，$2\omega_0$，…等各次谐波频率的离散位置上，因此这种频谱又称为离散谱。

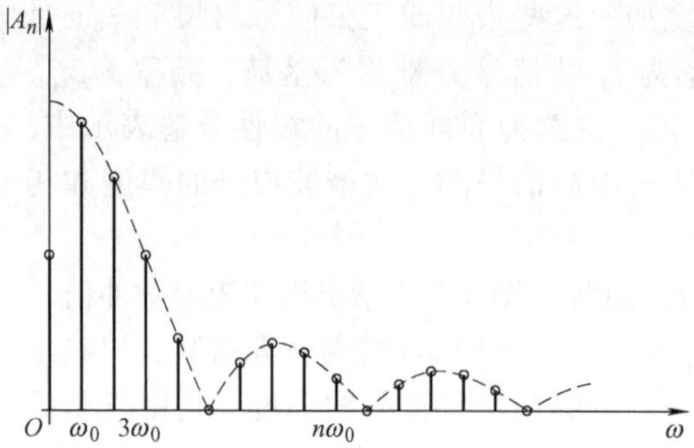

a) 幅度频谱

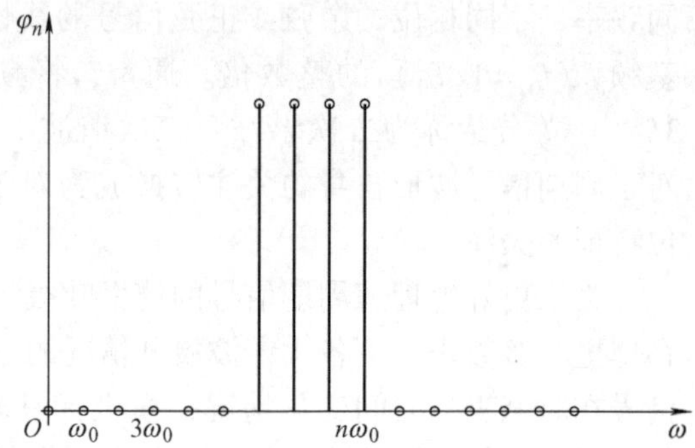

b)相位频谱

图 4-2　三角函数形式下的傅里叶级数频谱

【例 4-1】　将图 4-3 所示的周期性方波信号展开成傅里叶级数形式，并画出其幅度频谱和相位频谱。

解：由于该信号波形呈现奇对称性，因此其直流分量 $a_0=0$，且余弦分量为零，

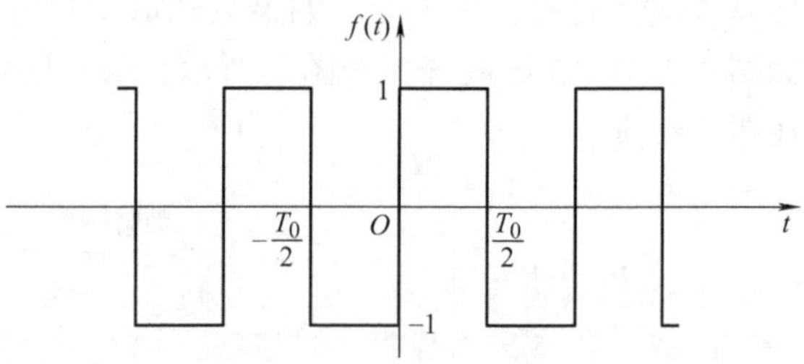

图 4-3　周期性方波信号

$$a_n=0$$

$$b_n=\frac{2}{T_0}\int_{-\frac{T_0}{2}}^{0}(-1)\sin(n\omega_0 t)\,\mathrm{d}t+\frac{2}{T_0}\int_{0}^{\frac{T_0}{2}}\sin(n\omega_0 t)\,\mathrm{d}t$$

$$=\frac{2}{n\pi}[1-\cos(n\pi)]=\begin{cases}0, & n=2,4,6,\dots\\ \dfrac{4}{n\pi}, & n=1,3,5,\dots\end{cases}$$

于是，方波信号的傅里叶级数展开式为

$$f(t)=\frac{4}{\pi}\left[\sin(\omega_0 t)+\frac{1}{3}\sin(3\omega_0 t)+\frac{1}{5}\sin(5\omega_0 t)+\cdots+\frac{1}{n}\sin(n\omega_0 t)+\cdots\right],n=1,3,5,\cdots$$

它只包含 1、3、5、…奇次谐波分量。为了画出该信号的傅里叶频谱图，需要将该级数转换成为三角谐波形式的傅里叶级数，即

$$f(t)=\frac{4}{\pi}\left[\cos\left(\omega_0 t-\frac{\pi}{2}\right)+\frac{1}{3}\cos\left(3\omega_0 t-\frac{\pi}{2}\right)+\frac{1}{5}\cos\left(5\omega_0 t-\frac{\pi}{2}\right)+\cdots+\right.$$

$$\frac{1}{n}\cos\left(n\omega_0 t-\frac{\pi}{2}\right)+\cdots\Big],n=1,3,5,\cdots$$

最后，画出方波信号的三角形式傅里叶级数频谱如图 4-4 所示。

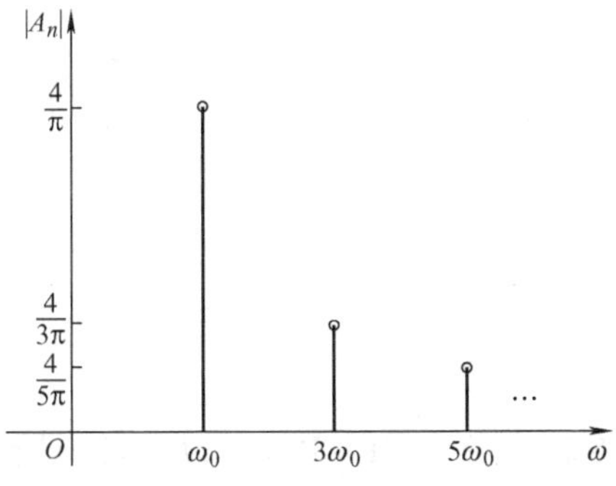

a) 幅度频谱

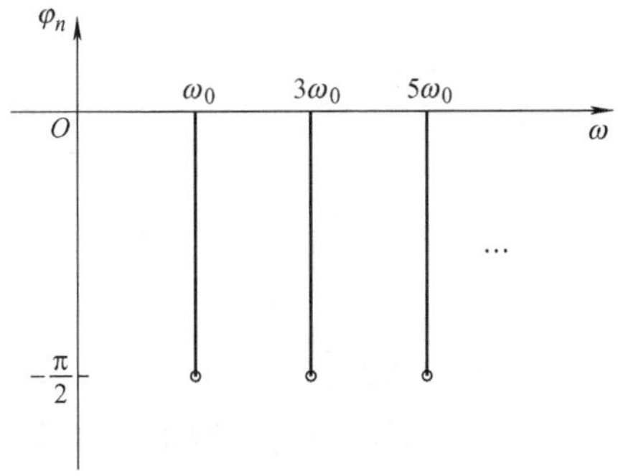

b) 相位频谱

图 4-4 方波信号的三角形式傅里叶级数频谱

4.3.2 指数形式的傅里叶级数

周期信号的傅里叶级数也可以利用欧拉公式将其展开成指数形式，由三角函数形式的傅里叶级数展开式

$$f(t)=a_0+\sum_{n=1}^{\infty}[a_n\cos(n\omega_0 t)+b_n\sin(n\omega_0 t)] \tag{4-33}$$

利用欧拉公式，有

$$\begin{cases}\cos(n\omega_0 t)=\dfrac{1}{2}(e^{jn\omega_0 t}+e^{-jn\omega_0 t})\\ \sin(n\omega_0 t)=\dfrac{1}{2j}(e^{jn\omega_0 t}-e^{-jn\omega_0 t})\end{cases} \tag{4-34}$$

将其代入式(4-33)，得到

$$\begin{aligned}f(t)&=a_0+\sum_{n=1}^{\infty}\left[\frac{a_n}{2}(e^{jn\omega_0 t}+e^{-jn\omega_0 t})-\frac{jb_n}{2}(e^{jn\omega_0 t}-e^{-jn\omega_0 t})\right]\\&=a_0+\sum_{n=1}^{\infty}\left(\frac{a_n-jb_n}{2}e^{jn\omega_0 t}+\frac{a_n+jb_n}{2}e^{-jn\omega_0 t}\right)\end{aligned} \tag{4-35}$$

由前面分析得知，系数 a_n 和 b_n 分别是关于 n 的偶函数和奇函数，即 $a_n=a_{-n}$，$b_n=-b_{-n}$，因此，式(4-35) 又可以改写成如下形式：

$$f(t)=a_0+\sum_{n=1}^{\infty}\left(\frac{a_n-jb_n}{2}e^{jn\omega_0 t}\right)+\sum_{n=-\infty}^{-1}\left(\frac{a_n-jb_n}{2}e^{jn\omega_0 t}\right) \tag{4-36}$$

定义函数 $F(n\omega_0)$ 满足如下条件：

$$\begin{cases}F(n\omega_0)=a_0, & n=0\\ F(n\omega_0)=\dfrac{a_n-jb_n}{2}, & n\neq 0\end{cases} \tag{4-37}$$

代入式(4-36)，由此可以得到周期信号的指数形式傅里叶级数：

$$f(t) = \sum_{n=-\infty}^{\infty} F(n\omega_0)\mathrm{e}^{\mathrm{j}n\omega_0 t} \tag{4-38}$$

这里，指数形式傅里叶级数的系数 $F(n\omega_0)$ 又可简写为 F_n，将系数 a_n 和 b_n 的计算式代入，整理得到

$$\begin{aligned} F_n &= \frac{a_n - \mathrm{j}b_n}{2} = \frac{1}{T_0}\int_{-\frac{T_0}{2}}^{\frac{T_0}{2}} f(t)\cdot\cos(n\omega_0 t)\,\mathrm{d}t - \frac{\mathrm{j}}{T_0}\int_{-\frac{T_0}{2}}^{\frac{T_0}{2}} f(t)\cdot\sin(n\omega_0 t)\,\mathrm{d}t \\ &= \frac{1}{T_0}\int_{-\frac{T_0}{2}}^{\frac{T_0}{2}} f(t)\cdot[\cos(n\omega_0 t) - \mathrm{j}\sin(n\omega_0 t)]\,\mathrm{d}t \\ &= \frac{1}{T_0}\int_{-\frac{T_0}{2}}^{\frac{T_0}{2}} f(t)\cdot\mathrm{e}^{-\mathrm{j}n\omega_0 t}\,\mathrm{d}t \end{aligned} \tag{4-39}$$

上面推导出周期信号的指数形式傅里叶级数表示，同时它也可以理解为周期信号在完备正交函数集 $\{\mathrm{e}^{\mathrm{j}n\omega_0 t}\}_{n\in Z}$ 上的展开，利用式(4-15) 可以直接得到系数计算公式：

$$F_n = \frac{\int_{-\frac{T_0}{2}}^{\frac{T_0}{2}} f(t)\cdot\mathrm{e}^{-\mathrm{j}n\omega_0 t}\,\mathrm{d}t}{\int_{-\frac{T_0}{2}}^{\frac{T_0}{2}} \mathrm{e}^{\mathrm{j}n\omega_0 t}\cdot\mathrm{e}^{-\mathrm{j}n\omega_0 t}\,\mathrm{d}t} = \frac{1}{T_0}\int_{-\frac{T_0}{2}}^{\frac{T_0}{2}} f(t)\cdot\mathrm{e}^{-\mathrm{j}n\omega_0 t}\,\mathrm{d}t \tag{4-40}$$

由此可见，可以得出与式(4-39) 相同的计算结果。

根据式(4-37) 可以看出，指数形式下的傅里叶级数系数 F_n 是复数，且满足 $F_n = F_{-n}^*$。因此，傅里叶指数形式下的频谱又称为复数频谱。既然 F_n 是复数，那么将其写作 $F_n = |F_n|\mathrm{e}^{\mathrm{j}\varphi_n}$。随后，画出复系数 F_n 的幅度 $|F_n|$ 和相位 φ_n 分别与 $\omega = n\omega_0$ 之间的关系曲线，称为幅度频谱和相位频谱，如图 4-5 所示。由于 $|F_n| = |F_{-n}|$，$\varphi_n = -\varphi_{-n}$，因此幅度频谱是关于 $n\omega_0$ 的偶函数，而相位频谱则是关于 $n\omega_0$ 的奇函数，由于 n 允许取负值，因此指数形式下的傅里叶频谱是双边频谱。

在指数形式的傅里叶级数表示当中，虽然出现了负频率的概念，但此处的负频率只有数学意义，没有物理意义。从前面的傅里叶级数指数形式的推导过程可以了解，由于采用欧拉公式将余弦项或正弦项拆分成了两个共轭的虚指数对 $\mathrm{e}^{\mathrm{j}n\omega_0 t}$ 和 $\mathrm{e}^{-\mathrm{j}n\omega_0 t}$ 之和或差的形式，才出现了负频率项。所以，负频率项出现的结果只是数学运算的结果，没有任何实际物理意义。

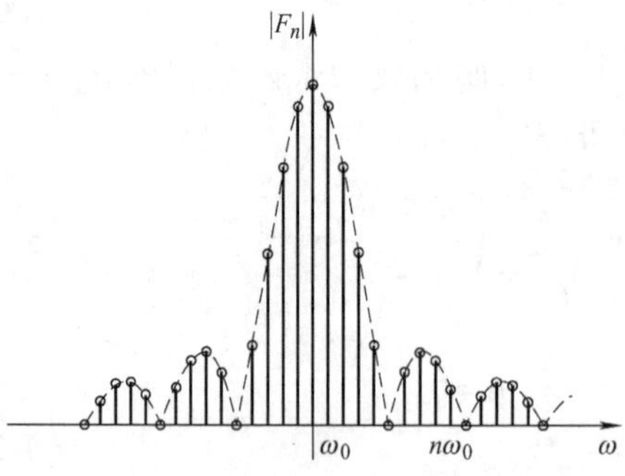

a) 幅度频谱

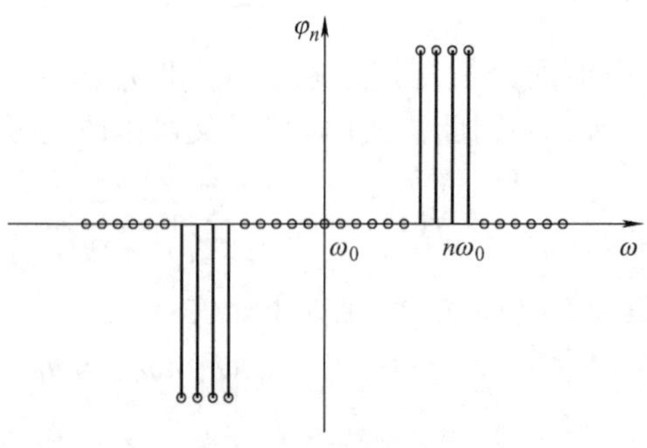

b) 相位频谱

图 4-5　指数形式下的傅里叶级数频谱

4.3.3 指数形式与三角函数形式傅里叶级数的联系

周期信号的三角函数形式傅里叶级数与指数形式傅里叶级数两种表示方式完全是等价的：

$$
\begin{aligned}
f(t) &= A_0 + \sum_{n=1}^{\infty} A_n\cos(n\omega_0 t + \varphi_n) = A_0 + A_1\cos(\omega_0 t + \varphi_1) + A_2\cos(2\omega_0 t + \varphi_2) + \cdots \\
&= \sum_{n=-\infty}^{\infty} F_n \mathrm{e}^{\mathrm{j}n\omega_0 t} = \cdots + F_{-2}\mathrm{e}^{-\mathrm{j}2\omega_0 t} + F_{-1}\mathrm{e}^{-\mathrm{j}\omega_0 t} + F_0 + F_1\mathrm{e}^{\mathrm{j}\omega_0 t} + F_2\mathrm{e}^{\mathrm{j}2\omega_0 t} + \cdots
\end{aligned} \tag{4-41}
$$

两者之间的系数存在如下关系：

$$
\begin{cases}
F_0 = A_0 = a_0 \\
F_n = |F_n|\mathrm{e}^{\mathrm{j}\varphi_n} = \dfrac{1}{2}(a_n - \mathrm{j}b_n) \\
F_{-n} = |F_{-n}|\mathrm{e}^{\mathrm{j}\varphi_{-n}} = \dfrac{1}{2}(a_n + \mathrm{j}b_n) \\
|F_n| = |F_{-n}| = \dfrac{A_n}{2} = \dfrac{1}{2}\sqrt{a_n^2 + b_n^2} \\
\varphi_n = -\varphi_{-n} = -\arctan\left(\dfrac{b_n}{a_n}\right) \\
a_n = F_n + F_{-n} \\
b_n = \mathrm{j}(F_n - F_{-n})
\end{cases} \tag{4-42}
$$

通过比较图 4-2 和图 4-5 可以发现三角函数形式下的单边频谱和指数形式下的双边频谱之间存在着密切联系：两种形式下的直流分量完全一样 $F_0 = A_0$；图 4-2 中每条谱线的高度代表了各次谐波分量幅度分量，在图 4-5 中每个分量的幅度一分为二，在正、负频率的对应位置各为一半，以二次谐波为例，指数形式下的共轭的正频率项$|F_2|\mathrm{e}^{\mathrm{j}\varphi_2}\mathrm{e}^{\mathrm{j}2\omega_0 t}$和负频率项$|F_{-2}|\mathrm{e}^{\mathrm{j}\varphi_{-2}}\mathrm{e}^{-\mathrm{j}2\omega_0 t}$合并构成了一个三角谐波项$A_2\cos(2\omega_0 t + \varphi_2)$。因此，这两种形式的频谱图可以方便地进行相互转换。

4.3.4 周期矩形信号的傅里叶级数

设周期矩形信号 $f(t)$ 的脉冲宽度为 τ，脉冲高度为 E，周期为 T_0（角频率 $\omega_0 = 2\pi/T_0$），如图 4-6 所示。

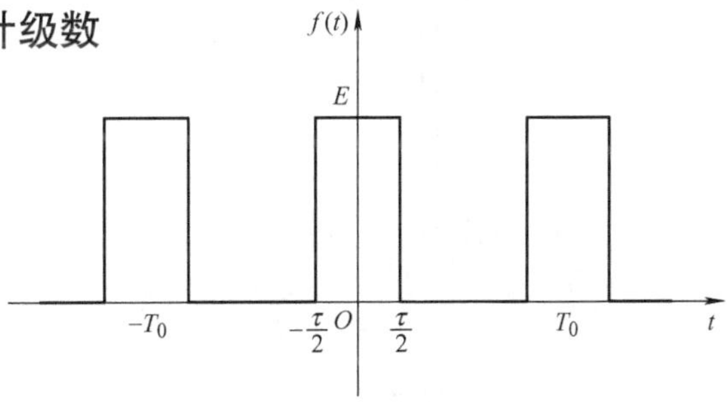

图 4-6 周期矩形信号

该信号在一个周期$\left[-\dfrac{T_0}{2}, \dfrac{T_0}{2}\right]$内的表达式为

$$
f(t) = E\left[\varepsilon\left(t + \frac{\tau}{2}\right) - \varepsilon\left(t - \frac{\tau}{2}\right)\right]
$$

利用式(4-40)，将周期矩形信号 $f(t)$ 展开成指数形式的傅里叶级数

$$F_n = \frac{1}{T_0}\int_{-\frac{T_0}{2}}^{\frac{T_0}{2}} f(t)\cdot e^{-jn\omega_0 t}dt = \frac{1}{T_0}\int_{-\frac{\tau}{2}}^{\frac{\tau}{2}} E\cdot e^{-jn\omega_0 t}dt = \frac{E}{T_0}\cdot\frac{e^{-jn\omega_0 t}}{-jn\omega_0}\Bigg|_{-\frac{\tau}{2}}^{\frac{\tau}{2}}$$

$$= \frac{2E}{T_0}\cdot\frac{\sin\left(\frac{n\omega_0\tau}{2}\right)}{n\omega_0} = \frac{E\tau}{T_0}\cdot\frac{\sin\left(\frac{n\omega_0\tau}{2}\right)}{\frac{n\omega_0\tau}{2}} = \frac{E\tau}{T_0}\text{Sa}\left(\frac{n\omega_0\tau}{2}\right) \tag{4-43}$$

式中 Sa(·) 为抽样函数，它定义为

$$\text{Sa}\left(\frac{n\omega_0\tau}{2}\right) = \frac{\sin\left(\frac{n\omega_0\tau}{2}\right)}{\frac{n\omega_0\tau}{2}} \tag{4-44}$$

由此，可以写出周期矩形信号 $f(t)$ 的指数形式傅里叶级数展开式为

$$f(t) = \frac{E\tau}{T_0}\sum_{n=-\infty}^{\infty}\text{Sa}\left(\frac{n\omega_0\tau}{2}\right)e^{jn\omega_0 t} \tag{4-45}$$

由于周期矩形信号 $f(t)$ 是偶函数，因此其正弦分量 $b_n=0$，而 $a_n=2F_n$。这样可以得到周期信号的三角函数级数展开式为

$$f(t) = \frac{E\tau}{T_0} + \frac{2E\tau}{T_0}\sum_{n=-\infty}^{\infty}\text{Sa}\left(\frac{n\omega_0\tau}{2}\right)\cos(n\omega_0 t) \tag{4-46}$$

根据式(4-43)，可以看出周期矩形信号 $f(t)$ 的频谱 F_n 是实数，其幅度频谱 $|F_n| = \frac{E\tau}{T_0}\left|\text{Sa}\left(\frac{n\omega_0\tau}{2}\right)\right|$，而当 $F_n>0$ 时，其相位频谱 $\varphi_n=0$，当 $F_n<0$ 时，其相位频谱 $\varphi_n=\pm\pi$。其幅度频谱和相位频谱分别如图 4-7a、b 所示。

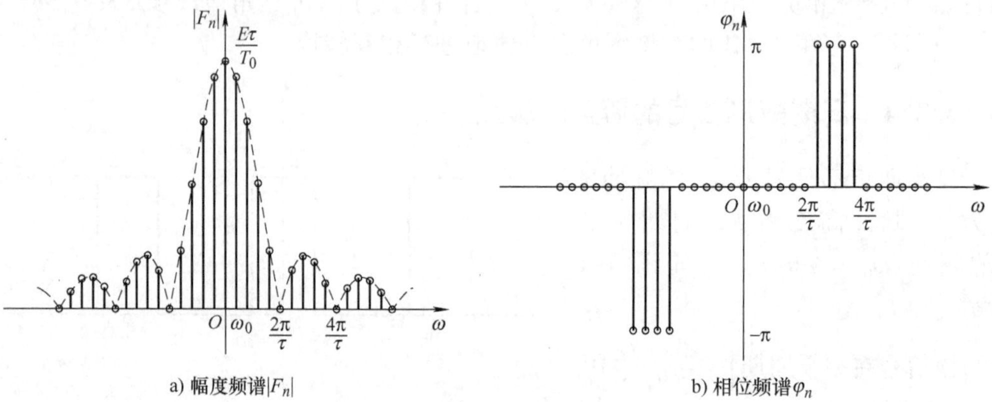

图 4-7　周期矩形信号的频谱

通过以上分析可以看出：

(1) 周期矩形信号与一般的周期信号一样，频谱具有离散性，由无穷多个等间隔的谱线构成，谱线的间隔为 ω_0。当信号的周期 T_0 越大时，谱线的间隔越小；反之，当

信号的周期 T_0 越小时，谱线的间隔越大。

（2）直流分量、基波以及各次谐波分量幅度的大小同矩形脉冲信号脉幅 E 和脉宽 τ 成正比，与信号的周期 T_0 成反比。各个谱线的幅度按照 $\mathrm{Sa}(n\omega_0\tau/2)$ 包络线形状的规律而变化，随着频率 $n\omega_0$ 的增加围绕着频率轴呈震荡衰减的趋势。而在 $\omega=2k\pi/\tau(k=1,2,\cdots)$ 的位置上，包络线为零。其中，包络线第一个过零点的位置为 $\omega=2\pi/\tau$。

（3）周期矩形信号的频谱包含无穷多条谱线，这些谱线的高度是随着频率的增加而衰减的。周期信号的能量取决于各个谱线的高度，因此信号的大部分能量集中在第一个过零点以内的各个谱线。在通信传输过程中，在允许一定信号失真条件下，可以仅仅要求通信系统将信号频谱的第一个过零点以内 $\omega\leqslant 2\pi/\tau$ 的各个频谱分量传输通过，而放弃掉 $\omega>2\pi/\tau$ 以外的分量。这样，常常将 $\omega\in[0, 2\pi/\tau]$ 这段频率范围称为矩形信号的频带宽度（简称频宽），记作 B。显然，频宽 B 只与脉宽 τ 有关，且成反比

$$B_\omega=\frac{2\pi}{\tau},\ 或 B_f=\frac{1}{\tau} \tag{4-47}$$

对于一般周期信号，如果不存在过零点，同样有频带宽度的概念。通常将信号频谱幅值下降到最大幅值的 1/10 的位置定义为频带宽度。

4.3.5 函数对称性与傅里叶级数

当所需要表达的周期信号波形具有某种形式的对称性时，它的傅里叶级数展示式的系数会呈现出某种规律性的特点，例如只包含余弦项或正弦项，或者只包含奇次谐波或偶次谐波。下面分情况进行讨论。

1. 偶函数

当周期信号 $f(t)$ 是偶函数时，即满足

$$f(t)=f(-t) \tag{4-48}$$

其波形相对于纵轴左右对称，如图 4-8 所示。

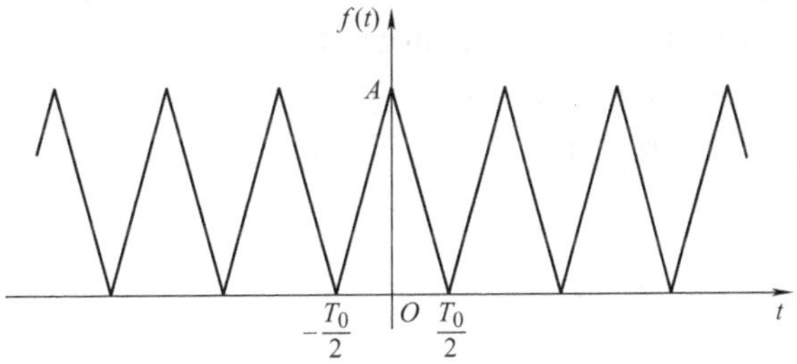

图 4-8 偶函数

那么，在傅里叶级数系数的计算公式中，由于 $f(t)\cos(n\omega_0 t)$ 为偶函数，$f(t)\sin(n\omega_0 t)$ 为奇函数，因此可以得到

$$a_n=\frac{4}{T_0}\int_0^{\frac{T_0}{2}} f(t)\cdot\cos(n\omega_0 t)\,\mathrm{d}t \tag{4-49}$$

$$b_n=0 \tag{4-50}$$

其直流分量 $a_0\neq 0$。也就是说，在偶函数的傅里叶级数展开式中，只包含直流分量和余弦谐波分量，而不包含正弦谐波分量。对于指数形式的傅里叶级数系数而言，系数 F_n 为实函数，且有 $F_n=a_n/2$。

【例 4-2】 试计算图 4-8 所示周期性三角波 $f(t)$ 的三角函数形式傅里叶级数，其中 $T_0=2$，

并绘制其幅频图和相频图。

解：根据函数波形，写出其代数表达式

$$f(t)=\begin{cases}A+At, & -1\leqslant t\leqslant 0\\ A-At, & 0\leqslant t\leqslant 1\end{cases}$$

首先，计算直流分量

$$a_0=\frac{1}{T_0}\int_{-\frac{T_0}{2}}^{\frac{T_0}{2}}f(t)\,\mathrm{d}t=\frac{1}{T_0}\left[\int_{-1}^{0}(A+At)\,\mathrm{d}t+\int_{0}^{1}(A-At)\,\mathrm{d}t\right]=\frac{A}{2}$$

而余弦分量幅度为

$$a_n=\frac{4}{T_0}\int_{0}^{\frac{T_0}{2}}f(t)\cos(n\omega_0 t)\,\mathrm{d}t=2\int_{0}^{1}(A-At)\cos(n\pi t)\,\mathrm{d}t=\frac{2A}{n^2\pi^2}(1-\cos n\pi)$$

$$=\begin{cases}\dfrac{4A}{n^2\pi^2}, & n=1,3,5,7\cdots\\ 0, & n=2,4,6,8\cdots\end{cases}$$

由于$f(t)$为偶函数，所以其正弦分量幅度

$$b_n=0$$

因此，$f(t)$傅里叶级数展开式为

$$f(t)=\frac{A}{2}+\frac{4A}{\pi^2}\left(\cos\pi t+\frac{1}{3^2}\cos 3\pi t+\frac{1}{5^2}\cos 5\pi t+\cdots\right)$$

在该级数中，信号的所有偶次谐波均为0，奇次谐波的相位为0。

2. 奇函数

当周期信号$f(t)$是奇函数时，即满足

$$f(t)=-f(-t)\tag{4-51}$$

其信号波形相对于纵轴反对称，如图4-9所示。

在傅里叶级数系数的计算公式中，由于$f(t)\cos(n\omega_0 t)$为奇函数，$f(t)\sin(n\omega_0 t)$为偶函数，因此可以得到

$$a_n=0\tag{4-52}$$

$$b_n=\frac{4}{T_0}\int_{0}^{\frac{T_0}{2}}f(t)\cdot\sin(n\omega_0 t)\,\mathrm{d}t\tag{4-53}$$

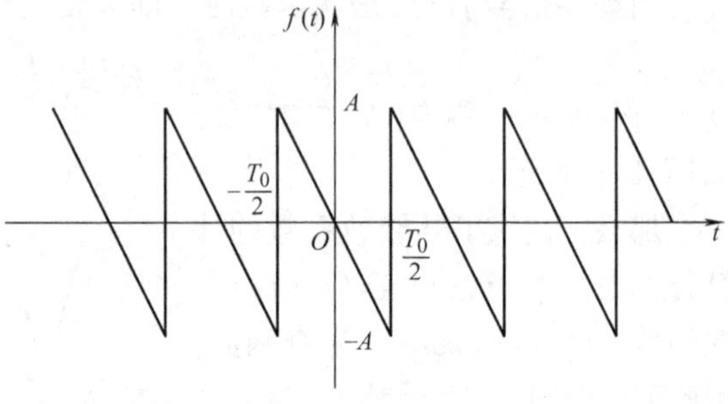

图4-9　奇函数

其直流分量$a_0=0$。也就是说，在奇函数的傅里叶级数展开式中，只包含正弦谐波分量，而不包含直流分量和余弦谐波分量。对于指数形式的傅里叶级数系数而言，系数F_n为纯虚函数，且有$F_n=-\mathrm{j}b_n/2$。

【例4-3】　试将如图4-9所示周期性锯齿信号的函数（$T_0=2\pi$）展成傅里叶级数形式。

解：图4-9中周期性锯齿信号为奇函数，其傅里叶级数展开式中只包含正弦分量，而不包含直流分量和余弦分量，故

$$a_n = 0,\ n = 0,1,2\cdots$$

正弦分量幅度为

$$b_n = \frac{1}{\pi}\int_{-\pi}^{\pi} f(t)\sin(n\omega_0 t)\,\mathrm{d}t = \frac{2}{\pi}\int_0^{\pi} t\sin(nt)\,\mathrm{d}t = (-1)^{n+1}\frac{2}{n}$$

故信号$f(t)$傅里叶级数展开式可写为

$$f(t) = \sum_{n=1}^{\infty} b_n \sin(nt) = 2\left[\sin t - \frac{1}{2}\sin(2t) + \frac{1}{3}\sin(3t) - \cdots\right]$$

3. 奇谐函数

当周期信号$f(t)$满足

$$f(t) = -f\left(t \pm \frac{T_0}{2}\right) \tag{4-54}$$

则称信号$f(t)$为奇谐函数，如图4-10所示。

其波形是关于半个周期满足上下翻转的关系，因此其直流分量为零。下面计算其指数形式傅里叶级数系数：

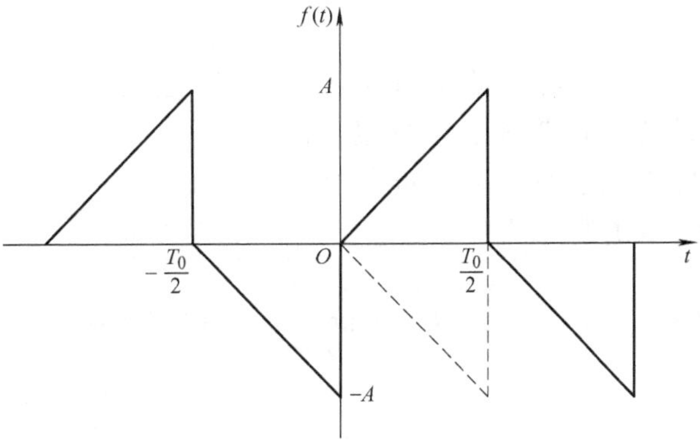

图4-10 奇谐函数

$$F_n = \frac{1}{T_0}\int_{-\frac{T_0}{2}}^{\frac{T_0}{2}} f(t)\mathrm{e}^{-\mathrm{j}n\omega_0 t}\,\mathrm{d}t = \frac{1}{T_0}\int_{-\frac{T_0}{2}}^{0} f(t)\mathrm{e}^{-\mathrm{j}n\omega_0 t}\,\mathrm{d}t + \frac{1}{T_0}\int_0^{\frac{T_0}{2}} f(t)\mathrm{e}^{-\mathrm{j}n\omega_0 t}\,\mathrm{d}t$$

对于第一项，令$\tau = t + \frac{T_0}{2}$，那么有$0 \leqslant \tau < \frac{T_0}{2}$

$$\begin{aligned}F_n &= \frac{1}{T_0}\mathrm{e}^{\mathrm{j}\frac{n\omega_0 T_0}{2}}\int_0^{\frac{T_0}{2}} f\left(\tau - \frac{T_0}{2}\right)\mathrm{e}^{-\mathrm{j}n\omega_0 \tau}\,\mathrm{d}\tau + \frac{1}{T_0}\int_0^{\frac{T_0}{2}} f(t)\mathrm{e}^{-\mathrm{j}n\omega_0 t}\,\mathrm{d}t \\ &= \frac{1}{T_0}\mathrm{e}^{\mathrm{j}\frac{n\omega_0 T_0}{2}}\int_0^{\frac{T_0}{2}} f\left(t - \frac{T_0}{2}\right)\mathrm{e}^{-\mathrm{j}n\omega_0 t}\,\mathrm{d}t + \frac{1}{T_0}\int_0^{\frac{T_0}{2}} f(t)\mathrm{e}^{-\mathrm{j}n\omega_0 t}\,\mathrm{d}t\end{aligned}$$

由于$f(t) = -f\left(t \pm \frac{T_0}{2}\right)$，$\omega_0 T_0 = 2\pi$，将上式化简为

$$F_n = (-1)^{n+1}\frac{1}{T_0}\int_0^{\frac{T_0}{2}} f(t)\mathrm{e}^{-\mathrm{j}n\omega_0 t}\,\mathrm{d}t + \frac{1}{T_0}\int_0^{\frac{T_0}{2}} f(t)\mathrm{e}^{-\mathrm{j}n\omega_0 t}\,\mathrm{d}t$$

最后得到奇谐函数的指数形式傅里叶级数系数如下：

$$F_n = \frac{2}{T_0}\int_0^{\frac{T_0}{2}} f(t)\mathrm{e}^{-\mathrm{j}n\omega_0 t}\,\mathrm{d}t,\ n = 1,3,5,\cdots \tag{4-55}$$

利用式(4-42)给出的系数之间的关系，得到三角函数的傅里叶级数表示下的系数

$$a_n = \frac{4}{T_0}\int_0^{\frac{T_0}{2}} f(t)\cos(n\omega_0 t)\,\mathrm{d}t,\ n = 1,3,5,\cdots \tag{4-56}$$

$$b_n = \frac{4}{T_0}\int_0^{\frac{T_0}{2}} f(t)\sin(n\omega_0 t)\,\mathrm{d}t,\ n = 1,3,5,\cdots \tag{4-57}$$

由此可见，在奇谐函数中只包含奇次谐波的正弦和余弦分量，而不含偶次谐波分

量。这也是“奇谐函数”名称的由来。注意不要把奇函数和奇谐函数名称搞混了，前者只包含正弦分量，后者则包含奇次谐波的正弦和余弦分量。

4. 偶谐函数

当周期信号 $f(t)$ 满足

$$f(t)=f\left(t\pm\frac{T_0}{2}\right) \tag{4-58}$$

则称信号 $f(t)$ 为偶谐函数，如图 4-11 所示。

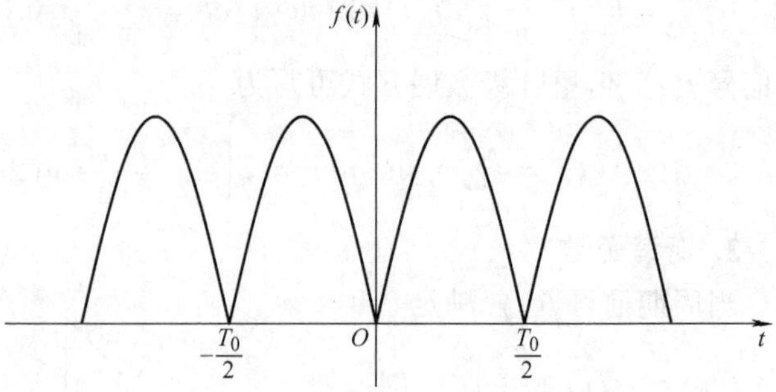

图 4-11　偶谐函数

其傅里叶级数中只包含偶次谐波的正弦和余弦分量，傅里叶级数系数计算的推导过程与奇谐函数类似：

$$\begin{aligned}F_n&=\frac{1}{T_0}\int_{-\frac{T_0}{2}}^{\frac{T_0}{2}}f(t)\mathrm{e}^{-\mathrm{j}n\omega_0 t}\mathrm{d}t\\&=\frac{1}{T_0}\mathrm{e}^{\mathrm{j}\frac{n\omega_0T_0}{2}}\int_0^{\frac{T_0}{2}}f\left(t-\frac{T_0}{2}\right)\mathrm{e}^{-\mathrm{j}n\omega_0 t}\mathrm{d}t+\frac{1}{T_0}\int_0^{\frac{T_0}{2}}f(t)\mathrm{e}^{-\mathrm{j}n\omega_0 t}\mathrm{d}t\end{aligned}$$

由于 $f(t)=f\left(t\pm\frac{T_0}{2}\right)$，$\omega_0T_0=2\pi$，将上式化简为

$$\begin{aligned}F_n&=\frac{1}{T_0}\mathrm{e}^{\mathrm{j}\frac{n\omega_0T_0}{2}}\int_0^{\frac{T_0}{2}}f(t)\mathrm{e}^{-\mathrm{j}n\omega_0 t}\mathrm{d}t+\frac{1}{T_0}\int_0^{\frac{T_0}{2}}f(t)\mathrm{e}^{-\mathrm{j}n\omega_0 t}\mathrm{d}t\\&=(-1)^n\frac{1}{T_0}\int_0^{\frac{T_0}{2}}f(t)\mathrm{e}^{-\mathrm{j}n\omega_0 t}\mathrm{d}t+\frac{1}{T_0}\int_0^{\frac{T_0}{2}}f(t)\mathrm{e}^{-\mathrm{j}n\omega_0 t}\mathrm{d}t\end{aligned}$$

最后得到偶谐函数的指数形式傅里叶级数系数如下：

$$F_n=\frac{2}{T_0}\int_0^{\frac{T_0}{2}}f(t)\mathrm{e}^{-\mathrm{j}n\omega_0 t}\mathrm{d}t,\ n=2,4,6,\cdots \tag{4-59}$$

利用式(4-42) 给出的系数之间的关系，得到三角函数的傅里叶级数表示下的系数

$$a_n=\frac{4}{T_0}\int_0^{\frac{T_0}{2}}f(t)\cos(n\omega_0 t)\mathrm{d}t,\ n=2,4,6,\cdots \tag{4-60}$$

$$b_n=\frac{4}{T_0}\int_0^{\frac{T_0}{2}}f(t)\sin(n\omega_0 t)\mathrm{d}t,\ n=2,4,6,\cdots \tag{4-61}$$

由此可见，在偶谐函数中，只包含偶次谐波的正弦和余弦分量，而不含奇次谐波分量。从另外一个角度看，可以将偶谐函数看作是周期为 $\frac{T_0}{2}$ 的周期函数，其基波频率为 $2\omega_0$，因此相当于只包含 ω_0 偶数倍的谐波分量。

4.4　非周期信号的傅里叶变换

在实际的物理世界中，周期信号是不存在的，因为理想的周期信号的支撑区间是在（$-\infty$，∞）整个时间范围之内，而日常所讨论的周期信号往往只是局限在某一特

定时间区间范围内满足周期信号的特点，即便在有限的时间区间内，常用的大部分信号也是属于非周期信号。那么，如何建立其非周期信号与周期信号之间的联系，非周期信号是否也能够采用傅里叶级数对它进行表示呢？下面，将在讨论和分析上述问题的基础上，逐步引出傅里叶变换的概念。

4.4.1 傅里叶变换的定义

在4.3.4节中讨论了周期矩形信号的频谱结构特点，当周期信号的周期 T_0 趋近于无穷大时，则周期矩形信号就转变成为一个非周期性的单脉冲矩形信号。因此，在讨论非周期信号的傅里叶级数表达时，可以把非周期信号理解成一个周期为无穷大的周期信号。由4.3.4节讨论分析的结果可知，当周期信号的周期 T_0 增大时，谱线的间隔 $\omega_0\left(=\dfrac{2\pi}{T_0}\right)$会减小；极端情况下，当周期 T_0 趋于无穷大时，谱线间隔会趋近于无穷小，这时，原来的离散频谱变成了连续频谱。同时，当周期 T_0 趋于无穷大，各个谱线 F_n 的高度会趋近于无穷小。在这种情况下，非周期信号的傅里叶级数表示将失去意义。然而，根据帕塞瓦尔能量守恒定律，信号的能量恒等于各个谱线高度 F_n 模的二次方积分。这意味着虽然各个谱线 F_n 的高度都变成了无穷小，但是谱线之间的相对大小仍然存在，无数个无穷小量求和仍然等于一个有限值，这个有限值就是信号的能量。

基于如上分析原因，频谱 F_n 不再适合非周期信号的表达，这时需要引入频谱密度函数的概念。下面，由周期信号的傅里叶级数表达逐渐推导出一般信号的傅里叶变换，并说明频谱密度函数的意义。

将指数形式傅里叶频谱表示系数 F_n 乘以 T_0，得到

$$T_0F_n = \frac{2\pi F_n}{\omega_0} = \int_{-\frac{T_0}{2}}^{\frac{T_0}{2}} f(t)\cdot \mathrm{e}^{-\mathrm{j}n\omega_0 t}\mathrm{d}t \tag{4-62}$$

对于非周期信号，当周期 $T_0\to\infty$，$\omega_0\to 0$，谱线的间隔 $\omega_0\to\mathrm{d}\omega$，离散频率变量趋近于连续变量：$n\omega_0\to\omega$。在这种极限情况下，$F_n\to 0$，但是$\dfrac{2\pi F_n}{\omega_0}$有望趋近于一个有限值，且变成了一个连续函数，通常记为 $F(\mathrm{j}\omega)$，令

$$F(\mathrm{j}\omega) = \lim_{\omega_0\to 0}\frac{2\pi F_n}{\omega_0} = \lim_{\omega_0\to 0}\frac{F_n}{f_0} \tag{4-63}$$

式中，F_n/f_0 表示单位频带的频谱值，即频谱密度的概念。因此，$F(\mathrm{j}\omega)$ 称为原函数 $f(t)$ 的频谱密度函数，简称频谱函数，即

$$F(\mathrm{j}\omega) = \int_{-\infty}^{\infty} f(t)\cdot \mathrm{e}^{-\mathrm{j}\omega t}\mathrm{d}t \tag{4-64}$$

同样地，利用指数形式傅里叶级数展开式

$$f(t) = \sum_{n=-\infty}^{\infty} F_n \mathrm{e}^{\mathrm{j}n\omega_0 t}$$

可以推导得出由 $F(\mathrm{j}\omega)$ 表示 $f(t)$ 的方法。考虑谱线间隔为 ω_0，上式又可写作

$$f(t) = \sum_{n=-\infty}^{\infty}\left[\frac{F_n}{\omega_0}\right]\mathrm{e}^{\mathrm{j}n\omega_0 t}\omega_0 \tag{4-65}$$

当周期 $T_0\to\infty$，$\omega_0\to 0$，谱线的间隔 $\omega_0\to \mathrm{d}\omega$，离散频率变量趋近于连续变量：$n\omega_0\to\omega$。同时$\frac{F_n}{\omega_0}\to\frac{F(\mathrm{j}\omega)}{2\pi}$，公式中的离散求和运算变成了连续变量的积分运算，于是傅里叶级数变成了积分形式：

$$f(t)=\frac{1}{2\pi}\int_{-\infty}^{\infty}F(\mathrm{j}\omega)\mathrm{e}^{\mathrm{j}\omega t}\mathrm{d}\omega \tag{4-66}$$

式(4-64) 和式(4-66) 统称为信号 $f(t)$ 的傅里叶变换，其中式(4-64) 称为信号 $f(t)$ 的傅里叶正变换，式(4-66) 称为傅里叶逆变换。

从连续时间信号分解的角度看，可以将傅里叶变换看作是在连续时间信号在完备正交函数集 $\{\mathrm{e}^{\mathrm{j}\omega t}\}_{\omega\in R}$ 的线性展开，因此式(4-64) 亦称为连续信号的傅里叶分解，而式(4-66) 称为连续信号的傅里叶重构，这样的称谓更能反映出傅里叶变换的内在含义。

另外，为了书写方便，又习惯采用如下符号：
傅里叶正变换

$$F(\mathrm{j}\omega)=\mathscr{F}[f(t)]=\int_{-\infty}^{\infty}f(t)\cdot\mathrm{e}^{-\mathrm{j}\omega t}\mathrm{d}t$$

傅里叶逆变换

$$f(t)=\mathscr{F}^{-1}[F(\mathrm{j}\omega)]=\frac{1}{2\pi}\int_{-\infty}^{\infty}F(\mathrm{j}\omega)\mathrm{e}^{\mathrm{j}\omega t}\mathrm{d}\omega$$

公式中 $F(\mathrm{j}\omega)$ 是 $f(t)$ 的频谱函数，它一般情况下是复函数，可以写作

$$F(\mathrm{j}\omega)=|F(\mathrm{j}\omega)|\mathrm{e}^{\mathrm{j}\varphi(\omega)} \tag{4-67}$$

其中 $|F(\mathrm{j}\omega)|$ 是指频谱函数 $F(\mathrm{j}\omega)$ 的模，它代表了信号中各频率分量的相对大小。$\varphi(\omega)$ 则表示频谱 $F(\mathrm{j}\omega)$ 的相位，它表示信号中各频率分量的相位关系。通常，将 $|F(\mathrm{j}\omega)|\sim\omega$ 之间的关系称为 $f(t)$ 的频谱密度函数的幅频特性，将 $\varphi(\omega)\sim\omega$ 之间的关系称为 $f(t)$ 的频谱密度函数的相频特性。

与周期信号类似，利用欧拉公式可以将非周期信号的傅里叶变换表达式改写成三角函数形式，即

$$\begin{aligned}f(t)&=\frac{1}{2\pi}\int_{-\infty}^{\infty}F(\mathrm{j}\omega)\mathrm{e}^{\mathrm{j}\omega t}\mathrm{d}\omega=\frac{1}{2\pi}\int_{-\infty}^{\infty}|F(\mathrm{j}\omega)|\mathrm{e}^{\mathrm{j}[\omega t+\varphi(\omega)]}\mathrm{d}\omega\\&=\frac{1}{2\pi}\int_{-\infty}^{\infty}|F(\mathrm{j}\omega)|\cos[\omega t+\varphi(\omega)]\mathrm{d}\omega+\frac{\mathrm{j}}{2\pi}\int_{-\infty}^{\infty}|F(\mathrm{j}\omega)|\sin[\omega t+\varphi(\omega)]\mathrm{d}\omega\end{aligned} \tag{4-68}$$

在实际应用中，物理信号 $f(t)$ 必然是实函数。因此，上述公式右边的虚部一定为零。另一方面，由于 $|F(\mathrm{j}\omega)|$ 是偶函数，$\varphi(\omega)$ 是奇函数，所以

$$f(t)=\frac{1}{\pi}\int_{0}^{\infty}|F(\mathrm{j}\omega)|\cos[\omega t+\varphi(\omega)]\mathrm{d}\omega \tag{4-69}$$

由此可见，非周期信号与周期信号一样，可以分解成为无数个不同幅度、不同频率、不同相位的余弦函数的线性叠加。所不同的是，非周期信号所含的每个频率分量的幅度$\frac{|F(\mathrm{j}\omega)|\mathrm{d}\omega}{\pi}$是无穷小的，因此幅度大小不能用频谱表示，而是采用频谱密度函数来代替。

4.4.2 傅里叶变换存在的条件

前面提到，周期信号的傅里叶级数存在的条件是信号 $f(t)$ 需要满足狄里赫利条件。同样地，非周期信号的傅里叶变换是否存在也需要满足一定条件。根据前面傅里叶变换的推导过程可以得出，其存在的条件是频谱密度函数 $F(\mathrm{j}\omega)$ 存在，即要求积分

$$\int_{-\infty}^{\infty} f(t) \cdot \mathrm{e}^{-\mathrm{j}\omega t}\mathrm{d}t$$

收敛，而由于

$$F(\mathrm{j}\omega) = \int_{-\infty}^{\infty} f(t) \cdot \mathrm{e}^{-\mathrm{j}\omega t}\mathrm{d}t \leqslant \int_{-\infty}^{\infty} |f(t)| \cdot |\mathrm{e}^{-\mathrm{j}\omega t}|\,\mathrm{d}t = \int_{-\infty}^{\infty} |f(t)|\,\mathrm{d}t \tag{4-70}$$

因此，可以得到信号 $f(t)$ 的傅里叶变换存在的充分条件是信号 $f(t)$ 满足绝对可积，即

$$\int_{-\infty}^{\infty} |f(t)|\,\mathrm{d}t < M \tag{4-71}$$

其中，M 为有限正实数。

特殊情况下，如果信号 $f(t)$ 不满足绝对可积的条件，只要能够唯一地表示这个无穷大，那么信号 $f(t)$ 傅里叶变换依然存在。例如，当引入了冲激函数 $\delta(t)$ 以后，许多不满足绝对可积条件的信号也可以进行傅里叶变换（如阶跃信号，周期信号等），这些信号将在后面基本信号的傅里叶变换中具体讨论。

4.4.3 基本信号的傅里叶变换

本节主要讨论一些常用信号的傅里叶变换，并分析这些信号的时域波形变化与其频谱之间的关系。

1. 单边指数信号

单边指数信号是信号与系统分析中最常用的一个基本信号，其代数表达形式如下：

$$f(t) = E\mathrm{e}^{-\alpha t}\varepsilon(t),\ \alpha > 0$$

其傅里叶变换为

$$F(\mathrm{j}\omega) = \mathscr{F}[f(t)] = \int_{-\infty}^{\infty} E\mathrm{e}^{-\alpha t}\varepsilon(t) \cdot \mathrm{e}^{-\mathrm{j}\omega t}\mathrm{d}t = \int_{0}^{\infty} E\mathrm{e}^{-(\alpha+\mathrm{j}\omega)t}\mathrm{d}t = \frac{E}{\alpha + \mathrm{j}\omega} \tag{4-72}$$

所以，其幅频特性和相频特性分别为

$$|F(\mathrm{j}\omega)| = \frac{E}{\sqrt{\alpha^2 + \omega^2}} \tag{4-73}$$

$$\varphi(\omega) = -\arctan\left(\frac{\omega}{\alpha}\right) \tag{4-74}$$

其波形特点如图 4-12 所示。

从幅度频谱上看，其直流分量等于 E/α，当频率 $\omega = \sqrt{3}\alpha$，幅频响应下降为最大幅度的一半。通过分析可以了解，当指数信号的衰减系数 α 减小时，表示指数信号波形在时域上衰减的越慢，那么相应的直流分量就会增加，同时其幅度频谱波形会收窄，意味着高频分量幅度减小。相反，当指数信号的衰减系数 α 增大时，表示指数信号波

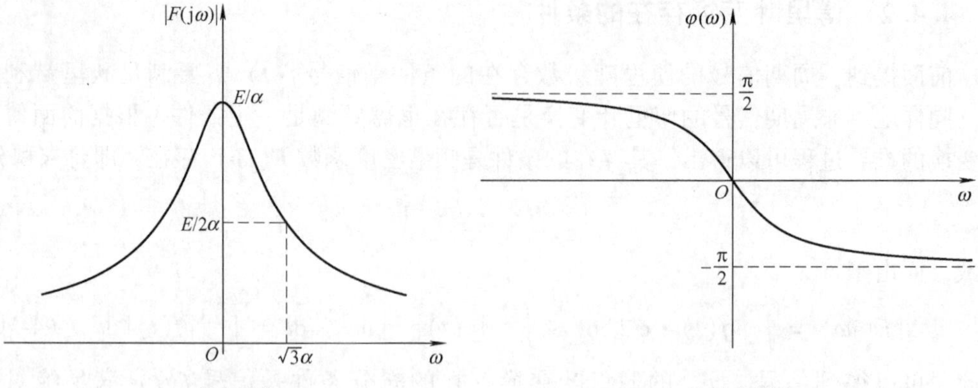

图 4-12　单边指数信号的傅里叶变换频谱

形在时域上衰减得越快，那么相应的直流分量就会减小，同时其幅度频谱波形会展宽，意味着高频分量增加。

2. 矩形脉冲信号

矩形脉冲信号，又称门函数，其代数表达形式为

$$f(t)=E\left[\varepsilon\left(t+\frac{\tau}{2}\right)-\varepsilon\left(t-\frac{\tau}{2}\right)\right]$$

波形如图 4-13a 所示。其中 E 为脉冲的高度，τ 为脉冲的宽度。

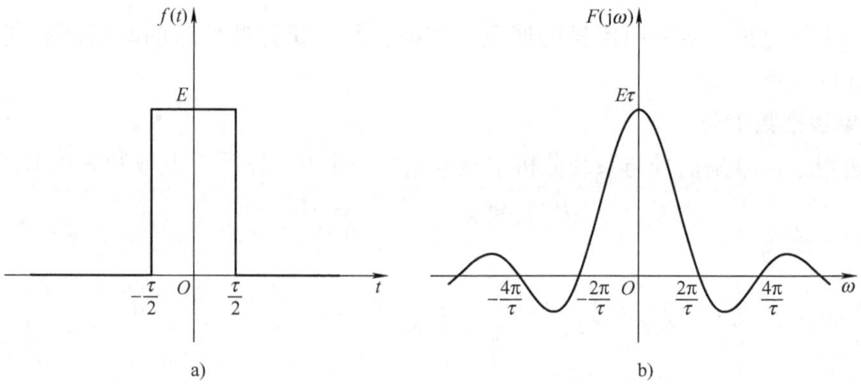

图 4-13　矩形脉冲信号及其频谱

其傅里叶变换为

$$F(j\omega)=\mathscr{F}[f(t)]=\int_{-\infty}^{\infty}E\left[\varepsilon\left(t+\frac{\tau}{2}\right)-\varepsilon\left(t-\frac{\tau}{2}\right)\right]\cdot e^{-j\omega t}dt$$

$$=\int_{-\frac{\tau}{2}}^{\frac{\tau}{2}}E\cdot e^{-j\omega t}dt=\frac{E}{-j\omega}e^{-j\omega t}\Bigg|_{-\frac{\tau}{2}}^{\frac{\tau}{2}}=E\tau\frac{\sin\left(\frac{\omega\tau}{2}\right)}{\frac{\omega\tau}{2}}=E\tau Sa\left(\frac{\omega\tau}{2}\right)\tag{4-75}$$

矩形脉冲信号的频谱如图 4-13*b* 所示，所以其幅谱特性及相频特性分别为

$$|F(j\omega)| = E\tau\left|Sa\left(\frac{\omega\tau}{2}\right)\right|$$
$$\varphi(\omega)=\begin{cases}0, & \frac{4n\pi}{\tau}<|\omega|<\frac{2(2n+1)\pi}{\tau}\\ \pm\pi, & \frac{2(2n+1)\pi}{\tau}<|\omega|<\frac{2(2n+2)\pi}{\tau},\ n=0,1,2,\cdots\end{cases} \tag{4-76}$$

3. 直流信号

直流信号 $f(t)=E(-\infty<t<\infty)$，波形如图 4-14a 所示。

由于该信号不满足绝对可积的条件，无法依据傅里叶变换的定义直接计算该信号的傅里叶变换。因此，只能通过构造辅助函数的方法来间接地计算其傅里叶变换。可以将直流信号看作是矩形脉冲信号 $g_\tau(t)$，当 τ 趋近于无穷大的情况：

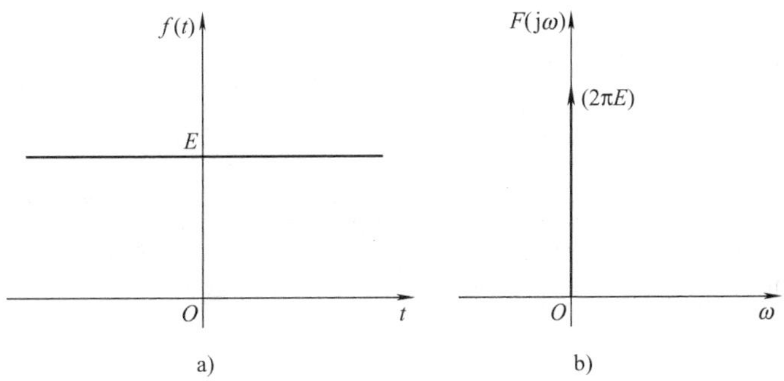

图 4-14 直流信号及其频谱

$$F(j\omega)=\mathscr{F}[f(t)]=\int_{-\infty}^{\infty}E\cdot e^{-j\omega t}dt=\lim_{\tau\to\infty}\int_{-\frac{\tau}{2}}^{\frac{\tau}{2}}Ee^{-j\omega t}dt=\lim_{\tau\to\infty}E\tau Sa\left(\frac{\omega\tau}{2}\right) \tag{4-77}$$

当 τ 趋近于无穷大时，抽样函数 $Sa(\omega\tau/2)$ 的第一个过零点位置 $2\pi/\tau$ 趋近于零，并且其余所有过零点的坐标都是趋近于零，同时 $E\tau Sa(\omega\tau/2)$ 在 $\omega=0$ 上的函数值趋于无穷大，因此在极限情况下，可以将该函数看作是一个关于 ω 的冲激函数，其冲激强度为

$$\int_{-\infty}^{\infty}E\tau Sa\left(\frac{\omega\tau}{2}\right)d\omega=E\tau\int_{-\infty}^{\infty}Sa\left(\frac{\omega\tau}{2}\right)d\omega=E\tau\cdot\frac{2\pi}{\tau}=2\pi E \tag{4-78}$$

所以，直流信号的傅里叶变换为

$$E\stackrel{\mathscr{F}}{\longleftrightarrow}2\pi E\delta(\omega) \tag{4-79}$$

直流信号的频谱图如图 4-14b 所示。而当 $E=1$ 时，则有

$$1\stackrel{\mathscr{F}}{\longleftrightarrow}2\pi\delta(\omega) \tag{4-80}$$

4. 单位阶跃信号

单位阶跃信号 $\varepsilon(t)$ 如图 4-15a 所示。由于不满足绝对可积的条件，无法依据傅里叶变换的定义直接计算该信号的傅里叶变换。与直流信号类似地，需要构造辅助函数的方法来间接地计算其傅里叶变换。

可以将直流信号看作是单边指数信号 $f_0(t)=e^{-\alpha t}\varepsilon(t)$，当 α 趋近于 0 的情况：

$$F(j\omega)=\mathscr{F}[f(t)]=\int_{0}^{\infty}e^{-j\omega t}dt=\lim_{\alpha\to0}\int_{0}^{\infty}e^{-\alpha t}e^{-j\omega t}dt=\lim_{\alpha\to0}\int_{0}^{\infty}e^{-(\alpha+j\omega)t}dt$$
$$=\lim_{\alpha\to0}\frac{1}{\alpha+j\omega}=\lim_{\alpha\to0}\left(\frac{\alpha}{\alpha^2+\omega^2}\right)-j\left(\frac{\omega}{\alpha^2+\omega^2}\right) \tag{4-81}$$

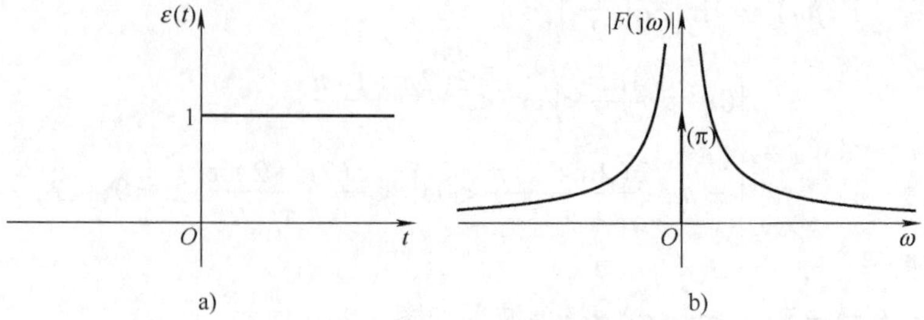

图 4-15　单位阶跃信号及其频谱

很显然，当 α 趋近于 0 时，式(4-81) 中的虚部部分 $-\mathrm{j}\left(\dfrac{\omega}{\alpha^2+\omega^2}\right)$趋近于$\dfrac{1}{\mathrm{j}\omega}$，而实部部分为

$$\lim_{\alpha\to 0}\left(\frac{\alpha}{\alpha^2+\omega^2}\right)=\begin{cases}0, & \omega\neq 0\\ \infty, & \omega=0\end{cases} \tag{4-82}$$

可见，它是一个关于 ω 的冲激函数，其冲激强度为

$$\lim_{\alpha\to 0}\int_{-\infty}^{\infty}\frac{\alpha}{\alpha^2+\omega^2}\mathrm{d}\omega=\lim_{\alpha\to 0}\int_{-\infty}^{\infty}\frac{\mathrm{d}\left(\dfrac{\omega}{\alpha}\right)}{1+\left(\dfrac{\omega}{\alpha}\right)^2}=\lim_{\alpha\to 0}\arctan\left(\frac{\omega}{\alpha}\right)\bigg|_{-\infty}^{\infty}=\pi \tag{4-83}$$

所以得到$\lim\limits_{\alpha\to 0}\left(\dfrac{\alpha}{\alpha^2+\omega^2}\right)=\pi\delta(\omega)$。进一步，求得单位阶跃信号的傅里叶变换为

$$\varepsilon(t)\xleftrightarrow{\mathscr{F}}\pi\delta(\omega)+\frac{1}{\mathrm{j}\omega} \tag{4-84}$$

其频谱图如图 4-15b 所示。由此可见，单位阶跃信号的频谱在 $\omega=0$ 的位置上存在一个冲激信号。由于阶跃信号在时域里，从 $t=0_-$ 到 $t=0_+$ 存在一个跳变，因此在其频谱上体现为包含丰富的高频分量$\dfrac{1}{\mathrm{j}\omega}$。

5. 单位冲激信号

单位冲激信号满足绝对可积条件，可以利用定义直接计算：

$$F(\mathrm{j}\omega)=\mathscr{F}[f(t)]=\int_{-\infty}^{\infty}\delta(t)\cdot \mathrm{e}^{-\mathrm{j}\omega t}\mathrm{d}t=1 \tag{4-85}$$

可见，单位冲激信号的频谱等于常数，如图 4-16b 所示。这意味着，在信号的整个频率范围内，频谱是均匀分布的。在时域里变化异常剧烈的冲激函数在频域里包含了幅度相等的所有频率分量。这种频谱又称为“均匀谱”或“白色谱”。

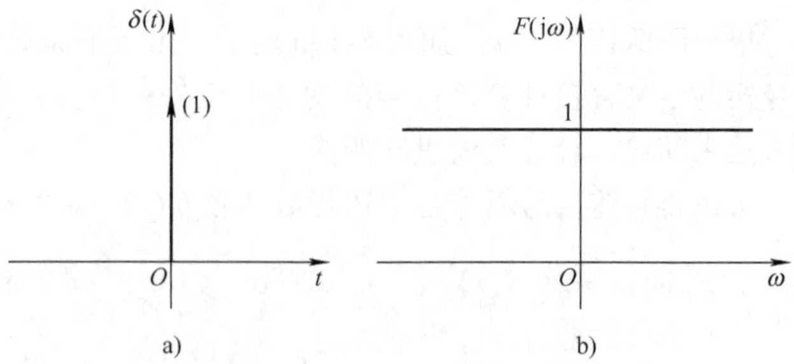

图 4-16　单位冲激信号及其频谱

6. 符号函数

符号函数的代数表达式为

$$f(t)=\operatorname{sgn}(t)=\begin{cases}1, & t>0\\ 0, & t=0\\ -1, & t<0\end{cases} \tag{4-86}$$

其波形如图4-17a 所示。

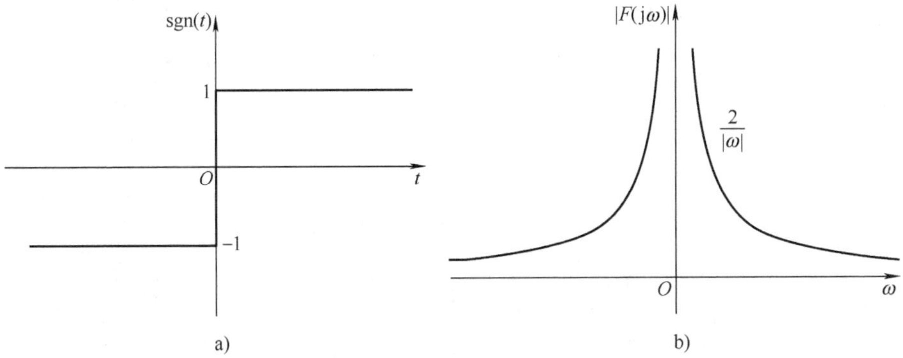

图4-17 符号函数波形及其频谱

很显然，符号函数并不满足傅里叶变换存在的充分条件，不能直接根据定义计算。这里，可以将符号函数写成由阶跃函数构成的形式，即 $f(t)=-\varepsilon(-t)+\varepsilon(t)$。前面已经讨论过单位阶跃信号 $\varepsilon(t)$ 的傅里叶变换

$$\varepsilon(t)\xleftrightarrow{\mathscr{F}}\pi\delta(\omega)+\frac{1}{\mathrm{j}\omega}$$

下面先计算 $-\varepsilon(-t)$ 的傅里叶变换

$$\begin{aligned}\mathscr{F}[-\varepsilon(-t)]&=\int_{-\infty}^{\infty}-\varepsilon(-t)\cdot \mathrm{e}^{-\mathrm{j}\omega t}\mathrm{d}t=\int_{-\infty}^{0}-1\cdot \mathrm{e}^{-\mathrm{j}\omega t}\mathrm{d}t=-\int_{0}^{\infty}\mathrm{e}^{\mathrm{j}\omega t}\mathrm{d}t\\&=-\left[\int_{0}^{\infty}\mathrm{e}^{-\mathrm{j}\omega t}\mathrm{d}t\right]^{*}=-\pi\delta(\omega)+\frac{1}{\mathrm{j}\omega}\end{aligned} \tag{4-87}$$

从而，可以得到符号函数 $f(t)$ 的傅里叶变换为

$$\mathscr{F}[f(t)]=-\pi\delta(\omega)+\frac{1}{\mathrm{j}\omega}+\pi\delta(\omega)+\frac{1}{\mathrm{j}\omega}=\frac{2}{\mathrm{j}\omega} \tag{4-88}$$

其幅频特性和相频特性分别为

$$|F(\mathrm{j}\omega)|=\frac{2}{|\omega|} \tag{4-89}$$

$$\varphi(\omega)=\begin{cases}\dfrac{\pi}{2}, & \omega<0\\ -\dfrac{\pi}{2}, & \omega>0\end{cases} \tag{4-90}$$

表4-1 所示为常用信号的傅里叶频谱。

表4-1 常用信号的傅里叶频谱（$\alpha>0$）

序号	$f(t)$	$F(\mathrm{j}\omega)$	序号	$f(t)$	$F(\mathrm{j}\omega)$
1	$\delta(t)$	1	3	E	$2\pi E\delta(\omega)$
2	$\varepsilon(t)$	$\pi\delta(\omega)+\dfrac{1}{\mathrm{j}\omega}$	4	$\mathrm{e}^{-\alpha t}\varepsilon(t)$	$\dfrac{1}{\alpha+\mathrm{j}\omega}$

（续）

序号	$f(t)$	$F(j\omega)$	序号	$f(t)$	$F(j\omega)$
5	$e^{\alpha t}\varepsilon(-t)$	$\frac{1}{\alpha - j\omega}$	13	$\sin(\omega_0 t)$	$j\pi[\delta(\omega+\omega_0)-\delta(\omega-\omega_0)]$
6	$e^{-\lvert\alpha\rvert t}$	$\frac{2\alpha}{\alpha^2+\omega^2}$	14	$Sa(\omega_0 t)$	$\frac{\pi}{\omega_0}G_{2\omega_0}(\omega)$
7	$sgn(t)$	$\frac{2}{j\omega}$	15	$t\varepsilon(t)$	$j\pi\delta'(\omega)-\frac{1}{\omega^2}$
8	t	$j2\pi\delta'(\omega)$	16	$\cos(\omega_0 t)\varepsilon(t)$	$\frac{\pi}{2}[\delta(\omega+\omega_0)+\delta(\omega-\omega_0)]+\frac{j\omega}{\omega_0^2-\omega^2}$
9	$\frac{1}{t}$	$-j\pi sgn(\omega)$	17	$\sin(\omega_0 t)\varepsilon(t)$	$\frac{j\pi}{2}[\delta(\omega+\omega_0)-\delta(\omega-\omega_0)]+\frac{\omega_0}{\omega_0^2-\omega^2}$
10	$Eg_\tau(t)$	$E\tau Sa\left(\frac{\omega\tau}{2}\right)$	18	$e^{-\alpha t}\cos(\omega_0 t)\varepsilon(t)$	$\frac{\alpha+j\omega}{(\alpha+j\omega)^2+\omega_0^2}$
11	$e^{j\omega_0 t}$	$2\pi\delta(\omega-\omega_0)$	19	$e^{-\alpha t}\sin(\omega_0 t)\varepsilon(t)$	$\frac{\omega_0}{(\alpha+j\omega)^2+\omega_0^2}$
12	$\cos(\omega_0 t)$	$\pi[\delta(\omega+\omega_0)+\delta(\omega-\omega_0)]$	20	$te^{-\alpha t}\varepsilon(t)$	$\frac{1}{(\alpha+j\omega)^2}$

4.5 傅里叶变换的性质

利用傅里叶变换公式建立起来连续时间信号 $f(t)$ 和其频谱函数 $F(j\omega)$ 之间的一一对应关系，函数的自变量由 $f(t)$ 中的时间变量 t 变成了 $F(j\omega)$ 的 ω。这种自变量变化带来的是人们观测信号时视角的变化，不再将关注点放在信号在时域随时间的变化趋势，也不再关注信号在某个时间点上的孤立的函数值，而是更加关注构成信号的各个频率成分的特征。本节将介绍连续时间信号傅里叶变换的若干性质，这些性质揭示了连续信号在时域与频域之间的内在联系。换句话说，也就是信号在时域里波形的变化在频域里是如何体现的。掌握傅里叶变换的性质，有助于更好地理解傅里叶变换的数学和物理意义，在理论分析和实际工程应用中都有着重要作用。

1. 线性特性（叠加性）

连续时间信号的傅里叶变换满足线性特性，即

若已知 $f_1(t)\xleftrightarrow{\mathscr{F}}F_1(j\omega)$，$f_2(t)\xleftrightarrow{\mathscr{F}}F_2(j\omega)$，那么有

$$af_1(t)+bf_2(t)\xleftrightarrow{\mathscr{F}}aF_1(j\omega)+bF_2(j\omega) \tag{4-91}$$

线性特性包含齐次性和叠加性。该性质可以根据傅里叶变换公式很容易得到证明。傅里叶变换的线性特性说明任意复杂信号的频谱可以通过计算构成该信号的各个子信号的频谱线性叠加得到。

2. 对称性

若已知 $f(t)\xleftrightarrow{\mathscr{F}}F(j\omega)$，则

$$F(jt)\xleftrightarrow{\mathscr{F}}2\pi f(-\omega) \tag{4-92}$$

证明：根据傅里叶反变换公式

$$f(t)=\frac{1}{2\pi}\int_{-\infty}^{\infty}F(j\omega)e^{j\omega t}d\omega$$

很显然，

$$f(-t)=\frac{1}{2\pi}\int_{-\infty}^{\infty}F(\mathrm{j}\omega)\mathrm{e}^{-\mathrm{j}\omega t}\mathrm{d}\omega \tag{4-93}$$

两边同时乘以 2π，然后将自变量 t 和 ω 进行互换

$$2\pi f(-\omega)=\int_{-\infty}^{\infty}F(\mathrm{j}t)\mathrm{e}^{-\mathrm{j}\omega t}\mathrm{d}t \tag{4-94}$$

即：$\mathscr{F}[F(\mathrm{j}t)]=2\pi f(-\omega)$，对称性得证。如果 $f(t)$ 是偶函数，那么公式又可以写为

$$F(\mathrm{j}t)\stackrel{\mathscr{F}}{\longleftrightarrow}2\pi f(\omega) \tag{4-95}$$

傅里叶变换的对称性提供了一种计算信号傅里叶变换的快捷方法。对于某些信号，由于积分计算困难，使得很难根据傅里叶变换的定义直接计算其傅里叶频谱，例如抽样函数 $\mathrm{Sa}(\omega_0 t)$。此时，可以利用已知的傅里叶变换对，如矩形脉冲函数 $\mathscr{F}[Eg_\tau(t)]=E\tau\mathrm{Sa}\left(\frac{\omega\tau}{2}\right)$，如图 4-18a 所示；结合傅里叶变换的对称性，可得

$$E\tau\mathrm{Sa}\left(\frac{\tau t}{2}\right)\stackrel{\mathscr{F}}{\longleftrightarrow}2\pi Eg_\tau(\omega) \tag{4-96}$$

如图 4-18b 所示。为了表述方便和物理意义清楚，进一步地令 $\omega_0=\tau/2$，代入式(4-96)，整理后可得

$$\mathrm{Sa}(\omega_0 t)\stackrel{\mathscr{F}}{\longleftrightarrow}\frac{\pi}{\omega_0}G_{2\omega_0}(\omega) \tag{4-97}$$

这里函数 $G_{2\omega_0}(\cdot)$ 表示频域里宽度为$2\omega_0$，高度为 1 的矩形函数。

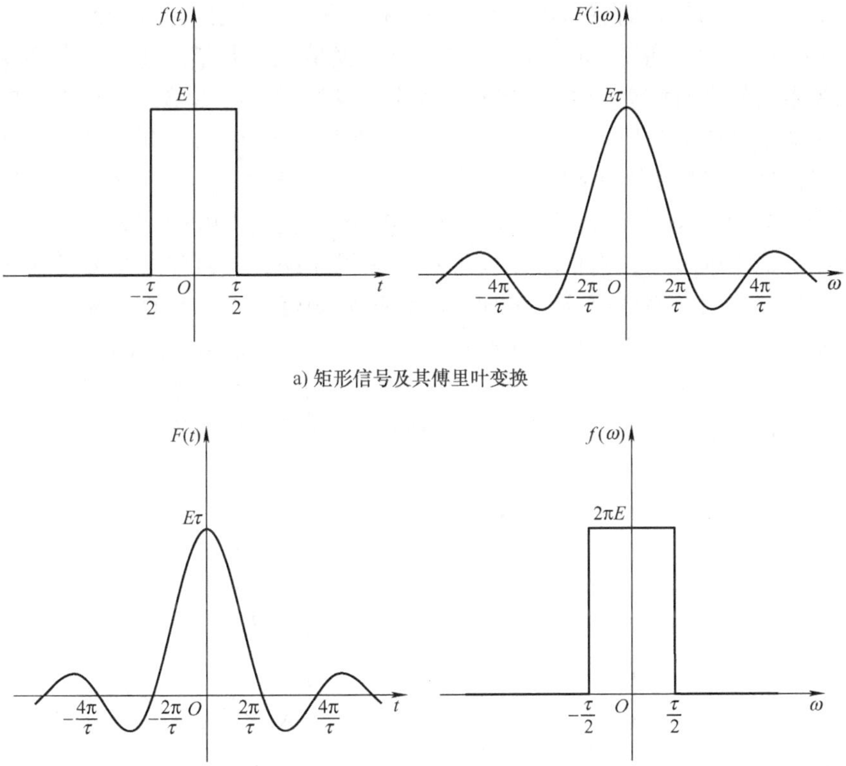

a) 矩形信号及其傅里叶变换

b) Sa信号及其傅里叶变换

图 4-18 傅里叶变换的对称性

3. 尺度变换特性

若已知$f(t)\xleftrightarrow{\mathscr{F}}F(\mathrm{j}\omega)$，则

$$f(at)\xleftrightarrow{\mathscr{F}}\frac{1}{|a|}F\left(\mathrm{j}\frac{\omega}{a}\right) \tag{4-98}$$

式中，a 为非零的实常数。

证明：根据傅里叶变换定义

$$\mathscr{F}[f(at)]=\int_{-\infty}^{\infty}f(at)\mathrm{e}^{-\mathrm{j}\omega t}\mathrm{d}t$$

令$\tau=at$，当$a>0$，有

$$\mathscr{F}[f(at)]=\frac{1}{a}\int_{-\infty}^{\infty}f(\tau)\mathrm{e}^{-\mathrm{j}\omega\frac{\tau}{a}}\mathrm{d}\tau=\frac{1}{a}F\left(\mathrm{j}\frac{\omega}{a}\right) \tag{4-99}$$

当$a<0$，有

$$\mathscr{F}[f(at)]=\frac{1}{a}\int_{\infty}^{-\infty}f(\tau)\mathrm{e}^{-\mathrm{j}\omega\frac{\tau}{a}}\mathrm{d}\tau=-\frac{1}{a}\int_{-\infty}^{\infty}f(\tau)\mathrm{e}^{-\mathrm{j}\omega\frac{\tau}{a}}\mathrm{d}\tau=-\frac{1}{a}F\left(\mathrm{j}\frac{\omega}{a}\right) \tag{4-100}$$

综合上述两种情况，可以得到尺度变换特性公式为

$$\mathscr{F}[f(at)]=\frac{1}{|a|}F\left(\mathrm{j}\frac{\omega}{a}\right)$$

特殊情况下，当$a=-1$，得

$$f(-t)\xleftrightarrow{\mathscr{F}}F(-\mathrm{j}\omega) \tag{4-101}$$

式(4-101) 表明当信号在时域里出现反转时，相应的频谱也会发生反转。

图 4-19 中给出了矩形脉冲信号在不同尺度变换情况下频谱发生变化的情况。由此可见，如果当信号在时域里所占据的支撑区域扩展为原来的 2 倍，那么相应的频谱函数在频域里宽度会压缩为原来的一半，同时频谱幅度增大 2 倍，如图 4-19a 所示。另外一方面，当信号在时域里所占据的支撑区域压缩为原来的一半，那么相应的频谱函数在频域里会展宽为原来的 2 倍，同时频谱幅度减小了一半，如图 4-19c 所示。

上述结论也不难理解，当信号的波形在时域里压缩时，意味着信号随时间变化加快，那么它所包含的频率分量必然增加，即意味着频带展宽；根据能量守恒定律，各个频率分量的幅度必然减小。尺度变换特性进一步证明了信号持续的时间（脉宽）与信号所占据频带（带宽）之间的反比关系。在通信领域，为了加快信息的传递，将信息持续时间进行压缩，必然要占据更大的带宽。因此，通信速度与信号所占频宽往往

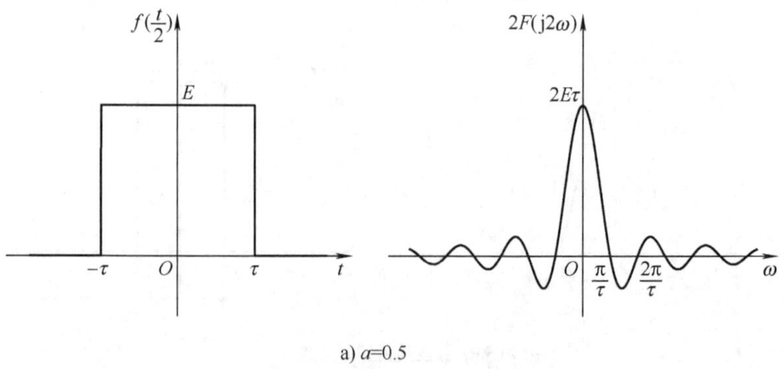

a) a=0.5

图 4-19　尺度变换特性示例

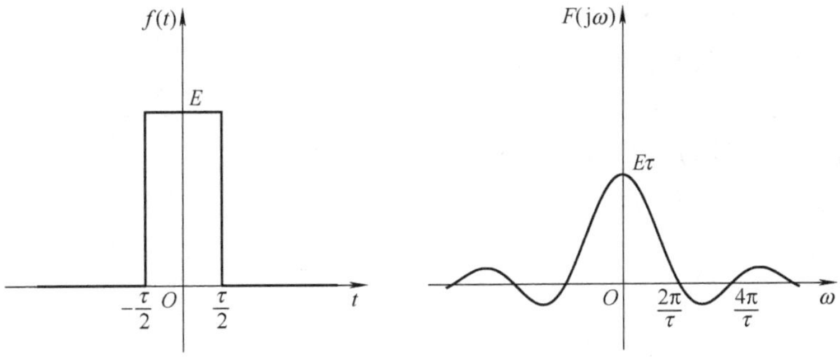

b) a=1

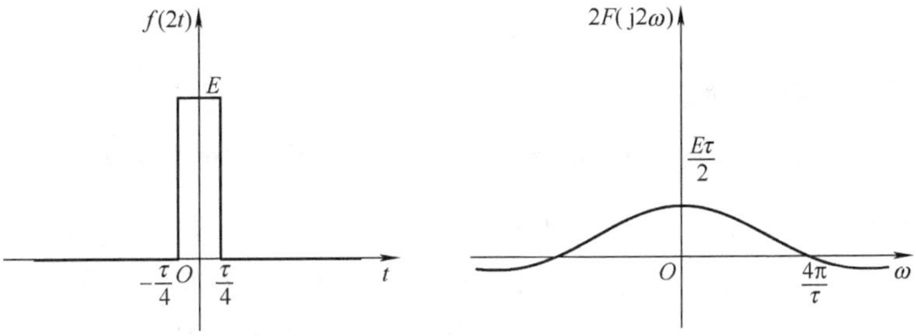

c) a=2

图 4-19　尺度变换特性示例（续）

存在不可避免的矛盾。

4. 时移性

若已知$f(t)\xleftrightarrow{\mathscr{F}}F(\mathrm{j}\omega)$，则

$$f(t\pm t_0)\xleftrightarrow{\mathscr{F}}\mathrm{e}^{\pm\mathrm{j}\omega t_0}F(\mathrm{j}\omega)\tag{4-102}$$

证明：根据傅里叶变换定义

$$\mathscr{F}[f(t-t_0)]=\int_{-\infty}^{\infty}f(t-t_0)\mathrm{e}^{-\mathrm{j}\omega t}\mathrm{d}t$$

令$\tau=t-t_0$，那么有$t=\tau+t_0$，代入上式得

$$\mathscr{F}[f(t-t_0)]=\int_{-\infty}^{\infty}f(\tau)\mathrm{e}^{-\mathrm{j}\omega(\tau+t_0)}\mathrm{d}\tau=\mathrm{e}^{-\mathrm{j}\omega t_0}\int_{-\infty}^{\infty}f(\tau)\mathrm{e}^{-\mathrm{j}\omega\tau}\mathrm{d}\tau=\mathrm{e}^{-\mathrm{j}\omega t_0}F(\mathrm{j}\omega)$$

同理可得

$$\mathscr{F}[f(t+t_0)]=\mathrm{e}^{\mathrm{j}\omega t_0}F(\mathrm{j}\omega)$$

从以上公式可以看出，在时域里将信号沿着时间轴左移或右移，并不会改变信号的波形；相应地，在频域里信号的幅度频谱不会发生任何变化，只是相位频谱产生一个线性变化$\pm\omega t_0$。

将傅里叶变换的时移特性和尺度特性结合起来，不难得出如下结论：

$$f(at\pm b)\xleftrightarrow{\mathscr{F}}\frac{1}{|a|}F\left(\mathrm{j}\frac{\omega}{a}\right)\mathrm{e}^{\pm\mathrm{j}\omega\frac{b}{a}}\tag{4-103}$$

【例4-4】　计算如图4-20所示三脉冲信号的频谱。

解：令$f_0(t)$表示中间一个单脉冲信号，那么，整个信号$f(t)$可以表示为

$f(t)=f_0(t)+f_0(t-T)+f_0(t+T)$

将上式作傅里叶变换，同时利用傅里叶变换的时移性质可得

$$
\begin{aligned}
F(\mathrm{j}\omega) &= F_0(\mathrm{j}\omega)+F_0(\mathrm{j}\omega)\mathrm{e}^{-\mathrm{j}\omega T}+F_0(\mathrm{j}\omega)\mathrm{e}^{\mathrm{j}\omega T} \\
&= F_0(\mathrm{j}\omega)(1+\mathrm{e}^{-\mathrm{j}\omega T}+\mathrm{e}^{\mathrm{j}\omega T}) \\
&= E\tau\mathrm{Sa}\left(\frac{\omega\tau}{2}\right)(1+\cos\omega T)
\end{aligned}
$$

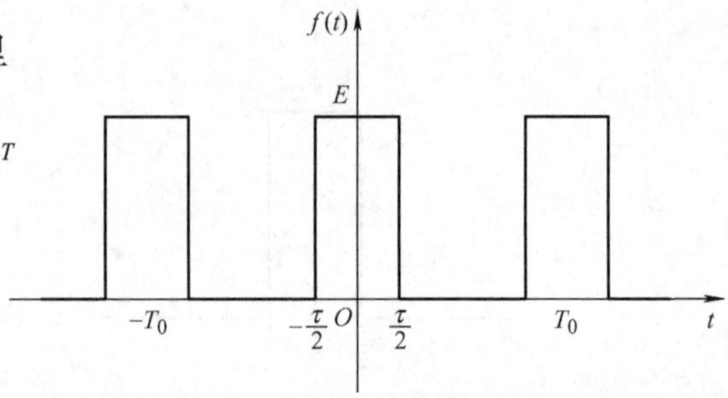

图 4-20　三脉冲信号波形

5. 频移性

若已知 $f(t)\xleftrightarrow{\mathscr{F}}F(\mathrm{j}\omega)$，则

$$
f(t)\mathrm{e}^{\pm\mathrm{j}\omega_0 t}\xleftrightarrow{\mathscr{F}}F[\mathrm{j}(\omega\mp\omega_0)] \tag{4-104}
$$

证明：根据傅里叶变换定义

$$
\mathscr{F}[f(t)\mathrm{e}^{\pm\mathrm{j}\omega_0 t}]=\int_{-\infty}^{\infty}f(t)\mathrm{e}^{\pm\mathrm{j}\omega_0 t}\mathrm{e}^{-\mathrm{j}\omega t}\mathrm{d}t=\int_{-\infty}^{\infty}f(t)\mathrm{e}^{-\mathrm{j}(\omega\mp\omega_0)t}\mathrm{d}t=F[\mathrm{j}(\omega\mp\omega_0)]
$$

可见，如果将信号 $f(t)$ 在时域里乘以 $\mathrm{e}^{\mathrm{j}\omega_0 t}$ 或者 $\mathrm{e}^{-\mathrm{j}\omega_0 t}$，相当于在频域里将信号的频谱右移或左移 ω_0。该性质又称为频谱搬移特性，它在通信系统中得到广泛应用，诸如调幅、解调和变频等技术都是在频谱搬移的技术上完成的，其具体应用情况会在第 5 章 5.5 节信号的调制与解调中介绍。

【例 4-5】　若已知信号 $f(t)$ 的傅里叶变换为 $F(\mathrm{j}\omega)$，试计算信号 $\mathrm{e}^{\mathrm{j}4t}f(3-2t)$ 的傅里叶变换。

解：改写信号表达形式为

$$
\mathrm{e}^{\mathrm{j}4t}f(3-2t)=\mathrm{e}^{\mathrm{j}4t}f\left[-2\left(t-\frac{3}{2}\right)\right]
$$

首先利用傅里叶变换的尺度变换特性，得

$$
\mathscr{F}[f(-2t)]=\frac{1}{2}F\left(-\frac{\mathrm{j}\omega}{2}\right)
$$

再利用傅里叶变换的时移特性，得

$$
\mathscr{F}\left[f\left[-2\left(t-\frac{3}{2}\right)\right]\right]=\frac{1}{2}\mathrm{e}^{-\mathrm{j}\frac{3}{2}\omega}F\left(-\frac{\mathrm{j}\omega}{2}\right)
$$

最后利用傅里叶变换的频移特性，得

$$
\mathscr{F}\left[\mathrm{e}^{\mathrm{j}4t}f\left[-2\left(t-\frac{3}{2}\right)\right]\right]=\frac{1}{2}\mathrm{e}^{-\mathrm{j}\frac{3}{2}(\omega-4)}F\left[-\frac{\mathrm{j}(\omega-4)}{2}\right]
$$

6. 微分特性

傅里叶变换的微分特性包括时域微分特性和频域微分特性。

（1）时域微分

若已知 $f(t)\xleftrightarrow{\mathscr{F}}F(\mathrm{j}\omega)$，则

$$
f'(t)\xleftrightarrow{\mathscr{F}}\mathrm{j}\omega F(\mathrm{j}\omega)
$$

$$
f^{(n)}(t)\xleftrightarrow{\mathscr{F}}(\mathrm{j}\omega)^n F(\mathrm{j}\omega) \tag{4-105}
$$

证明：将傅里叶逆变换公式两边同时对变量 t 求导，得

$$f'(t)=\frac{1}{2\pi}\int_{-\infty}^{\infty}\mathrm{j}\omega F(\mathrm{j}\omega)\mathrm{e}^{\mathrm{j}\omega t}\mathrm{d}t \tag{4-106}$$

所以

$$f'(t)\xleftrightarrow{\mathscr{F}}\mathrm{j}\omega F(\mathrm{j}\omega)$$

这说明时域里面对信号的微分运算可以转化成为频域的乘积运算。利用时域微分性质可以求得一些在通常意义下不易求得的变换，例如根据

$$\delta(t)\xleftrightarrow{\mathscr{F}}1$$

可得

$$\delta'(t)\xleftrightarrow{\mathscr{F}}\mathrm{j}\omega$$

$$\delta^{(n)}(t)\xleftrightarrow{\mathscr{F}}(\mathrm{j}\omega)^n$$

【例 4-6】 计算图 4-21a 中所示三角波脉冲信号 $f(t)$ 的频谱函数 $F(\mathrm{j}\omega)$。

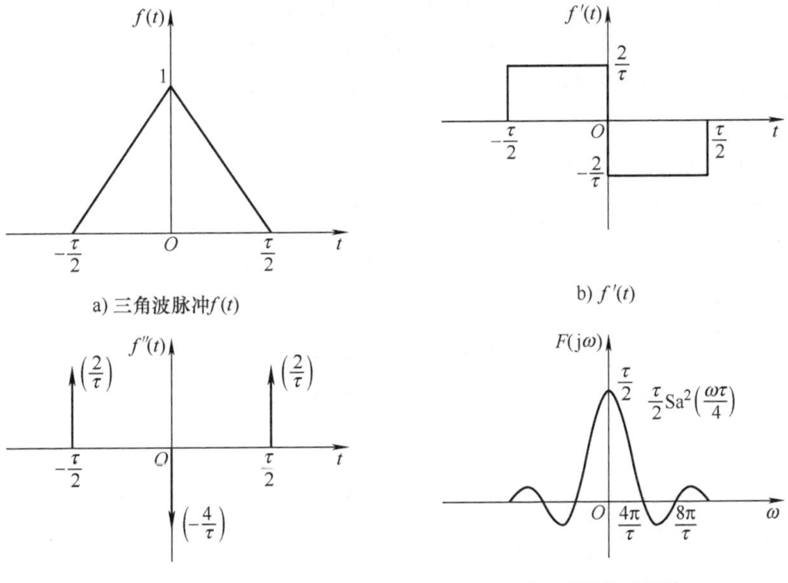

a) 三角波脉冲 $f(t)$　b) $f'(t)$　c) $f''(t)$　d) 三角波脉冲频谱

图 4-21 三角波脉冲信号及其频谱

解：考虑利用傅里叶变换的微分性质，首先将三角脉冲信号 $f(t)$ 求导，得到如图 4-21b 所示结果，出现两个门函数；然后再次求导，得到如图 4-21c 所示结果，在 $t=\pm\frac{\tau}{2}$ 处出现两个强度为 $\frac{2}{\tau}$ 的冲激信号，而在 $t=0$ 的位置上则出现一个向下冲激信号，其强度为 $-\frac{4}{\tau}$，其代数表达形式为

$$f''(t)=\frac{2}{\tau}\delta\left(t+\frac{\tau}{2}\right)-\frac{4}{\tau}\delta(t)+\frac{2}{\tau}\delta\left(t-\frac{\tau}{2}\right)$$

此时，很容易求得 $f''(t)$ 的傅里叶变换为

$$\mathscr{F}[f''(t)]=\frac{2}{\tau}\mathrm{e}^{\mathrm{j}\frac{\omega\tau}{2}}-\frac{4}{\tau}+\frac{2}{\tau}\mathrm{e}^{-\mathrm{j}\frac{\omega\tau}{2}}=\frac{4}{\tau}\left[\cos\left(\frac{\omega\tau}{2}\right)-1\right]=-\frac{8}{\tau}\sin^2\left(\frac{\omega\tau}{4}\right)$$

利用时域微分性质

$$\mathscr{F}[f''(t)]=(\mathrm{j}\omega)^2F(\mathrm{j}\omega)$$

所以可得到

$$F(\mathrm{j}\omega)=\frac{8}{\omega^2\tau}\sin^2\left(\frac{\omega\tau}{4}\right)=\frac{\tau}{2}\left[\frac{\sin\left(\frac{\omega\tau}{4}\right)}{\frac{\omega\tau}{4}}\right]^2=\frac{\tau}{2}\mathrm{Sa}^2\left(\frac{\omega\tau}{4}\right)$$

其频谱图如图 4-21d 所示。同矩形信号的频谱相比较，由于三角脉冲在时域的波形变化相比于矩形脉冲要缓慢，因此其高频成分相对减少，第一个过零点的位置只有矩形脉冲频谱的一半。

(2) 频域微分

若已知$f(t)\overset{\mathscr{F}}{\longleftrightarrow}F(\mathrm{j}\omega)$，则

$$-\mathrm{j}tf(t)\overset{\mathscr{F}}{\longleftrightarrow}F'(\mathrm{j}\omega)$$

$$(-\mathrm{j}t)^nf(t)\overset{\mathscr{F}}{\longleftrightarrow}F^{(n)}(\mathrm{j}\omega) \tag{4-107}$$

其证明过程与时域微分特性类似，只需对傅里叶正变换公式两边对 ω 变量求导，即可得证。

【例 4-7】 计算函数 t^n 的傅里叶变换。

解：由式(4-72) 可知，直流信号的频谱为

$$1\overset{\mathscr{F}}{\longleftrightarrow}2\pi\delta(\omega)$$

根据频域微分性质，可得

$$-\mathrm{j}t\cdot 1\overset{\mathscr{F}}{\longleftrightarrow}2\pi\delta'(\omega)$$

$$(-\mathrm{j}t)^2\cdot 1\overset{\mathscr{F}}{\longleftrightarrow}2\pi\delta''(\omega)$$

$$\vdots$$

$$(-\mathrm{j}t)^n\cdot 1\overset{\mathscr{F}}{\longleftrightarrow}2\pi\,\delta^{(n)}(\omega)$$

两边同时乘以 j^n，从而得到

$$t^n\overset{\mathscr{F}}{\longleftrightarrow}\mathrm{j}^n\cdot 2\pi\,\delta^{(n)}(\omega)$$

其中当 $n=1$ 时，$\mathscr{F}[t]=\mathrm{j}2\pi\delta'(\omega)$。

【例 4-8】 计算 $t\mathrm{e}^{-2t}\varepsilon(t)$ 的傅里叶变换。

解：根据单边指数信号的傅里叶变换可得

$$\mathscr{F}[\mathrm{e}^{-2t}\varepsilon(t)]=\frac{1}{\mathrm{j}\omega+2}$$

根据傅里叶变换频域微分性质

$$\mathscr{F}[-\mathrm{j}t\mathrm{e}^{-2t}\varepsilon(t)]=\left(\frac{1}{\mathrm{j}\omega+2}\right)'=\frac{-\mathrm{j}}{(\mathrm{j}\omega+2)^2}$$

两边同时乘以 j，可得

$$\mathscr{F}[t\mathrm{e}^{-2t}\varepsilon(t)]=\frac{1}{(\mathrm{j}\omega+2)^2}$$

7. 积分特性

若已知$f(t)\overset{\mathscr{F}}{\longleftrightarrow}F(\mathrm{j}\omega)$，则

$$\int_{-\infty}^{t} f(\tau)\mathrm{d}\tau \xleftrightarrow{\mathscr{F}} \pi F(0)\delta(\omega) + \frac{F(\mathrm{j}\omega)}{\mathrm{j}\omega} \tag{4-108}$$

证明：根据傅里叶变换定义

$$\mathscr{F}\left[\int_{-\infty}^{t} f(\tau)\mathrm{d}\tau\right] = \int_{-\infty}^{\infty}\left[\int_{-\infty}^{t} f(\tau)\mathrm{d}\tau\right]\mathrm{e}^{-\mathrm{j}\omega t}\mathrm{d}t = \int_{-\infty}^{\infty}\left[\int_{-\infty}^{\infty} f(\tau)\varepsilon(t-\tau)\mathrm{d}\tau\right]\mathrm{e}^{-\mathrm{j}\omega t}\mathrm{d}t$$

此处，将被积函数$f(\tau)$改写成$f(\tau)\varepsilon(t-\tau)$，将积分上限从$t$改成$\infty$，从而保证积分结果不变。然后，交换积分变量$t$与$\tau$的积分次序

$$\mathscr{F}\left[\int_{-\infty}^{t} f(\tau)\mathrm{d}\tau\right] = \int_{-\infty}^{\infty} f(\tau)\left[\int_{-\infty}^{\infty}\varepsilon(t-\tau)\mathrm{e}^{-\mathrm{j}\omega t}\mathrm{d}t\right]\mathrm{d}\tau$$

注意到内层的积分公式为$\varepsilon(t-\tau)$的傅里叶变换，利用变换的时移特性，可以得出其傅里叶变换为$\left[\pi\delta(\omega)+\frac{1}{\mathrm{j}\omega}\right]\mathrm{e}^{-\mathrm{j}\omega\tau}$，代入上式

$$\mathscr{F}\left[\int_{-\infty}^{t} f(\tau)\mathrm{d}\tau\right] = \left[\pi\delta(\omega)+\frac{1}{\mathrm{j}\omega}\right]\int_{-\infty}^{\infty} f(\tau)\mathrm{e}^{-\mathrm{j}\omega\tau}\mathrm{d}\tau = \left[\pi\delta(\omega)+\frac{1}{\mathrm{j}\omega}\right]F(\mathrm{j}\omega)$$

$$= \pi F(0)\delta(\omega) + \frac{F(\mathrm{j}\omega)}{\mathrm{j}\omega}$$

8. 卷积特性

傅里叶变换的卷积特性分为时域卷积特性和频域卷积特性两种。

(1) 时域卷积定理

若已知$f_1(t)\xleftrightarrow{\mathscr{F}} F_1(\mathrm{j}\omega)$，$f_2(t)\xleftrightarrow{\mathscr{F}} F_2(\mathrm{j}\omega)$，则

$$f_1(t) * f_2(t) \xleftrightarrow{\mathscr{F}} F_1(\mathrm{j}\omega)\cdot F_2(\mathrm{j}\omega) \tag{4-109}$$

证明：

$$\mathscr{F}[f_1(t)*f_2(t)] = \int_{-\infty}^{\infty}\int_{-\infty}^{\infty} f_1(\tau)f_2(t-\tau)\mathrm{d}\tau\mathrm{e}^{-\mathrm{j}\omega t}\mathrm{d}t$$

交换积分次序

$$\mathscr{F}[f_1(t)*f_2(t)] = \int_{-\infty}^{\infty} f_1(\tau)\int_{-\infty}^{\infty} f_2(t-\tau)\mathrm{e}^{-\mathrm{j}\omega t}\mathrm{d}t\mathrm{d}\tau$$

利用傅里叶变换时移特性

$$\mathscr{F}[f_1(t)*f_2(t)] = \int_{-\infty}^{\infty} f_1(\tau)F_2(\mathrm{j}\omega)\mathrm{e}^{-\mathrm{j}\omega\tau}\mathrm{d}\tau = F_1(\mathrm{j}\omega)\cdot F_2(\mathrm{j}\omega)$$

由此可见，时域里两个信号的卷积运算相当于频域里两个频谱函数的乘积。同样道理，可以得出傅里叶变换的频域卷积特性。

【例 4-9】 利用傅里叶变换的时域卷积性质计算例 4-6 所示三角脉冲的傅里叶变换。

解：由于该三角脉冲可以看成是两个宽度为$\tau/2$的矩形脉冲信号卷积的结果，所以例 4-6 所示信号的代数表达式可以写成

$$f(t) = \Delta_\tau(t) = \frac{2}{\tau}g_{\tau/2}(t) * g_{\tau/2}(t)$$

而已知

$$\mathscr{F}[g_{\tau/2}(t)] = \frac{\tau}{2}\mathrm{Sa}\left(\frac{\omega\tau}{4}\right)$$

那么利用傅里叶变换的时域卷积性质

$$\mathscr{F}[\Delta_\tau(t)]=\frac{2}{\tau}\mathscr{F}[g_{\tau/2}(t)*g_{\tau/2}(t)]=\frac{2}{\tau}\left[\frac{\tau}{2}\mathrm{Sa}\left(\frac{\omega\tau}{4}\right)\cdot\frac{\tau}{2}\mathrm{Sa}\left(\frac{\omega\tau}{4}\right)\right]=\frac{\tau}{2}\mathrm{Sa}^2\left(\frac{\omega\tau}{4}\right)$$

(2）频域卷积定理

若已知$f_1(t)\overset{\mathscr{F}}{\longleftrightarrow}F_1(\mathrm{j}\omega)$，$f_2(t)\overset{\mathscr{F}}{\longleftrightarrow}F_2(\mathrm{j}\omega)$，则

$$f_1(t)\cdot f_2(t)\overset{\mathscr{F}}{\longleftrightarrow}\frac{1}{2\pi}F_1(\mathrm{j}\omega)*F_2(\mathrm{j}\omega) \tag{4-110}$$

证明方法如同时域卷积定理，此处不再赘述。

【例4-10】 计算$\mathrm{Sa}^2(t)$的傅里叶变换。

解： 根据式(4-97)，可得抽样信号$\mathrm{Sa}(t)$的傅里叶变换为

$$\mathscr{F}[\mathrm{Sa}(t)]=\pi G_2(\omega)$$

那么利用频域卷积定理

$$\mathscr{F}[\mathrm{Sa}^2(t)]=\mathscr{F}[\mathrm{Sa}(t)\cdot\mathrm{Sa}(t)]=\frac{1}{2\pi}\pi G_2(\omega)*\pi G_2(\omega)=\frac{\pi}{2}G_2(\omega)*G_2(\omega)$$

而

$$G_2(\omega)*G_2(\omega)=2\Delta_4(\omega)=(2-|\omega|)[\varepsilon(\omega+2)-\varepsilon(\omega-2)]$$

其中$\Delta_4(\omega)$表示宽度为4，高度为1的三角脉冲函数。

所以

$$\mathscr{F}[\mathrm{Sa}^2(t)]=\frac{\pi}{2}(2-|\omega|)[\varepsilon(\omega+2)-\varepsilon(\omega-2)]$$

表4-2所示为傅里叶变换的常用性质。

表4-2 傅里叶变换的常用性质

名称	时域表达式	傅里叶变换
线性特性	$af_1(t)+bf_2(t)$	$aF_1(\mathrm{j}\omega)+bF_2(\mathrm{j}\omega)$
对称性	$F(\mathrm{j}t)$	$2\pi f(-\omega)$
尺度变换特性	$f(at)$	$\frac{1}{\lvert a\rvert}F\left(\mathrm{j}\frac{\omega}{a}\right)$
时移特性	$f(t\pm t_0)$	$\mathrm{e}^{\pm\mathrm{j}\omega t_0}F(\mathrm{j}\omega)$
频移特性	$f(t)\mathrm{e}^{\pm\mathrm{j}\omega_0 t}$	$F[\mathrm{j}(\omega\mp\omega_0)]$
时域微分特性	$f^{(n)}(t)$	$(\mathrm{j}\omega)^nF(\mathrm{j}\omega)$
频域微分特性	$(-\mathrm{j}t)^nf(t)$	$F^{(n)}(\mathrm{j}\omega)$
积分特性	$\int_{-\infty}^{t}f(\tau)\mathrm{d}\tau$	$\pi F(0)\delta(\omega)+\frac{F(\mathrm{j}\omega)}{\mathrm{j}\omega}$
时域卷积特性	$f_1(t)*f_2(t)$	$F_1(\mathrm{j}\omega)\cdot F_2(\mathrm{j}\omega)$
频域卷积特性	$f_1(t)\cdot f_2(t)$	$\frac{1}{2\pi}F_1(\mathrm{j}\omega)*F_2(\mathrm{j}\omega)$

4.6 周期信号的傅里叶变换

前面讨论了周期信号的傅里叶级数表示方式，将周期信号在完备正交函数集$\{\mathrm{e}^{\mathrm{j}n\omega_0 t}\}_{n\in Z}$进行分解和表示，其频谱是关于$n\omega_0$的离散频谱。另外，通过将非周期信

号的周期看作是趋近于无穷大，提出了频谱密度的概念，进而推导出非周期信号的傅里叶变换，将非周期信号在正交函数集$\{e^{j\omega t}\}_{\omega\in R}$进行线性表达，其频谱是关于$\omega$的连续频谱。那么，是否能将周期信号的分析也纳入到傅里叶变换的分析框架内，形成统一的信号分析方法，从而扩大傅里叶变换的应用范围呢？通过前面的分析可知，周期信号的频谱是出现在各次谐波频率的有限值，其对应的频谱密度值等于有限值除以无穷小df，结果是无穷大。但由于这个无穷大的积分是有限值，因此可以采用冲激函数对其进行描述，这样就使得周期信号的傅里叶变换表示成为可能。下面，先讨论基本的正弦、余弦信号的傅里叶变换，然后再讨论一般意义上的周期信号的傅里叶变换。

4.6.1 正弦/余弦信号的傅里叶变换

正弦/余弦信号的指数形式的傅里叶级数表达式实际上就是欧拉公式，即

$$\cos(\omega_0 t)=\frac{1}{2}(e^{j\omega_0 t}+e^{-j\omega_0 t})$$

$$\sin(\omega_0 t)=\frac{1}{2j}(e^{j\omega_0 t}-e^{-j\omega_0 t})$$

由此可见，三角函数可以分解成为两个共轭的虚指数信号$e^{j\omega_0 t}$和$e^{-j\omega_0 t}$求和的形式。利用傅里叶变换的频移性质

$$f(t)e^{\pm j\omega_0 t}\overset{\mathscr{F}}{\longleftrightarrow}F[j(\omega\mp\omega_0)]$$

当$f(t)=1$时，由于$\mathscr{F}[1]=2\pi\delta(\omega)$，代入上式，可以得到基本信号$e^{\pm j\omega_0 t}$的傅里叶变换

$$\begin{aligned}&e^{j\omega_0 t}\overset{\mathscr{F}}{\longleftrightarrow}2\pi\delta(\omega-\omega_0)\\&e^{-j\omega_0 t}\overset{\mathscr{F}}{\longleftrightarrow}2\pi\delta(\omega+\omega_0)\end{aligned}\tag{4-111}$$

将其带入到欧拉公式中，就可以得到

$$\begin{aligned}&\cos(\omega_0 t)\overset{\mathscr{F}}{\longleftrightarrow}\pi[\delta(\omega+\omega_0)+\delta(\omega-\omega_0)]\\&\sin(\omega_0 t)\overset{\mathscr{F}}{\longleftrightarrow}j\pi[\delta(\omega+\omega_0)-\delta(\omega-\omega_0)]\end{aligned}\tag{4-112}$$

因此，正弦/余弦信号的傅里叶变换频谱是由位于$\omega=\pm j\omega_0$位置上的两根冲激谱线构成。如图4-22所示。

【例4-11】 计算如图4-23所示有限长余弦信号$f_0(t)=g_\tau(t)\cos(\omega_0 t)$的频谱。

解： 利用傅里叶变换的频域卷积性质

$$\begin{aligned}\mathscr{F}[f_0(t)]&=\mathscr{F}[g_\tau(t)\cos(\omega_0 t)]=\frac{1}{2\pi}\mathscr{F}[g_\tau(t)]*\mathscr{F}[\cos(\omega_0 t)]\\&=\frac{1}{2\pi}\tau\mathrm{Sa}\left(\frac{\omega\tau}{2}\right)*\{\pi[\delta(\omega+\omega_0)+\delta(\omega-\omega_0)]\}\\&=\frac{1}{2}\tau\mathrm{Sa}\left[\frac{(\omega+\omega_0)\tau}{2}\right]+\frac{1}{2}\tau\mathrm{Sa}\left[\frac{(\omega-\omega_0)\tau}{2}\right]\end{aligned}$$

该信号的频谱相当于是把矩形脉冲信号的频谱一分为二，分别搬移到$\omega=\pm j\omega_0$的位置上，如图4-23所示。当有限长余弦信号的支撑区间宽度τ逐渐增大时，其频谱$F_0(j\omega)$会越来越集中到$\pm\omega_0$附近。极限情况下，当τ趋于无穷大时，有限长余弦信号就变成了

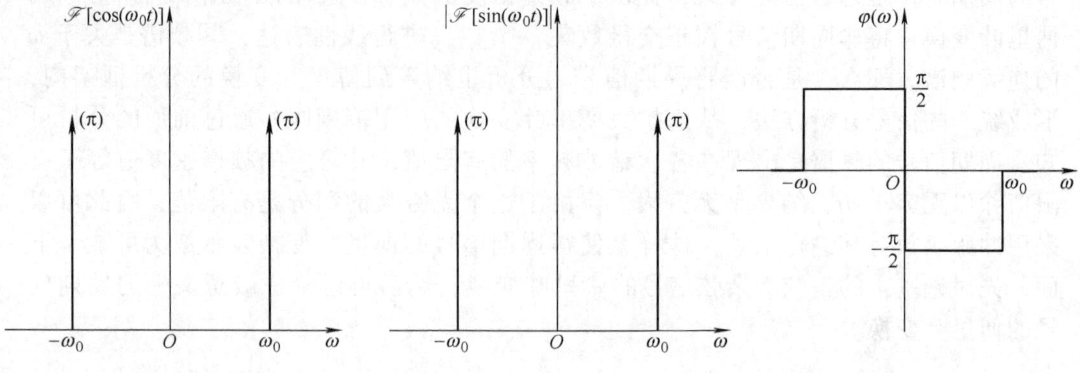

a) $\cos(\omega_0 t)$的频谱图　　b) $\sin(\omega_0 t)$的幅频和相频图

图 4-22　正弦和余弦信号的频谱

无限长余弦信号，同时，位于 $\omega = \pm\omega_0$ 的频谱密度值会变成无穷大，其他位置值则为零。这意味着，$F_0(\mathrm{j}\omega)$ 的抽样函数频谱蜕变成 $\pm\omega_0$ 位置上的两个冲激函数。

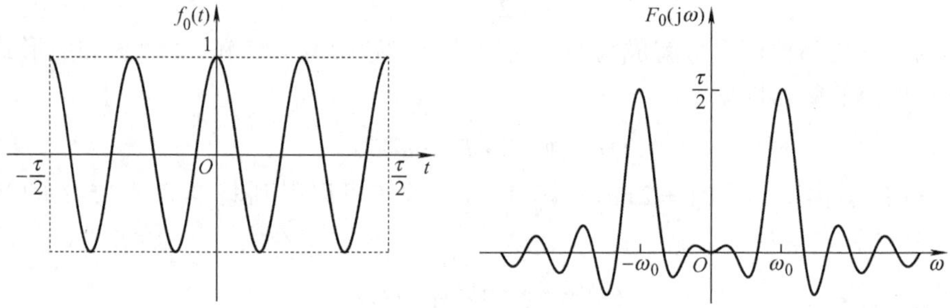

图 4-23　有限长余弦信号的频谱

4.6.2　一般周期信号的傅里叶变换

本节将讨论一般周期信号的傅里叶变换。设周期信号的周期为 T_0，角频率为 $\omega_0 = 2\pi/T_0$，利用前面学习到的周期信号的线性表示方法，可以将其展开成指数形式的傅里叶级数

$$f(t) = \sum_{n=-\infty}^{\infty} F_n \mathrm{e}^{\mathrm{j}n\omega_0 t}$$

将上式两边同时计算傅里叶变换，由于傅里叶级数系数 F_n 是常数，因此可得

$$\mathscr{F}[f(t)] = \sum_{n=-\infty}^{\infty} F_n \mathscr{F}[\mathrm{e}^{\mathrm{j}n\omega_0 t}] \tag{4-113}$$

由于 $\mathscr{F}[\mathrm{e}^{\mathrm{j}\omega_0 t}] = 2\pi\delta(\omega - \omega_0)$，将其代入式(4-113)，可以得到周期信号的傅里叶变换为

$$\mathscr{F}[f(t)] = 2\pi \sum_{n=-\infty}^{\infty} F_n \delta(\omega - n\omega_0) \tag{4-114}$$

式(4-114) 表明，周期信号的傅里叶变换是由位于各次谐波位置 $\pm n\omega_0$ 的冲激谱

线构成，每个冲激谱线的强度是傅里叶级数系数 F_n 的 2π 倍。很显然，周期信号的傅里叶频谱仍然是离散频谱。然而，由于傅里叶变换系数定义为频谱密度的概念，其值相当于傅里叶级数谱系数除以无穷小量 $\mathrm{d}f$，结果就是无穷大，所以采用冲激函数对它进行描述。

【例 4-12】 给定周期信号 $f(t)=2+3\cos\left(t+\dfrac{\pi}{4}\right)+5\sin\left(2t+\dfrac{\pi}{3}\right)$，计算其傅里叶变换。

解： 将周期信号 $f(t)$ 写成指数形式的傅里叶级数

$$f(t)=\sum_{n=-2}^{2}F_n\mathrm{e}^{\mathrm{j}n\omega_0 t}$$

其中

$$F_0=2,\ F_1=\frac{3}{2}\mathrm{e}^{\mathrm{j}\frac{\pi}{4}},\ F_{-1}=\frac{3}{2}\mathrm{e}^{-\mathrm{j}\frac{\pi}{4}},\ F_2=\frac{5}{2}\mathrm{e}^{-\mathrm{j}\frac{\pi}{6}},\ F_{-2}=\frac{5}{2}\mathrm{e}^{\mathrm{j}\frac{\pi}{6}}$$

根据式(4-114) 中傅里叶变换系数和傅里叶级数之间的关系，可以得到周期信号 $f(t)$ 的傅里叶变换为

$$\mathscr{F}[f(t)]=4\pi\delta(\omega)+3\pi\mathrm{e}^{\mathrm{j}\frac{\pi}{4}}\delta(\omega-1)+3\pi\mathrm{e}^{-\mathrm{j}\frac{\pi}{4}}\delta(\omega+1)+5\pi\mathrm{e}^{-\mathrm{j}\frac{\pi}{6}}\delta(\omega-2)+5\pi\mathrm{e}^{\mathrm{j}\frac{\pi}{6}}\delta(\omega+2)$$

4.6.3 傅里叶级数与傅里叶变换的关系

任何一个以 T_0 为周期的周期信号 $f(t)$ 都可以看作是一个单脉冲信号 $f_0(t)$ $\left(-\dfrac{T_0}{2}\leqslant t\leqslant\dfrac{T_0}{2}\right)$以 T_0 为单位在（$-\infty$，∞）上无限延拓得到，即

$$f(t)=\sum_{n=-\infty}^{\infty}f_0(t-nT_0) \tag{4-115}$$

既然如此，那么周期信号 $f(t)$ 的傅里叶级数系数 F_n 与非周期的单脉冲信号 $f_0(t)$ 的傅里叶频谱 $F_0(\mathrm{j}\omega)$ 之间存在什么样的联系呢？

首先，已知周期信号 $f(t)$ 的傅里叶级数展开式为

$$f(t)=\sum_{n=-\infty}^{\infty}F_n\mathrm{e}^{\mathrm{j}n\omega_0 t} \tag{4-116}$$

其中傅里叶级数计算公式为

$$F_n=\frac{1}{T_0}\int_{-\frac{T_0}{2}}^{\frac{T_0}{2}}f(t)\cdot\mathrm{e}^{-\mathrm{j}n\omega_0 t}\mathrm{d}t=\frac{1}{T_0}\int_{-\frac{T_0}{2}}^{\frac{T_0}{2}}f_0(t)\cdot\mathrm{e}^{-\mathrm{j}n\omega_0 t}\mathrm{d}t \tag{4-117}$$

而对于非周期的单脉冲信号 $f_0(t)$，其相应的傅里叶变换 $F_0(\mathrm{j}\omega)$ 为

$$F_0(\mathrm{j}\omega)=\int_{-\infty}^{\infty}f_0(t)\cdot\mathrm{e}^{-\mathrm{j}\omega t}\mathrm{d}t=\int_{-\frac{T_0}{2}}^{\frac{T_0}{2}}f_0(t)\cdot\mathrm{e}^{-\mathrm{j}\omega t}\mathrm{d}t \tag{4-118}$$

比较式(4-117) 与式(4-118)，显然可以得到

$$F_n=\frac{1}{T_0}F_0(\mathrm{j}\omega)\bigg|_{\omega=n\omega_0} \tag{4-119}$$

式(4-119) 表明，周期信号的傅里叶级数系数 F_n 等于单脉冲信号 $f_0(t)$ 的傅里叶频谱在各次谐波位置 $\pm n\omega_0$ 的采样值乘以 $1/T_0$。这样，如果已知单脉冲信号 $f_0(t)$ 的傅里叶频谱，就很容易计算周期信号傅里叶级数系数 F_n。将式(4-119) 代

入到式(4-114)，可以得到

$$\mathscr{F}[f(t)] = \omega_0 \sum_{n=-\infty}^{\infty} F_0(\mathrm{j}n\omega_0)\delta(\omega - n\omega_0) \tag{4-120}$$

4.7 信号的抽样与恢复

进入数字化时代以前，在信息处理、通信和控制领域大量采用的是模拟技术。利用模拟器件搭建模拟电路，实现各种信号处理和控制的任务。然而与数字信号处理相比较，模拟信号处理存在很多缺点。首先，模拟信号处理容易受各种干扰，尤其是各种电磁干扰。但数字信号处理只涉及 0 和 1 两种状态，对噪声的免疫能力比模拟信号处理强了数百倍。其次，模拟信号处理受温度和湿度等环境因素影响，环境温度一变，整个处理系统的参数就发生变化。而数字信号处理系统基本不受环境温度和湿度的影响。另外，对于数字信号处理来说，改变数字信号处理系统的功能只要修改处理程序就可以，整个系统的硬件不需要改变。模拟系统处理系统则不然，需要重新布局和布线，重新制作整个硬件系统。另外一方面，随着 CMOS 技术的发展，能够以低成本方式实现功能强大的数字信号处理系统。而模拟信号处理系统却无法享受 CMOS 技术发展带来的好处，一个 100μH 的小电感，占用的硅片面积就相当于一个处理器占用的面积，而复杂的模拟信号处理则需要海量的放大器、电感和电容。

数字信号处理系统所处理的对象是数字信号，计算机系统是无法直接处理模拟信号的。模拟信号需要经过抽样、量化和编码环节才能转化为数字信号，能够实现这种功能的器件称为模/数转换器（AD 转换器）。如果暂时不考虑量化和编码环节，连续时间信号经过抽样以后所得到的信号，通常称为离散信号或者离散序列。那么如何保证抽样得到的离散信号包含原来连续信号的全部信息，就成为信号抽样的关键问题。如果选取足够小的信号抽样间隔，可以使得离散信号与连续信号在波形上不存在明显的差异，但是这样得到的离散信号表示显得过于冗余，既增加了数据的存储空间，同时也增加了后续处理过程的运算量。另外一方面，如果信号的抽样间隔选取过大，虽然产生了一定的数据压缩效果，但是不可避免也会带来信息的丢失。因此对于如何选择合适的抽样间隔这个问题，很难在信号时域分析中得到答案。由于连续信号频谱与连续信号时域表示之间存在一一对应的关系，本节将从频域分析的角度，讨论离散信号频谱与连续信号频谱的关系，分析和证明在满足一定时域抽样条件下，离散信号频谱将包含连续信号频谱，可以从中恢复出被抽样信号的频谱，这就是著名的奈奎斯特抽样定理。

4.7.1 时域抽样模型

抽样作为将连续信号转换为数字信号的第一个环节，需要将连续信号 $f(t)$ 进行等间隔地采样，即将连续时间变量 t 进行离散化处理

$$f(kT_s) = f(t)\big|_{t=kT_s} \tag{4-121}$$

式中 T_s 表示采样间隔。信号抽样可以理解为一种脉冲幅度调制过程（Pulse Amplitude Modulation，PAM），该调制方法在数字通信领域应用非常广泛。经过脉冲幅度调制的

信号是由窄脉冲序列构成，假定脉冲的宽度 τ 同样要比抽样间隔 T_s 小的多，每个脉冲的幅度对应的就是连续信号在该脉冲支撑范围内的抽样值。此时，PAM 系统可以视为一个开关，此开关每隔 t_s 秒闭合 τ 秒，其他时间断开。因此，抽样信号 $f_s(t)$ 等于连续信号 $f(t)$ 与一个抽样脉冲序列 $p(t)$ 相乘，其抽样过程如图 4-24 所示。

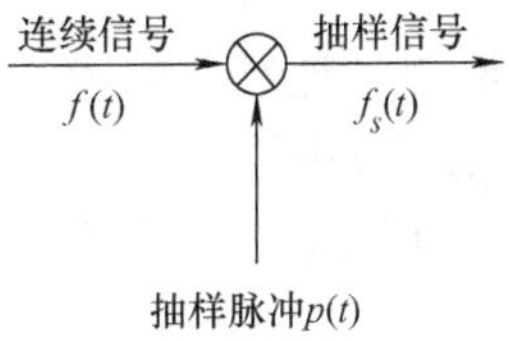

图 4-24　抽样过程示意图

抽样信号 $f_s(t)$ 也可称为脉冲幅度调制信号，它的表达式可以写为

$$f_s(t)=f(t)p(t) \tag{4-122}$$

因为抽样脉冲序列 $p(t)$ 是周期信号，它是由单个脉冲信号 $p_0(t)$ 周期性延拓生成的，即

$$p(t)=\sum_{n=-\infty}^{\infty}p_0(t-nT_s) \tag{4-123}$$

式中，T_s 代表抽样周期，其傅里叶变换可以写为

$$P(\mathrm{j}\omega)=2\pi\sum_{n=-\infty}^{\infty}F_n\delta(\omega-n\omega_s)=\omega_s\sum_{n=-\infty}^{\infty}P_0(\mathrm{j}n\omega_s)\delta(\omega-n\omega_s) \tag{4-124}$$

式中，F_n 为抽样脉冲序列 $p(t)$ 的傅里叶级数表示系数，$\omega_s=2\pi/T_s$，$P_0(\mathrm{j}\omega)=\mathscr{F}[p_0(t)]$，根据傅里叶变换的频域卷积性质，可得

$$\begin{aligned}F_s(\mathrm{j}\omega)&=\frac{1}{2\pi}F(\mathrm{j}\omega)*P(\mathrm{j}\omega)=\sum_{n=-\infty}^{\infty}F_nF[\mathrm{j}(\omega-n\omega_s)]\\&=\frac{1}{T_s}\sum_{n=-\infty}^{\infty}P_0(\mathrm{j}\,n\omega_s)F[\mathrm{j}(\omega-n\omega_s)]\end{aligned} \tag{4-125}$$

式(4-125) 表明，抽样信号的频谱 $F_s(\mathrm{j}\omega)$ 是将原连续信号频谱 $F(\mathrm{j}\omega)$ 以抽样频率 ω_s 为周期进行延拓，同时在延拓过程中其幅度受到 F_n 的调制（加权），或者说受到单个脉冲信号频谱 $P_0(\mathrm{j}\omega)$ 在频率位置 $\omega=n\omega_s$ 的采样值的调制。下面分别讨论抽样脉冲序列 $p(t)$ 分别为矩形脉冲序列和冲激脉冲序列的情形。

1. 矩形脉冲抽样

如果抽样脉冲序列 $p(t)$ 是由脉幅为 E，脉宽为 $\tau(\tau<T_s)$ 的单个矩形脉冲信号 $p_0(t)$ 周期性延拓得到（周期为 T_s），这种抽样方式称为矩形脉冲抽样，其抽样频率为 ω_s。脉冲信号 $p_0(t)$ 的频谱在 $\omega=n\omega_s$ 的采样值为

$$P_0(\mathrm{j}\,n\omega_s)=E\tau\mathrm{Sa}\left(\frac{n\omega_s\tau}{2}\right) \tag{4-126}$$

代入式(4-125)，可得抽样信号频谱

$$\begin{aligned}F_s(\mathrm{j}\omega)&=\frac{1}{T_s}\sum_{n=-\infty}^{\infty}P_0(\mathrm{j}\,n\omega_s)F[\mathrm{j}(\omega-n\omega_s)]\\&=\frac{1}{T_s}\sum_{n=-\infty}^{\infty}E\tau\mathrm{Sa}\left(\frac{n\omega_s\tau}{2}\right)F[\mathrm{j}(\omega-n\omega_s)]\\&=\frac{E\tau}{T_s}\sum_{n=-\infty}^{\infty}\mathrm{Sa}\left(\frac{n\omega_s\tau}{2}\right)F[\mathrm{j}(\omega-n\omega_s)]\end{aligned} \tag{4-127}$$

下面通过图形的方式加深对矩形脉冲抽样信号抽样过程的理解。图 4-25a、d 分别给出了连续信号 $f(t)$ 的时域波形及其频谱 $F(\mathrm{j}\omega)$，矩形脉冲序列 $p(t)$ 及其频谱 $P(\mathrm{j}\omega)$ 如图 4-25b、e 所示，而抽样信号 $f_s(t)$ 及其频谱 $F_s(\mathrm{j}\omega)$ 则如图 4-25c、f 所示。从图 4-25f 可以看出，抽样信号 $f_s(t)$ 的频谱是连续信号频谱 $F(\mathrm{j}\omega)$ 以 ω_s 为周期进行加权延拓的结果，加权系数为 $\dfrac{E\tau}{T_s}\mathrm{Sa}\left(\dfrac{n\omega_s\tau}{2}\right)$。从信息保留的角度看，在满足一定条件下，抽样信号频谱 $F_s(\mathrm{j}\omega)$ 中保存了原有信号所有频谱信息，$F_s(\mathrm{j}\omega)$ 在任意区间 $[n\omega_s-\omega_m,\ n\omega_s+\omega_m]$ 上的频谱等于连续信号频谱 $F(\mathrm{j}\omega)$ 乘以相应的加权系数。

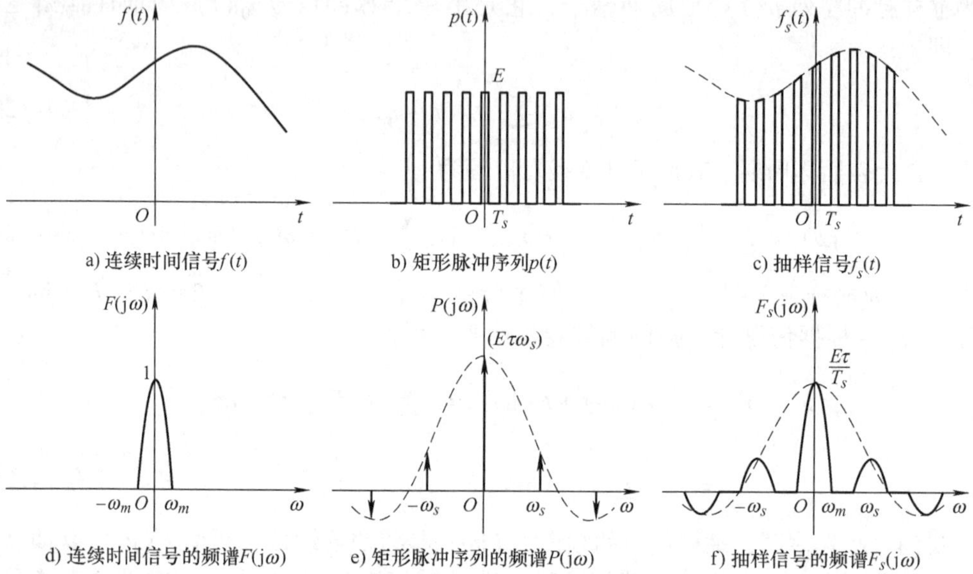

图 4-25 矩形脉冲抽样信号的频谱

2. 冲激脉冲抽样

如果抽样脉冲序列 $p(t)$ 是由单位冲激信号 $\delta(t)$ 进行周期性延拓得到（周期为 T_s），如图 4-26b 这种抽样方式，称为冲激抽样，或者“理想抽样”，其频谱如图 4-26e 所示。此时，单个脉冲信号频谱 $P_0(\mathrm{j}\omega)=\mathscr{F}[\delta(t)]=1$，其频谱在 $\omega=n\omega_s$ 的采样值为 $P_0(\mathrm{j}n\omega_s)=1$。

由式(4-125) 可得抽样信号频谱为

$$
\begin{aligned}
F_s(\mathrm{j}\omega) &= \frac{1}{T_s}\sum_{n=-\infty}^{\infty} P_0(\mathrm{j}\,n\omega_s)F[\mathrm{j}(\omega-n\omega_s)] \\
&= \frac{1}{T_s}\sum_{n=-\infty}^{\infty} F[\mathrm{j}(\omega-n\omega_s)]
\end{aligned}
\tag{4-128}
$$

冲激抽样信号及其频谱如图 4-26c、f 所示。从图 4-26f 中看出，冲激抽样信号的频谱是被抽样信号 $f(t)$ 的频谱 $F(\mathrm{j}\omega)$ 以 ω_s 为周期进行延拓得到，只是频谱的幅度下降为原来的 $1/T_s$。那么对于任意频段范围 $[n\omega_s-\omega_m,\ n\omega_s+\omega_m]$ 实际上都包含了 $F(\mathrm{j}\omega)$ 的全部频谱信息，只是幅度相差 $1/T_s$ 而已。

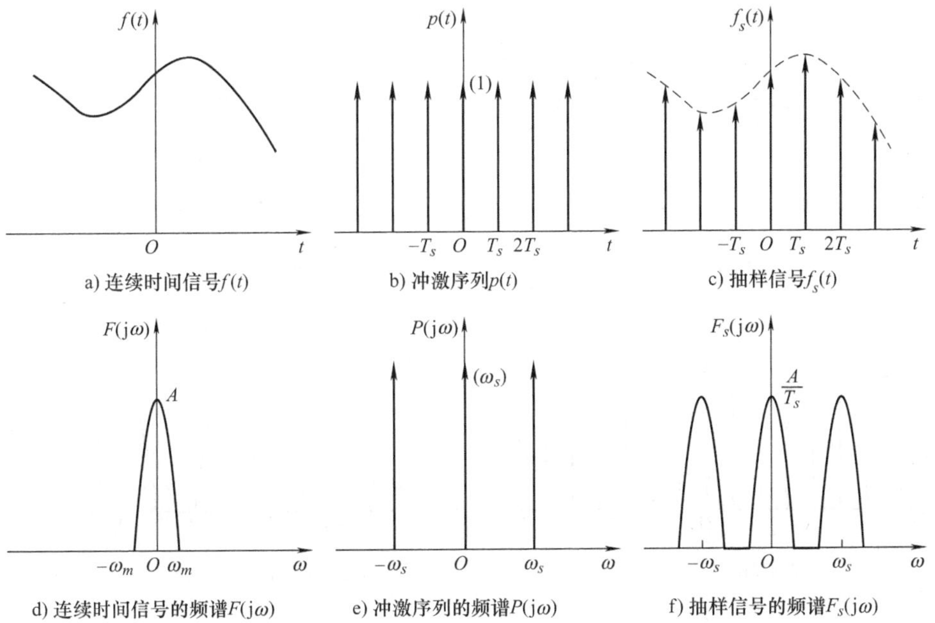

图 4-26　冲激抽样信号的频谱

4.7.2　抽样定理

前面讨论了连续信号 $f(t)$ 在时域的抽样过程，那么接下来如何能够从抽样信号 $f_s(t)$ 中恢复出连续信号 $f(t)$，以及在什么条件下才能完成无失真的信号重建呢？

通过对信号时域抽样过程的频谱分析可知，对于在理想抽样情形下，抽样信号 $f_s(t)$ 的频谱是被抽样信号频谱 $F(\mathrm{j}\omega)$ 周期化的结果，其波形与频谱 $F(\mathrm{j}\omega)$ 的最大频率 ω_m 以及抽样频率 ω_s 有关。当频谱 $F(\mathrm{j}\omega)$ 在频域进行平移、相加，实现周期性拓展时，相邻的频带有可能发生混叠，因此会出现如下三种情形：

1）如果信号 $f(t)$ 具有有限支撑的低通频带，即当 $|\omega|>\omega_m$ 时，$F(\mathrm{j}\omega)=0$，如图 4-27b 所示，其中 ω_m 是信号的最大频率，那么这种信号被称为带限信号。对于频带有限的信号，可以通过选择合适的抽样频率 ω_s，使得抽样信号 $f_s(t)$ 的频谱只是 $F(\mathrm{j}\omega)$ 的简单平移叠加而又不发生混叠。根据图形分析可知，要实现频谱的平移又不发生混叠，只要令 $\omega_s-\omega_m>\omega_m$，即 $\omega_s\geqslant 2\omega_m$，如图 4-27d 所示。在这种情况下，由于被抽样信号 $f(t)$ 的频谱被完全保留在抽样信号 $f_s(t)$ 的频谱中，这样就能够从抽样信号 $f_s(t)$ 中恢复出被抽样信号 $f(t)$。

2）如果信号 $f(t)$ 仍然是具有有限带宽的信号，但是抽样频率 $\omega_s<2\omega_m$，被抽样信号的频谱 $F(\mathrm{j}\omega)$ 在周期化的过程中，相邻的频带就会发生频率混叠，如图 4-27f 所示。在这种情形下，由于混叠的缘故，抽样信号 $f_s(t)$ 的频谱不再具有和被抽样信号 $f(t)$ 相同的频谱波形信息，因此也就无法再从抽样信号 $f_s(t)$ 中无失真地恢复出被抽样信号 $f(t)$。

3）最后一种情况，如果信号 $f(t)$ 不是带限信号，那么无论选择哪种抽样频率 ω_s，抽样信号的频谱 $f_s(t)$ 必然发生混叠。也就是说，在对非带限信号抽样时，频率混叠是

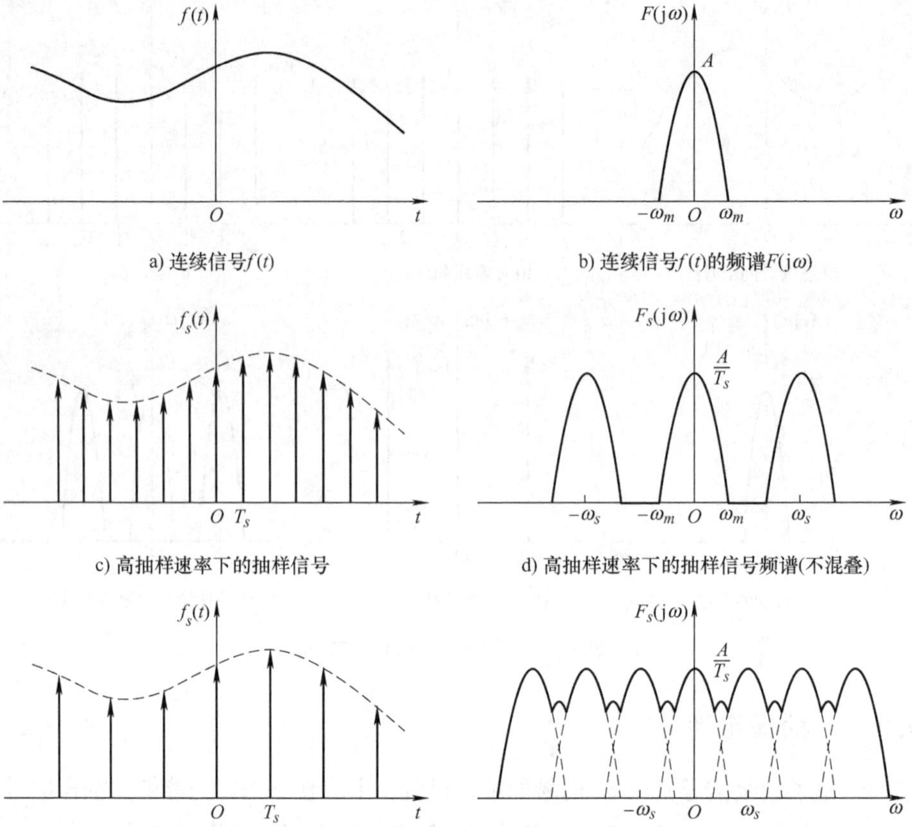

a) 连续信号$f(t)$　b) 连续信号$f(t)$的频谱$F(\mathrm{j}\omega)$

c) 高抽样速率下的抽样信号　d) 高抽样速率下的抽样信号频谱(不混叠)

e) 低抽样速率下的抽样信号　f) 低抽样速率下的抽样信号频谱(发生混叠)

图 4-27　不同抽样速率下的抽样信号频谱

不可避免的。如果想要对一个非带限信号进行无混叠抽样，就必须以牺牲被抽样信号$f(t)$的部分高频成分为代价。通过在进行信号抽样之前，设置抗混叠滤波的环节，对被抽样信号$f(t)$进行低通滤波，限制被抽样信号$f(t)$的最大频率，从而达到无混叠抽样的目的。

通过上述分析，诞生了著名的奈奎斯特（Nyquist）抽样定理。

一个频带受限的信号$f(t)$，如果其频谱所占据的范围是$[-\omega_m, \omega_m]$，那么该信号可以用等间隔的抽样值唯一地表示。前提条件是信号的抽样频率满足

$$\omega_s \geqslant 2\omega_m \tag{4-129}$$

或者等价地，信号的抽样间隔满足

$$T_s \leqslant \frac{1}{2f_m} \tag{4-130}$$

此时最小的抽样频率$f_s = 2f_m$，或者最大的抽样间隔$T_s = 1/(2f_m)$，分别称为奈奎斯特抽样频率和奈奎斯特抽样间隔。如果信号的抽样频率f_s刚好满足$f_s = 2f_m$的抽样称为临界抽样；信号的抽样频率$f_s > 2f_m$的抽样成为过抽样；反之，如果信号的抽样频率$f_s < 2f_m$的抽样则称为欠抽样。

一个连续时间的带限信号可以由等间隔的抽样样本序列有效地表示，而且可以由

等间隔样本序列完全无失真地重建。在现实生活中，人们遇见很多这样的一些实例。例如，人们经常欣赏的音乐是一段随着时间变化的连续信号，包含了丰富的频率成分。由于人类的听觉系统所能够感受到声音的频率范围是20Hz～20kHz，它等效于一个低通滤波器。那么在音乐数字化过程中，比如制作成CD音乐，所需要的采样频率至少是40kHz，而CD音乐通常的选择采样频率是44.1kHz，这样就能保证CD音乐中完全保留人类听觉系统所能感受到的频率成分，人们在欣赏CD音乐时会觉得音乐保真度很高。一旦音乐的采样频率低于40kHz，就会造成音乐的高频成分发生混叠，这时候人们就会感觉到音乐质量出现下降。

【例4-13】 假设某带限信号$f(t)$的上限频率为f_m（单位为Hz），试分别计算对下列信号抽样时，不发生混叠的最小抽样频率f_s。

（1）$f(3t)$　（2）$f(t)\cdot f(3t)$　（3）$f(t)*f(3t)$　（4）$f(t)+f(3t)$

解： 根据傅里叶变换的尺度变换性质，信号$f(3t)$在时域进行了压缩，对应在频域是拉伸，因此$f(3t)$频谱的上限频率为$3f_m$。

（1）根据抽样定理，对该信号进行无失真采样时，最小抽样频率为$f_s=6f_m$；

（2）根据傅里叶变换的频域卷积定理，两个信号在时域里相乘对应于频域里两个信号的频谱作卷积，因此$f(t)\cdot f(3t)$频谱的上限频率是$4f_m$，所以对该信号进行无失真采样时，最小抽样频率为$f_s=8f_m$；

（3）根据傅里叶变换的时域卷积定理，两个信号在时域里卷积对应于频域里两个信号的频谱作乘积，因此$f(t)*f(3t)$频谱的上限频率是f_m，所以对该信号进行无失真采样时，最小抽样频率为$f_s=2f_m$；

（4）由于傅里叶变换的线性性质，可知$f(t)+f(3t)$频谱的上限频率是$3f_m$，对该信号进行无失真采样时，最小抽样频率为$f_s=6f_m$。

4.7.3 抽样信号恢复

带限信号$f(t)$在经过冲激序列抽样时，如果满足抽样定理的条件，抽样信号$f_s(t)$的频谱$F_s(\mathrm{j}\omega)$将会是被抽样信号频谱$F(\mathrm{j}\omega)$的周期延拓的结果，而且相邻的周期频谱不会发生混叠。因此，在这种情况下，被采样信号的频谱被完整地保留在$F_s(\mathrm{j}\omega)$中。当希望从抽样信号$f_s(t)$中完全恢复出信号$f(t)$时，就意味着从频谱角度出发，即从$F_s(\mathrm{j}\omega)$中得到$F(\mathrm{j}\omega)$。

因此，为了完全恢复连续信号$f(t)$，需要将抽样信号$f_s(t)$经过一个理想低通滤波器，过程如图4-28所示。理想低通滤波器的频率特性如图4-29d所示，其截止频率为ω_c，幅度为T_s，其中$\omega_m\leqslant\omega_c\leqslant\omega_s-\omega_m$，则所得恢复信号频谱如图4-29f所示。

显然，图4-29f中恢复信号的频谱$\hat{F}(\mathrm{j}\omega)$与图4-25d被抽样信号的频谱$F(\mathrm{j}\omega)$完全一样，由信号与频谱的一一对应关系可知恢复信号$\hat{f}(t)$等于连续信号$f(t)$。下面，利用傅里叶变换的卷积特性，推导并解释抽样信号在时域里面的恢复过程。

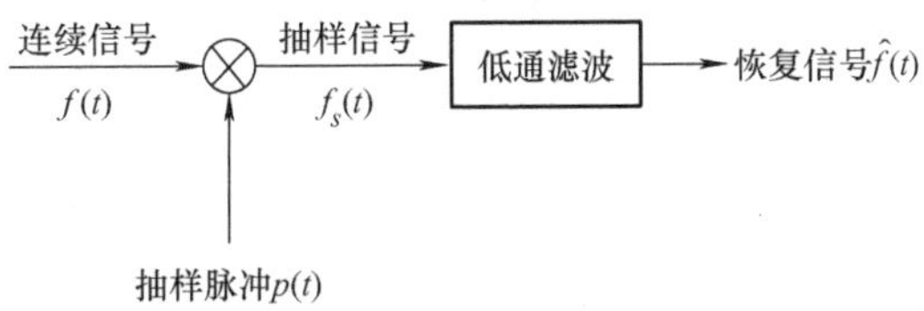

图4-28 抽样信号的恢复

图 4-29d 中所示低通滤波器的频域表达式为

$$H(\mathrm{j}\omega)=\begin{cases}T_s, & |\omega|<\omega_c\\ 0, & |\omega|>\omega_c\end{cases} \tag{4-131}$$

则低通滤波器的单位冲激响应为

$$h(t)=T_s\cdot\frac{\omega_c}{\pi}\mathrm{Sa}(\omega_c t) \tag{4-132}$$

利用傅里叶变换的时域卷积定理

$$\begin{aligned}\hat{f}(t)&=f_s(t)*h(t)=\left[\sum_{n=-\infty}^{\infty}f(nT_s)\delta(t-nT_s)\right]*\left[T_s\cdot\frac{\omega_c}{\pi}\mathrm{Sa}(\omega_c t)\right]\\&=T_s\cdot\frac{\omega_c}{\pi}\sum_{n=-\infty}^{\infty}f(nT_s)\mathrm{Sa}[\omega_c(t-nT_s)]\end{aligned} \tag{4-133}$$

这意味着恢复信号是由无穷多个位于 $t=nT_s$ 位置上的 Sa 函数经过线性加权叠加求和得到，每个位置上的加权值与抽样值 $f(nT_s)$ 成正比。从某种角度看，连续信号 $f(t)$ 又可以看成关于抽样函数 Sa（·）的无穷级数，级数的系数等于 $f(nT_s)$，因此 Sa 函数又称为抽样函数。

特殊情况下，当 $\omega_s=2\omega_m$，根据奈奎斯特抽样定理的要求，此时 ω_c 的取值只有一种选择，即 $\omega_c=\omega_m$，那么就有 $\omega_c=\omega_s/2=\pi/T_s$，代入式(4-133)，可得

$$\hat{f}(t)=\sum_{n=-\infty}^{\infty}f(nT_s)\mathrm{Sa}[\omega_c(t-nT_s)] \tag{4-134}$$

此时，冲激抽样信号 $f_s(t)$ 的各个冲激响应的过零点位置刚好落在抽样时刻上。就抽样点叠加的数值而言，各个冲激响应相互不发生“串扰”，如图 4-29e 所示。

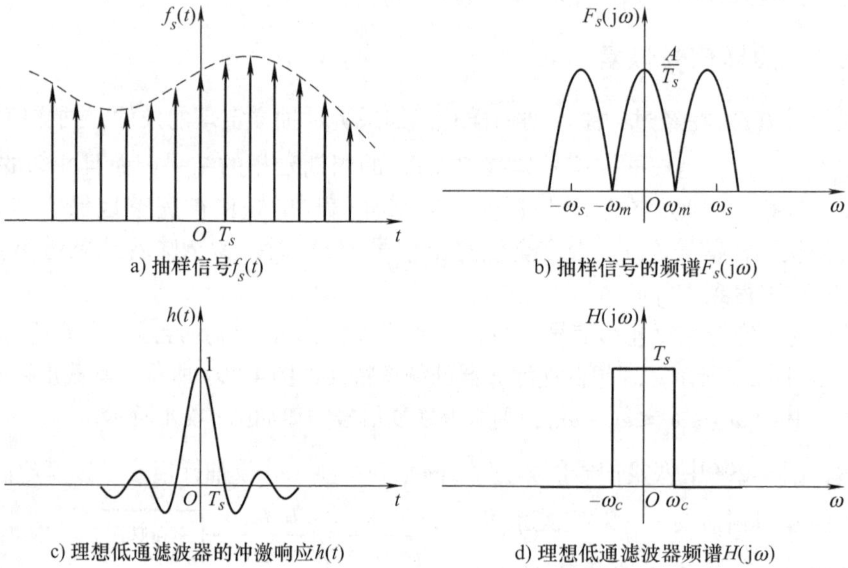

a) 抽样信号 $f_s(t)$　　b) 抽样信号的频谱 $F_s(\mathrm{j}\omega)$

c) 理想低通滤波器的冲激响应 $h(t)$　　d) 理想低通滤波器频谱 $H(\mathrm{j}\omega)$

图 4-29　抽样信号恢复为连续信号的过程

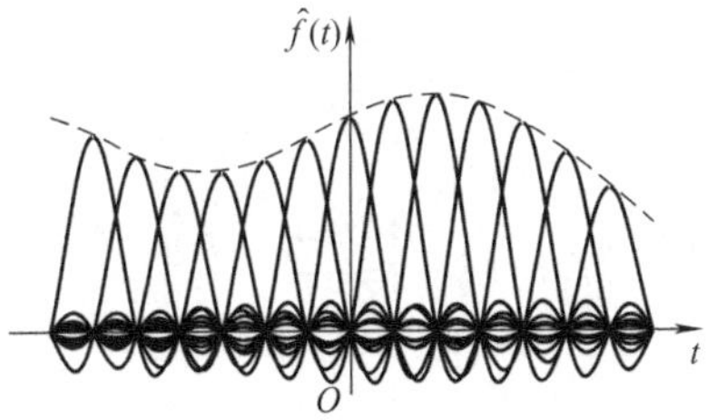

e) 恢复信号$\hat{f}(t)$

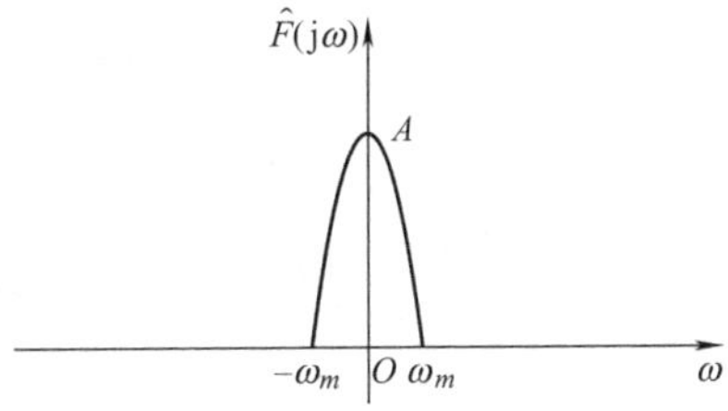

f) 恢复信号的频谱$\hat{F}(j\omega)$

图 4-29 抽样信号恢复为连续信号的过程（续）

4.8 信号的能量谱与功率谱

帕塞瓦尔（Parseval）守恒定理从能量或者功率的角度考察信号时域和频域特性之间的联系，其中对于能量有限的非周期信号，主要讨论能量守恒，而对于能量无限而功率有限的周期信号，则主要讨论的是功率守恒。

1. 能量谱

如果非周期信号$f(t)$是能量有限信号，那么有

$$E=\int_{-\infty}^{\infty}|f(t)|^2\mathrm{d}t=\frac{1}{2\pi}\int_{-\infty}^{\infty}|F(\mathrm{j}\omega)|^2\mathrm{d}\omega=\int_{-\infty}^{\infty}|F(\mathrm{j}f)|^2\mathrm{d}f \tag{4-135}$$

证明：利用傅里叶反变换公式，将之代入

$$E=\int_{-\infty}^{\infty}|f(t)|^2\mathrm{d}t=\int_{-\infty}^{\infty}f(t)\left[\frac{1}{2\pi}\int_{-\infty}^{\infty}F(\mathrm{j}\omega)\mathrm{e}^{\mathrm{j}\omega t}\mathrm{d}\omega\right]\mathrm{d}t$$

交换积分次序

$$E=\frac{1}{2\pi}\int_{-\infty}^{\infty}F(\mathrm{j}\omega)\left[\int_{-\infty}^{\infty}f(t)\mathrm{e}^{\mathrm{j}\omega t}\mathrm{d}t\right]\mathrm{d}\omega=\frac{1}{2\pi}\int_{-\infty}^{\infty}F(\mathrm{j}\omega)F(-\mathrm{j}\omega)\mathrm{d}\omega$$

$$=\frac{1}{2\pi}\int_{-\infty}^{\infty}F(\mathrm{j}\omega)F^*(\mathrm{j}\omega)\mathrm{d}\omega=\frac{1}{2\pi}\int_{-\infty}^{\infty}|F(\mathrm{j}\omega)|^2\mathrm{d}\omega$$

从而得证。

$|F(\mathrm{j}\omega)|^2\sim\omega$ 反映了信号的能量在频域的分布情况，称为能量谱密度函数（简称能量谱）。帕萨维尔能量守恒公式说明，对于能量有限的非周期信号，信号在时域表示下的能量恒等于它在频域表示下的能量。信号的能量谱只与信号的幅度频谱有关，而与相位频谱无关，随着频率的增减，信号的能量谱也是逐渐收敛的。

【例 4-14】 已知能量信号$f(t)=\mathrm{e}^{-2t}\varepsilon(t)$，如果将满足下式

$$\frac{\int_{-\omega_b}^{\omega_b}|F(\mathrm{j}\omega)|^2\mathrm{d}\omega}{\int_{-\infty}^{\infty}|F(\mathrm{j}\omega)|^2\mathrm{d}\omega}=95\%$$

的 ω_b 值定义为信号的带宽，试确定该信号的带宽。

解：根据信号的能量定义可得

$$E=\int_{-\infty}^{\infty}f^2(t)\mathrm{d}t=\int_0^{\infty}\mathrm{e}^{-4t}\mathrm{d}t=\frac{1}{4}$$

信号$f(t)$的傅里叶变换为

$$F(j\omega)=\frac{1}{j\omega+2}$$

而根据帕塞瓦尔守恒定理，可得

$$\int_{-\infty}^{\infty}|F(j\omega)|^2 d\omega = 2\pi\int_{-\infty}^{\infty}|f(t)|^2 dt = \frac{\pi}{2}$$

所以有

$$\int_{-\omega_b}^{\omega_b}|F(j\omega)|^2 d\omega = \int_{-\omega_b}^{\omega_b}\frac{1}{\omega^2+4}d\omega = \arctan\left(\frac{\omega_b}{2}\right) = 0.95\times\frac{\pi}{2}$$

最后

$$\omega_b = 2\tan\left(\frac{0.95\pi}{2}\right) = 25.4\text{rad/s}$$

信号的有效带宽在信号的分析和处理中有着重要的工程应用价值，其大小通常由信号的能量谱决定。

2. 功率谱

如果周期信号 $f(t)$ 是功率有限信号，那么其时域里平均功率的计算公式为

$$P=\frac{1}{T_0}\int_{-\frac{T_0}{2}}^{\frac{T_0}{2}} f^2(t)\,dt$$

将功率计算公式中的其中一个 $f(t)$ 写成傅里叶级数展开式，即

$$P=\frac{1}{T_0}\int_{-\frac{T_0}{2}}^{\frac{T_0}{2}} f(t)\cdot\left(\sum_{n=-\infty}^{\infty}F_n e^{jn\omega_0 t}\right)dt$$

交换积分和求和的次序

$$P=\sum_{n=-\infty}^{\infty}F_n\left[\frac{1}{T_0}\int_{-\frac{T_0}{2}}^{\frac{T_0}{2}} f(t)e^{jn\omega_0 t}dt\right]=\sum_{n=-\infty}^{\infty}F_n\cdot F_{-n}=\sum_{n=-\infty}^{\infty}F_n^2$$

那么就可得

$$P=\frac{1}{T_0}\int_{-\frac{T_0}{2}}^{\frac{T_0}{2}} f^2(t)\,dt=\sum_{n=-\infty}^{\infty}F_n^2=F_0^2+2\sum_{n=1}^{\infty}F_n^2=A_0^2+\frac{1}{2}\sum_{n=1}^{\infty}A_n^2 \tag{4-136}$$

由此可见，周期信号在时域的平均功率值等于各次谐波的平均功率之和，这称为功率信号的帕塞瓦尔守恒定理。该定理从功率的角度反映了周期信号时域特性和频率特性之间的关系。如果将 $F_n^2\sim n\omega_0$ 的关系画成曲线，称为信号的双边功率谱；如果将 $A_n^2/2\sim n\omega_0$ 的关系画成曲线，则称为信号的单边功率谱。信号的功率谱只与信号的幅度频谱有关，而与相位频谱没有关系，随着 n 的增加，F_n 或者A_n 都是减小的，因此信号的功率谱曲线也是逐渐收敛的。

习　题

4-1　计算如图 4-30 所示周期信号的三角谐波形式的傅里叶级数。

4-2　计算如图 4-31 所示周期信号的三角谐波形式的傅里叶级数。

4-3　计算如图 4-32 所示半波余弦信号的傅里叶级数，并画出其单边和双边频谱。

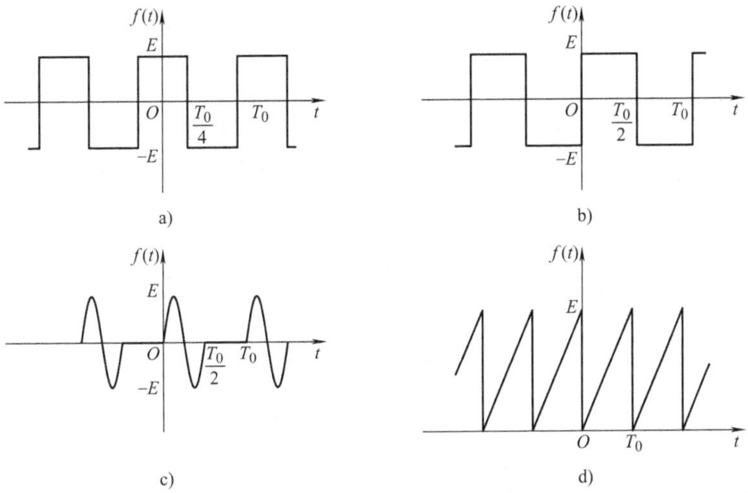

图 4-30　习题 4-1 图

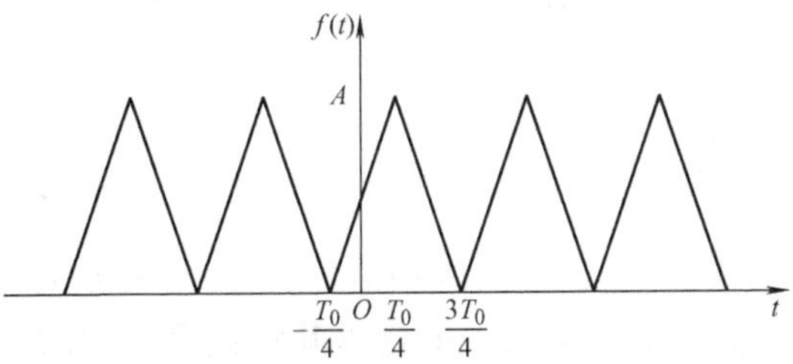

图 4-31　习题 4-2 图

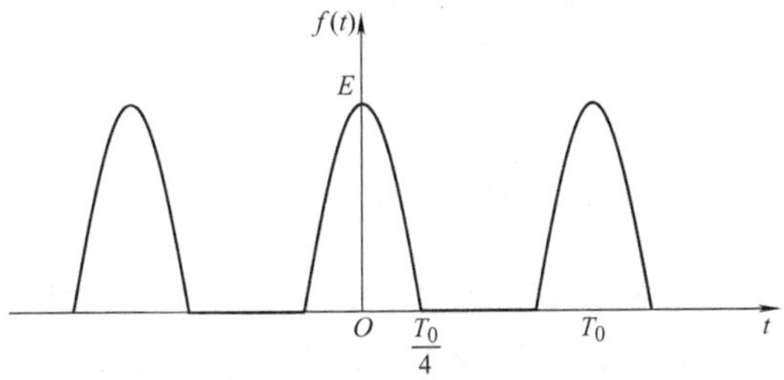

图 4-32　习题 4-3 图

4-4　已知周期信号

$$f(t)=4+3\cos(2\omega_0 t)+4\sin(2\omega_0 t)+2\sin\left(3\omega_0 t+\frac{\pi}{6}\right)+\cos^2(2\omega_0 t)$$

（1）写出其指数形式的傅里叶级数；

（2）画出其单边和双边频谱。

4-5　下列信号是否为周期信号？如果是周期信号，写出其指数形式的傅里叶级数。

（1）$\cos\left(\frac{\pi}{3}t+\frac{\pi}{4}\right)$　（2）$\cos\left(\frac{\pi}{3}t\right)+\sin\left(\frac{\pi}{4}t\right)$　（3）$\sin^2(t)$　（4）$\cos(2t)\sin(2t)$

（5）$2+\cos(\pi t)+\sin 3t$

4-6　已知某周期信号的双边频谱如图 4-33 所示，写出该信号的代数表达式。

4-7　已知周期信号 $f(t)$ 前 1/4 周期的波形如图 4-34 所示，按下列情况要求画出 $f(t)$ 在一个周期的波形。

（1）$f(t)$ 是偶函数，只含有偶次谐波；

（2）$f(t)$ 是偶函数，只含有奇次谐波；

（3）$f(t)$ 是奇函数，只含有偶次谐波；

（4）$f(t)$ 是奇函数，只含有奇次谐波。

4-8　周期信号 $f(t)$ 如图 4-35 所示，试分析该信号所含频谱成分。

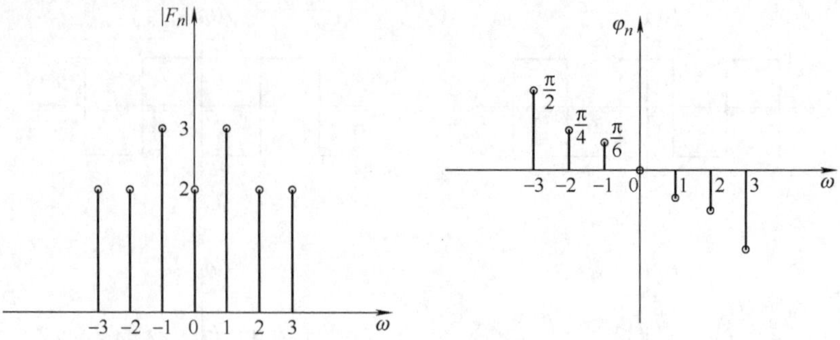

图 4-33　习题 4-6 图

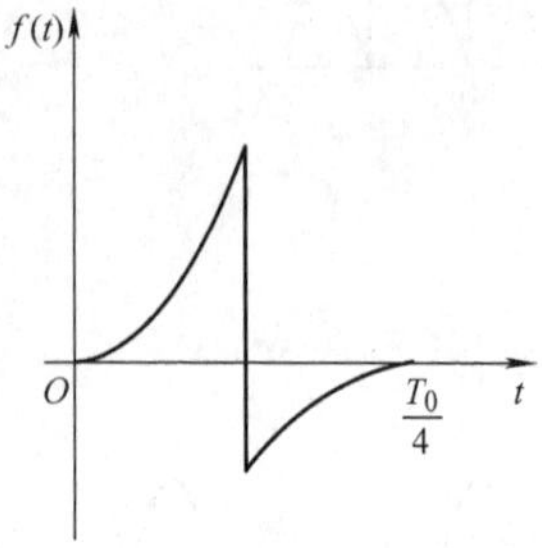

图 4-34　习题 4-7 图

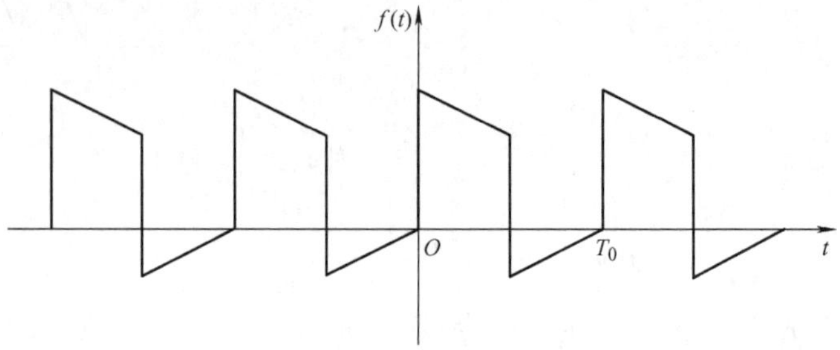

图 4-35　习题 4-8 图

4-9　已知周期信号 $f(t)$ 的傅里叶级数复系数 F_n，试证明周期信号 $f(t)$ 的偶分量 $f_e(t)$ 的傅里叶级数复系数对应于 F_n 的实部，而奇分量 $f_o(t)$ 的傅里叶级数复系数对应于 F_n 的虚部。

4-10　计算下列信号的傅里叶变换。

（1）$f(t)=\mathrm{e}^{-2t}\varepsilon(t)$　（2）$f(t)=\mathrm{e}^{-3t+2}\varepsilon(t+1)$

（3）$f(t)=\mathrm{e}^{-2t}[\varepsilon(t+1)-\varepsilon(t-2)]$

（4）$f(t)=\mathrm{e}^{-|t|}$　（5）$f(t)=\mathrm{e}^{-2t}\cos t\varepsilon(t)$　（6）$f(t)=t\mathrm{e}^{-5t}\varepsilon(t)$

4-11　已知 $F(\mathrm{j}\omega)=\mathscr{F}[f(t)]$，利用傅里叶变换的性质计算下列信号的傅里叶变换。

（1）$f(2t-3)$　（2）$tf(t)$　（3）$f(-t-3)$　（4）$\mathrm{e}^{-\mathrm{j}2t}f(4t-2)$

（5）$tf'(t)$　（6）$(2-t)f(3-t)$

4-12　利用傅里叶变换的对称性质，计算下列信号的傅里叶变换，并画出频谱图。

（1）$\dfrac{\sin t}{t}$　（2）$\dfrac{\sin 2\pi t}{\pi t}$　（3）$\dfrac{\sin 2\pi t\cdot\sin 4\pi t}{\pi t^2}$　（4）$\dfrac{\sin 2\pi t\cdot\cos 4\pi t}{\pi t}$

4-13　利用傅里叶变换性质，计算如图 4-36 所示各个信号的频谱。

4-14　已知信号 $f(t)$ 的频谱 $F(\mathrm{j}\omega)$ 如下，计算 $f(t)$。

（1）$F(\mathrm{j}\omega)=\delta(\omega-\omega_0)$　（2）$F(\mathrm{j}\omega)=\varepsilon(\omega-\omega_0)$

（3）$F(\mathrm{j}\omega)=\dfrac{\mathrm{j}}{2\omega}$　（4）$F(\mathrm{j}\omega)=\dfrac{1}{(2+\mathrm{j}\omega)^2}$

（5）$F(\mathrm{j}\omega)=\dfrac{\mathrm{e}^{\mathrm{j}\omega}}{2+\mathrm{j}\omega}$　（6）$F(\mathrm{j}\omega)=\dfrac{2}{1+\omega^2}$

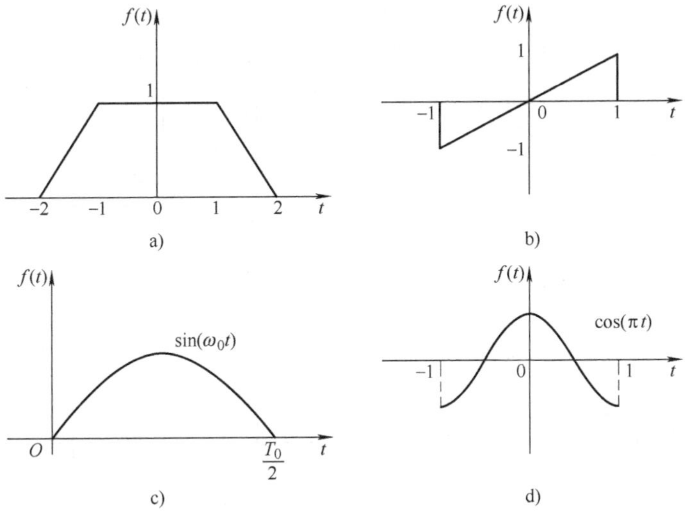

图 4-36　习题 4-13 图

(7) $F(j\omega)=\dfrac{3}{-\omega^2+j\omega-2}$

(8) $F(j\omega)=\dfrac{4}{(2+j\omega)^2+16}$

4-15　计算下列频谱 $F(j\omega)$ 所对应的原信号 $f(t)$。

(1) $F(j\omega)=\cos(2\omega)$　(2) $F(j\omega)=\sin(2\omega)$　(3) $F(j\omega)=2\mathrm{Sa}(2\omega)$

(4) $F(j\omega)=\mathrm{Sa}(\omega)\cos(2\omega)$　(5) $F(j\omega)=\mathrm{Sa}^2\left(\dfrac{\omega}{4}\right)$

4-16　计算如图 4-37 所示信号频谱的傅里叶反变换。

4-17　计算如图 4-38 所示信号频谱的傅里叶反变换。

4-18　设 $\mathscr{F}[f(t)]=F(j\omega)$，试证明：

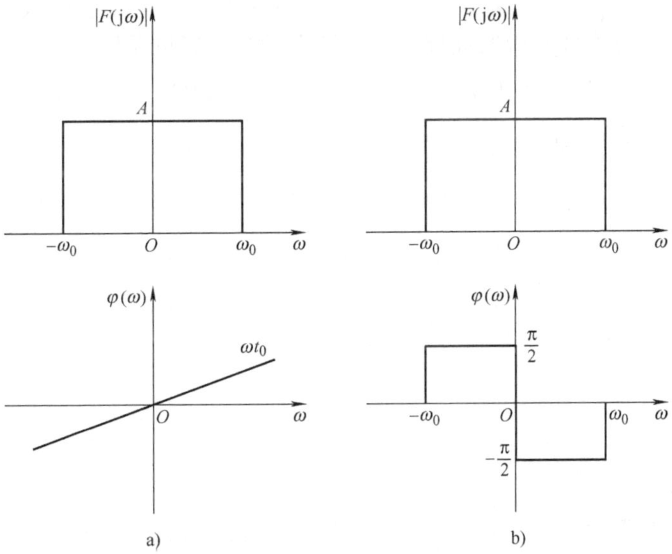

图 4-37　习题 4-16 图

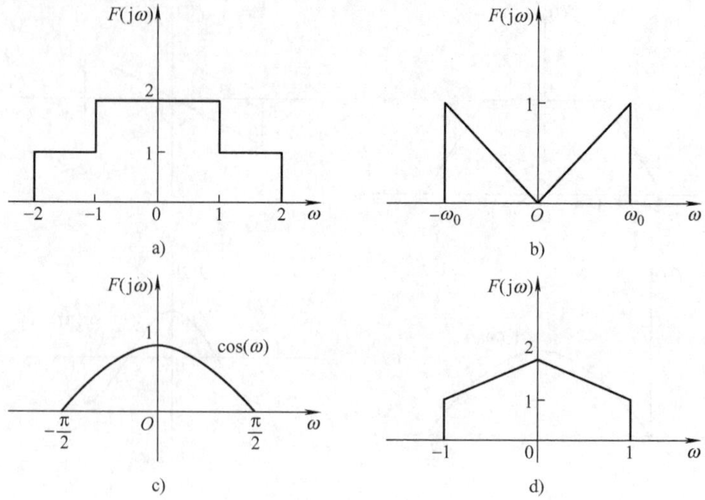

图 4-38　习题 4-17 图

(1) $F(0)=\int_{-\infty}^{\infty}f(t)\,\mathrm{d}t$　(2) $\int_{-\infty}^{\infty}F(\mathrm{j}\omega)\,\mathrm{d}\omega=2\pi f(0)$

4-19　已知三角波信号 $f_0(t)$ 的波形如图 4-39 所示。

(1) 计算 $f_0(t)$ 的频谱 $F_0(\mathrm{j}\omega)$，并画出频谱图；

(2) 将 $f_0(t)$ 以 T 为周期进行延拓构成周期信号

$$f(t)=\sum_{n=-\infty}^{\infty}f_0(t-nT)$$

计算其频谱 $F(\mathrm{j}\omega)$，并画出其频谱。

4-20　已知信号 $f(t)$ 的最高频率为 500Hz，试求下列信号经过抽样后不会产生失真的最大抽样间隔 T_s 为多少？

(1) $f\left(\frac{t}{4}\right)$　(2) $f^2\left(\frac{t}{4}\right)$　(3) $f\left(\frac{t}{4}\right)*f\left(\frac{t}{4}\right)$　(4) $f(t)+f\left(\frac{t}{4}\right)$

4-21　确定下列信号的最低抽样频率和奈奎斯特抽样间隔 T_s。

(1) $\mathrm{Sa}(100\lambda t)$　(2) $\mathrm{Sa}^2(100\lambda t)$　(3) $\mathrm{Sa}(100\lambda t)+\mathrm{Sa}(50\lambda t)$　(4) $\mathrm{Sa}(100\lambda t)\mathrm{Sa}(50\lambda t)$

4-22　利用帕塞瓦尔守恒定理计算积分 $\int_{-\infty}^{\infty}\mathrm{Sa}^2(t)\,\mathrm{d}t$。

4-23　设 $\mathscr{F}[f(t)]=F(\mathrm{j}\omega)$，$f(t)$ 的波形如图 4-40 所示，计算：

(1) $F(0)$　(2) $\int_{-\infty}^{\infty}F(\mathrm{j}\omega)\,\mathrm{d}\omega$　(3) $\int_{-\infty}^{\infty}|F(\mathrm{j}\omega)|^2\mathrm{d}\omega$

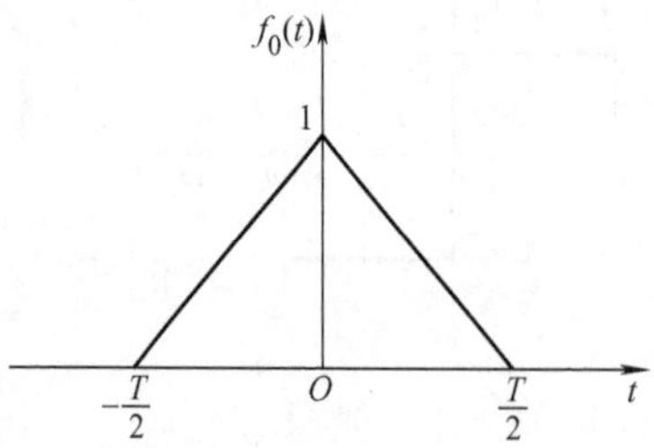

图 4-39　习题 4-19 图

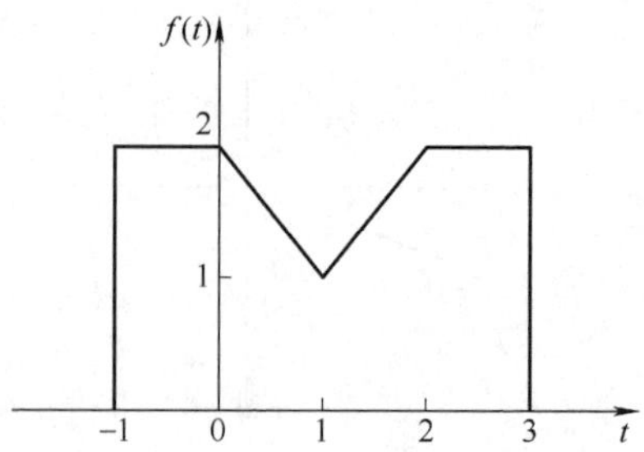

图 4-40　习题 4-23 图

第5章 连续时间系统的频域分析

5.1 引言

第4章从信号分解的理论入手，介绍在正交函数分析框架下的信号分解和重构。在此基础上，推导出周期信号的三角函数形式傅里叶级数表示和指数形式傅里叶级数表示，进而引出了连续非周期信号的傅里叶表示，最后将周期信号也纳入到傅里叶表示的框架中。傅里叶变换将满足一定条件的连续信号展开成无穷多个不同频率的虚指数信号$\{e^{j\omega t}\}_{\omega\in R}$的线性叠加，它提供了人们从另外一个角度：即频域角度，去分析和理解信号的内在结构特征。那么，这样一种表示方法对于连续系统分析有什么样的帮助呢？回忆一下第3章中系统时域分析过程，系统的单位冲激响应$h(t)$可以用来表征系统的功能和特性，任意连续信号$f(t)$通过系统所产生的零状态响应等于输入信号$f(t)$与系统单位冲激响应$h(t)$的卷积。然而，单纯从系统的单位冲激响应$h(t)$函数波形上分析，很难理解系统对信号的加工和处理作用，缺乏直观性。而在引入了傅里叶变换分析工具以后，一方面对于信号的观察和分析从时域转换到频域，另外一方面，更重要的是它将带来一种新的视角，即从频谱的角度观察和分析系统特性，有助于人们更加直观地理解和掌握系统对信号的加工处理过程。对于输入信号而言，重点观察它的频谱特性：包括幅频特性和相频特性。对于系统而言，重点观察它的频率响应特性$H(j\omega)$，它反映出系统是如何对输入信号的频谱特性进行加工和处理的。还有一点需要指出的是，在实际应用过程中，傅里叶频域分析方法主要侧重计算系统的零状态响应，以及分析系统的稳态特性。而第7章介绍的系统拉普拉斯s域分析方法则可以用来计算系统的全响应，同时既可以分析系统的暂态特性，又可以分析系统的稳态特性。

本章将重点讨论系统频域分析以及如何在频域求解系统响应的方法，包括卷积定理在频域中的体现和应用。首先介绍系统频率响应的概念；其次在系统特性的频域分析方面，重点讨论无失真传输系统特性和理想低通滤波器；最后讨论傅里叶变换在通信领域的重要应用：信号的调制与解调。

5.2 系统的频率响应

5.2.1 频率响应函数

傅里叶变换将满足一定条件的信号分解成为无穷多个不同频率的虚指数信号$\{e^{j\omega t}\}_{\omega\in R}$之和，那么根据LTI系统的线性特性，信号通过系统所产生的零状态响应等于构成信号的各个频率成分单独通过系统产生的零状态响应之和，因此首先需要研究

基本信号 $e^{j\omega t}$通过系统产生的响应。

给定 LTI 系统的单位冲激响应为 $h(t)$，当激励信号 $f(t)=e^{j\omega_0 t}$（$-\infty<t<\infty$）作用到系统上，所产生的零状态响应为

$$y_{zs}(t)=f(t)*h(t) \tag{5-1}$$

利用卷积积分定义，将式(5-1) 展开得

$$\begin{aligned} y_{zs}(t) &= e^{j\omega_0 t}*h(t) = h(t)*e^{j\omega_0 t} = \int_{-\infty}^{\infty} h(\tau)e^{j\omega_0(t-\tau)}d\tau \\ &= e^{j\omega_0 t}\int_{-\infty}^{\infty} h(\tau)e^{-j\omega_0\tau}d\tau \\ &= e^{j\omega_0 t}H(j\omega)\big|_{\omega=\omega_0} \end{aligned} \tag{5-2}$$

其中

$$H(j\omega)=\int_{-\infty}^{\infty} h(\tau)e^{-j\omega\tau}d\tau=\mathscr{F}[h(t)] \tag{5-3}$$

式中，$H(j\omega)$ 称为系统频率响应函数（Frequency Response Function），或称为系统的传递函数。系统的单位冲激响应函数 $h(t)$ 反映出系统的时域特性，而 $H(j\omega)$ 则反映出系统的频率特性。式(5-2) 可以进一步写成

$$y_{zs}(t)=e^{j\omega_0 t}H(j\omega_0)=|H(j\omega_0)|e^{j[\omega_0 t+\varphi(\omega_0)]} \tag{5-4}$$

式(5-4) 表明基本信号 $e^{j\omega_0 t}$通过系统的响应完全由 $H(j\omega)$ 在$\omega=\omega_0$ 的响应值决定。$H(j\omega)$ 是关于角频率 ω 的复数函数，可写为

$$H(j\omega)=|H(j\omega)|e^{j\varphi(\omega)} \tag{5-5}$$

其中，$|H(j\omega)|$称为系统的幅频响应函数，$\varphi(\omega)$ 称为系统的相频响应函数。由傅里叶变换的性质可知，幅频响应函数$|H(j\omega)|$是关于 ω 的偶函数，相频响应函数 $\varphi(\omega)$ 是关于 ω 的奇函数。

这里需要指出的是，并非所有连续的 LTI 系统都存在如式(5-3) 所定义的系统频率响应函数。只有当 LTI 系统是稳定的情况下（其单位冲激响应满足绝对可积的要求），系统才具有频率响应 $H(j\omega)$。

当激励信号是任意信号 $f(t)$ 时，利用傅里叶变换的重构公式，可以写成

$$f(t)=\frac{1}{2\pi}\int_{-\infty}^{\infty}F(j\omega)e^{j\omega t}d\omega=\int_{-\infty}^{\infty}\frac{F(j\omega)d\omega}{2\pi}\cdot e^{j\omega t} \tag{5-6}$$

此时，信号 $f(t)$ 可以看成是无穷多个幅度为$\frac{F(j\omega)d\omega}{2\pi}$的频率分量 $e^{j\omega t}$之和的形式。根据线性系统的线性特性，整个信号 $f(t)$ 通过系统的响应等于构成信号的频率分量单独通过系统产生的响应之和。根据式(5-4)，频谱分量$\frac{F(j\omega)d\omega}{2\pi}e^{j\omega t}$通过系统产生的响应为$\frac{F(j\omega)d\omega}{2\pi}H(j\omega)e^{j\omega t}$。将所有响应分量求和，就得到系统的响应，即

$$y_{zs}(t)=\int_{-\infty}^{\infty}\frac{F(j\omega)d\omega}{2\pi}H(j\omega)\cdot e^{j\omega t} \tag{5-7}$$

$$\begin{aligned} &=\frac{1}{2\pi}\int_{-\infty}^{\infty}F(j\omega)H(j\omega)e^{j\omega t}d\omega \\ &=\mathscr{F}^{-1}[F(j\omega)H(j\omega)] \end{aligned} \tag{5-8}$$

令系统零状态响应$y_{zs}(t)$ 的频谱函数为 $Y_{zs}(j\omega)$，那么由式(5-8) 可得

$$Y_{zs}(j\omega)=F(j\omega)H(j\omega) \tag{5-9}$$

比较式(5-1) 与式(5-8)，正是傅里叶变换时域卷积定理的结果。

根据式(5-8)，系统的频率响应函数还可以定义为系统响应（零状态响应）的频谱与激励信号的频谱之间的比值，即

$$H(j\omega)=\frac{Y_{zs}(j\omega)}{F(j\omega)} \tag{5-10}$$

那么如何从频域角度理解系统对信号的加工处理过程呢，将式(5-5) 代入式(5-7) 中，

$$\begin{aligned}Y_{zs}(t)&=\int_{-\infty}^{\infty}\frac{F(j\omega)\mathrm{d}\omega}{2\pi}|H(j\omega)|e^{j\varphi(\omega)}\cdot e^{j\omega t}\\&=\int_{-\infty}^{\infty}\frac{|F(j\omega)|e^{j\varphi_f(\omega)}\mathrm{d}\omega}{2\pi}|H(j\omega)|e^{j\varphi(\omega)}\cdot e^{j\omega t}\\&=\int_{-\infty}^{\infty}\frac{|F(j\omega)||H(j\omega)|e^{j[\varphi_f(\omega)+\varphi(\omega)]}\mathrm{d}\omega}{2\pi}\cdot e^{j\omega t}\end{aligned}$$

有

$$|Y_{zs}(j\omega)|=|F(j\omega)||H(j\omega)|,\ \varphi_{zs}(\omega)=\varphi_f(\omega)+\varphi(\omega) \tag{5-11}$$

这说明激励信号中所含的各个频率成分在经过系统处理后，其幅度放大$|H(j\omega)|$倍，相位延迟 $\varphi(\omega)$。这样，再对系统进行频谱分析过程，通过观察系统的幅频响应图和相频响应图，就可以直观地了解不同频率成分通过系统以后的变化情况。

除了利用式(5-3) 及式(5-10) 可以得到系统的频率响应函数 $H(j\omega)$ 以外，还可根据 LTI 系统的微分方程

$$\begin{aligned}&y_{zs}^{(n)}(t)+a_{n-1}y_{zs}^{(n-1)}(t)+\cdots+a_1y_{zs}'(t)+a_0y_{zs}(t)\\&=b_mf^{(m)}(t)+b_{m-1}f^{(m-1)}(t)+\cdots+b_1f'(t)+b_0f(t)\end{aligned}$$

同样也可以得到 $H(j\omega)$ 的代数表达形式。对上面的微分方程两边同时作傅里叶变换，并利用傅里叶变换的时域微分特性，得到

$$\begin{aligned}&[(j\omega)^n+a_{n-1}(j\omega)^{n-1}+\cdots+a_1j\omega+a_0]Y_{zs}(j\omega)\\&=[b_m(j\omega)^m+b_{m-1}(j\omega)^{m-1}+\cdots+b_1j\omega+b_0]F(j\omega)\end{aligned}$$

然后利用式(5-9)，得到

$$H(j\omega)=\frac{Y_{zs}(j\omega)}{F(j\omega)}=\frac{b_m(j\omega)^m+b_{m-1}(j\omega)^{m-1}+\cdots+b_1j\omega+b_0}{(j\omega)^n+a_{n-1}(j\omega)^{n-1}+\cdots+a_1j\omega+a_0} \tag{5-12}$$

系统的时域分析和频域分析是从不同的角度分析 LTI 系统的两种方法。时域分析方法能够比较方便地得出系统的输出波形，便于数值计算，但是无法反映出系统对信号的内在加工特性；频域分析方法更能突出系统对构成信号各个频率成分的加工处理作用，因此是信号与系统分析和处理中最重要的工具。

【例 5-1】 已知某稳定的连续 LTI 系统的微分方程为$y''(t)+5y'(t)+6y(t)=f(t)$，计算系统的频率响应函数 $H(j\omega)$。

解：对题中微分方程左右两边同时进行傅里叶变换，得

$$[(j\omega)^2+5j\omega+6]Y_{zs}(j\omega)=F(j\omega)$$

整理后可得

$$H(\mathrm{j}\omega)=\frac{Y_{zs}(\mathrm{j}\omega)}{F(\mathrm{j}\omega)}=\frac{1}{(\mathrm{j}\omega)^2+5\mathrm{j}\omega+6}$$

对于连续稳定的 LTI 系统，可以根据描述系统的微分方程直接计算系统的频率响应函数 $H(\mathrm{j}\omega)$。

【例 5-2】 已知某 LTI 系统在激励信号 $f(t)=(\mathrm{e}^{-t}+\mathrm{e}^{-3t})\varepsilon(t)$ 作用下的零状态响应为 $y_{zs}(t)=(2\mathrm{e}^{-t}-2\mathrm{e}^{-4t})\varepsilon(t)$，试计算该系统的频率响应函数 $H(\mathrm{j}\omega)$ 和单位冲激响应 $h(t)$，并给出系统的微分方程。

解：(1) 分别计算激励信号 $f(t)$ 和系统零状态响应 $y_{zs}(t)$ 的傅里叶变换

$$F(\mathrm{j}\omega)=\mathscr{F}[f(t)]=\frac{1}{\mathrm{j}\omega+1}+\frac{1}{\mathrm{j}\omega+3}=\frac{2\mathrm{j}\omega+4}{(\mathrm{j}\omega+1)(\mathrm{j}\omega+3)}$$

$$Y_{zs}(\mathrm{j}\omega)=\mathscr{F}[y_{zs}(t)]=\frac{2}{\mathrm{j}\omega+1}-\frac{2}{\mathrm{j}\omega+4}=\frac{6}{(\mathrm{j}\omega+1)(\mathrm{j}\omega+4)}$$

因此，系统的频率响应

$$H(\mathrm{j}\omega)=\frac{Y_{zs}(\mathrm{j}\omega)}{F(\mathrm{j}\omega)}=\frac{3(\mathrm{j}\omega+3)}{(\mathrm{j}\omega+4)(\mathrm{j}\omega+2)}$$

(2) 系统单位冲激响应 $h(t)$ 是系统频率响应函数的傅里叶逆变换

$$H(\mathrm{j}\omega)=\frac{3(\mathrm{j}\omega+3)}{(\mathrm{j}\omega+4)(\mathrm{j}\omega+2)}=\frac{\frac{3}{2}}{\mathrm{j}\omega+4}+\frac{\frac{3}{2}}{\mathrm{j}\omega+2}$$

$$h(t)=\mathscr{F}^{-1}[H(\mathrm{j}\omega)]=\frac{3}{2}(\mathrm{e}^{-4t}+\mathrm{e}^{-2t})\varepsilon(t)$$

(3) 根据系统频率响应函数

$$H(\mathrm{j}\omega)=\frac{Y_{zs}(\mathrm{j}\omega)}{F(\mathrm{j}\omega)}=\frac{3\mathrm{j}\omega+9}{(\mathrm{j}\omega)^2+6\mathrm{j}\omega+8}$$

$$\Rightarrow[(\mathrm{j}\omega)^2+6\mathrm{j}\omega+8]Y_{zs}(\mathrm{j}\omega)=(3\mathrm{j}\omega+9)F(\mathrm{j}\omega)$$

再利用傅里叶变换的微分性质，得到系统的微分方程

$$y''(t)+6y'(t)+8y(t)=3f'(t)+9f(t)$$

5.2.2 非周期信号的系统频率响应

在信号的频域表示下，满足一定条件的非周期信号可以展开成一系列虚指数信号 $\mathrm{e}^{\mathrm{j}\omega t}$ 的线性叠加形式。当非周期信号通过系统时，构成非周期信号的每个频率成分受到系统频率响应函数的加工和处理，其幅度和相位的变化取决于系统频率响应函数 $H(\mathrm{j}\omega)$。$H(\mathrm{j}\omega)$ 反映了系统对于不同频率成分的传输特性，下面给出利用系统频率响应函数计算系统零状态响应 $y_{zs}(t)$ 的方法，主要计算过程分为如下四个步骤：

1) 计算激励信号 $f(t)$ 的傅里叶变换 $F(\mathrm{j}\omega)$。

2) 确定系统频率响应函数 $H(\mathrm{j}\omega)$。

3) 计算系统零状态响应的傅里叶变换

$$Y_{zs}(\mathrm{j}\omega)=F(\mathrm{j}\omega)H(\mathrm{j}\omega) \tag{5-13}$$

4) 计算傅里叶逆变换，求得 $y_{zs}(t)=\mathscr{F}^{-1}[Y_{zs}(\mathrm{j}\omega)]$。

上述的计算过程，事实上将时域里激励信号通过系统响应的卷积计算过程，转化成为频域里信号的频谱和系统频率响应函数乘积再求傅里叶逆变换的间接求解方式。

【例 5-3】 已知某连续稳定的 LTI 系统的微分方程为$y''(t)+3y'(t)+2y(t)=2f'(t)+3f(t)$，系统的激励信号$f(t)=e^{-3t}\varepsilon(t)$，求系统的零状态响应$y_{zs}(t)$。

解： 激励信号$f(t)$的频谱函数为

$$F(j\omega)=\frac{1}{j\omega+3}$$

根据微分方程可以得到系统的频率响应函数为

$$H(j\omega)=\frac{2j\omega+3}{(j\omega)^2+3j\omega+2}=\frac{2j\omega+3}{(j\omega+2)(j\omega+1)}$$

因此，系统的零状态响应的频谱函数为

$$Y_{zs}(j\omega)=F(j\omega)H(j\omega)=\frac{2j\omega+3}{(j\omega+3)(j\omega+2)(j\omega+1)}$$

利用部分分式法展开，得

$$Y_{zs}(j\omega)=\frac{-\frac{3}{2}}{j\omega+3}+\frac{1}{j\omega+2}+\frac{\frac{1}{2}}{j\omega+1}$$

因此，可以得到系统的零状态响应为

$$y_{zs}(t)=\left(-\frac{3}{2}e^{-3t}+e^{-2t}+\frac{1}{2}e^{-t}\right)\varepsilon(t)$$

【例 5-4】 已知某信号$f(t)$的频谱$F(j\omega)$如图 5-1a 所示，系统的频率响应函数$H(j\omega)$如图 5-1b 所示，求该信号通过系统传输以后的零状态响应$y_{zs}(t)$。

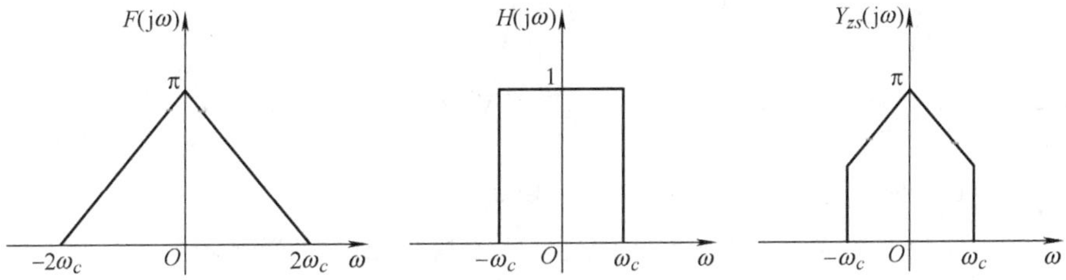

a) 输入信号频谱　　b) 系统的频率响应函数　　c) 输出信号频谱

图 5-1 系统的输入信号和输出信号频谱及系统的频率响应函数

解： 信号$f(t)$通过系统的零状态响应$y_{zs}(t)$的频谱为

$$Y_{zs}(j\omega)=F(j\omega)\cdot H(j\omega)$$

如图 5-1c 所示。输入信号$f(t)$在经过具有低通传输特性的系统$H(j\omega)$以后，输入信号中的高频成分被滤除，输出信号中只保留了原输入信号中的低频分量。只需要对$Y_{zs}(j\omega)$进行傅里叶逆变换，就可以得到系统的零状态响应$y_{zs}(t)$。

分析零状态响应频谱$Y_{zs}(j\omega)$的图形可知，它可以看成幅度为$\pi/2$、宽度为$2\omega_c$的矩形信号和幅度为$\pi/2$、宽度为$2\omega_c$的三角波信号叠加而成，其代数表达式可以写成

$$Y_{zs}(j\omega)=\frac{\pi}{2}G_{2\omega_c}(\omega)+\frac{\pi}{2}\Delta_{2\omega_c}(\omega)$$

其中，$\Delta_{2\omega_c}(\omega)$表示宽度为$2\omega_c$、幅度为 1 的三角波信号。

由于

$$\mathrm{Sa}(\omega_0 t) \xleftrightarrow{\mathscr{F}} \frac{\pi}{\omega_0} G_{2\omega_0}(\omega)$$

根据傅里叶变换频域卷积定理可得

$$\mathrm{Sa}^2(\omega_0 t) \xleftrightarrow{\mathscr{F}} \frac{\pi}{\omega_0} \Delta_{4\omega_0}(\omega)$$

所以

$$y_{zs}(t) = \frac{\omega_c}{2}\mathrm{Sa}(\omega_c t) + \frac{\omega_c}{2}\mathrm{Sa}^2\left(\frac{\omega_c}{2}t\right)$$

在图 5-2 中，给出了系统输入信号 $f(t)$、系统的冲激响应函数 $h(t)$ 和系统的零状态响应 $y_{zs}(t)$ 的时域波形。从图 5-2a 可以看出，输入信号 $f(t)$ 第一个过零点位置为 π/ω_c，波形震荡比较剧烈，当经过一个具有低通传输特性的系统后所得到的输出信号波形如图 5-2c 所示，信号的第一个过零点位置 $2\pi/\omega_c$，扩大为原来的两倍，这意味着输出信号变化缓慢了，同时波形震荡程度有所减弱。虽然通过时域分析，可以得出上述结论，但是这个分析过程并不够直观，物理概念不够清晰。如果在频域里分析信号通过系统的传输过程，则显得十分直观，可以清楚地观察到输入信号的频谱成分在经过系统以后发生哪些改变，也容易理解为什么信号在传输过程中，需要与系统的传输带宽相匹配的原因。

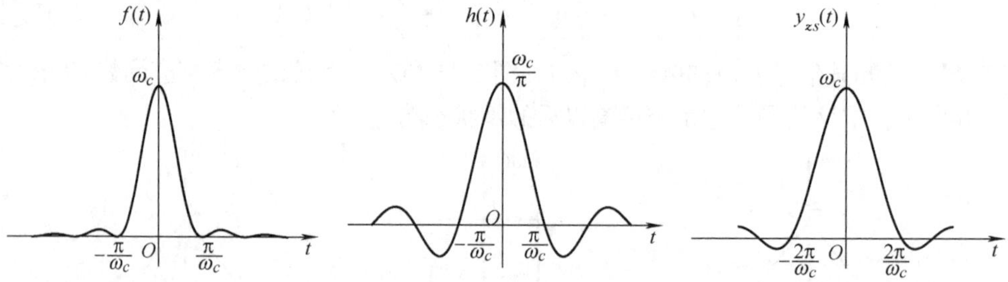

a) 输入信号　　b) 系统的冲激响应函数　　c) 输出信号

图 5-2　系统的输入信号、输出信号频谱及系统的冲激响应函数

5.2.3　周期信号的系统频率响应

1. 正弦激励信号通过 LTI 系统的响应

设连续 LTI 系统的输入激励信号为

$$f(t) = \cos(\omega_0 t + \theta_0),\ -\infty < t < \infty \tag{5-14}$$

根据欧拉公式

$$f(t) = \frac{1}{2}\left[\mathrm{e}^{\mathrm{j}(\omega_0 t + \theta_0)} + \mathrm{e}^{-\mathrm{j}(\omega_0 t + \theta_0)}\right] \tag{5-15}$$

根据式(5-4) 以及连续 LTI 系统的线性特性，可得

$$\begin{aligned} y_{zs}(t) &= \frac{1}{2}\left[\mathrm{e}^{\mathrm{j}(\omega_0 t + \theta_0)} H(\mathrm{j}\omega_0) + \mathrm{e}^{-\mathrm{j}(\omega_0 t + \theta_0)} H(-\mathrm{j}\omega_0)\right] \\ &= \frac{1}{2}\left\{ |H(\mathrm{j}\omega_0)| \mathrm{e}^{\mathrm{j}[\omega_0 t + \theta_0 + \varphi(\omega_0)]} + |H(-\mathrm{j}\omega_0)| \mathrm{e}^{-\mathrm{j}[\omega_0 t + \theta_0 - \varphi(-\omega_0)]} \right\} \end{aligned} \tag{5-16}$$

利用傅里叶幅度频谱和相位频谱特性

$$|H(\mathrm{j}\omega_0)| = |H(-\mathrm{j}\omega_0)|, \varphi(\omega_0) = -\varphi(-\omega_0)$$

代入式(5-16) 可得

$$\begin{aligned} y_{zs}(t) &= \frac{1}{2}\{|H(\mathrm{j}\omega_0)|\mathrm{e}^{\mathrm{j}[\omega_0 t+\theta_0+\varphi(\omega_0)]} + |H(\mathrm{j}\omega_0)|\mathrm{e}^{-\mathrm{j}[\omega_0 t+\theta_0+\varphi(\omega_0)]}\} \\ &= |H(\mathrm{j}\omega_0)|\cos[\omega_0 t+\theta_0+\varphi(\omega_0)] \end{aligned} \tag{5-17}$$

同理，可推导得出正弦信号

$$f(t) = \sin(\omega_0 t+\theta_0),\ -\infty < t < \infty \tag{5-18}$$

通过连续 LTI 系统的响应为

$$y_{zs}(t) = |H(\mathrm{j}\omega_0)|\sin[\omega_0 t+\theta_0+\varphi(\omega_0)] \tag{5-19}$$

由式(5-17) 和式(5-19) 可以看出，当正弦或者余弦信号通过频率响应函数为 $H(\mathrm{j}\omega)$ 的系统时，其响应信号仍为同频率的正弦或者余弦信号，只是信号的幅度和相位会发生变化，取决于频率响应函数 $H(\mathrm{j}\omega)$ 在 $\omega=\omega_0$ 的响应值。这也是为什么 $|H(\mathrm{j}\omega)|$ 称为幅频响应函数，$\varphi(\omega)$ 称为相频响应的原因。

【例 5-5】 已知某连续稳定的 LTI 系统的频率响应函数为

$$H(\mathrm{j}\omega) = \frac{1}{\mathrm{j}\omega+2}$$

计算激励信号为

$$f(t) = 1+\sin t+\cos 2t+\sin\left(4t+\frac{\pi}{2}\right)$$

时系统的稳态响应 $y(t)$。

解： 题中激励信号 $f(t)$ 由直流分量，频率为 1 的正弦分量，频率为 2 的余弦分量以及频率为 4 的正弦分量构成，分别计算系统对于各个频率信号的频率响应值：

$$H(0) = \frac{1}{2}$$

$$H(\mathrm{j}1) = \frac{1}{\mathrm{j}+2} = \frac{\sqrt{5}}{5}\mathrm{e}^{-\arctan\left(\frac{1}{2}\right)}$$

$$H(\mathrm{j}2) = \frac{1}{\mathrm{j}2+2} = \frac{\sqrt{2}}{4}\mathrm{e}^{-\frac{\pi}{4}}$$

$$H(\mathrm{j}4) = \frac{1}{\mathrm{j}4+2} = \frac{\sqrt{5}}{10}\mathrm{e}^{-\arctan(2)}$$

因此系统的稳态响应为

$$y(t) = \frac{1}{2}+\frac{\sqrt{5}}{5}\sin\left[t-\arctan\left(\frac{1}{2}\right)\right]+\frac{\sqrt{2}}{4}\cos\left[2t-\frac{\pi}{4}\right]+\frac{\sqrt{5}}{10}\sin\left[4t+\frac{\pi}{2}-\arctan(2)\right]$$

2. 任意周期信号通过 LTI 系统的响应

对于周期为 T_0 的任意周期信号 $f(t)$，它可以表示成傅里叶级数形式

$$f(t) = \sum_{n=-\infty}^{\infty} F_n\mathrm{e}^{\mathrm{j}n\omega_0 t} = A_0+\sum_{n=1}^{\infty} A_n\cos(n\omega_0 t+\theta_n) \tag{5-20}$$

在分析任意周期信号通过系统的频率响应 $y_{zs}(t)$ 时，可以分别计算构成周期信号的每个谐波分量单独通过 LTI 系统产生的频率响应，考虑到 LTI 系统的线性特性，将这些频

率响应叠加起来就可以得到任意周期信号 $f(t)$ 通过系统的响应 $y_{zs}(t)$，根据式(5-4)以及式(5-17) 可得

$$y_{zs}(t) = \sum_{n=-\infty}^{\infty} F_n H(\mathrm{j}n\omega_0)\mathrm{e}^{\mathrm{j}n\omega_0 t} = A_0 H(0) + \sum_{n=1}^{\infty} A_n \mid H(\mathrm{j}n\omega_0) \mid \cos(n\omega_0 t + \theta_n + \varphi_n) \tag{5-21}$$

可见周期为 T_0 的周期信号 $f(t)$ 通过系统以后得到的响应信号 $y_{zs}(t)$ 仍然是一个周期为 T_0 的周期信号，只是构成周期信号的各个谐波分量受到系统频率响应函数的调制。

【例 5-6】 已知某 LTI 系统的频率响应函数为

$$H(\mathrm{j}\omega) = \frac{\mathrm{j}\omega}{\mathrm{j}\omega + 1}$$

计算周期为 $T_0 = 2\pi$，脉宽为 $\tau = \pi$，脉幅为 1 的周期矩形信号通过该系统的响应 $y_{zs}(t)$。

解：首先，将周期矩形信号（$\omega_0 = 1$）写成傅里叶级数展开式

$$\begin{aligned} f(t) &= \sum_{n=-\infty}^{\infty} F_n \mathrm{e}^{\mathrm{j}n\omega_0 t} = \frac{E\tau}{T_0}\sum_{n=-\infty}^{\infty} \mathrm{Sa}\left(\frac{n\omega_0\tau}{2}\right)\mathrm{e}^{\mathrm{j}n\omega_0 t} = \frac{1}{2}\sum_{n=-\infty}^{\infty} \mathrm{Sa}\left(\frac{n\pi}{2}\right)\mathrm{e}^{\mathrm{j}nt} \\ &= \sum_{n=-\infty}^{\infty} \frac{1}{n\pi}\sin\left(\frac{n\pi}{2}\right)\mathrm{e}^{\mathrm{j}nt} = \frac{1}{2} + \sum_{n=1}^{\infty} \frac{2}{n\pi}\sin\left(\frac{n\pi}{2}\right)\cos nt \\ &= \frac{1}{2} + \frac{2}{\pi}\left[\cos t - \frac{1}{3}\cos 3t + \frac{1}{5}\cos 5t + \cdots\right] \end{aligned}$$

根据系统的频率响应函数，可求得

$$H(0) = 0;\ H(\mathrm{j}1) = \frac{\mathrm{j}}{\mathrm{j}+1} = \frac{\sqrt{2}}{2}\mathrm{e}^{\mathrm{j}\frac{\pi}{4}};\ H(\mathrm{j}3) = \frac{\mathrm{j}3}{\mathrm{j}3+1} = \frac{3\sqrt{10}}{10}\mathrm{e}^{\mathrm{j}\left(\frac{\pi}{2} - \arctan 3\right)}$$

$$H(\mathrm{j}5) = \frac{\mathrm{j}5}{\mathrm{j}5+1} = \frac{5\sqrt{26}}{26}\mathrm{e}^{\mathrm{j}\left(\frac{\pi}{2} - \arctan 5\right)}$$

根据式(5-20)，可得

$$y_{zs}(t) = \frac{2}{\pi}\left[\frac{\sqrt{2}}{2}\cos\left(t + \frac{\pi}{4}\right) - \frac{\sqrt{10}}{10}\cos\left(3t + \frac{\pi}{2} - \arctan 3\right) + \frac{\sqrt{26}}{26}\cos\left(5t + \frac{\pi}{2} - \arctan 5\right) + \cdots\right]$$

或者表示为

$$y_{zs}(t) = \frac{1}{2}\sum_{n=-\infty}^{\infty} \mathrm{Sa}\left(\frac{n\pi}{2}\right)\frac{\mathrm{j}n\omega_0}{\mathrm{j}n\omega_0 + 1}\mathrm{e}^{\mathrm{j}n\omega_0 t} = \frac{1}{2}\sum_{n=-\infty}^{\infty} \mathrm{Sa}\left(\frac{n\pi}{2}\right)\frac{\mathrm{j}n}{\mathrm{j}n + 1}\mathrm{e}^{\mathrm{j}nt}$$

5.3 无失真传输系统

无失真传输系统在信号处理中有着重要的理论意义。所谓无失真传输系统是指信号在经过系统以后，所产生的输出信号与输入信号相比没有失真。这里的不失真主要是指信号的波形没有发生变化，但是允许信号的幅度相差常数倍，或者在时间上存在一定延迟。若系统的输入信号为 $f(t)$，那么无失真传输系统的输出信号 $y(t)$ 应满足

$$y(t) = Kf(t - t_d) \tag{5-22}$$

式中，K 是一个正常数，而 t_d 表示输入信号经过系统以后的延迟时间。

对式(5-22) 两边做傅里叶变换，并利用傅里叶变换的时移特性，可得

$$Y(\mathrm{j}\omega) = KF(\mathrm{j}\omega)\mathrm{e}^{-\mathrm{j}\omega t_d} \tag{5-23}$$

进一步，可得系统的频率响应函数为

$$H(\mathrm{j}\omega)=\frac{Y(\mathrm{j}\omega)}{F(\mathrm{j}\omega)}=K\mathrm{e}^{-\mathrm{j}\omega t_d} \tag{5-24}$$

故无失真传输系统的幅频响应和相频响应分别为

$$|H(\mathrm{j}\omega)|=K,\ \varphi(\omega)=-\omega t_d \tag{5-25}$$

因此，无失真传输系统应满足两个条件：系统的幅频响应$|H(\mathrm{j}\omega)|$在整个频率范围内为常数 K，即系统的带宽为无穷大；其相频响应 $\varphi(\omega)$ 在整个频率范围内满足线性相位要求。如图 5-3 所示。

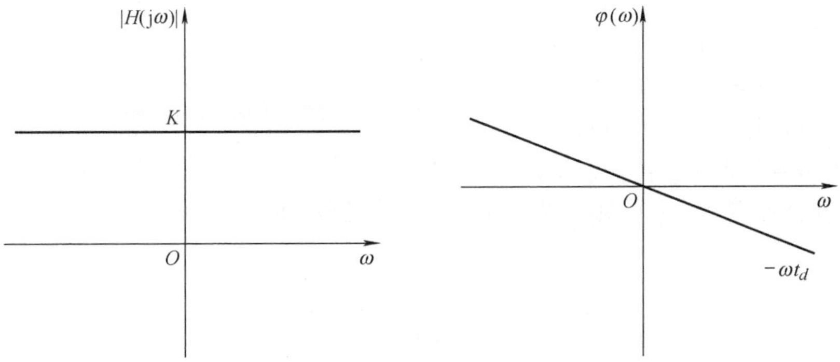

图 5-3　无失真传输系统的幅频响应和相频响应

实际的物理系统的幅频响应$|H(\mathrm{j}\omega)|$不可能在整个频率范围都是常数，而其相频响应也不可能在这个频率范围内满足线性相位的要求。因此，无失真传输系统只能是一个理想化的系统，在这样一个理想化系统中，任意输入信号都可以无失真地通过系统。而物理可实现的系统无法达到理想的无失真传输系统的要求。因此，在实际应用中，在传输带宽有限的信号时，只要求在信号所占据的频带范围内，系统的幅频响应和相频响应满足无失真传输系统的要求就可以。

由于系统的冲激响应 $h(t)$ 是 $H(\mathrm{j}\omega)$ 的傅里叶逆变换，因此对式(5-24) 取傅里叶逆变换，可得

$$h(t)=K\delta(t-t_d) \tag{5-26}$$

式(5-26) 表明，无失真传输系统的冲激响应仍然是冲激信号，只是强度增加了 K 倍，并延时了 t_d时间。

【例 5-7】 已知一个线性系统：

（1）当输入信号为 $f(t)=\sin(t)$ 时，系统产生的输出信号为 $\sin(t-2)$；

（2）当输入信号为 $f(t)=2\sin(2t)$ 时，系统产生的输出信号为 $2\sin(2t-2)$。

试问当激励信号为 $f(t)=\sin(t)+2\sin(2t)$ 时，系统是否产生失真?

解：由于已知系统为线性系统，满足线性特性，因此当激励信号 $f(t)=\sin(t)+2\sin(2t)$ 时，其通过系统后产生的响应信号为构成该信号的两个不同频率信号单独通过系统产生响应之和，即

$$y(t)=\sin(t-2)+2\sin(2t-2)$$

那么就有

$$|H(\mathrm{j}\omega)|\,|_{\omega=1}=1,\ |H(\mathrm{j}\omega)|\,|_{\omega=2}=1$$

因此，输出信号幅度没有发生失真。另外

$$\varphi(\mathrm{j}\omega)\big|_{\omega=1}=-2\omega,\ \varphi(\mathrm{j}\omega)\big|_{\omega=1}=-\omega$$

可见，不同频率成分产生的相移相对于 ω 不是一个常数，这意味着输出信号存在相位失真见（图 5-4）。

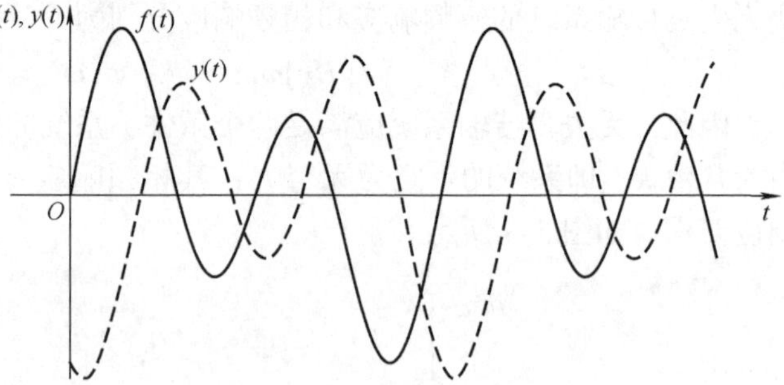

图 5-4　例 5-7 的输入信号和输出信号

【例 5-8】　已知某连续 LTI 系统的频率响应为

$$H(\mathrm{j}\omega)=\frac{1-\mathrm{j}\omega}{1+\mathrm{j}\omega}$$

（1）试求该系统的幅频响应 $H(\mathrm{j}\omega)$ 和相频响应 $\varphi(\omega)$，并判断系统是否为无失真传输系统；

（2）当输入信号 $f(\mathrm{t})=\sin(t)+\sin(3t)$，求系统的响应 $y(t)$。

解：（1）

$$H(\mathrm{j}\omega)=\frac{1-\mathrm{j}\omega}{1+\mathrm{j}\omega}=\mathrm{e}^{-\mathrm{j}2\arctan(\omega)}$$

所以，系统的幅频响应和相频响应分别为

$$|H(\mathrm{j}\omega)|=1,\ \varphi(\omega)=-2\arctan(\omega)$$

系统的幅频响应为常数，但是相频响应不是关于 ω 的线性函数，因此该系统不是无失真传输系统。

（2）根据式(5-18)，可知

$$\begin{aligned}y(t)&=|H(\mathrm{j}1)|\sin(t+\varphi(1))+|H(\mathrm{j}3)|\sin(3t+\varphi(3))\\&=\sin\left(t-\frac{\pi}{2}\right)+\sin(3t-0.7952\pi)\end{aligned}$$

5.4　滤波器

5.4.1　滤波器及其分类

理想的无失真传输系统要求系统在整个频率范围的幅频响应是常数，而相频响应是与频率成线性关系，这在实际中是无法实现的。实际物理系统中的信号频谱总是局限在一定的频带范围内，系统对经过的信号产生的加工和处理作用，从频域的角度来看，是对构成输入信号的各个频率成分进行加权，这种加权效应既体现在幅度的变化，又包括相位的变化（即时间的延迟）。通过设计某种系统频率响应函数，有意识地控制输入信号的某些频率分量显著衰减以达到去除这些频率分量的目的，这就是所谓的滤波。因此，从频谱角度来说，任何系统都可以看作是滤波器。滤波在控制、通信和信号处理中都有着广泛的应用，常常通过滤波器来滤除不需要的信号，例如噪声或者干扰等。其基本方法是让某个特定频段的信号通过，同时滤除另外一部分频段的信号，从而达到信号分离的作用。

在实际应用中，按照允许通过的频段范围划分，滤波器可分为低通滤波器、高通滤波器、带通滤波器和带阻滤波器，它们在理想情况下的频率响应特性如图 5-5 所示。

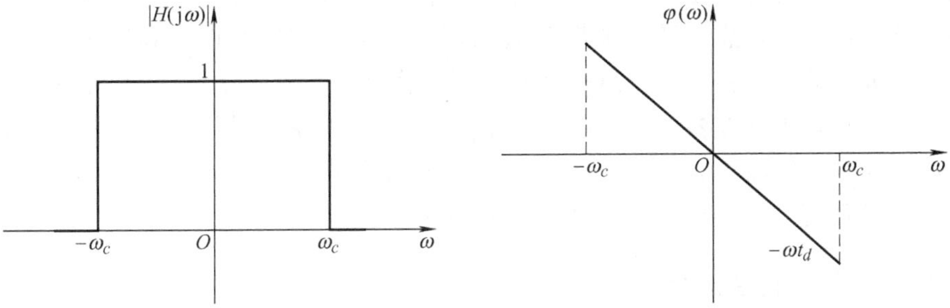

a) 理想低通滤波器

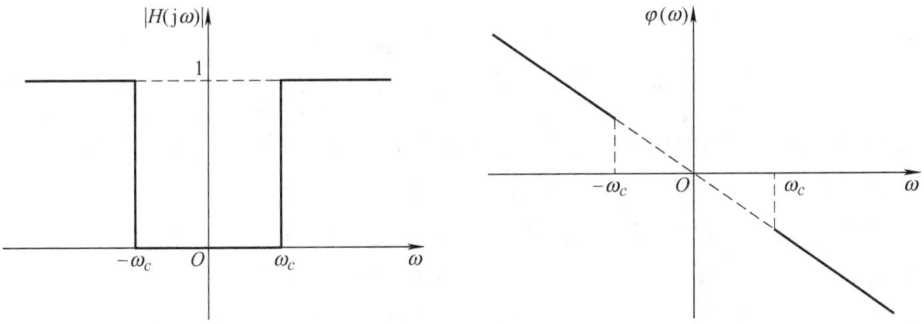

b) 理想高通滤波器

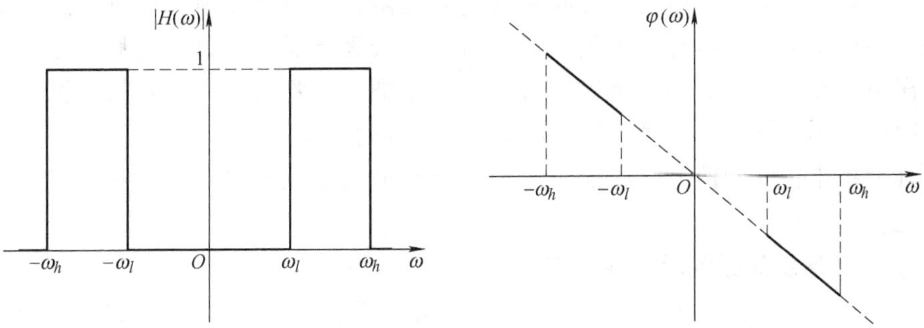

c) 理想带通滤波器

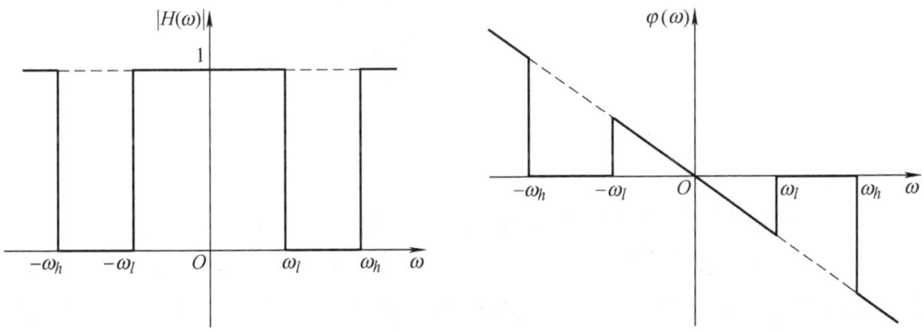

d) 理想带阻滤波器

图 5-5　几种理想滤波器的频率响应特性

从图5-5中可以看出，这些滤波器在特定的频带范围内，满足无失真传输系统特性，而在其他频段则完全阻止信号的通过，这同样也属于理想状态下的滤波器，因此分别称为理想低通、理想高通、理想带通和理想带阻滤波器。在实际应用中，其他类型的滤波器如陷波器、梳妆滤波器等通常可以看作是上述四种滤波器的特例和组合。

由于这四种理想滤波器之间存在一定的相互转换关系，设计其他三种滤波器，只需要考虑相应的低通滤波器设计，然后通过转换关系得到所需要的滤波器。因此，下面重点从系统角度分析和讨论理想低通滤波器的特性。

5.4.2 理想低通滤波器

具有线性相位的理想低通滤波器，其频响特性如图5-5a所示。其数学表达形式如下：

$$H(\mathrm{j}\omega)=G_{2\omega_c}\mathrm{e}^{-\mathrm{j}\omega t_d}=\begin{cases}\mathrm{e}^{-\mathrm{j}\omega t_d}, & |\omega|\leqslant\omega_c\\ 0, & |\omega|>\omega_c\end{cases}\tag{5-27}$$

其幅频响应在频带范围 $[0,\ \omega_c]$ 以内恒等于常数1，其中 ω_c 称为截止频率，而在截止频率以外等于0。其相频响应在通带范围内满足线性相位的要求。由于理想低通滤波器的通带不是无穷大而是有限制，因此它又称为带限滤波器。当信号通过带限滤波器系统时有可能发生失真。失真的大小一方面取决于带限系统的通带宽度，一方面也取决于输入信号所占据的频带范围。当所传输信号占据的频带范围包含在系统的通带范围内，可以认为系统的传输带宽足够宽，信号就能够通过系统实现无失真传输。然而，工程实际当中的信号所占据的频带往往是无限宽，当这类信号通过理想低通滤波器时必然会产生失真，这是由于信号所包含的部分高频成分经过系统后衰减为零。在这种情况下，在工程中更多地考虑信号的有效带宽，只要当信号的有效带宽位于系统的通带范围以内，就认为信号可以近似地无失真通过系统。

下面分析单位冲激信号和阶跃信号通过理想低通滤波器的响应，并得出一些有意义的结论。

1. 理想低通滤波器的单位冲激响应

理想低通滤波器的单位冲激响应 $h(t)$ 与系统频率响应 $H(\mathrm{j}\omega)$ 构成一对傅里叶变换。下面对式(5-27) 做傅里叶逆变换

$$\begin{aligned}h(t)=\mathscr{F}^{-1}[H(\mathrm{j}\omega)]&=\frac{1}{2\pi}\int_{-\infty}^{\infty}H(\mathrm{j}\omega)\mathrm{e}^{\mathrm{j}\omega t}\mathrm{d}\omega\\&=\frac{1}{2\pi}\int_{-\omega_c}^{\omega_c}\mathrm{e}^{-\mathrm{j}\omega t_d}\mathrm{e}^{\mathrm{j}\omega t}\mathrm{d}\omega\\&=\frac{\omega_c}{\pi}\mathrm{Sa}[\omega_c(t-t_d)]\end{aligned}\tag{5-28}$$

理想低通滤波器的单位冲激响应 $h(t)$ 的波形如图5-6所示，由此可见系统的单位冲激响应信号的波形不同于输入的单位冲激信号 $\delta(t)$，产生了失真。这是由于输入信号 $\delta(t)$ 的频带本来是无限宽的常数1，经过理想低通滤波器以后，信号 $\delta(t)$ 中的大于截止频率 ω_c 的频率成分全部衰减为零，因此产生了失真。当系统的截止频率 ω_c 越小时，系统响应信号也就是抽样信号的主带宽度 $2\pi/\omega_c$ 越大，这意味着失真越大。另一方面，

当系统的截止频率 ω_c 趋向于∞时，理想低通滤波器系统变为无失真传输系统，系统的响应信号也由抽样信号趋近于冲激信号。需要注意的是，从图中可以看出，冲激响应 $h(t)$ 主峰出现的时间相比于系统的激励信号 $\delta(t)$ 延迟了 t_d个时刻，这是由于低通滤波器线性相位的斜率为 $-t_d$造成的。

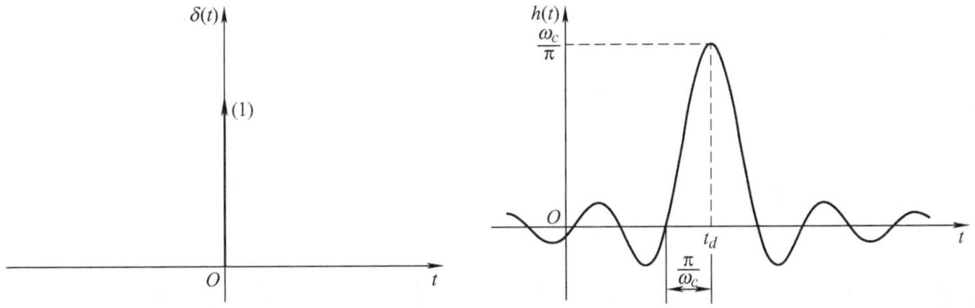

图 5-6 理想低通滤波器的单位冲激响应

由于理想低通滤波器的单位冲激响应 $h(t)$ 在 $t<0$ 时不等于 0，而 $\delta(t)$ 是在 $t=0$ 时刻接入系统的，因此理想低通滤波器属于非因果系统，在实际中是物理不可实现的。

2. 理想低通滤波器的单位阶跃响应

当单位阶跃信号 $\varepsilon(t)$ 通过一个理想低通滤波器时，所产生的响应称为阶跃响应，记为 $g(t)$。由于单位阶跃信号是单位冲激信号的积分，根据 LTI 系统的积分性质可知，系统的单位阶跃响应应该是系统单位冲激响应的积分，即

$$g(t)=\int_{-\infty}^{t}h(\tau)\mathrm{d}\tau=\int_{-\infty}^{t}\frac{\omega_c}{\pi}\mathrm{Sa}[\omega_c(\tau-t_d)]\mathrm{d}\tau$$

令 $\omega_c(\tau-t_d)=x$，可得

$$g(t)=\frac{1}{\pi}\int_{-\infty}^{\omega_c(t-t_d)}\frac{\sin(x)}{x}\mathrm{d}x \tag{5-29}$$

根据正弦积分函数$\frac{\sin(x)}{x}$的积分性质，

$$\int_{-\infty}^{0}\frac{\sin(x)}{x}\mathrm{d}x=\int_{0}^{\infty}\frac{\sin(x)}{x}\mathrm{d}x=\frac{\pi}{2} \tag{5-30}$$

那么，改写式(5-29) 得

$$g(t)=\frac{1}{2}+\frac{1}{\pi}\int_{0}^{\omega_c(t-t_d)}\frac{\sin(x)}{x}\mathrm{d}x \tag{5-31}$$

其波形如图 5-7b 所示。

由图 5-7 可见，理想低通滤波器的阶跃响应信号 $g(t)$ 比输入信号 $\varepsilon(t)$ 延迟了一段时间 t_d。此时阶跃响应的波形并没有像阶跃信号那样垂直上升，这是由于系统阶跃响应的稳定需要一定的时间；同时波形出现了过冲和振荡的现象，这是由于理想低通滤波器是一个带限系统，过滤掉了阶跃信号的高频成分导致的结果。

当 $t=t_d$时刻，阶跃响应的斜率最大，意味着信号波形上升最快；如果把阶跃响应由最小值上升到最大值所需要的时间称为阶跃响应的上升时间 t_r，那么上升时间和系统冲激响应的主瓣宽度一样，即 $t_r=2\pi/\omega_c$。这表明阶跃响应的上升时间 t_r与理想低通滤波器的

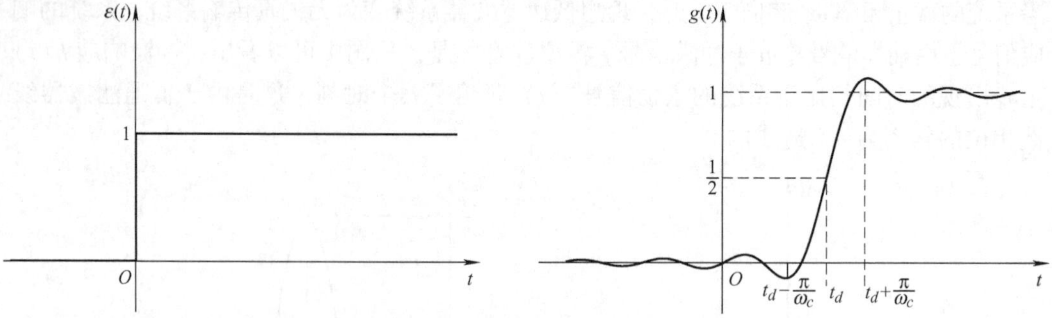

a) 阶跃信号　　b) 单位阶跃响应

图 5-7　理想低通滤波器的单位阶跃响应

通带宽度 ω_c 成反比。ω_c 越大，阶跃响应上升时间越短，当 ω_c 趋近于∞时，t_r趋近于零。

由理想低通滤波器的阶跃响应波形还可以发现，阶跃信号通过理想低通滤波器后，在其间断点前后出现了振荡，振荡的峰值约为阶跃突变值的9%。如果增加滤波器的带宽，峰值的位置将逼近间断点位置，振荡越来越剧烈，衰减随之加快，但峰值并未减小，这种现象称为吉布斯（Gibbs）现象。

实际系统如果具有与理想低通滤波器相似的特性，那么其响应也基本上与理想低通滤波器的响应特性保持一致。如 *RC* 积分电路，*RLC* 串联电路等组成的物理可实现的低通滤波器，它们的冲激响应和阶跃响应都与理想低通滤波器的响应类似，只不过实际的系统都是因果系统，因此其响应不会超前于系统的激励信号。

5.5　信号的调制与解调

在通信系统中，信号从发射端传输到接收端，为了实现信号的远距离传输，通常需要进行调制与解调。无线电通信系统是通过空间辐射的方式进行信号传输的，根据电磁波理论，为了能够有效辐射信号，天线的尺寸应为被辐射信号波长的1/10 或者更大些。根据电磁波长的计算公式 $\lambda = c/f_c$（其中 λ 为信号波长，c 为光速，f_c 为信号频率），这意味着直接传输速率为3kHz 的音频信号需要超过 10km 长的天线；如果将传输信号频率提高到900MHz，则天线的长度可以减小到几厘米。只有通过提高传输信号频率的方法才可以有效地缩减天线尺寸。调制过程将信号的频谱搬移到任何所需的较高频率范围，从而使信号容易以电磁波形式辐射出去。

另外一方面，如果被传送信号不经过调制而是直接辐射出去，当需要在信道中传送多路信号时，这些多路信号如果占据相同的频段就会彼此混叠在一起，接收端将无法区分所需要接收的信号。调制的作用在于可以通过调制，实现各路信号的频谱搬移，使它们互不重叠地占据不同的频段；接收端可以通过经过设计的带通滤波器分离出所需频率的信号，不至于发生互相干扰，这样就能够有效地利用信道资源，利用同一信道实现多路信号传输（即多路复用），提高了传输效率。近代通信系统中，无论是有线传输还是无线传输都广泛地采用了多路复用技术。

在信号调制过程中，通过改变特定信号的某种特性使其按照所需传输信号的变换规律来变化，在这里通常把特定信号称为载波信号，如图 5-8a 所示；所需传输的信号称为调制信号，如图 5-8b 所示；经过调制以后产生的信号称为已调信号，如图 5-8c 和 d 所示。目前使用最多的两类载波信号包括余弦（或正弦）信号和周期脉冲信号，相应地调制方法称为连续波调制和脉冲调制两种类型。当载波信号为余弦信号时，通过调制信号分别控制余弦信号的幅度、频率和相位变化规律，则相应地称为幅度调制（Amplitude Modulation，AM）、频率调制（Frequency Modulation，FM）和相位调制（Phase Modulation，PM），简称调幅、调频和调相。信号解调是调制的逆过程，实现从已调信号当中恢复出原调制信号。

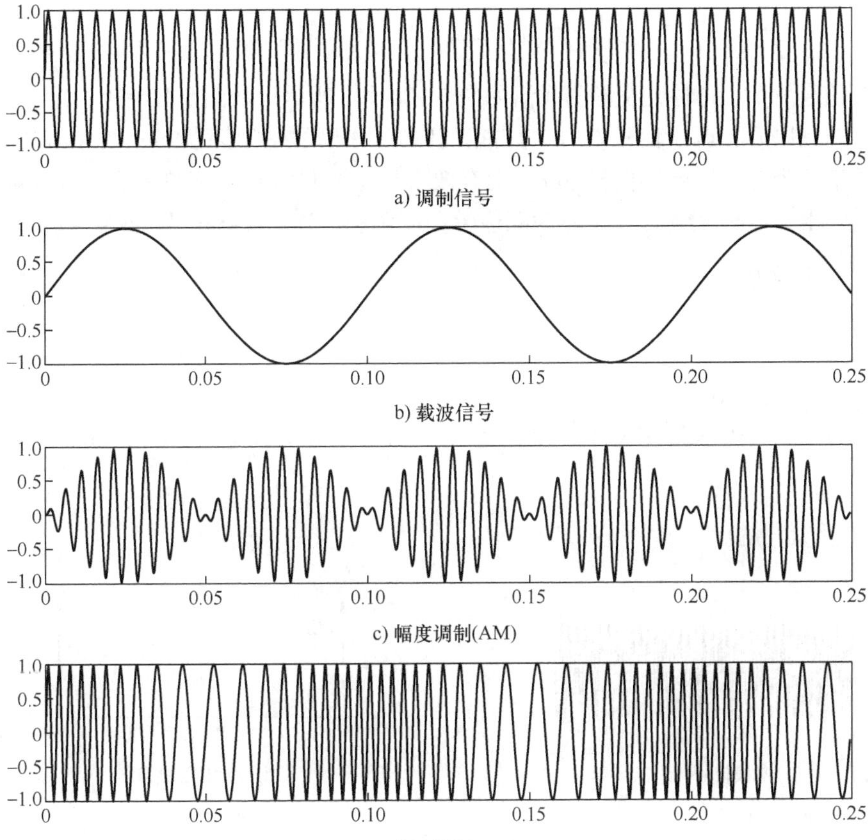

a) 调制信号

b) 载波信号

c) 幅度调制(AM)

d) 频率调制(FM)

图 5-8　信号调制时域波形

5.5.1　幅度调制

假设调制信号是一个带限信号 $f(t)$，即当 $|\omega| > \omega_m$ 时其幅频特性 $|F(\mathrm{j}\omega)| = 0$。将调制信号 $f(t)$ 与载波余弦信号 $\cos(\omega_0 t)$ 相乘，其中 ω_0 为载波频率，且 $\omega_0 \gg \omega_m$。信号的调制过程如图 5-9 所示。其输出信号是一个频率与载波信号相同，振幅随着调制信号 $f(t)$ 变化的余弦信号，即

$$g(t) = f(t)\cos(\omega_0 t) \tag{5-32}$$

利用欧拉公式

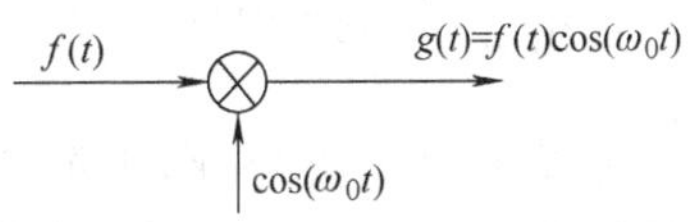

图 5-9　信号调制原理框图

$$g(t)=f(t)\cdot\frac{e^{j\omega_0 t}+e^{-j\omega_0 t}}{2}$$

考虑到傅里叶变换的频移性质

$$G(j\omega)=\frac{1}{2}\{F[j(\omega-\omega_0)]+F[j(\omega+\omega_0)]\}$$

当然，如果利用频域卷积定理，也可以得出相同结果

$$G(j\omega)=\frac{1}{2\pi}F(j\omega)*\pi[\delta(\omega-\omega_0)+\delta(\omega+\omega_0)]$$

$$=\frac{1}{2}\{F[j(\omega-\omega_0)]+F[j(\omega+\omega_0)]\} \quad (5\text{-}33)$$

已调信号 $g(t)$ 的时域波形和频谱如图 5-10e 和 f 所示。从图 5-10f 中可以看出，信号经过幅度调制以后，调制信号 $f(t)$ 所占据的频段从低频段搬移到以 ω_0 为中心的高频段，其频谱的带宽为 $2\omega_m$，已调信号 $g(t)$ 的有效带宽是调制信号带宽的 2 倍，只是幅度减小为原来的一半，这种调制方式又称为双边带幅度调制（Double-Side Band，DSB）。

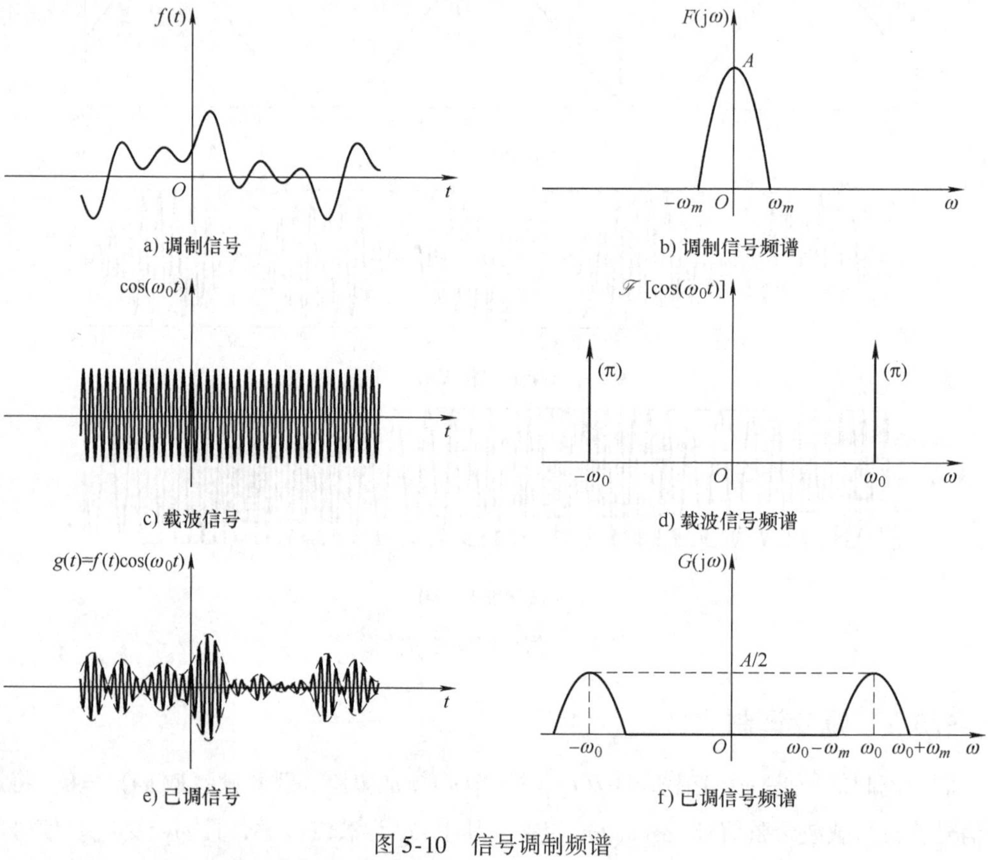

a) 调制信号　b) 调制信号频谱　c) 载波信号　d) 载波信号频谱　e) 已调信号　f) 已调信号频谱

图 5-10　信号调制频谱

5.5.2　同步解调

由已调信号 $g(t)$ 恢复原始信号 $f(t)$ 的过程称为解调。实现幅度解调的方法与调制过程相近，图 5-11 中给出了实现解调的一种原理框图。

首先，将接收信号 $g(t)$ 与接收端本地载波信号相乘，这里要求本地载波信号是与发送端同频率同相位的余弦信号，这种解调方式称为同步解调。$g(t)$ 与 $\cos(\omega_0 t)$ 相乘得到

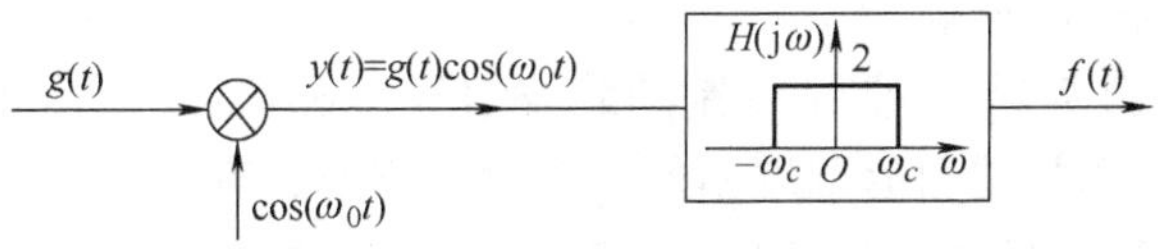

图 5-11 信号解调的原理框图

$$\begin{aligned} y(t) &= g(t)\cos(\omega_0 t) \\ &= [f(t)\cos(\omega_0 t)]\cos(\omega_0 t) \\ &= \frac{1}{2}f(t)[1+\cos(2\omega_0 t)] \end{aligned} \tag{5-34}$$

利用欧拉公式和傅里叶变换的频移特性，得到其频谱为

$$Y(\mathrm{j}\omega)=\mathscr{F}[y(t)]=\frac{1}{2}F(\mathrm{j}\omega)+\frac{1}{4}F[\mathrm{j}(\omega-2\omega_0)]+\frac{1}{4}F[\mathrm{j}(\omega+2\omega_0)] \tag{5-35}$$

可见，经过解调以后的信号 $y(t)$ 中在低频部分出现了调制信号的频谱，其幅度为原来的一半，而在中心频率 $\pm 2\omega_0$ 附近出现了高频成分。此时，再利用一个理想低通滤波器（其截止频率满足 $\omega_m \leqslant \omega_c \leqslant 2\omega_0-\omega_m$）过滤掉解调信号中的高频成分就可以得到调制信号 $f(t)$。信号的解调频谱如图 5-12 所示。

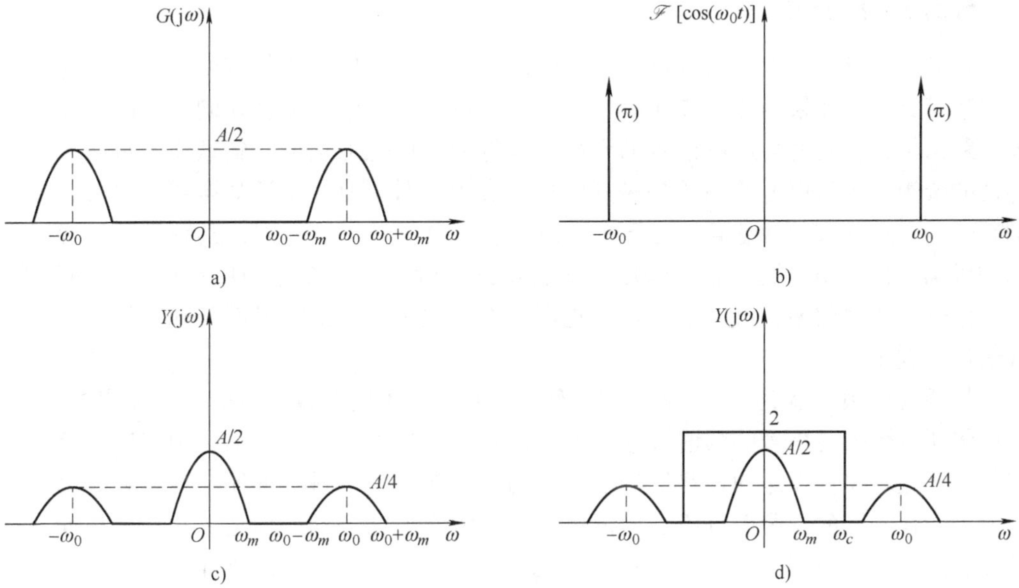

图 5-12 信号解调频谱

以上从频域分析了信号幅度调制与解调的过程。信号在发送端经过调制形成已调信号，已调信号经过信道传输后，在接收端通过解调，恢复原始的调制信号，整个过程如果从频域解释和分析，概念清晰而直观。同步解调的原理虽然并不复杂，但在实际应用中存在一定的困难。因为在同步解调过程中，需要在接收端产生一个与发送端同频同相的载波信号。一般情况下，调制和解调往往发生在不同的地点，从而造成调制和解调端载波信号同频不同相情况的发生。

下面通过一个例子解释和说明当调制和解调端载波信号同频但不同相时会带来什

么样的影响。

【例 5-9】 假定调制的载波信号为 $\cos(\omega_0 t)$，解调端的载波信号为 $\cos(\omega_0 t+\theta)$，试分析调制端和解调端相位差 θ 对于解调过程的影响。

解：根据幅度调制原理可得，解调端接收到的信号为

$$y(t)=[f(t)\cos(\omega_0 t)]\cos(\omega_0 t+\theta)$$

利用三角积化和差公式，可得

$$y(t)=0.5\cos(\theta)f(t)+0.5f(t)\cos(2\omega_0 t+\theta)$$

上式的第二项仍然可以通过低通滤波器滤除掉，此时滤波器的输出为

$$\hat{f}(t)=0.5\cos(\theta)f(t)$$

一方面，如果 $\theta=\pi/2$，则 $\cos(\theta)=0$，解调后将无法恢复出调制信号 $f(t)$；另外一方面，由于电子线路中不可避免的噪声和干扰，使得调制端和解调端之间相位差 θ 不可能是一个常数，而是随着时间动态变化的随机变量。在这种情况下，解调端输出信号 $f(t)$ 的幅度将会随时间改变而改变，这就造成了接收机解调过程的复杂化和实现代价，从而限制了其在早期通信系统中的应用。但随着技术水平提高，实现同步解调不再困难，使其在通信系统中得到广泛应用。

5.5.3 频分复用

在通信系统中，信号的有效带宽一般比较窄，传输信道通频带的宽度远远超过信号的频带宽度。如果信号不加任何处理直接通过信道传输，那么在同一时间只允许传输一路信号，否则就会造成信号的干扰，这将造成极低的信号传输效率，浪费了通信信道的资源。因为信道的频带是极其宝贵的资源，对于有线信道如电缆和光纤，信道的频带越宽，其成本就越高；对于无线信道，信道资源十分有限，其频带必须经过专门的机构进行严格分配，各个频段对应特定的用途。为了充分利用传输信道的资源，提高信号的传输效率，可以采用频分复用的方式实现在信道中同时传输多路信号，提高信道的利用率。

从幅度调制频谱变化的过程可以了解，通过选择不同的载波频率（或称调制频率）可以将所需传输的信号的频谱搬移到不同的频段。当需要在同一信道中传输多路信号时，在发送端将待发送的各路信号以不同的载波频率信号进行调制，使得各路已调信号分别占据不同的频段而且不发生混叠，然后将它们通过同一信道进行传输。而在接收端，则采用一系列不同中心频率的带通滤波器将各路信号从接收信号中抽取出来，然后分别进行解调，就能够恢复原来的各路调制信号。图 5-13 中给出了频分复用的原理框图。

图 5-14 中给出了三路的带限信号 $f_1(t)$、$f_2(t)$ 和 $f_3(t)$，其频谱分别为 $F_1(j\omega)$、$F_2(j\omega)$ 和 $F_3(j\omega)$，且有效频带宽度分别为 ω_{m1}、ω_{m2} 和 ω_{m3}。

对信号 $f_1(t)$、$f_2(t)$ 和 $f_3(t)$ 分别与载波频率为 ω_1、ω_2 和 ω_3（$\omega_1<\omega_2<\omega_3$）的余弦信号相乘进行幅度调制，得到 $g_1(t)$、$g_2(t)$ 和 $g_3(t)$，然后将三者相加得到

$$g(t)=g_1(t)+g_2(t)+g_3(t)=f_1(t)\cos(\omega_1 t)+f_2(t)\cos(\omega_2 t)+f_3(t)\cos(\omega_3 t) \tag{5-36}$$

复用信号 $g(t)$ 的频谱为

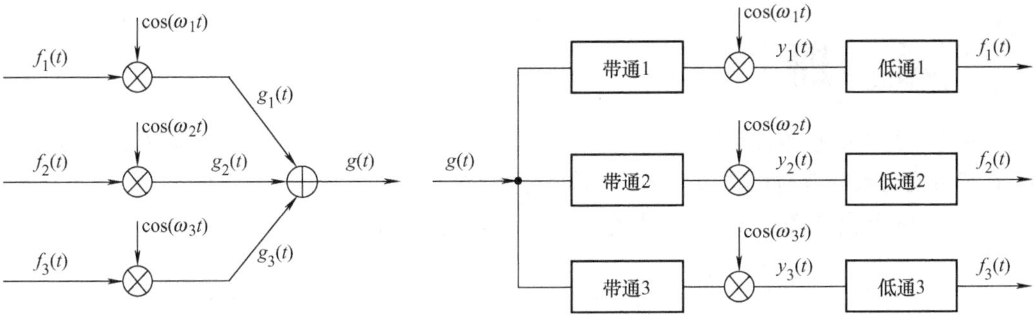

图 5-13　频分复用原理框图

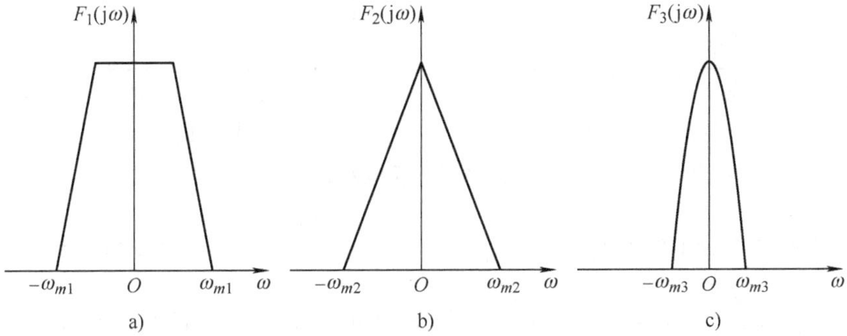

图 5-14　三路带限信号频谱

$$
\begin{aligned}
G(\mathrm{j}\omega) &= G_1(\mathrm{j}\omega)+G_2(\mathrm{j}\omega)+G_3(\mathrm{j}\omega)\\
&=\frac{1}{2}\{F_1[\mathrm{j}(\omega-\omega_1)]+F_1[\mathrm{j}(\omega+\omega_1)]\}+\frac{1}{2}\{F_2[\mathrm{j}(\omega-\omega_2)]+F_2[\mathrm{j}(\omega+\omega_2)]\}+\\
&\quad\ \frac{1}{2}\{F_3[\mathrm{j}(\omega-\omega_3)]+F_3[\mathrm{j}(\omega+\omega_3)]\}
\end{aligned}
\tag{5-37}
$$

在接收端接收到的复用信号 $g(t)$ 首先经过一组中心频率分别为 ω_1、ω_2 和 ω_3 的带通滤波器组进行滤波，从而将各路已调信号从复用信号中分离出来，再经过解调就可恢复原来的各路信号，如图 5-15 所示。显然，一个信道中可以传输多少路信号取决于两方面因素：信道的频带宽度和待传输各路信号的有效带宽。信号的调制解调是通信领域研究的主要问题之一，但其应用并不局限于通信系统，还广泛应用于信号处理、无线电遥测、雷达、声呐和控制系统中。

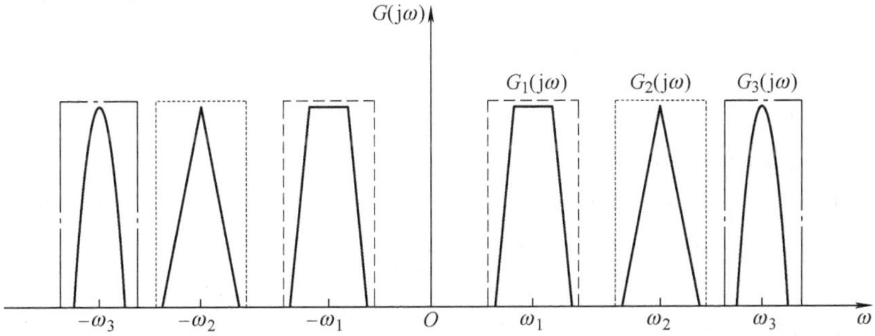

图 5-15　频分复用信号的频谱

习 题

5-1　已知某连续稳定 LTI 系统的微分方程为$y''(t)+3y'(t)+2y(t)=2f'(t)+f(t)$，试求该系统的频率响应函数 $H(\mathrm{j}\omega)$ 和单位冲激响应 $h(t)$。

5-2　试求出如图 5-16 所示系统的频率响应函数 $H(\mathrm{j}\omega)$。

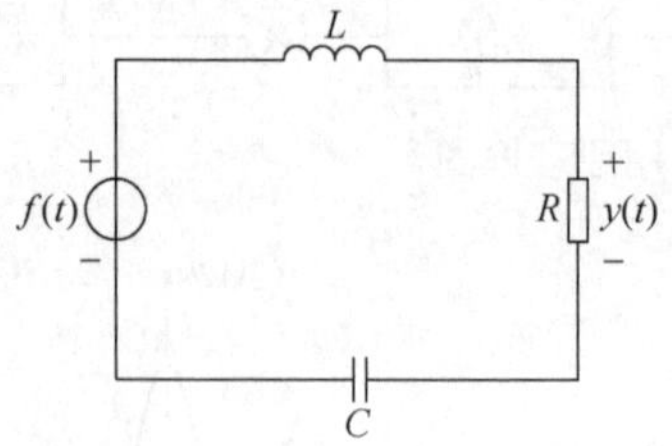

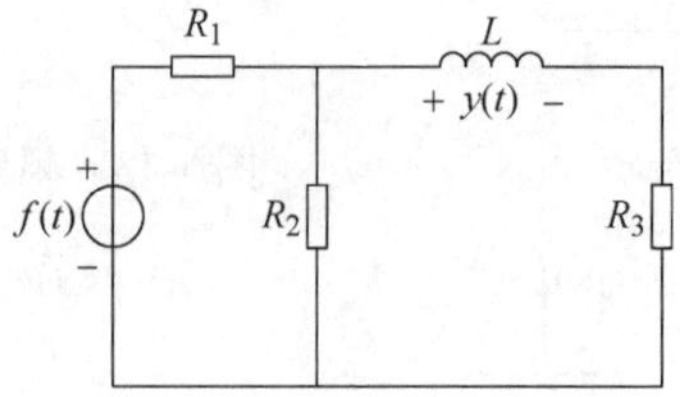

图 5-16　习题 5-2 图

5-3　已知某连续 LTI 系统在激励信号 $f(t)=\left(-\frac{3}{2}\mathrm{e}^{-2t}+\mathrm{e}^{-3t}\right)\varepsilon(t)$ 作用下的零状态响应为$y_{zs}(t)=\left(-\frac{1}{4}\mathrm{e}^{-2t}+\frac{1}{4}\mathrm{e}^{-4t}\right)\varepsilon(t)$，试计算系统的频率响应函数 $H(\mathrm{j}\omega)$ 和单位冲激响应 $h(t)$，并写出系统的微分方程。

5-4　已知某连续稳定的 LTI 系统，当输入信号 $f(t)=\mathrm{Sa}(t)\cos(2t)+\mathrm{Sa}(t)\cos(4t)$，其零状态响应$y_{zs}(t)=\mathrm{Sa}(t)\cos(3t)$，求系统的频率响应函数 $H(\mathrm{j}\omega)$。

5-5　已知某连续 LTI 系统的频率响应函数为

$$H(\mathrm{j}\omega)=\begin{cases}1, & |\omega|<4\pi\\ 0, & |\omega|\geqslant 4\pi\end{cases}$$

计算输入信号 $3\cos(2\pi t)+6\sin(5\pi t)$ 通过该系统产生的稳态响应。

5-6　已知信号 $f(t)=\sin(\pi t)+\cos(3\pi t)$，试求该信号通过如下连续 LTI 系统后的响应。

（1）$h(t)=\dfrac{\sin(2\pi t)}{\pi t}$　　（2）$h(t)=\dfrac{\sin(2\pi t)\sin(4\pi t)}{\pi t^2}$

5-7　已知某连续 LTI 系统的频率响应函数为

$$H(\mathrm{j}\omega)=\begin{cases}\dfrac{|\omega|}{2\pi}, & |\omega|<2\pi\\ 0, & |\omega|\geqslant 2\pi\end{cases}$$

（1）画出频率响应函数波形；

（2）计算输入信号 $f(t)=1+2\cos(\pi t)+4\cos(3\pi t)$ 通过该系统产生的稳态响应。

5-8　某连续 LTI 系统的单位冲激响应 $h(t)$ 的波形如图 5-17 所示，试定

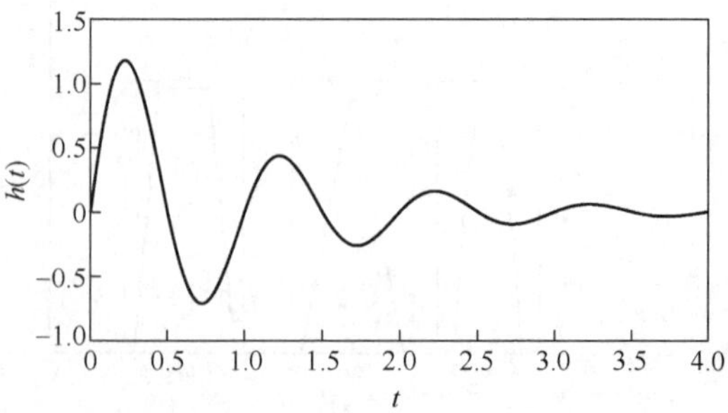

图 5-17　习题 5-8 图系统的单位冲激响应

性分析该系统对应的频率响应函数是图 5-18 中哪一个？并解释分析判断的原因。

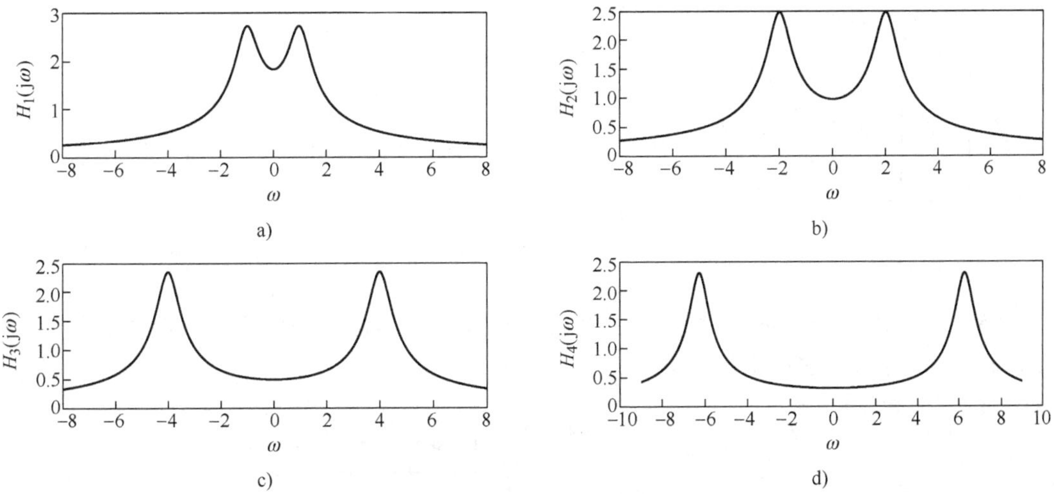

图 5-18　习题 5-8 图 频率响应函数波形

5-9　已知某连续稳定的 LTI 系统的微分方程如下，试计算系统的零状态响应$y_{zs}(t)$。

（1）$y'(t)+3y(t)=2f(t)$，$f(t)=\mathrm{e}^{-4t}\varepsilon(t)$

（2）$y''(t)+5y'(t)+6y(t)=3f'(t)+5f(t)$，$f(t)=\varepsilon(t)$

5-10　已知无失真传输系统的频率响应函数 $H(\mathrm{j}\omega)=2\mathrm{e}^{-\mathrm{j}\omega}$，计算输入信号 $f(t)$ 为下列信号时，系统的输出 $y(t)$。

（1）$f_1(t)=\sin t\varepsilon(t)$

（2）$f_2(t)=[\sin t+\cos 2t]\varepsilon(t)$

（3）$f_3(t)=\mathrm{e}^{-t}\varepsilon(t)$

5-11　判断下列连续稳定的 LTI 系统是否为无失真传输系统，并求出系统的冲激响应。

（1）$H(\mathrm{j}\omega)=2$　　（2）$H(\mathrm{j}\omega)=3\mathrm{e}^{-\mathrm{j}\pi t_0\omega}$

（3）$H(\mathrm{j}\omega)=\begin{cases}2\mathrm{e}^{-\mathrm{j}\pi t_0\omega}, & |\omega|<\omega_c\\ 0, & \text{其他}\end{cases}$　　（4）$H(\mathrm{j}\omega)=3\mathrm{e}^{-\mathrm{j}(\pi t_0\omega+\pi)}$

5-12　已知理想低通滤波器的频率响应函数 $H(\mathrm{j}\omega)$ 为

$$H(\mathrm{j}\omega)=\begin{cases}1, & |\omega|<4\pi\\ 0, & \text{其他}\end{cases}$$

计算输入信号 $f(t)$ 为下列信号时，滤波器的输出 $y(t)$。

（1）$f_1(t)=2\sin\pi t+\cos 3\pi t$

（2）$f_2(t)=4\sin(2\pi t)\sin(5\pi t)$

（3）$f_3(t)=2\sin^2(\pi t)+4\cos^2(3\pi t)$

5-13　计算如图 5-19 所示周期信号 $f(t)$ 通过习题 5-12 所示的理想低通滤波器后的输出信号 $y(t)$。

5-14　如图 5-20 所示系统中，若输入信号 $f(t)=\dfrac{\sin t}{\pi t}\cos 1000t$，计算系统的输出信

号 $y(t)$。

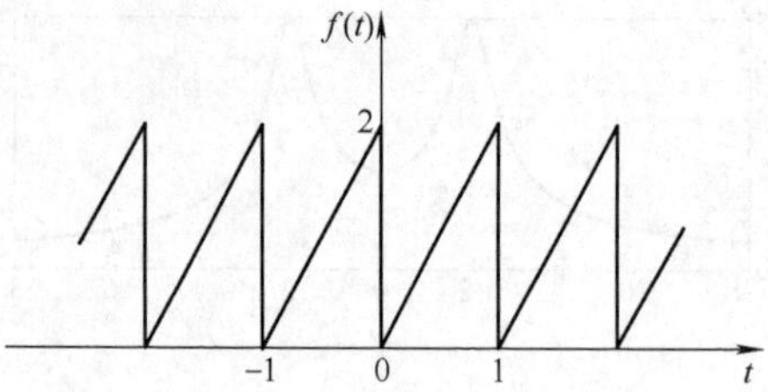

图 5-19　习题 5-13 图

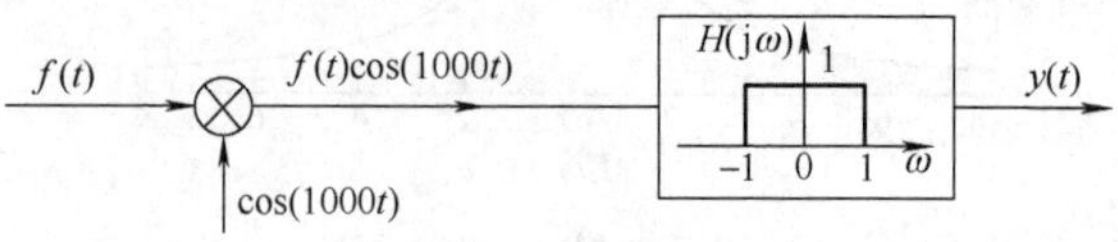

图 5-20　习题 5-14 图

5-15　如图 5-21a 所示系统中，带通滤波器的频率特性如图 5-21b 所示，$f(t)=\mathrm{Sa}(\pi t)$，计算系统的输出信号 $y(t)$。

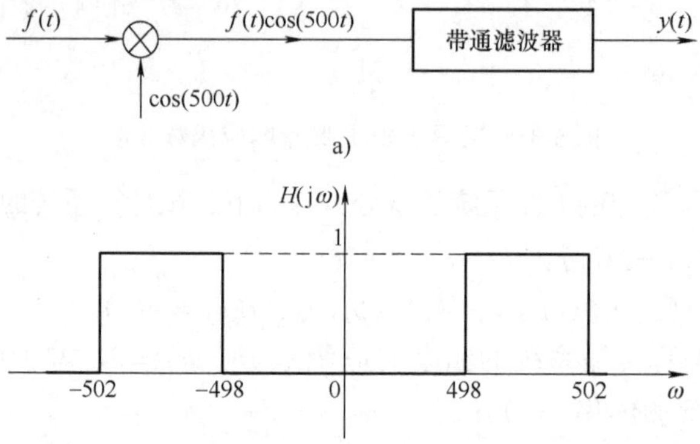

b)

图 5-21　习题 5-15 图

5-16　假设信号 $f(t)$ 的频谱如图 5-22a 所示，如果该信号通过如图 5-22b 所示系统发射出去，试画出已调信号 $p(t)$ 和输出信号 $y(t)$ 的频谱。

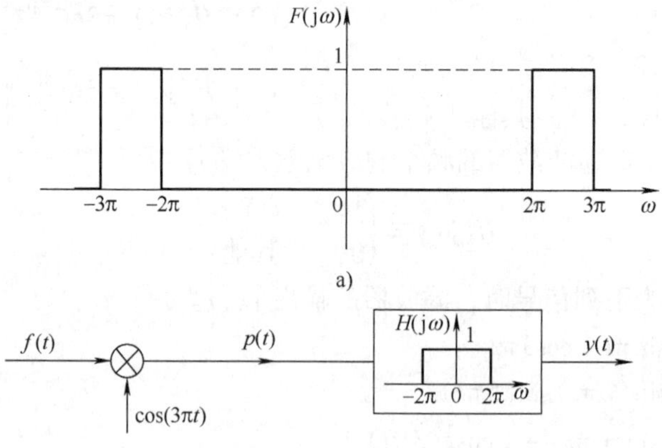

b)

图 5-22　习题 5-16 图

第6章 连续信号的拉普拉斯变换

6.1 引言

傅里叶分析法是以虚指数函数 $e^{j\omega t}$ 为基本信号，从而将任意连续信号分解为若干不同频率的虚指数分量的线性叠加。对于连续 LTI 系统的零状态响应，可视为输入信号各频率分量响应的叠加。虽然傅里叶分析法在信号分析和处理等方面占据重要地位，但是仍存在一些不足：

1）某些信号由于不存在傅里叶变换，无法采用频域分析法。

2）系统频域分析法只能求解系统的零状态响应，系统的零输入响应仍需依赖经典法求解，过程十分繁琐。

3）频域分析法中，傅里叶逆变换一般较为复杂。

为此，需要引入一种更加有效且计算更为简便的变换方法。1780 年，法国数学家拉普拉斯（P. S. Laplace）提出了一种新的积分变换，称为拉普拉斯变换（Laplacian Transform）。拉普拉斯变换可以看作是傅里叶变换在复数域里的进一步推广，它将任意连续信号分解为若干不同复频率的复指数分量，并以复指数函数 e^{st} 为基本信号。利用拉普拉斯变换，能够将信号在时域的“微分”与“积分”运算转化为 s 域的“乘法”与“除法”运算，也即把描述系统的积分、微分方程转化为代数方程；同时将时域中两个信号的卷积计算转化为 s 域中两个象函数的乘积。拉普拉斯变换不仅为信号与系统分析提供了另外一种分析工具和看待问题的角度，而且适用于一些傅里叶变换无法应用的系统分析当中，如不稳定系统的分析，因此在系统的稳定性分析方面起到重要的作用。

本章首先从傅里叶变换推导出双边拉普拉斯变换的定义，并讨论了双边拉普拉斯变换的收敛域。考虑到在实际应用中所处理的信号大部分属于因果信号，因此重点对典型信号的单边拉普拉斯变换及其性质进行了阐述，最后讨论了单边拉普拉斯逆变换的求解方法。

6.2 拉普拉斯变换

6.2.1 从傅里叶变换到拉普拉斯变换

在信号的频域分析中，当信号 $f(t)$ 满足狄利克雷条件时，则可根据定义直接计算其傅里叶变换。然而，实际中许多信号由于不满足绝对可积条件，无法直接根据定义式求其傅里叶变换，如阶跃信号 $\varepsilon(t)$、单边正弦信号 $\sin(\omega_0 t)\varepsilon(t)$ 等。虽然借助于广义函数可求其傅里叶变换，但变换式中往往出现冲激函数，增加了分析难度。另外还有一些常见信号，如指数增长信号 $e^{\alpha t}(\alpha>0)$，由于不满足绝对可积条件而不存在傅里叶变换。

此时，如果利用一个衰减因子 $e^{-\sigma t}$（σ 为任意实数）去乘以信号 $f(t)$，通过选取合适的 σ 值，使得乘积信号 $f(t)e^{-\sigma t}$ 满足绝对可积条件，那么该乘积信号的傅里叶变换可表示为

$$\mathscr{F}[f(t)e^{-\sigma t}]=\int_{-\infty}^{\infty}[f(t)e^{-\sigma t}]e^{-j\omega t}dt=\int_{-\infty}^{\infty}f(t)e^{-(\sigma+j\omega)t}dt \tag{6-1}$$

式(6-1) 积分结果为关于 $\sigma+j\omega$ 的函数，可记为 $F(\sigma+j\omega)$，即

$$F(\sigma+j\omega)=\int_{-\infty}^{\infty}f(t)e^{-(\sigma+j\omega)t}dt \tag{6-2}$$

其相应的傅里叶逆变换为

$$f(t)e^{-\sigma t}=\frac{1}{2\pi}\int_{-\infty}^{\infty}F(\sigma+j\omega)e^{j\omega t}d\omega \tag{6-3}$$

将式(6-3) 两边同乘 $e^{\sigma t}$，可得

$$f(t)=\frac{1}{2\pi}\int_{-\infty}^{\infty}F(\sigma+j\omega)e^{(\sigma+j\omega)t}d\omega \tag{6-4}$$

令 $s=\sigma+j\omega$，则 $ds=jd\omega$，分别代入式(6-2) 和式(6-4) 可得

$$F_B(s)=\mathscr{L}[f(t)]=\int_{-\infty}^{\infty}f(t)e^{-st}dt \tag{6-5}$$

$$f(t)=\mathscr{L}^{-1}[F_B(s)]=\frac{1}{2\pi j}\int_{\sigma-j\infty}^{\sigma+j\infty}F_B(s)e^{st}ds \tag{6-6}$$

其中式(6-5) 称为信号 $f(t)$ 的双边拉普拉斯变换。式(6-6) 称为 $F_B(s)$ 的双边拉普拉斯逆变换。$F_B(s)$ 称为 $f(t)$ 的象函数，$f(t)$ 又称为 $F_B(s)$ 的原函数。为了方便，双边拉普拉斯变换对的映射关系表示为

$$f(t)\xleftrightarrow{\mathscr{L}}F_B(s) \tag{6-7}$$

从上述傅里叶变换导出拉普拉斯变换的过程可以看出，信号 $f(t)$ 的拉普拉斯变换 $F_B(s)$ 是信号 $f(t)e^{-\sigma t}$ 的傅里叶变换，即拉普拉斯变换是广义的傅里叶变换。所谓广义是指 $f(t)$ 乘以衰减因子 $e^{-\sigma t}$ 之后，使得乘积信号 $f(t)e^{-\sigma t}$ 容易满足绝对可积条件再进行傅里叶变换。因此，引入拉普拉斯变换扩大了信号变换的应用范围。

6.2.2 单边拉普拉斯变换

在实际问题中，常用信号都是因果信号，这时 $f(t)=f(t)\varepsilon(t)$，则信号 $f(t)$ 的单边拉普拉斯变换和单边拉普拉斯逆变换分别为

$$F(s)=\int_{0_-}^{\infty}f(t)e^{-st}dt \tag{6-8}$$

$$f(t)=\left(\frac{1}{2\pi j}\int_{\sigma-j\infty}^{\sigma+j\infty}F(s)e^{st}ds\right)\varepsilon(t) \tag{6-9}$$

式(6-8) 称为 $f(t)$ 的单边拉普拉斯变换，简称单边拉氏变换。式(6-9) 称为 $F(s)$ 的单边拉普拉斯逆变换，简称单边拉氏逆变换。由于实际应用中大部分信号属于因果信号，因此本书主要讨论单边拉普拉斯变换，如果无明确说明，拉普拉斯变换均指单

边拉普拉斯变换。

在第3章的系统时域分析当中提到，通常把激励信号作用在系统上的时刻作为0时刻，当因果信号 $f(t)$ 在 $t=0$ 附近没有冲激信号及其各阶导数，那么式(6-7)的积分下限可以取为 $t=0$，即

$$F(s)=\int_0^{\infty} f(t)\mathrm{e}^{-st}\mathrm{d}t \tag{6-10}$$

然而当激励信号中包含冲激信号 $\delta(t)$ 时，系统的状态在0时刻会发生跳变，因此单边拉普拉斯变换的积分下限取 0_- 还是 0_+ 将直接导致计算结果的不同。因此，本书在讨论单边拉普拉斯变换时，除非明确说明，否则积分下限均取 0_-。

6.2.3 拉普拉斯变换的收敛域

拉普拉斯变换是一种积分运算，当信号 $f(t)\mathrm{e}^{-\sigma t}$ 满足绝对可积条件时，即

$$\int_{-\infty}^{\infty}|f(t)\mathrm{e}^{-\sigma t}|\mathrm{d}t<\infty \tag{6-11}$$

信号 $f(t)$ 的拉普拉斯变换才存在，其中 σ 为实数。因此将所有使得信号 $f(t)$ 的拉普拉斯变换存在的 σ 取值称为拉普拉斯变换的收敛域（Region Of Convergences，ROC）。由于参数 σ 只是复变量 s 的实部，因此对应于复平面上收敛域的边界是平行于虚轴 $\mathrm{j}\omega$ 的直线，而收敛域则可能是平行于虚轴 $\mathrm{j}\omega$ 的带状区域、左半平面或者右半平面。下面通过例子讨论信号的双边拉普拉斯变换收敛域的问题。

【例 6-1】 求下列信号 $f(t)$ 的拉普拉斯变换及其收敛域。

(1) $f_1(t)=\mathrm{e}^{\alpha t}\varepsilon(t)$　(2) $f_2(t)=-\mathrm{e}^{\beta t}\varepsilon(-t)$　(3) $f(t)=\mathrm{e}^{\alpha t}\varepsilon(t)-\mathrm{e}^{\beta t}\varepsilon(-t)$

解：(1) $f_1(t)$ 是一个因果信号，根据拉普拉斯变换的定义，可得

$$\begin{aligned}F_1(s)&=\int_{-\infty}^{\infty} f(t)\mathrm{e}^{-st}\mathrm{d}t=\int_{-\infty}^{\infty}\mathrm{e}^{\alpha t}\varepsilon(t)\mathrm{e}^{-st}\mathrm{d}t=\int_0^{\infty}\mathrm{e}^{\alpha t}\mathrm{e}^{-st}\mathrm{d}t\\&=\int_0^{\infty}\mathrm{e}^{-(s-\alpha)t}\mathrm{d}t=-\left.\frac{\mathrm{e}^{-(s-\alpha)t}}{s-\alpha}\right|_0^{\infty}=\frac{1}{s-\alpha}(1-\lim_{t\to\infty}\mathrm{e}^{-(\sigma-\alpha)t}\cdot\mathrm{e}^{-\mathrm{j}\omega t})\\&=\begin{cases}\dfrac{1}{s-\alpha}, & \sigma>\alpha\\ \text{不定}, & \sigma=\alpha\\ \text{不存在}, & \sigma<\alpha\end{cases}\end{aligned}$$

所以，该因果信号的收敛域：$\mathrm{Re}(s)>\alpha$。收敛域为 s 复平面上，平行于虚轴 $\mathrm{j}\omega$ 的某直线的右半平面，如图6-1a所示。

(2) $f_2(t)$ 是一个反因果信号，根据拉普拉斯变换的定义，可得

$$\begin{aligned}F_2(s)&=\int_{-\infty}^{\infty} f(t)\mathrm{e}^{-st}\mathrm{d}t=\int_{-\infty}^{\infty}-\mathrm{e}^{\beta t}\varepsilon(-t)\mathrm{e}^{-st}\mathrm{d}t=\int_{-\infty}^{0}-\mathrm{e}^{\beta t}\mathrm{e}^{-st}\mathrm{d}t\\&=\int_{-\infty}^{0}-\mathrm{e}^{-(s-\beta)t}\mathrm{d}t=\left.\frac{\mathrm{e}^{-(s-\beta)t}}{s-\beta}\right|_{-\infty}^{0}=\frac{1}{s-\beta}(1-\lim_{t\to-\infty}\mathrm{e}^{-(\sigma-\beta)t}\cdot\mathrm{e}^{-\mathrm{j}\omega t})\\&=\begin{cases}\dfrac{1}{s-\beta}, & \sigma<\beta\\ \text{不定}, & \sigma=\beta\\ \text{不存在}, & \sigma>\beta\end{cases}\end{aligned}$$

所以，该反因果信号的收敛域：$\mathrm{Re}(s)<\beta$。收敛域为 s 复平面上，平行于虚轴 $\mathrm{j}\omega$ 的某直线的左半平面，如图 6-1b 所示。

（3）$f_3(t)$ 是一个双边信号，由因果信号部分和反因果信号部分构成。由于拉普拉斯变换属于线性变换，可得

$$F_3(s)=F_1(s)+F_2(s)=\frac{1}{s-\alpha}+\frac{1}{s-\beta}$$

其收敛域为 $F_1(s)$ 与 $F_2(s)$ 收敛域的公共部分，当且仅当 $\alpha<\beta$ 时，收敛域：$\alpha<\mathrm{Re}(s)<\beta$，收敛域为 s 复平面上的带状区域，如图 6-1c 所示。如果 $\alpha>\beta$，那么 $F_1(s)$ 与 $F_2(s)$ 的收敛域不存在公共部分，则该信号的拉普拉斯变换不存在。

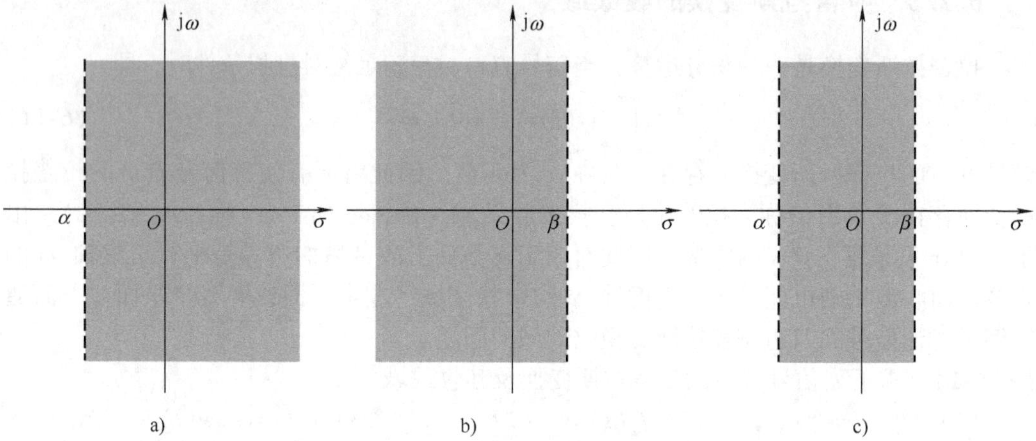

图 6-1　双边拉普拉斯变换收敛域

下面，根据信号 $f(t)$ 属于因果信号、反因果信号、双边信号和有限长信号四种情形，总结其收敛域的取值范围：

1）当信号 $f(t)$ 属于因果信号时，其收敛域为 $\mathrm{Re}(s)=\sigma>\alpha$（其中 α 为常数）的右半平面区域。

2）当信号 $f(t)$ 属于反因果信号时，其收敛域 $\mathrm{Re}(s)=\sigma<\beta$（其中 β 为常数）的左半平面区域。

3）当信号 $f(t)$ 属于双边信号时，如果其拉普拉斯变换存在，其收敛域为 $\alpha<\mathrm{Re}(s)<\beta$（其中 α，β 为常数）的双边区域。

4）当信号 $f(t)$ 属于有限长信号时，若其绝对可积，其拉普拉斯变换一定存在，其收敛域为整个 s 复平面。

【例 6-2】　计算 $f(t)=\mathrm{e}^{-a|t|}$ 的双边拉普拉斯变换。

解：该信号是一个偶函数，关于纵轴左右对称，信号当中包含因果部分和反因果部分，如图 6-2 所示，其代数表达式可写为

$$f(t)=\mathrm{e}^{-at}\varepsilon(t)+\mathrm{e}^{at}\varepsilon(-t)$$

根据例 6-1 结论，可得

$$\mathscr{L}[\mathrm{e}^{-at}\varepsilon(t)]=\frac{1}{s+a},\quad \mathrm{Re}(s)>-a$$

$$\mathscr{L}[e^{at}\varepsilon(-t)] = -\frac{1}{s-a},\quad \mathrm{Re}(s) < a$$

那么，当 $a<0$ 时，两部分收敛信号的收敛域不存在交集，因此信号 $f(t)$ 的双边拉普拉斯变换不存在。而当 $a>0$ 时，两部分收敛信号的收敛域存在交集，则信号 $f(t)$ 的双边拉普拉斯变换存在，即

$$\mathscr{L}[f(t)] = \frac{1}{s+a} - \frac{1}{s-a} = \frac{-2a}{s^2-a^2},\quad -a < \mathrm{Re}(s) < a$$

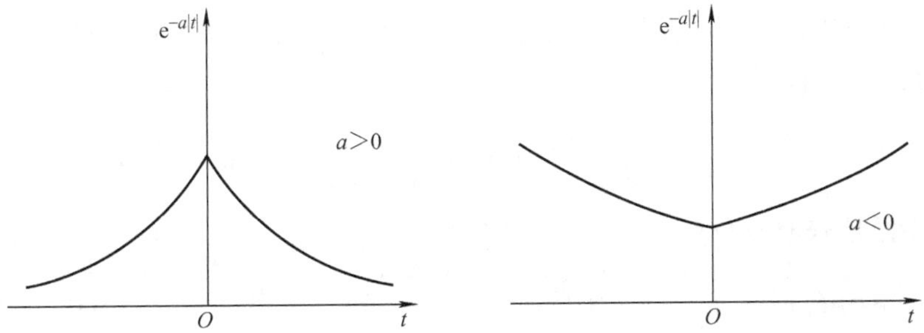

图 6-2　$e^{-a|t|}$ 的波形示意图

【例 6-3】 计算下列信号的双边拉普拉斯变换。

（1）$f_1(t) = e^{-3t}\varepsilon(t) + e^{-2t}\varepsilon(t)$

（2）$f_2(t) = -e^{-3t}\varepsilon(-t) - e^{-2t}\varepsilon(-t)$

（3）$f_3(t) = e^{-3t}\varepsilon(t) - e^{-2t}\varepsilon(-t)$

解： 根据例 6-1 的结果，可得

$$F_1(s) = \mathscr{L}[f_1(t)] = \mathscr{L}[e^{-3t}\varepsilon(t)] + \mathscr{L}[e^{-2t}\varepsilon(t)] = \frac{1}{s+3} + \frac{1}{s+2},\ \mathrm{Re}(s) > -2$$

$$F_2(s) = \mathscr{L}[f_2(t)] = \mathscr{L}[-e^{-3t}\varepsilon(-t)] - \mathscr{L}[e^{-2t}\varepsilon(-t)] = \frac{1}{s+3} + \frac{1}{s+2},\ \mathrm{Re}(s) < -3$$

$$F_3(s) = \mathscr{L}[f_3(t)] = \mathscr{L}[e^{-3t}\varepsilon(t)] - \mathscr{L}[e^{-2t}\varepsilon(-t)] = \frac{1}{s+3} + \frac{1}{s+2},\ -3 < \mathrm{Re}(s) < -2$$

可以看出，本例当中给出三个信号的双边拉普拉斯的象函数完全相同，但是收敛域不同，代表了不同的信号。

因此，如果要完整地表达信号 $f(t)$ 的双边拉普拉斯变换，不仅需要给出其象函数 $F(s)$，还需标出收敛域。仅根据其象函数 $F(s)$ 无法判断出该信号是什么类型的信号，存在相同的象函数对应的可能是不同信号的情形，因此必须注明其收敛域。对于信号的单边拉普拉斯变换，则只需给出象函数 $F(s)$，而无需标明收敛域。这是因为单边拉普拉斯变换针对的是因果信号，如果其单边拉普拉斯变换存在，其收敛域一定是 σ 大于某个常数的右半边区域。

【例 6-4】 求 $f(t) = \cos(\omega_0 t)(-\infty < t < \infty)$ 的双边拉普拉斯变换。

解： 信号 $f(t)$ 可以看作是因果余弦信号 $f_1(t)$ 和反因果余弦信号 $f_2(t)$ 构成，即

$$f_1(t) = \cos(\omega_0 t)\varepsilon(t),\ f_2(t) = \cos(\omega_0 t)\varepsilon(-t)$$

那么，有

$$\mathscr{L}[f_1(t)]=\mathscr{L}\left[\frac{\mathrm{e}^{\mathrm{j}\omega_0 t}\varepsilon(t)+\mathrm{e}^{-\mathrm{j}\omega_0 t}\varepsilon(t)}{2}\right]=\frac{1}{2}\left(\frac{1}{s-\mathrm{j}\omega_0}+\frac{1}{s+\mathrm{j}\omega_0}\right)=\frac{s}{s^2+\omega_0^2},\ \mathrm{Re}(s)>0$$

$$\mathscr{L}[f_2(t)]=\mathscr{L}\left[\frac{\mathrm{e}^{\mathrm{j}\omega_0 t}\varepsilon(-t)+\mathrm{e}^{-\mathrm{j}\omega_0 t}\varepsilon(-t)}{2}\right]=\frac{1}{2}\left(\frac{-1}{s-\mathrm{j}\omega_0}+\frac{-1}{s+\mathrm{j}\omega_0}\right)=-\frac{s}{s^2+\omega_0^2},\ \mathrm{Re}(s)<0$$

很显然，这两个信号的收敛域不存在交集，因此其双边拉普拉斯变换不存在。

6.3 基本信号的单边拉普拉斯变换

下面根据单边拉普拉斯变换的定义推导出几种基本信号的拉普拉斯变换。

1. 阶跃信号 $\varepsilon(t)$

$$\mathscr{L}[\varepsilon(t)]=\int_{0_-}^{\infty}\mathrm{e}^{-st}\mathrm{d}t=-\left.\frac{\mathrm{e}^{-st}}{s}\right|_{0_-}^{\infty}=\frac{1}{s},\ \mathrm{Re}(s)>0 \tag{6-12}$$

2. 复指数信号 $\mathrm{e}^{s_0 t}\varepsilon(t)$

$$\mathscr{L}[\mathrm{e}^{s_0 t}\varepsilon(t)]=\int_{0_-}^{\infty}\mathrm{e}^{s_0 t}\mathrm{e}^{-st}\mathrm{d}t=-\left.\frac{\mathrm{e}^{-(s-s_0)t}}{s-s_0}\right|_{0_-}^{\infty}=\frac{1}{s-s_0},\ \mathrm{Re}(s)>\mathrm{Re}(s_0)$$

即

$$\mathrm{e}^{s_0 t}\varepsilon(t)\xleftrightarrow{\mathscr{L}}\frac{1}{s-s_0},\ \mathrm{Re}(s)>\mathrm{Re}(s_0) \tag{6-13}$$

3. 冲激信号 $\delta(t)$ 及其各次微分 $\delta^{(n)}(t)$

根据冲激信号的抽样特性可方便地求出 $\delta(t)$ 的拉普拉斯变换：

$$\mathscr{L}[\delta(t)]=\int_{0_-}^{\infty}\delta(t)\mathrm{e}^{-st}\mathrm{d}t=\mathrm{e}^{-st}\big|_{t=0}=1,\ \mathrm{Re}(s)>-\infty \tag{6-14}$$

利用冲激偶函数的抽样性质，可得

$$\mathscr{L}[\delta'(t)]=\int_{0_-}^{\infty}\delta'(t)\mathrm{e}^{-st}\mathrm{d}t=-\left.\frac{\mathrm{d}\mathrm{e}^{-st}}{\mathrm{d}t}\right|_{t=0}=s,\ \mathrm{Re}(s)>-\infty \tag{6-15}$$

$$\begin{aligned}\mathscr{L}[\delta^{(n)}(t)]&=\int_{0_-}^{\infty}\delta^{(n)}(t)\mathrm{e}^{-st}\mathrm{d}t=\int_{0_-}^{\infty}\mathrm{e}^{-st}\mathrm{d}\delta^{(n-1)}(t)\\&=\mathrm{e}^{-st}\delta^{(n-1)}(t)\big|_{0_-}^{\infty}+s\int_{0_-}^{\infty}\delta^{(n-1)}(t)\mathrm{e}^{-st}\mathrm{d}t\\&=s\int_{0_-}^{\infty}\delta^{(n-1)}(t)\mathrm{e}^{-st}\mathrm{d}t=s\mathscr{L}[\delta^{(n-1)}(t)]\end{aligned} \tag{6-16}$$

由此递推可得

$$\delta^{(n)}(t)\xleftrightarrow{\mathscr{L}}s^n,\ \mathrm{Re}(s)>-\infty \tag{6-17}$$

4. 正弦信号 $\cos(\omega_0 t)\varepsilon(t)$ 和 $\sin(\omega_0 t)\varepsilon(t)$

利用欧拉公式

$$\begin{aligned}\mathscr{L}[\cos(\omega_0 t)\varepsilon(t)]&=\mathscr{L}\left[\frac{\mathrm{e}^{\mathrm{j}\omega_0 t}\varepsilon(t)+\mathrm{e}^{-\mathrm{j}\omega_0 t}\varepsilon(t)}{2}\right]\\&=\frac{1}{2}\left(\frac{1}{s-\mathrm{j}\omega_0}+\frac{1}{s-\mathrm{j}\omega_0}\right)=\frac{s}{s^2+\omega_0^2},\ \mathrm{Re}(s)>0\end{aligned}$$

即

$$\cos(\omega_0 t)\varepsilon(t) \xleftrightarrow{\mathscr{L}} \frac{s}{s^2+\omega_0^2},\ \mathrm{Re}(s)>0 \tag{6-18}$$

同理可得

$$\sin(\omega_0 t)\varepsilon(t) \xleftrightarrow{\mathscr{L}} \frac{\omega_0}{s^2+\omega_0^2},\ \mathrm{Re}(s)>0 \tag{6-19}$$

5. 单边 t 的正幂信号 $t^n\varepsilon(t)$

$$\mathscr{L}[t^n\varepsilon(t)] = \int_{0_-}^{\infty} t^n \mathrm{e}^{-st}\mathrm{d}t$$

用分部积分法，得

$$\mathscr{L}[t^n\varepsilon(t)] = -\frac{t^n}{s}\mathrm{e}^{-st}\Big|_{0_-}^{\infty} + \frac{n}{s}\int_{0_-}^{\infty} t^{n-1}\mathrm{e}^{-st}\mathrm{d}t = \frac{n}{s}\int_{0_-}^{\infty} t^{n-1}\mathrm{e}^{-st}\mathrm{d}t$$

所以

$$\mathscr{L}[t^n\varepsilon(t)] = \frac{n}{s}\mathscr{L}[t^{n-1}\varepsilon(t)] \tag{6-20}$$

容易求得

当 $n=1$ 时

$$\mathscr{L}[t\varepsilon(t)] = \frac{1}{s^2},\ \mathrm{Re}(s)>0 \tag{6-21}$$

当 $n=2$ 时

$$\mathscr{L}[t^2\varepsilon(t)] = \frac{2}{s^3},\ \mathrm{Re}(s)>0 \tag{6-22}$$

以此类推，得

$$t^n\varepsilon(t) \xleftrightarrow{\mathscr{L}} \frac{n!}{s^{n+1}},\ \mathrm{Re}(s)>0 \tag{6-23}$$

常用函数的拉普拉斯变换见表6-1。

表6-1 常用函数的拉普拉斯变换

序号	$f(t)$	$F(s)=\mathscr{L}[f(t)]$
1	$\delta(t)$	1
2	$\varepsilon(t)$	$\frac{1}{s}$
3	$\mathrm{e}^{-at}\varepsilon(t)$	$\frac{1}{s+a}$
4	$t^n\varepsilon(t)$（n 是正整数）	$\frac{n!}{s^{n+1}}$
5	$\sin(\omega_0 t)\varepsilon(t)$	$\frac{\omega_0}{s^2+\omega_0^2}$
6	$\cos(\omega_0 t)\varepsilon(t)$	$\frac{s}{s^2+\omega_0^2}$
7	$\mathrm{e}^{-at}\sin(\omega_0 t)\varepsilon(t)$	$\frac{\omega_0}{(s+a)^2+\omega_0^2}$

（续）

序号	$f(t)$	$F(s)=\mathscr{L}[f(t)]$
8	$e^{-at}\cos(\omega_0 t)\varepsilon(t)$	$\frac{s+a}{(s+a)^2+\omega_0^2}$
9	$te^{-at}\varepsilon(t)$	$\frac{1}{(s+a)^2}$
10	$t^n e^{-at}\varepsilon(t)$（$n$ 是正整数）	$\frac{n!}{(s+a)^{n+1}}$
11	$t\sin(\omega_0 t)\varepsilon(t)$	$\frac{2\omega_0 s}{(s^2+\omega_0^2)^2}$
12	$t\cos(\omega_0 t)\varepsilon(t)$	$\frac{s^2-\omega_0^2}{(s^2+\omega_0^2)^2}$

6.4 单边拉普拉斯变换的性质

1. 线性性质

若

$$f_1(t)\xleftrightarrow{\mathscr{L}}F_1(s),\ \mathrm{Re}(s)>\sigma_1$$

且

$$f_2(t)\xleftrightarrow{\mathscr{L}}F_2(s),\ \mathrm{Re}(s)>\sigma_2$$

则

$$af_1(t)+bf_2(t)\xleftrightarrow{\mathscr{L}}aF_1(s)+bF_2(s),\ \mathrm{Re}(s)>\max(\sigma_1,\sigma_2) \tag{6-24}$$

可以看出，$F(s)$的收敛域是两个信号收敛域的交集。特殊情况下，如果两个信号经过线性运算以后是时限信号，那么其收敛域将会是整个 s 平面。

2. 时延性质

若

$$f(t)\xleftrightarrow{\mathscr{L}}F(s),\ \mathrm{Re}(s)>\sigma_0$$

则

$$f(t-t_0)\xleftrightarrow{\mathscr{L}}e^{-st_0}F(s),\ t_0\geqslant 0,\ \mathrm{Re}(s)>\sigma_0 \tag{6-25}$$

此性质表明，若信号时域波形延时 t_0，则它的拉普拉斯变换应乘以 e^{-st_0}。

证明：

$$\mathscr{L}[f(t-t_0)]=\int_{t_0}^{\infty}f(t-t_0)e^{-st}dt$$

作变量替换，令 $\tau=t-t_0$，可得

$$\mathscr{L}[f(t-t_0)]=\int_{0_-}^{\infty}f(\tau)e^{-s(\tau+t_0)}d\tau=e^{-st_0}\int_{0_-}^{\infty}f(\tau)e^{-s\tau}d\tau=e^{-st_0}F(s)$$

从而得证。

【例 6-5】 试求门函数$f(t)=\varepsilon(t)-\varepsilon(t-t_0)$的拉普拉斯变换。

解：已知

$$\mathscr{L}[\varepsilon(t)]=\frac{1}{s}$$

由延时性可知

$$\mathscr{L}[\varepsilon(t-t_0)]=\mathrm{e}^{-st_0}\cdot\frac{1}{s}$$

由叠加性可知

$$\mathscr{L}[\varepsilon(t)-\varepsilon(t-t_0)]=\frac{1}{s}(1-\mathrm{e}^{-st_0})$$

3. s 域平移性质

若

$$f(t)\overset{\mathscr{L}}{\longleftrightarrow}F(s),\ \mathrm{Re}(s)>\sigma_0$$

则

$$f(t)\mathrm{e}^{-at}\overset{\mathscr{L}}{\longleftrightarrow}F(s+a),\ \mathrm{Re}(s)>\sigma_0-a \tag{6-26}$$

此性质表明，若波形乘以 e^{-at}，则它的拉普拉斯变换对应在复频域内平移 a。

【例 6-6】 已知 $f(t)=\cos(\omega_0 t)\varepsilon(t)$ 的拉普拉斯变换：$F(s)=\dfrac{s}{s^2+\omega_0^2}$，试求 $f(t)=\mathrm{e}^{-at}\cos(\omega_0 t)\varepsilon(t)$ 的拉普拉斯变换。

解：已知

$$\mathscr{L}[\cos(\omega_0 t)]=\frac{s}{s^2+\omega_0^2}$$

由 s 域平移特性可知

$$\mathscr{L}[\mathrm{e}^{-at}\cos(\omega_0 t)]=\frac{s+a}{(s+a)^2+\omega_0^2}$$

4. 尺度变换性质

若

$$f(t)\overset{\mathscr{L}}{\longleftrightarrow}F(s),\ \mathrm{Re}(s)>\sigma_0$$

则

$$f(at)\overset{\mathscr{L}}{\longleftrightarrow}\frac{1}{|a|}F\left(\frac{s}{a}\right),\ \mathrm{Re}(s)>|a|\sigma_0 \tag{6-27}$$

证明：

$$\mathscr{L}[f(at)]=\int_{0_-}^{\infty}f(at)\mathrm{e}^{-st}\mathrm{d}t$$

$$\xRightarrow{\tau=at}=\begin{cases}\dfrac{1}{a}\displaystyle\int_{0_-}^{\infty}f(\tau)\mathrm{e}^{-\frac{s\tau}{a}}\mathrm{d}\tau=\dfrac{1}{a}F\left(\dfrac{s}{a}\right), & a>0\\ \dfrac{1}{a}\displaystyle\int_{\infty}^{0_-}f(\tau)\mathrm{e}^{-\frac{s\tau}{a}}\mathrm{d}\tau=-\dfrac{1}{a}\displaystyle\int_{0_-}^{\infty}f(\tau)\mathrm{e}^{-\frac{s\tau}{a}}\mathrm{d}\tau=-\dfrac{1}{a}F\left(\dfrac{s}{a}\right), & a<0\end{cases}$$

$$=\frac{1}{|a|}F\left(\frac{s}{a}\right)$$

【例 6-7】 已知 $\mathscr{L}[f(t)\varepsilon(t)]=F(s)$，求 $\mathscr{L}[f(3t-2)\varepsilon(3t-2)]$。

解：

解法1：先利用时延特性，后利用尺度变换。

已知

$$\mathscr{L}[f(t)\varepsilon(t)]=F(s)$$

由时延性可知

$$\mathscr{L}[f(t-2)\varepsilon(t-2)]=F(s)\mathrm{e}^{-2s}$$

再由尺度变换可知

$$\mathscr{L}[f(3t-2)\varepsilon(3t-2)]=\frac{1}{3}F\left(\frac{s}{3}\right)\mathrm{e}^{-\frac{2}{3}s}$$

解法2：先利用尺度变换，后利用时延特性。

已知

$$\mathscr{L}[f(t)\varepsilon(t)]=F(s)$$

由尺度变换可知

$$\mathscr{L}[f(3t)\varepsilon(3t)]=\frac{1}{3}F\left(\frac{s}{3}\right)$$

再由时延性可知

$$\mathscr{L}\left\{f\left[3\left(t-\frac{2}{3}\right)\right]\varepsilon\left[3\left(t-\frac{2}{3}\right)\right]\right\}=\frac{1}{3}F\left(\frac{s}{3}\right)\mathrm{e}^{-\frac{2}{3}s}$$

5. 时域微分性质

若

$$f(t)\overset{\mathscr{L}}{\longleftrightarrow}F(s),\ \mathrm{Re}(s)>\sigma_0$$

则有

$$f'(t)\overset{\mathscr{L}}{\longleftrightarrow}sF(s)-f(0_-),\ \mathrm{Re}(s)>\sigma_0 \tag{6-28}$$

证明：

$$\int_{0_-}^{\infty}f'(t)\mathrm{e}^{-st}\mathrm{d}t=\int_{0_-}^{\infty}\mathrm{e}^{-st}\mathrm{d}f(t)=f(t)\mathrm{e}^{-st}\Big|_{0_-}^{\infty}-\left[\int_{0}^{\infty}-sf(t)\mathrm{e}^{-st}\mathrm{d}t\right]=sF(s)-f(0_-)$$

可见拉普拉斯变换能够将时域的微分运算转化为 s 域的乘法运算。

上面讨论的是一阶微分的拉普拉斯变换，现在将情况推广为高阶微分。类似地，首先讨论 $f''(t)$ 的拉普拉斯变换，仿照一阶导数，对其进行分部积分得到

$$\begin{aligned}\mathscr{L}[f''(t)]&=\mathrm{e}^{-st}f'(t)\Big|_{0_-}^{\infty}+s\int_{0_-}^{\infty}f'(t)\mathrm{e}^{-st}\mathrm{d}t\\&=-f'(0_-)+s[sF(s)-f(0_-)]\\&=s^2F(s)-sf(0_-)-f'(0_-)\end{aligned}$$

重复以上过程，可以推导出高阶微分的拉普拉斯变换为

$$\mathscr{L}\left[\frac{\mathrm{d}^nf(t)}{\mathrm{d}t^n}\right]=s^nF(s)-\sum_{r=0}^{n-1}s^{n-r-1}f^{(r)}(0_-) \tag{6-29}$$

其中 $f^{(r)}(0_-)$ 为 r 阶导数 $f^{(r)}(t)$ 在 0_- 的值。

【例6-8】 若已知 $f(t)=-2\varepsilon(-t)+\varepsilon(t)$，计算 $f'(t)$ 的单边拉普拉斯变换。

解： 因为

$$\mathscr{L}[f(t)]=\mathscr{L}[\varepsilon(t)]=\frac{1}{s}$$

$$\mathscr{L}[f'(t)]=s\cdot\frac{1}{s}-f(0_-)=s\cdot\frac{1}{s}-(-2)=3$$

另外一方面，$f'(t)=3\delta(t)$，则 $\mathscr{L}[f'(t)]=3$。可见两种计算方法结果是一样的。

6. s 域微分性质

若在 $F(s)$ 的收敛域内有

$$f(t)\overset{\mathscr{L}}{\longleftrightarrow}F(s)$$

则

$$(-t)f(t)\overset{\mathscr{L}}{\longleftrightarrow}F'(s) \tag{6-30}$$

证明：利用拉普拉斯变换定义式两边同时求导，可以证明以上结论，即

$$F'(s)=\frac{\mathrm{d}}{\mathrm{d}s}\left[\int_{0_-}^{\infty}f(t)\mathrm{e}^{-st}\mathrm{d}t\right]=\int_{0_-}^{\infty}\left[f(t)\left(\frac{\mathrm{de}^{-st}}{\mathrm{d}s}\right)\right]\mathrm{d}t=\int_{0_-}^{\infty}[(-t)f(t)]\mathrm{e}^{-st}\mathrm{d}t=\mathscr{L}[(-t)f(t)]$$

证明完毕。

类似地

$$(-t)^nf(t)\overset{\mathscr{L}}{\longleftrightarrow}F^{(n)}(s) \tag{6-31}$$

【例6-9】 求 $f(t)=t^2\mathrm{e}^{-at}\varepsilon(t)$ 的拉普拉斯变换。

解：

由于

$$\mathscr{L}[\varepsilon(t)]=\frac{1}{s},\ \mathrm{Re}(s)>0$$

则利用 s 域微分定理可得

$$\mathscr{L}[(-t)\varepsilon(t)]=\frac{\mathrm{d}}{\mathrm{d}s}\left(\frac{1}{s}\right)=-\frac{1}{s^2}$$

进一步得出

$$\mathscr{L}[(-t)(-t)\varepsilon(t)]=\frac{\mathrm{d}}{\mathrm{d}s}\left(-\frac{1}{s^2}\right)=\frac{2}{s^3}$$

再利用 s 域平移性质

$$\mathscr{L}[t^2\mathrm{e}^{-at}\varepsilon(t)]=\frac{2}{(s+a)^3},\ \mathrm{Re}(s)>-a$$

此题得解。

7. 时域积分性质

若

$$f(t)\overset{\mathscr{L}}{\longleftrightarrow}F(s),\ \mathrm{Re}(s)>\sigma_0$$

则

$$\int_{0_-}^{t}f(\tau)\mathrm{d}\tau\overset{\mathscr{L}}{\longleftrightarrow}\frac{1}{s}F(s)+\frac{1}{s}f^{(-1)}(0_-),\ \mathrm{Re}(s)>\max(\sigma_0,0) \tag{6-32}$$

式中，$f^{(-1)}(0_-)$ 是 $f(t)$ 的积分在 $t=0_-$ 的取值。

证明：由于

$$\mathscr{L}\left[\int_{0_-}^{t} f(\tau)\,\mathrm{d}\tau\right] = \int_{0_-}^{\infty}\left[\int_{0_-}^{t} f(\tau)\,\mathrm{d}\tau\right]\mathrm{e}^{-st}\mathrm{d}t$$

$$= -\frac{\mathrm{e}^{-st}}{s}\int_{0_-}^{t} f(\tau)\,\mathrm{d}\tau\Bigg|_{0_-}^{\infty} + \frac{1}{s}\int_{0_-}^{\infty} f(t)\,\mathrm{e}^{-st}\mathrm{d}t$$

$$= \frac{1}{s}f^{(-1)}(0_-) + \frac{1}{s}F(s)$$

所以

$$\mathscr{L}\left[\int_{-\infty}^{t} f(\tau)\,\mathrm{d}\tau\right] = \frac{1}{s}F(s) + \frac{1}{s}f^{(-1)}(0_-)$$

【例 6-10】 利用时域积分特性求 $t^n\varepsilon(t)$ 的拉普拉斯变换。

解：

因为

$$\mathscr{L}[\varepsilon(t)] = \frac{1}{s},\ \mathrm{Re}(s) > 0$$

所以

$$\mathscr{L}[t\varepsilon(t)] = \mathscr{L}\left[\int_{0}^{t}\varepsilon(\tau)\,\mathrm{d}\tau\right] = \frac{1}{s}\mathscr{L}[\varepsilon(t)] = \frac{1}{s^2}$$

$$\mathscr{L}[t^2\varepsilon(t)] = 2\mathscr{L}\left[\int_{0}^{t}\tau\varepsilon(\tau)\,\mathrm{d}\tau\right] = \frac{2}{s}\cdot\frac{1}{s^2} = \frac{2!}{s^3}$$

$$\mathscr{L}[t^3\varepsilon(t)] = 3\mathscr{L}\left[\int_{0}^{t}\tau^2\varepsilon(\tau)\,\mathrm{d}\tau\right] = \frac{3}{s}\cdot\frac{2}{s^3} = \frac{3!}{s^4}$$

$$\vdots$$

$$\mathscr{L}[t^n\varepsilon(t)] = n\mathscr{L}\left[\int_{0}^{t}\tau^{n-1}\varepsilon(\tau)\,\mathrm{d}\tau\right] = \frac{n}{s}\cdot\frac{(n-1)!}{s^n} = \frac{n!}{s^{n+1}}$$

【例 6-11】 计算图 6-3a 所示信号波形的拉普拉斯变换。

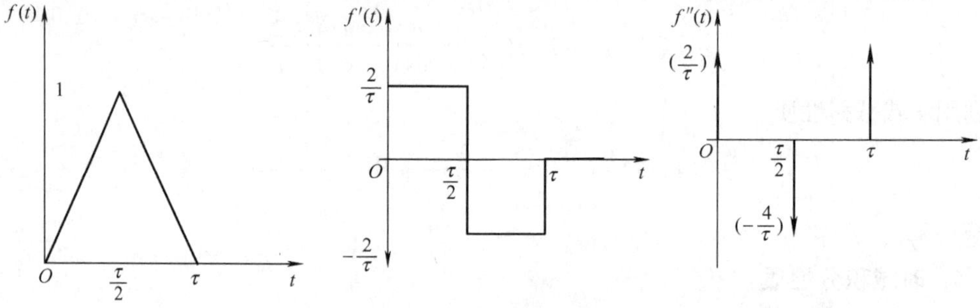

a) 信号$f(t)$　　b) 信号$f'(t)$　　c) 信号$f''(t)$

图 6-3　信号及其一阶导数和二阶导数波形

解： 对信号计算两次导数，如图 6-3c 所示，其代数表达式可写为

$$f''(t) = \frac{2}{\tau}\delta(t) - \frac{4}{\tau}\delta\left(t-\frac{\tau}{2}\right) + \frac{2}{\tau}\delta(t-\tau)$$

由于 $\mathscr{L}[\delta(t)] = 1$，利用时移性质

$$\mathscr{L}[f''(t)]=\frac{2}{\tau}-\frac{4}{\tau}\mathrm{e}^{-\frac{\tau s}{2}}+\frac{2}{\tau}\mathrm{e}^{-\tau s}=\frac{2}{\tau}(1-2\mathrm{e}^{-\frac{\tau s}{2}}+\mathrm{e}^{-\tau s})$$

利用时域积分特性

$$\mathscr{L}[f(t)]=\frac{2}{\tau s^2}(1-2\mathrm{e}^{-\frac{\tau s}{2}}+\mathrm{e}^{-\tau s})=\frac{2}{\tau s^2}(1-\mathrm{e}^{-\frac{\tau s}{2}})^2$$

8. 共轭性质

若

$$f(t)\overset{\mathscr{L}}{\longleftrightarrow}F(s),\ \mathrm{Re}(s)>\sigma_0$$

则有

$$f^*(t)\overset{\mathscr{L}}{\longleftrightarrow}F^*(s^*),\ \mathrm{Re}(s)>\sigma_0 \tag{6-33}$$

当$f(t)$为实函数时，由于实函数的共轭就等于原函数，因此可得

$$F(s)=F^*(s^*),\ f(t)\text{为实数} \tag{6-34}$$

因此，当$F(s)$在$s=s_0$处有一个极点或零点，则可以推断出$F(s)$也存在一个共轭的零点或极点在$s=s_0^*$。

9. 卷积定理

若

$$f_1(t)\overset{\mathscr{L}}{\longleftrightarrow}F_1(s),\ \mathrm{Re}(s)>\sigma_1$$

$$f_2(t)\overset{\mathscr{L}}{\longleftrightarrow}F_2(s),\ \mathrm{Re}(s)>\sigma_2$$

则

$$f_1(t)*f_2(t)\overset{\mathscr{L}}{\longleftrightarrow}F_1(s)F_2(s),\ \mathrm{Re}(s)>\max(\sigma_1,\sigma_2) \tag{6-35}$$

$$f_1(t)\cdot f_2(t)\overset{\mathscr{L}}{\longleftrightarrow}\frac{1}{2\pi\mathrm{j}}F_1(s)*F_2(s),\ \mathrm{Re}(s)>\max(\sigma_1,\sigma_2) \tag{6-36}$$

时域卷积定理证明：

信号$f_1(t)$与$f_2(t)$的卷积可写为

$$f_1(t)*f_2(t)=\int_{0_-}^{\infty}f_1(\tau)f_2(t-\tau)\mathrm{d}\tau$$

对上式的左右两边同时取拉普拉斯变换，得

$$\mathscr{L}[f_1(t)*f_2(t)]=\int_{0_-}^{\infty}\left[\int_{0_-}^{\infty}f_1(\tau)f_2(t-\tau)\mathrm{d}\tau\right]\mathrm{e}^{-st}\mathrm{d}t$$

交换上式的积分次序，并令$x=t-\tau$，得

$$\begin{aligned}\mathscr{L}[f_1(t)*f_2(t)]&=\int_0^{\infty}f_1(\tau)\left[\int_0^{\infty}f_2(t-\tau)\mathrm{e}^{-st}\mathrm{d}t\right]\mathrm{d}\tau\\&=\int_0^{\infty}f_1(\tau)\left[\int_{-\tau}^{\infty}f_2(x)\mathrm{e}^{-s(x+\tau)}\mathrm{d}x\right]\mathrm{d}\tau\\&=\int_0^{\infty}f_1(\tau)\mathrm{e}^{-s\tau}\left[\int_0^{\infty}f_2(x)\mathrm{e}^{-sx}\mathrm{d}x\right]\mathrm{d}\tau\\&=\int_0^{\infty}f_1(\tau)\mathrm{e}^{-s\tau}\mathrm{d}\tau\cdot F_2(s)\\&=F_1(s)\cdot F_2(s)\end{aligned}$$

s 域卷积定理证明过程与上类似。

10. 初值定理

若 $\mathscr{L}[f(t)]=F(s)$，且 $F(s)$ 为真分式，则

$$\lim_{t\to 0^+}f(t)=f(0_+)=\lim_{s\to\infty}sF(s) \tag{6-37}$$

证明：由时域微分定理可知

$$\begin{aligned}sF(s)-f(0_-)&=\mathscr{L}[f'(t)]\\&=\int_{0_-}^{\infty}f'(t)\mathrm{e}^{-st}\mathrm{d}t\\&=\int_{0_-}^{0_+}f'(t)\mathrm{e}^{-st}\mathrm{d}t+\int_{0_+}^{\infty}f'(t)\mathrm{e}^{-st}\mathrm{d}t\\&=f(0_+)-f(0_-)+\int_{0_+}^{\infty}f'(t)\mathrm{e}^{-st}\mathrm{d}t\end{aligned}$$

所以

$$sF(s)=f(0_+)+\int_{0_+}^{\infty}f'(t)\mathrm{e}^{-st}\mathrm{d}t \tag{6-38}$$

上式右端第二项在 $s\to\infty$ 时的极限为

$$\lim_{s\to\infty}\left\{\int_{0_+}^{\infty}f'(t)\mathrm{e}^{-st}\mathrm{d}t\right\}=\int_{0_+}^{\infty}f'(t)[\lim_{s\to\infty}\mathrm{e}^{-st}]\mathrm{d}t=0 \tag{6-39}$$

同样，对式(6-38) 取 $s\to\infty$ 时的极限，有

$$\lim_{s\to\infty}sF(s)=f(0_+)$$

式(6-37) 得证。

关于初值定理应用的前提条件是 $F(s)$ 必须是真分式，即 $F(s)$ 分母的阶次应高于分子的阶次。若 $F(s)$ 不是真分式，则应利用长除法将其分解为一个多项式 $F_0(s)$ 和真分式 $F_1(s)$ 之和。多项式 $F_0(s)$ 的逆变换对应的是冲激信号 $\delta(t)$ 及其各阶微分，其在 $t=0_+$ 时刻的初值为0；因此，$f(t)$ 在 $t=0_+$ 时刻的值等于 $F_1(s)$ 的逆变换在 $t=0_+$ 时刻的初值，即

$$f(0_+)=f_1(0_+)=\lim_{s\to\infty}sF_1(s) \tag{6-40}$$

【例 6-12】 计算 $F_1(s)=\dfrac{2s+1}{s^2+2s+3}$ 和 $F_2(s)=\dfrac{s^3+s^2+2s+2}{s^2+2s+3}$ 的初值。

解：

（1）$F_1(s)$ 是真分式，因此

$$f_1(0_+)=\lim_{s\to\infty}sF_1(s)=\lim_{s\to\infty}\frac{2s^2+s}{s^2+2s+3}=\lim_{s\to\infty}\left(\frac{2+s^{-1}}{1+2s^{-1}+3s^{-2}}\right)=2$$

（2）$F_2(s)$ 是假分式，首先将其分解为多项式和真分式之和

$$F_2(s)=\frac{s^3+s^2+2s+2}{s^2+2s+3}=s-1+\frac{s+5}{s^2+2s+3}$$

所以

$$f_2(0_+)=\lim_{s\to\infty}s\cdot\frac{s+5}{s^2+2s+3}=1$$

11. 终值定理

若 $\mathscr{L}[f(t)]=F(s)$，且 $F(s)$ 为真分式，则

$$\lim_{t\to\infty}f(t)=\lim_{s\to 0}sF(s) \tag{6-41}$$

证明：利用式(6-39)，在 $s\to 0$ 时取极限，有

$$\lim_{s\to 0}sF(s)=f(0_+)+\lim_{s\to 0}\int_{0_+}^{\infty}f'(t)\mathrm{e}^{-st}\mathrm{d}t=f(0_+)+\lim_{t\to\infty}f(t)-f(0_+)$$

得到

$$\lim_{t\to\infty}f(t)=\lim_{s\to 0}sF(s) \tag{6-42}$$

同样，应用终值定理的前提条件是 $f(t)$ 的终值存在。至于 $f(t)$ 的终值是否存在，可从 s 域做出判断。仅当 $F(s)$ 的所有极点位于 s 平面的左半平面，在 s 平面的虚轴上只允许 $s=0$ 的单极点存在，才能应用终值定理计算 $f(t)$ 的终值。

【例 6-13】 计算 $F_1(s)=\dfrac{s^3+2s^2+3s+1}{s^2+2s}$ 和 $F_2(s)=\dfrac{s^2+2s+2}{(s+1)(s^2+4)}$ 的终值。

解：(1) $F_1(s)$ 不是真分式，利用长除法求得

$$F_1(s)=s+\frac{3s+1}{s^2+2s}$$

终值为

$$f_1(\infty)=\lim_{s\to 0}s\cdot\frac{3s+1}{s^2+2s}=\lim_{s\to 0}\frac{3s+1}{s+2}=\frac{1}{2}$$

(2) $F_2(s)$ 是真分式，由于 $F(s)$ 在 $\mathrm{j}\omega$ 轴上有一对共轭极点 $s=\pm\mathrm{j}2$，不满足终值定理应用的条件，因此 $f(t)$ 不存在终值。

表 6-2 列出了单边拉普拉斯变换的主要性质，其中 $f_1(t)\xleftrightarrow{\mathscr{L}}F_1(s)$，$\mathrm{Re}(s)>\sigma_1$，$f_2(t)\xleftrightarrow{\mathscr{L}}F_2(s)$，$\mathrm{Re}(s)>\sigma_2$，$f(t)\xleftrightarrow{\mathscr{L}}F(s)$，$\mathrm{Re}(s)>\sigma_0$，$f^{(-1)}(0_-)=\int_{-\infty}^{0_-}f(\tau)\mathrm{d}\tau$。

表 6-2 单边拉普拉斯变换的性质

序号	性质名称	信号	拉普拉斯变换	收敛域
0	定义	$f(t)=\dfrac{1}{2\pi\mathrm{j}}\int_{\sigma-\mathrm{j}\infty}^{\sigma+\mathrm{j}\infty}F(s)\mathrm{e}^{st}\mathrm{d}s$	$F(s)=\int_{0_-}^{\infty}f(t)\mathrm{e}^{-st}\mathrm{d}t$	$\mathrm{Re}(s)\geqslant\sigma_0$
1	线性	$a_1f_1(t)+a_2f_2(t)$	$a_1F_1(s)+a_2F_2(s)$	$\mathrm{Re}(s)>\max(\sigma_1,\sigma_2)$
2	时延	$f(t-t_0)\varepsilon(t-t_0)$，$t_0>0$	$\mathrm{e}^{-st_0}F(s)$	$\mathrm{Re}(s)>\sigma_0$
3	s 域平移	$\mathrm{e}^{s_at}f(t)$	$F(s-s_a)$	$\mathrm{Re}(s)>\sigma_0+\sigma_a$
4	尺度变换	$f(at)$	$\dfrac{1}{\lvert a\rvert}F\left(\dfrac{s}{a}\right)$	$\mathrm{Re}(s)>a\sigma_0$
5	时域微分	$f'(t)$	$sF(s)-f(0_-)$	$\mathrm{Re}(s)>\sigma_0$
		$f^{(n)}(t)=\dfrac{\mathrm{d}^nf(t)}{\mathrm{d}t^n}$	$s^nF(s)-\sum_{m=0}^{n-1}s^{n-1-m}f^{(m)}(0_-)$	

（续）

序号	性质名称	信号	拉普拉斯变换	收敛域
6	s 域微分	$(-t)^n f(t)$	$F^{(n)}(s)$	$\mathrm{Re}(s)>\sigma_0$
7	时域积分	$\int_{0_-}^{t} f(\tau)\mathrm{d}\tau$	$\frac{1}{s}F(s)$	$\mathrm{Re}(s)>\max(\sigma_0,0)$
		$\int_{-\infty}^{t} f(\tau)\mathrm{d}\tau$	$\frac{1}{s}F(s)+\frac{1}{s}f^{(-1)}(0_-)$	$\mathrm{Re}(s)>\max(\sigma_0,0)$
8	共轭	$f^*(t)$	$F^*(s^*)$	
9	时域卷积	$f_1(t)*f_2(t)$	$F_1(s)\cdot F_2(s)$	$\mathrm{Re}(s)>\max(\sigma_1,\sigma_2)$
10	s 域卷积	$f_1(t)\cdot f_2(t)$	$\frac{1}{2\pi\mathrm{j}}F_1(s)*F_2(s)$	
11	初值定理	$f(0_+)=\lim_{s\to\infty} sF(s)$		
12	终值定理	$f(\infty)=\lim_{s\to 0} sF(s)$，$s=0$ 在收敛域内		

6.5 单边拉普拉斯逆变换

连续时间信号 $f(t)$ 与其单边拉普拉斯变换存在一一对应的关系。前面介绍了如何计算因果信号的单边拉普拉斯变换，本节主要介绍拉普拉斯逆变换的求解过程。在求解 $F(s)$ 的拉普拉斯逆变换时，可利用定义式求解复变函数的积分得出。但是，进行积分运算时计算量较大。本节主要介绍部分分式法，它借助一些代数运算将 $F(s)$ 的表达式分解为多个简单分式之和的形式，然后分别求出每个简单分式的逆变换，最后得到原时域信号 $f(t)$。

通常象函数 $F(s)$ 具有如下形式

$$F(s)=\frac{A(s)}{B(s)}=\frac{b_m s^m+b_{m-1}s^{m-1}+\cdots+b_1 s+b_0}{s^n+a_{n-1}s^{n-1}+\cdots+a_1 s+a_0} \tag{6-43}$$

利用部分分式展开法求解逆变换时，象函数 $F(s)$ 应该是关于 s 的有理真分式。若 $F(s)$ 为假分式，则首先利用多项式的长除法将 $F(s)$ 分解为有理多项式与真分式之和，再分别计算有理多项式与真分式所对应的拉普拉斯逆变换。

为便于分解，将 $F(s)$ 的分母多项式 $B(s)$ 写成以下形式

$$B(s)=(s-p_1)(s-p_2)\cdots(s-p_n) \tag{6-44}$$

式中，p_1，p_2，…，p_n 称为 $B(s)=0$ 方程式的根。当 s 取任一根值时，$F(s)$ 等于无穷大。因此，通常将 p_1，p_2，…，p_n 称为 $F(s)$ 的极点。

同理，$A(s)$ 也可以写成因式相乘的形式，即

$$A(s)=b_m(s-z_1)(s-z_2)\cdots(s-z_m) \tag{6-45}$$

式中，z_1，z_2，…，z_m 为 $A(s)=0$ 方程式的根。当 s 等于任一根值时，$F(s)$ 等于零。因此，将 z_1，z_2，…，z_m 称为 $F(s)$ 的零点。

根据极点的不同取值情况，可以将部分分式分解法分为以下三种情况。

(1) $F(s)$为有理真分式（且 $m<n$），且所有极点为一阶实数极点

假设 $F(s)$的极点 p_1，p_2，…，p_n 均为实数，且 $p_1 \neq p_2 \neq \cdots \neq p_n$，则 $F(s)$可写成下列形式

$$F(s)=\frac{A(s)}{B(s)}=\frac{a_m(s-z_1)(s-z_2)\cdots(s-z_m)}{(s-p_1)(s-p_2)\cdots(s-p_n)} \tag{6-46}$$

进一步可展开为

$$F(s)=\frac{K_1}{s-p_1}+\frac{K_2}{s-p_2}+\cdots+\frac{K_i}{s-p_i}+\cdots+\frac{K_n}{s-p_n}=\sum_{i=1}^{n}\frac{K_i}{s-p_i} \tag{6-47}$$

式中，K_1，K_2，…，K_i，…，K_n 为 n 个特定系数，且 $K_i=(s-p_i)F(s)\big|_{s=p_i}$。

(2) $F(s)$ 为有理真分式（且 $m<n$），包含多重极点

假设 p_1 为 k 阶重极点，其他极点为单极点，则 $F(s)$ 可分解为

$$F(s)=\frac{A(s)}{B(s)}=\frac{A(s)}{(s-p_1)^k D(s)} \tag{6-48}$$

进一步可分解为

$$F(s)=\frac{K_{11}}{(s-p_1)^k}+\frac{K_{12}}{(s-p_1)^{k-1}}+\cdots+\frac{K_{1k}}{s-p_1}+\frac{E(s)}{D(s)} \tag{6-49}$$

$\frac{E(s)}{D(s)}$表示 $F(s)$ 中与极点 p_1 无关的部分，可采用式(6-47) 对其进行分解。重极点 p_1 对应的各个系数 K_{11}，K_{12}，…，K_{1k}可以采用如下方法计算：

首先将式(6-49) 左右两边同时乘以$(s-p_1)^k$，可得

$$(s-p_1)^k F(s)=K_{11}+K_{12}(s-p_1)+\cdots+K_{1k}(s-p_1)^{k-1}+\frac{E(s)}{D(s)}(s-p_1)^k \tag{6-50}$$

令式(6-50) 中 $s=p_1$，则有

$$K_{11}=(s-p_1)^k F(s)\big|_{s=p_1} \tag{6-51}$$

式(6-50) 左右两边同时对 s 求一阶导数，再令 $s=p_1$，则有

$$K_{12}=\frac{\mathrm{d}}{\mathrm{d}s}[(s-p_1)^k F(s)]\big|_{s=p_1} \tag{6-52}$$

式(6-50) 左右两边同时对 s 求二阶导数，再令 $s=p_1$，则有

$$K_{13}=\frac{1}{2}\frac{\mathrm{d}^2}{\mathrm{d}s^2}[(s-p_1)^k F(s)]\big|_{s=p_1} \tag{6-53}$$

一般地

$$K_{1i}=\frac{1}{(i-1)!}\frac{\mathrm{d}^{i-1}}{\mathrm{d}s^{i-1}}[(s-p_1)^k F(s)]\big|_{s=p_1} \tag{6-54}$$

其中，$i=1$，2，…，k。

再利用

$$\frac{t^{n-1}}{(n-1)!}\mathrm{e}^{p_1 t}\varepsilon(t)\overset{\mathscr{L}}{\longleftrightarrow}\frac{1}{(s-p_1)^k} \tag{6-55}$$

可以求得逆变换。

(3) $F(s)$ 为有理真分式（且 $m<n$），包含共轭复数极点

如果 $F(s)$ 中包含复数极点，必定共轭出现，假设共轭极点 $p_{1,2}=-\alpha\pm \mathrm{j}\beta$，那么

$F(s)$可写成

$$F(s)=\frac{A(s)}{B(s)}=\frac{A(s)}{D(s)[(s+\alpha)^2+\beta^2]}=\frac{A(s)}{D(s)(s+\alpha-\mathrm{j}\beta)(s+\alpha+\mathrm{j}\beta)} \tag{6-56}$$

其中，$D(s)=b_n(s-p_1)(s-p_2)\cdots(s-p_{n-2})$。令

$$F_1(s)=\frac{A(s)}{D(s)}$$

$$F(s)=\frac{F_1(s)}{(s+\alpha-\mathrm{j}\beta)(s+\alpha+\mathrm{j}\beta)}=\frac{K_1}{s+\alpha-\mathrm{j}\beta}+\frac{K_2}{s+\alpha+\mathrm{j}\beta}+\frac{E(s)}{D(s)} \tag{6-57}$$

其中

$$K_1=(s+\alpha-\mathrm{j}\beta)F(s)\big|_{s=-\alpha+\mathrm{j}\beta}=\frac{F_1(-\alpha+\mathrm{j}\beta)}{2\mathrm{j}\beta} \tag{6-58}$$

$$K_2=(s+\alpha+\mathrm{j}\beta)F(s)\big|_{s=-\alpha-\mathrm{j}\beta}=\frac{F_1(-\alpha-\mathrm{j}\beta)}{-2\mathrm{j}\beta} \tag{6-59}$$

从式(6-58) 和式(6-59) 中可以看出，K_1 与 K_2 呈共轭关系，即 $K_2=K_1^*$。

所以其逆变换为

$$\begin{aligned}\mathscr{L}^{-1}\left[\frac{K_1}{s+\alpha-\mathrm{j}\beta}+\frac{K_2}{s+\alpha+\mathrm{j}\beta}\right]&=\mathscr{L}^{-1}\left[\frac{|K_1|\mathrm{e}^{\mathrm{j}\theta}}{s+\alpha-\mathrm{j}\beta}+\frac{|K_1|\mathrm{e}^{-\mathrm{j}\theta}}{s+\alpha+\mathrm{j}\beta}\right]\\&=|K_1|\cdot[\mathrm{e}^{\mathrm{j}\theta}\mathrm{e}^{(-\alpha+\mathrm{j}\beta)t}+\mathrm{e}^{-\mathrm{j}\theta}\mathrm{e}^{(-\alpha-\mathrm{j}\beta)t}]\varepsilon(t)\\&=|K_1|\mathrm{e}^{-\alpha t}\cdot[\mathrm{e}^{\mathrm{j}(\beta t+\theta)}+\mathrm{e}^{-\mathrm{j}(\beta t+\theta)}]\varepsilon(t)\\&=2|K_1|\mathrm{e}^{-\alpha t}\cos(\beta t+\theta)\varepsilon(t)\end{aligned} \tag{6-60}$$

由此可见，共轭复极点的逆变换对应的波形是一个指数加权的余弦信号，其频率由极点的虚部β决定，指数衰减系数由极点的实部$-\alpha$决定。

(4) $F(s)$为有理假分式(即 $m\geqslant n$)

此时，$F(s)$可利用多项式长除法将其分解为有理多项式 $P(s)$ 与真分式之和的形式，即

$$F(s)=P(s)+\frac{A_1(s)}{B_1(s)} \tag{6-61}$$

其中，$P(s)=P_0+P_1s+\cdots+P_{m-n}s^{m-n}$。$A_1(s)/B_1(s)$为真分式，其逆变换的求解可以根据其极点分布情况按照前面讨论的三种情况进行分解。$P(s)$的逆变换是关于冲激信号及冲激信号的各阶微分构成，即

$$\begin{gathered}P_0\stackrel{\mathscr{L}}{\longleftrightarrow}P_0\delta(t)\\P_1s\stackrel{\mathscr{L}}{\longleftrightarrow}P_1\delta'(t)\\\vdots\\P_{m-n}s^{m-n}\stackrel{\mathscr{L}}{\longleftrightarrow}P_{m-n}\delta^{(m-n)}(t)\end{gathered} \tag{6-62}$$

【例 6-14】 求下式的拉普拉斯逆变换。

$$F(s)=\frac{(s+2)(s+5)}{s(s+1)(s+3)}$$

解： 将 $F(s)$展开成部分分式形式

$$F(s)=\frac{K_1}{s}+\frac{K_2}{s+1}+\frac{K_3}{s+3}$$

可得

$$K_1=sF(s)\big|_{s=0}=\frac{2\times5}{1\times3}=\frac{10}{3}$$

$$K_2=(s+1)F(s)\big|_{s=-1}=\frac{(-1+2)\times(-1+5)}{(-1)\times(-1+3)}=-2$$

$$K_3=(s+3)F(s)\big|_{s=-3}=\frac{(-3+2)\times(-3+5)}{(-3)\times(-3+1)}=-\frac{1}{3}$$

$$F(s)=\frac{10}{3s}-\frac{2}{s+1}-\frac{1}{3(s+3)}$$

所以

$$f(t)=\left(\frac{10}{3}-2\mathrm{e}^{-t}-\frac{1}{3}\mathrm{e}^{-3t}\right)\varepsilon(t)$$

【例 6-15】 求下列象函数的拉普拉斯逆变换。

$$F(s)=\frac{s^3+5s^2+9s+10}{(s+1)(s+2)}$$

解： 因为 $F(s)$ 不是有理真分式，首先利用长除法将 $F(s)$ 写成有理多项式与真分式之和的形式

$$F(s)=s+2+\frac{s+6}{(s+1)(s+2)}$$

$F(s)$ 的最后一项满足 $m<n$，故利用部分分式法可得

$$F(s)=s+2+\frac{5}{s+1}-\frac{4}{s+2}$$

所以

$$f(t)=[\delta'(t)+2\delta(t)+5\mathrm{e}^{-t}-4\mathrm{e}^{-2t}]\varepsilon(t)$$

【例 6-16】 求下列象函数的拉普拉斯逆变换。

$$F(s)=\frac{s^2+5}{(s^2+2s+5)(s+2)}$$

解：

$$F(s)=\frac{s^2+5}{(s^2+2s+5)(s+2)}=\frac{s^2+5}{(s+1+\mathrm{j}2)(s+1-\mathrm{j}2)(s+2)}$$
$$=\frac{K_1}{s+2}+\frac{K_2}{s+1-\mathrm{j}2}+\frac{K_3}{s+1+\mathrm{j}2}$$

其中

$$K_1=(s+2)F(s)\big|_{s=-2}=\frac{9}{5}$$

$$K_2=(s+1-\mathrm{j}2)F(s)\big|_{s=-1+\mathrm{j}2}=\frac{-4+\mathrm{j}3}{10}=-\frac{1}{2}\mathrm{e}^{-\mathrm{j}\arctan\frac{3}{4}}$$

$$K_3=K_2^*=\frac{-4-\mathrm{j}3}{10}=-\frac{1}{2}\mathrm{e}^{\mathrm{j}\arctan\frac{3}{4}}$$

可得 $F(s)$ 的逆变换为

$$f(t)=\left[\frac{9}{5}\mathrm{e}^{-2t}-\mathrm{e}^{-t}\cos\left(2t-\arctan\frac{3}{4}\right)\right]\varepsilon(t)$$

【例 6-17】 求下列象函数的拉普拉斯逆变换。

$$F(s)=\frac{s-5}{s(s+1)^3}$$

解：将 $F(s)$ 写成展开式

$$F(s)=\frac{K_{11}}{(s+1)^3}+\frac{K_{12}}{(s+1)^2}+\frac{K_{13}}{s+1}+\frac{K_2}{s}$$

可以求得

$$K_2=sF(s)\big|_{s=0}=-5$$

$$K_{11}=(s+1)^3F(s)\big|_{s=-1}=6$$

$$K_{12}=\frac{\mathrm{d}}{\mathrm{d}s}F_1(s)\bigg|_{s=-1}=\frac{\mathrm{d}}{\mathrm{d}s}[(s+1)^3F(s)]\bigg|_{s=-1}=5$$

$$K_{13}=\frac{1}{2}\frac{\mathrm{d}^2}{\mathrm{d}s^2}F_1(s)\bigg|_{s=-1}=\frac{1}{2}\frac{\mathrm{d}^2}{\mathrm{d}s^2}[(s+1)^3F(s)]\bigg|_{s=-1}=5$$

所以

$$F(s)=\frac{6}{(s+1)^3}+\frac{5}{(s+1)^2}+\frac{5}{s+1}-\frac{5}{s}$$

可得逆变换为

$$f(t)=(3t^2\mathrm{e}^{-t}+5t\mathrm{e}^{-t}+5\mathrm{e}^{-t}-5)\varepsilon(t)$$

习　题

6-1　根据拉普拉斯变换的定义计算下列信号的双边拉普拉斯变换，并标出收敛域。

（1）$\mathrm{e}^{-4t}\varepsilon(t)$　（2）$\mathrm{e}^{-3t}\varepsilon(-t)$　（3）$\mathrm{e}^{-3t}\varepsilon(t-1)$

（4）$\mathrm{e}^{-2|t|}$　（5）$\varepsilon(t+1)-\varepsilon(t-1)$　（6）$\mathrm{e}^{-t}\varepsilon(t)+\mathrm{e}^{2t}\varepsilon(-t)$

（7）$\sin 2t\varepsilon(-t)$　（8）$(\mathrm{e}^{t}+\mathrm{e}^{-2t})\varepsilon(-t)$

6-2　计算下列信号的单边拉普拉斯变换，并标出收敛域。

（1）$(\sin t+\cos 2t)\varepsilon(t)$　（2）$\varepsilon(t)-\varepsilon(t-2)$　（3）$2\delta(t)-\mathrm{e}^{-t}\varepsilon(t)$

（4）$\cos^2 2t\varepsilon(t)$　（5）$t\mathrm{e}^{-2t}\varepsilon(t)$　（6）$t[\varepsilon(t)-\varepsilon(t-T)]$

（7）$\cos t[\varepsilon(t)-\varepsilon(t-\pi)]$　（8）$\mathrm{e}^{-t}\sin 2t\varepsilon(t)$

6-3　计算 $f(t)=\sum_{k=0}^{\infty}\delta(t-kT)$ 单边周期信号的单边拉普拉斯变换及收敛域。

6-4　利用拉普拉斯变换性质，计算下列信号的单边拉普拉斯变换。

（1）$\dfrac{d[\mathrm{e}^{-2t}\varepsilon(t)]}{\mathrm{d}t}$　（2）$\delta(3t-2)$　（3）$t^2\mathrm{e}^{-3t}\varepsilon(t)$　（4）$\mathrm{e}^{-2t}\varepsilon(2t-4)$

6-5　已知因果信号 $f(t)$ 的拉普拉斯变换为

$$\mathscr{L}[f(t)]=\frac{1}{s^2+3s+2},\ \mathrm{Re}(s)>-1$$

计算下列信号的拉普拉斯变换。

(1) $f(2t+1)$ (2) $f(t)\sin 2t$ (3) $\int_0^t f(\tau)\mathrm{d}\tau$ (4) $f(t)*f(2t)$ (5) $tf(t)$

6-6 已知因果信号$f(t)$的象函数$F(s)$，求$f(t)$的初值和终值。

(1) $\frac{2s+1}{s^2+4s}$ (2) $\frac{s}{s^2+s-2}$ (3) $\frac{s^3+5s^2+1}{s^2+3s+2}$ (4) $\frac{2s^2+3}{s(s^2+5s+4)}$

6-7 利用部分分式法，计算下列 $F(s)$ 的单边拉普拉斯反变换。

(1) $\frac{s+17}{s^2+9s+14}$ (2) $\frac{3s+2}{s^2+4s+3}$ (3) $\frac{s-1}{s(s+1)^2}$

(4) $\frac{s^2+4}{s^2+2s+5}$ (5) $\frac{4s+1}{s(s+2)(s+4)}$ (6) $\frac{5s+13}{s(s^2+4s+13)}$

6-8 已知 $F(s)=1/(s+1)$，利用拉普拉斯变换性质计算下列原函数。

(1) $F(s)\mathrm{e}^{-2s}$ (2) $sF'(s)$ (3) $F'(s)/s$ (4) $sF\left(\frac{s}{2}\right)\mathrm{e}^{-s}$

第7章 连续时间系统的复频域分析

7.1 引言

拉普拉斯变换法以复指数函数 e^{st} 为基本信号，将任意连续信号分解为若干不同复频率的复指数分量之和的形式。连续 LTI 系统的零状态响应表示为构成输入信号的各复指数分量引起的响应的叠加。而且，由于单边拉普拉斯变换的积分区间包含了 0_- 的时刻，涵盖了系统的初始状态，因此可求得系统的零输入响应，进而得到系统的全响应。同时，利用拉普拉斯变换可以对系统进行 s 域的分析。系统函数 $H(s)$ 是连续时间系统的复频域描述，通过分析系统函数在 s 平面的零极点分布，可以进一步了解系统的时域特性、频域特性以及稳定性等诸多特性。

本章首先回顾连续信号的 s 域分解过程，在分析基本复指数信号 e^{st} 通过系统响应的基础上引入系统函数的概念，并介绍系统函数的求法。同时，进一步分析一般信号 $f(t)$ 激励下的零状态响应。然后，讨论连续时间系统对应的 s 域分析，主要包括微分方程 s 域分析和电路的 s 域分析。接着讨论系统函数的零极点分布特性、系统的稳定性分析和系统的频率响应。最后探究两类重要的系统全通系统和最小相位系统，以及如何利用框图对连续系统的 s 域的模拟与表示。

7.2 系统函数

根据双边拉普拉斯逆变换公式，可以将连续信号写成下列形式：

$$f(t)=\frac{1}{2\pi j}\int_{\sigma-j\infty}^{\sigma+j\infty}F(s)e^{st}ds=\int_{\sigma-j\infty}^{\sigma+j\infty}\frac{1}{2\pi j}F(s)e^{st}ds \tag{7-1}$$

如果连续信号 $f(t)$ 的双边拉普拉斯变换 $F(s)$ 存在，则 $f(t)$ 可以看作是加权系数为 $\frac{1}{2\pi j}F(s)ds$ 的基本信号 e^{st} 的线性组合，这种将信号分解为基本信号 e^{st} 之和的过程称作连续信号的 s 域分解，式(7-1) 称作连续信号 $f(t)$ 的 s 域分解公式(积分公式中，虽然复变量 s 是位于二维的复平面，但由于虚部 σ 相当于一个常数，因此积分运算过程实际上是沿着平行于虚轴的一条直线 $\mathrm{Re}(s)=\sigma$ 进行的一维积分)。

根据 LTI 系统的线性特性，信号通过系统所产生的零状态响应等于构成信号的各个复频率成分单独通过系统产生的零状态响应之和，因此首先有必要先研究基本信号 e^{st} 通过系统产生的响应。

假定连续 LTI 系统如图 7-1 所示。

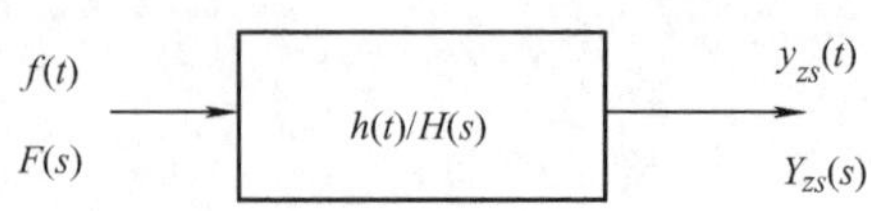

图 7-1　连续 LTI 系统

当基本信号 e^{s_0t} 作为激励信号时，系统的零状态响应为

$$\begin{aligned} y_{zs}(t) &= h(t) * e^{s_0 t} = \int_{0_-}^{\infty} h(\tau) e^{s_0(t-\tau)} d\tau \\ &= \int_{0_-}^{\infty} h(\tau) e^{-s_0\tau} d\tau \cdot e^{s_0 t} \\ &= H(s)\big|_{s=s_0} \cdot e^{s_0 t} = H(s_0) e^{s_0 t} \end{aligned} \tag{7-2}$$

其中

$$H(s) = \int_{0_-}^{\infty} h(\tau) e^{-s\tau} d\tau = \mathscr{L}[h(t)] \tag{7-3}$$

这里，$H(s)$称为连续 LTI 系统的系统函数，用以表征系统处理连续信号的能力。由式(7-2) 可知，当基本信号 $e^{s_0 t}$通过连续 LTI 系统时，该系统的零状态响应仍然是复指数信号，其发生的变化则取决于系统函数 $H(s)$在 $s=s_0$ 的取值。

下面讨论任意激励信号$f(t)$通过系统的零状态响应。根据式(7-1)，$f(t)$可以看作是加权系数为$\frac{1}{2\pi j}F(s)ds$ 的基本信号 e^{st}的线性组合。由式(7-2) 可知，基本信号 e^{st}通过 LTI 系统所产生的零状态响应为 $H(s)e^{st}$，即

$$e^{st} \to H(s)e^{st} \tag{7-4}$$

由线性系统的齐次性可知

$$\frac{1}{2\pi j}F(s)e^{st}ds \to \frac{1}{2\pi j}H(s)F(s)e^{st}ds \tag{7-5}$$

由线性系统的可加性可知

$$\frac{1}{2\pi j}\int_{\sigma-j\infty}^{\sigma+j\infty} F(s)e^{st}ds \to \frac{1}{2\pi j}\int_{\sigma-j\infty}^{\sigma+j\infty} H(s)F(s)e^{st}ds \tag{7-6}$$

上式的左边就是激励信号$f(t)$的拉普拉斯变换的逆变换，即

$$f(t) \to y_{zs}(t) = \frac{1}{2\pi j}\int_{\sigma-j\infty}^{\sigma+j\infty} H(s)F(s)e^{st}ds \tag{7-7}$$

所以

$$y_{zs}(t) = \mathscr{L}^{-1}[H(s)F(s)] \tag{7-8}$$

故

$$Y_{zs}(s) = F(s)H(s) \tag{7-9}$$

因此，系统函数还可写成下列形式

$$H(s) = \frac{Y_{zs}(s)}{F(s)} \tag{7-10}$$

即系统零状态响应的拉普拉斯变换与激励信号的拉普拉斯变换之间的比值。

通过上述推导，可得连续 LTI 系统零状态响应可按照下列步骤进行 s 域求解：

1）计算系统输入信号$f(t)$ 的拉普拉斯变换 $F(s)$。

2）确定连续系统的系统函数 $H(s)$。

3）计算零状态响应的象函数 $Y_{zs}(s)=F(s)H(s)$。

4）计算 $Y_{zs}(s)$ 的拉普拉斯逆变换，其结果即为系统零状态响应的时域解 $y_{zs}(t)$。

【例 7-1】 已知连续 LTI 系统的输入为$f_1(t)=e^{-3t}\varepsilon(t)$，零状态响应 $y_{zs1}(t)=(e^{-t}-e^{-2t})\varepsilon(t)$。

（1）确定系统函数 $H(s)$，并写出描述输入－输出关系的微分方程模型；

（2）若输入为 $f_2(t)=(2t+1)\varepsilon(t)$，求系统的零状态响应 $y_{zs2}(t)$。

解：（1）首先，计算 $f_1(t)$ 和 $y_{zs1}(t)$ 的拉普拉斯变换分别为

$$F_1(s)=\mathscr{L}[f_1(t)]=\frac{1}{s+3}$$

$$Y_{zs1}(s)=\mathscr{L}[y_{zs1}(t)]=\frac{1}{s+1}-\frac{1}{s+2}=\frac{1}{(s+1)(s+2)}$$

由系统函数的定义可知

$$H(s)=\frac{Y_{zs1}(s)}{F_1(s)}=\frac{s+3}{(s+1)(s+2)}=\frac{s+3}{s^2+3s+2}$$

由拉普拉斯变换性质，可得到系统的微分方程

$$y''(t)+3y'(t)+2y(t)=f'(t)+3f(t)$$

（2）计算信号 $f_2(t)$ 的拉普拉斯变换为

$$F_2(s)=\mathscr{L}[f_2(t)]=\frac{2}{s^2}+\frac{1}{s}=\frac{s+2}{s^2}$$

那么，$y_{zs2}(t)$ 的拉普拉斯变换为

$$Y_{zs2}(s)=H(s)F_2(s)=\frac{s+3}{s^2(s+1)}=\frac{2}{s+1}+\frac{3}{s^2}-\frac{2}{s}$$

所以

$$y_{zs2}(t)=\mathscr{L}^{-1}[Y_{zs2}(s)]=[2\mathrm{e}^{-t}+3t-2]\varepsilon(t)$$

7.3 连续 LTI 系统的微分方程 s 域分析

连续 LTI 系统的线性常系数微分方程一般表示为

$$a_n y^{(n)}(t)+a_{n-1}y^{(n-1)}(t)+\cdots+a_1y'(t)+a_0y(t)$$
$$=b_mf^{(m)}(t)+b_{m-1}f^{(m-1)}(t)+\cdots+b_1f'(t)+b_0f(t)$$

其中，$y(0_-)$，$y'(0_-)$，…，$y^{(n-1)}(0_-)$ 表示系统的初始状态，$a_n=1$。

考虑到激励信号 $f(t)$ 和系统的全响应 $y(t)$ 都是因果信号，对上述微分方程左右两边同时作拉普拉斯变换，同时利用单边拉普拉斯变换的微分性质可得

$$\sum_{i=0}^{n}a_i\left[s^iY(s)-\sum_{r=0}^{i-1}s^{i-r-1}y^{(r)}(0_-)\right]=\sum_{j=0}^{m}b_js^jF(s) \tag{7-11}$$

进一步合并化简，可得系统全响应的拉普拉斯变换 $Y(s)$ 为

$$Y(s)=\underbrace{\frac{\sum_{i=0}^{n}a_i\sum_{r=0}^{i-1}s^{i-r-1}y^{(r)}(0_-)}{\sum_{i=0}^{n}a_is^i}}_{\text{零输入响应}Y_{zi}(s)}+\underbrace{\left(\frac{\sum_{j=0}^{m}b_js^j}{\sum_{i=0}^{n}a_is^i}\right)\cdot F(s)}_{\text{零输状态响应}Y_{zs}(s)} \tag{7-12}$$

由此可见，系统全响应的拉普拉斯变换 $Y(s)$ 的第一项仅与系统初始状态相关，是系统零输入响应的拉普拉斯变换 $Y_{zi}(s)$；而第二项仅仅与系统外接激励有关，是系统零状态响应的拉普拉斯变换 $Y_{zs}(s)$，即

$$Y_{zi}(s)=\frac{\sum_{i=0}^{n}a_i\sum_{r=0}^{i-1}s^{i-r-1}y^{(r)}(0_-)}{\sum_{i=0}^{n}a_is^i} \tag{7-13}$$

$$Y_{zs}(s)=\left(\frac{\sum_{j=0}^{m}b_js^j}{\sum_{i=0}^{n}a_is^i}\right)F(s) \tag{7-14}$$

根据系统函数 $H(s)$ 的定义，可得

$$H(s)=\frac{Y_{zs}(s)}{F(s)}=\frac{\sum_{j=0}^{m}b_js^j}{\sum_{i=0}^{n}a_is^i} \tag{7-15}$$

对式(7-12) ~ 式(7-15) 分别作单边拉普拉斯逆变换，可得系统的全响应 $y(t)$、零输入响应 $y_{zi}(t)$、零状态响应 $y_{zs}(t)$ 以及系统的单位冲激响应 $h(t)$。

从上述分析过程可知，利用拉普拉斯变换能够将系统的微分方程转化为 s 域的代数方程，进而简化系统响应的求解过程。相比于时域和频域系统响应的求解方法，复频域分析方法的求解过程更加简便。

【例 7-2】 某二阶连续 LTI 系统的微分方程为 $y''(t)+5y'(t)+6y(t)=2f'(t)+8f(t)$，已知 $f(t)=\mathrm{e}^{-t}\varepsilon(t)$，$y(0_-)=3$，$y'(0_-)=2$，试分别求零输入响应 $y_{zi}(t)$、零状态响应 $y_{zs}(t)$ 和全响应 $y(t)$。

解： 对微分方程两边同时取拉普拉斯变换，并根据其时域微分性质，有

$$[s^2Y(s)-sy(0_-)-y'(0_-)]+5[sY(s)-y(0_-)]+6Y(s)=2sF(s)+8F(s)$$

整理可得

$$(s^2+5s+6)Y(s)-(s+5)y(0_-)-y'(0_-)=(2s+8)F(s)$$

移项可得

$$Y(s)=\underbrace{\frac{(s+5)y(0_-)+y'(0_-)}{s^2+5s+6}}_{Y_{zi}(s)}+\underbrace{\frac{2s+8}{s^2+5s+6}F(s)}_{Y_{zs}(s)}$$

代入系统的初始状态 $y(0_-)=3$，$y'(0_-)=2$，以及激励信号 $f(t)$ 的拉普拉斯变换 $F(s)$，得

$$Y_{zi}(s)=\frac{3(s+5)+2}{s^2+5s+6}=\frac{3s+17}{s^2+5s+6}=\frac{11}{s+2}-\frac{8}{s+3}$$

$$Y_{zs}(s)=\frac{2s+8}{s^2+5s+6}\times\frac{1}{s+1}=\frac{3}{s+1}-\frac{4}{s+2}+\frac{1}{s+3}$$

计算拉普拉斯逆变换，得

$$y_{zi}(t)=(11\mathrm{e}^{-2t}-8\mathrm{e}^{-3t})\varepsilon(t)$$

$$y_{zs}(t)=(3\mathrm{e}^{-t}-4\mathrm{e}^{-2t}+\mathrm{e}^{-3t})\varepsilon(t)$$

则系统的全响应为

$$y(t)=y_{zs}(t)+y_{zi}(t)=(3\mathrm{e}^{-t}+7\mathrm{e}^{-2t}-7\mathrm{e}^{-3t})\varepsilon(t)$$

其中，$3\mathrm{e}^{-t}\varepsilon(t)$ 为强迫响应分量，而$(7\mathrm{e}^{-2t}-7\mathrm{e}^{-3t})\varepsilon(t)$为自由响应分量。

7.4 电路的 s 域分析

研究电路的基本依据是基尔霍夫电压定律（KVL）和基尔霍夫电流定律（KCL），以及电路元件的电压/电流约束关系。

基尔霍夫电流定律（KCL）表明电路中任一节点上，在任一时刻，流入节点的电流之和等于流出节点的电流之和，也就是说，流入（流出）该节点电流的代数和恒等于零。在 s 域中 KCL 的表达式可根据线性性质得到下列等式

$$\sum I_k(s)=0 \tag{7-16}$$

式中，$I_k(s)$为各相应支路电流 $i_k(t)$的象函数。

基尔霍夫电压定律（KVL）表明在任何一个闭合回路中，各元件上的电压的代数和恒等于零。在 s 域中 KVL 的表达式可根据变换的线性性质得出

$$\sum U_k(s)=0 \tag{7-17}$$

式中，$U_k(s)$ 为各元件电压 $u_k(t)$的象函数。

根据 R、L、C 元件的时域电压/电流约束关系：

$$u_R(t)=Ri_R(t) \tag{7-18}$$

$$u_L(t)=L\frac{\mathrm{d}i_L(t)}{\mathrm{d}t} \tag{7-19}$$

$$u_C(t)=\frac{1}{C}\int_{0^-}^{t}i_c(\tau)\mathrm{d}\tau \tag{7-20}$$

对上面各式分别进行拉普拉斯变换，结果如下：

$$U_R(s)=RI_R(s) \tag{7-21}$$

$$U_L(s)=sLI_L(s)-Li_L(0_-) \tag{7-22}$$

$$U_C(s)=\frac{1}{sC}I_C(s)+\frac{1}{s}u_C(0_-) \tag{7-23}$$

根据式(7-21)～式(7-23) 可以分别画出 $U(s)$ 和 $I(s)$ 之间的 s 域串联关系模型，如图 7-2 所示。图中用串联的电压源表示式(7-22) 和式(7-23) 中初始状态所引起的附加项。

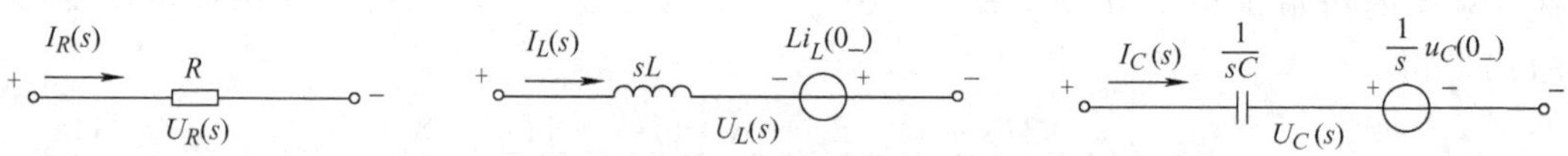

图 7-2　串联形式的 s 域元件模型（回路分析）

然而，图 7-2 所示的串联模型并非是唯一的形式，可以将式(7-21)～式(7-23) 对电流求解，可得

$$I_R(s)=\frac{1}{R}U_R(s) \tag{7-24}$$

$$I_L(s)=\frac{1}{sL}U_L(s)+\frac{1}{s}i_L(0_-) \tag{7-25}$$

$$I_C(s)=sCU_C(s)-Cu_C(0_-) \tag{7-26}$$

式(7-24)~式(7-26)对应的s域并联网络模型如图7-3所示。通常而言，列写回路方程时宜采用图7-2的模型，而列写节点方程时采用图7-3模型较为简便。

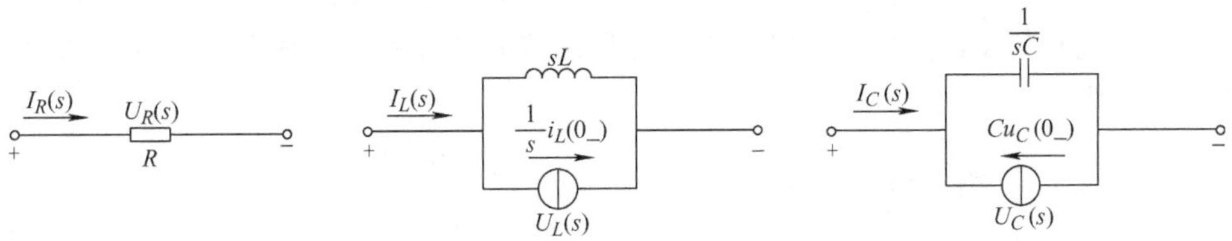

图7-3 并联形式的s域元件模型（节点分析）

若将电路系统中的激励和响应都用象函数表示，各个元件也利用s域元件模型表示，就可以得到电路的s域模型。然后，利用阻抗串并联、网孔分析法、节点分析法等方式分析电路的s域模型。再将s域转化为时域，就可以使分析过程简化。

【例7-3】 如图7-4所示电路s域模型，$R=2\Omega$，$C=0.5F$，$f(t)=2(1+e^{-t})\varepsilon(t)$V，电容上初始电压为$u_C(0_-)=2$V，试求响应电流$i(t)$。

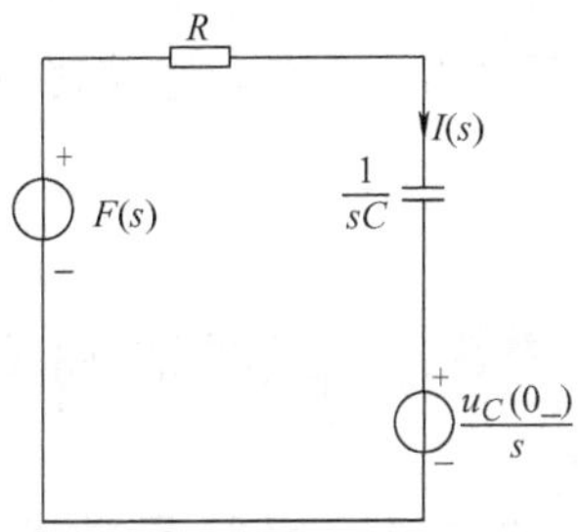

图7-4 电路的s域模型

解： 根据电路s域模型，可得

$$I(s)=\frac{F(s)-\dfrac{u_C(0_-)}{s}}{R+\dfrac{1}{sC}}=\frac{\dfrac{1}{s}+\dfrac{1}{s+1}-\dfrac{1}{s}}{1+\dfrac{1}{s}}=\frac{s}{(s+1)^2}$$

并求得逆变换为

$$i(t)=(e^{-t}-te^{-t})\varepsilon(t)$$

【例7-4】 如图7-5所示，其中$u_{s1}(t)=4$V，$u_{s2}(t)=8$V，$R_1=R_2=2\Omega$，$L=2$H，$C=0.5$F。当$t<0$时电路已经稳态，当$t=0$时将开关位置S由位置1接到位置2，试求$t\geqslant 0$时的全响应$i_L(t)$。

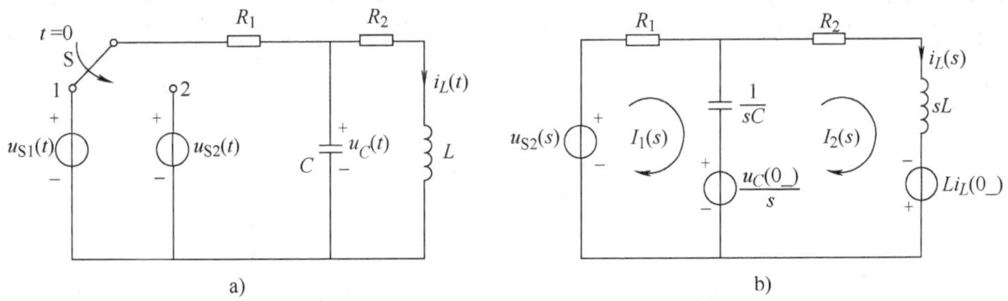

图7-5 例7-4电路及电路s域模型

解： 根据电路分析知识可知，当开关S在位置1且处于稳态时，电感L相当于短路，电容C相当于开路。所以得到初始状态下的电感电流$i_L(0_-)$和电容电压$u_C(0_-)$分别为

$$i_L(0_-)=\frac{u_{S1}(t)}{R_1+R_2}=1\text{A}$$

$$u_C(0_-)=\frac{R_2}{R_1+R_2}u_{S1}(t)=2\text{V}$$

设 $t\geqslant0$ 时电感电流 $i_L(t)$ 的单边拉普拉斯变换为 $I_L(s)$，$u_{S2}(t)$ 的单边拉普拉斯变换为 $U_{S2}(s)$，由此得出开关在位置 2 时电路的 s 域模型如图 7-5b 所示。利用网孔分析法求解该电路的 s 域模型。设网孔电流的象函数分别为 $I_1(s)$ 和 $I_2(s)$，由图 7-5b 可以联立方程组

$$\begin{cases}\left(R_1+\dfrac{1}{sC}\right)I_1(s)-\dfrac{1}{sC}I_2(s)=U_{S2}(s)-\dfrac{u_C(0_-)}{s}\\ -\dfrac{1}{sC}I_1(s)+\left(\dfrac{1}{sC}+R_2+sL\right)I_2(s)=\dfrac{u_C(0_-)}{s}+Li_L(0_-)\end{cases}$$

由于 $u_{S2}(t)=8\varepsilon(t)$，所以 $U_{S2}(s)=\mathscr{L}[u_{S2}(t)]=8/s$，将 $U_{S2}(s)$ 及各元件值代入方程组并求解得到

$$I_L(s)=I_2(s)=\frac{s+2}{s^2+2s+2}+\frac{U_{S2}(s)}{2(s^2+2s+2)}=\frac{s^2+2s+4}{s[(s+1)^2+1]}=\frac{2}{s}-\frac{s+2}{[(s+1)^2+1]}$$

进而对 $I_L(s)$ 求单边拉普拉斯逆变换得

$$i_L(t)=\mathscr{L}^{-1}[I_L(s)]=\left[2-\sqrt{2}\mathrm{e}^{-t}\cos\left(t-\frac{\pi}{4}\right)\right]\varepsilon(t)$$

7.5 连续时间 LTI 系统的系统函数与系统特性

7.5.1 系统函数的零、极点分布

根据系统函数定义，可得

$$H(s)=\frac{Y_{ZS}(s)}{F(s)}=\frac{b_ms^m+b_{m-1}s^{m-1}+\cdots+b_1s+b_0}{s^n+a_{n-1}s^{n-1}+\cdots a_1s+a_0}=\frac{B(s)}{A(s)}\tag{7-27}$$

系统函数的分母多项式 $A(s)$ 和分子多项式 $B(s)$ 是关于 s 的有理多项式。将分子多项式 $B(s)=0$ 的根 $z_i(i=0,1,2,\cdots,m)$ 称为系统函数 $H(s)$ 的零点，而将分母多项式 $A(s)=0$ 的根 $p_j(j=0,1,2,\cdots,n)$ 称为系统函数 $H(s)$ 的极点。因此，$H(s)$ 又可以表示为

$$H(s)=\frac{B(s)}{A(s)}=K\frac{(s-z_1)(s-z_2)\cdots(s-z_m)}{(s-p_1)(s-p_2)\cdots(s-p_n)}=K\frac{\prod\limits_{i=1}^{m}(s-z_i)}{\prod\limits_{j=1}^{n}(s-p_j)}\tag{7-28}$$

这里的常数 K 表示系统增益系数。$H(s)$ 的零点 z_i 和极点 p_j 可能是实数、虚数或复数。由于 $A(s)$ 和 $B(s)$ 的系数为实数，因此，若零、极点为复数，则必然以共轭对出现。若零、极点为实数，则位于复平面的实轴上。

通常将零、极点的位置绘制在 s 平面上，零点用○表示，极点用符号 × 表示，这样得到的图形称为系统函数的零、极点分布图。系统函数的零点或者极点可能存在重阶的情况，如果遇到这类情况，可以在零点或极点附近用括号注明阶次，如图 7-6 所示。

例如某连续 LTI 系统的系统函数为

$$H(s)=\frac{(s^2+1)}{(s+2)^2(s+1+\mathrm{j})(s+1-\mathrm{j})}$$

该系统在虚轴上有一对共轭零点 $z_{1,2}=\pm\mathrm{j}$，而在负实轴上有一个二阶极点 $p_1=-2$，同时在左半平面还有一对共轭极点 $p_{2,3}=-1\pm\mathrm{j}$，该系统的零、极点分布图如图 7-6 所示。

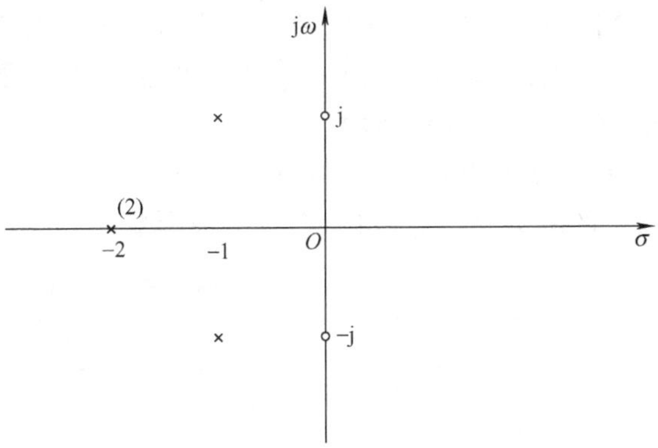

图 7-6 系统函数的零、极点分布图

7.5.2 系统函数零、极点的分布与时域特性

由于系统函数 $H(s)$ 与冲激响应 $h(t)$ 是一对拉普拉斯变换对，因此，借助于 s 平面中系统函数 $H(s)$ 的零、极点的分布特点研究，可以分析和判定该系统的时域特性，即单位冲激响应 $h(t)$ 波形的特性。将系统函数 $H(s)$ 的分母和分子多项式进行因式分解，可以将其转换成零、极点增益的形式：

$$H(s)=\frac{B(s)}{A(s)}=K\frac{(s-z_1)(s-z_2)\cdots(s-z_m)}{(s-p_1)(s-p_2)\cdots(s-p_n)}$$

利用部分分式法将其分解为若干个单分式之和，通过拉普拉斯逆变换能够求得单位冲激响应的 $h(t)$。下面分情况讨论因果系统 $H(s)$ 的典型极点分布与 $h(t)$ 波形特点的关系。

1. 一阶极点

1）若 $H(s)$ 的极点位于 s 平面的原点，比如 $H(s)=1/s$，则 $h(t)=\varepsilon(t)$，冲激响应 $h(t)$ 为阶跃信号。

2）若 $H(s)$ 的极点位于 s 平面的实轴上，比如 $H(s)=1/(s-\alpha)$，则 $h(t)=\mathrm{e}^{\alpha t}\varepsilon(t)$，冲激响应 $h(t)$ 为指数模式。其中当极点位于正实轴上时，即 $\alpha>0$，那么冲激响应信号呈指数增长模式，而当极点位于负实轴上，即 $\alpha<0$，那么冲激响应信号呈指数衰减模式。

3）若 $H(s)$ 的极点位于 s 平面的虚轴上，极点必以共轭形式出现，比如 $H(s)=\omega_0/(s^2+\omega_0^2)$ 则 $h(t)=\sin\omega_0 t\varepsilon(t)$，冲激响应 $h(t)$ 呈等幅振荡模式。

4）若 $H(s)$ 的共轭极点位于 s 平面的右半平面上，比如

$$H(s)=\frac{\omega_0}{(s-\alpha)^2+\omega_0^2},\ \alpha>0$$

则 $h(t)=\mathrm{e}^{\alpha t}\sin\omega_0 t\varepsilon(t)$，冲激响应 $h(t)$ 为振荡递增模式。而当 $H(s)$ 的共轭极点位于 s 平面的左半平面上，即 $\alpha<0$ 时，冲激响应 $h(t)$ 为振荡衰减模式。

2. n 重极点

与单极点情况相比，若 $H(s)$ 具有一个 n 重极点，则其表达式中多了 t^{n-1} 因子相乘。以下是几种 $H(s)$ 具有二重极点的情况：

1）$H(s)=1/s^2$ 在原点处有重极点，对应的冲激响应 $h(t)=t\varepsilon(t)$ 为斜坡信号。

2）$H(s)=1/(s-\alpha)^2$ 在实轴上有二重极点，对应的冲激响应为 $h(t)=te^{\alpha t}\varepsilon(t)$。

3）$H(s)=2\omega_0 s/(s^2+\omega_0^2)^2$ 在虚轴上由二重共轭极点，对应的冲激响应 $h(t)=t\sin\omega_0 t\varepsilon(t)$ 为线性包络增长。

上面分析的极点分布与 $h(t)$ 时域波形的对应关系总结如表 7-1 所示。系统函数 $H(s)$ 的零点分布不影响 $h(t)$ 的波形变化，只影响时间函数的幅度和相位。

表 7-1　极点分布与 $h(t)$ 时域波形（表中 $\alpha>0$）

$H(s)$	s 平面上的极点位置	$h(t)$ 时域波形	$h(t)$ 表达式
$\frac{1}{s}$	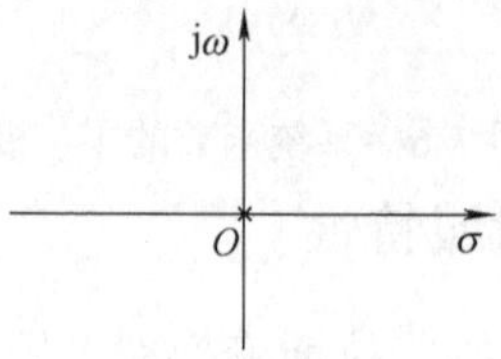	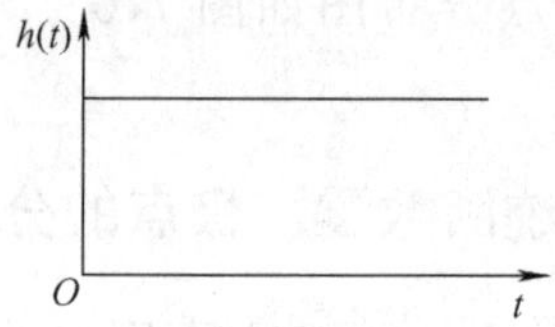	$\varepsilon(t)$
$\frac{1}{s-\alpha}$	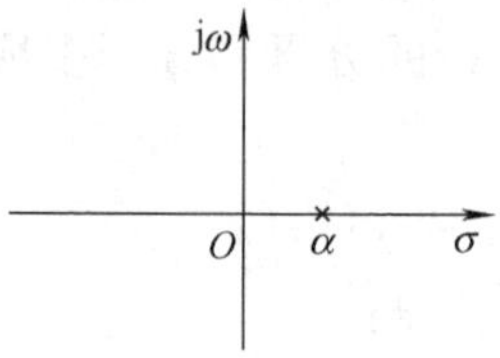	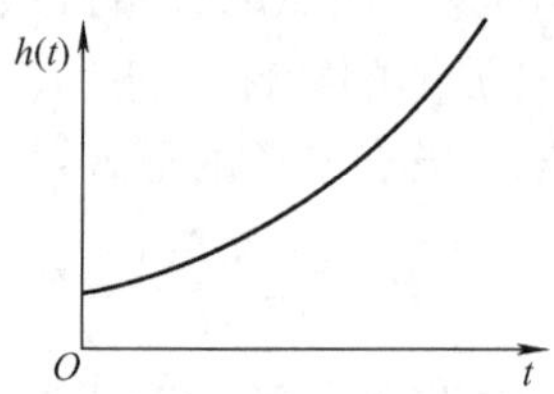	$e^{\alpha t}\varepsilon(t)$
$\frac{1}{s+\alpha}$	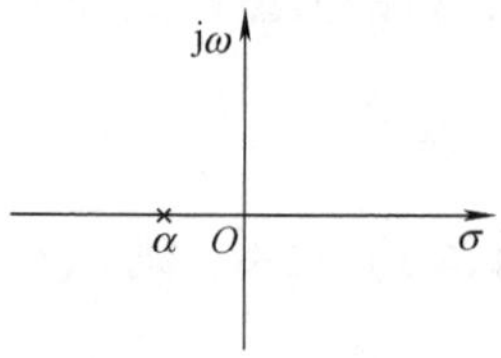	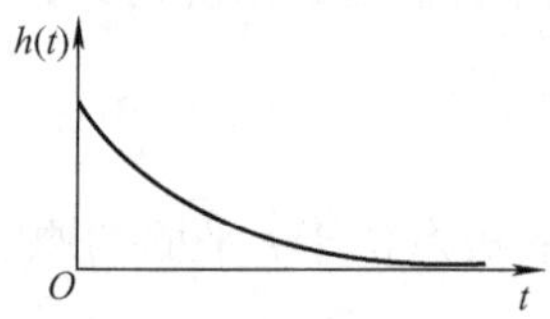	$e^{-\alpha t}\varepsilon(t)$
$\frac{\omega_0}{s^2+\omega_0^2}$	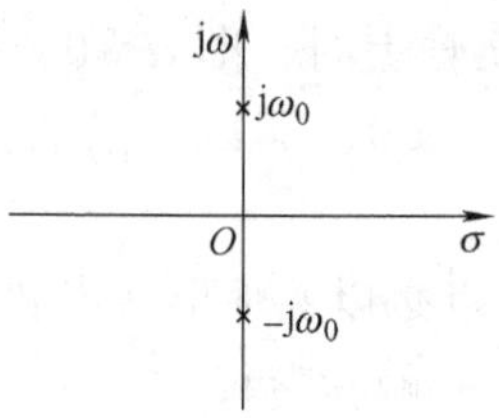	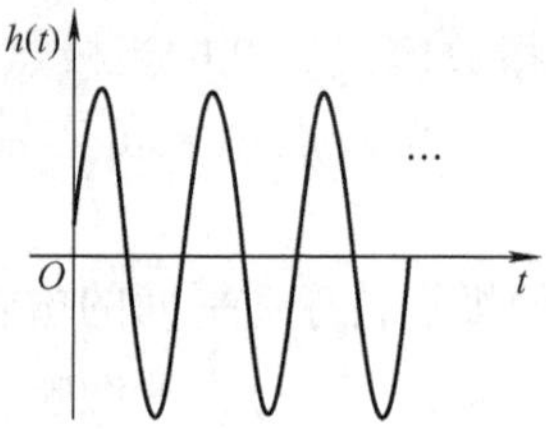	$\sin\omega_0 t\varepsilon(t)$
$\frac{\omega_0}{(s+\alpha)^2+\omega_0^2}$	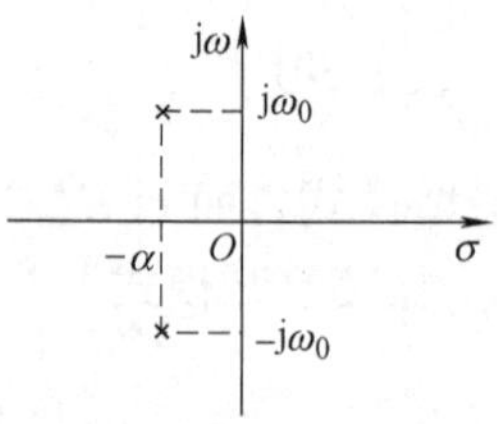	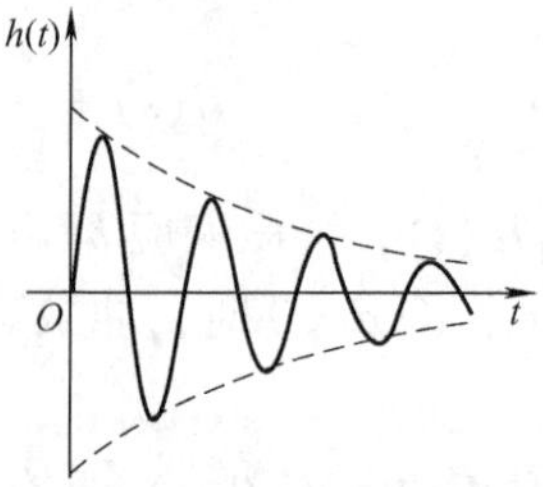	$e^{-\alpha t}\sin\omega_0 t\varepsilon(t)$

（续）

$H(s)$	s 平面上的极点位置	$h(t)$ 时域波形	$h(t)$ 表达式
$\dfrac{\omega_0}{(s-\alpha)^2+\omega_0^2}$	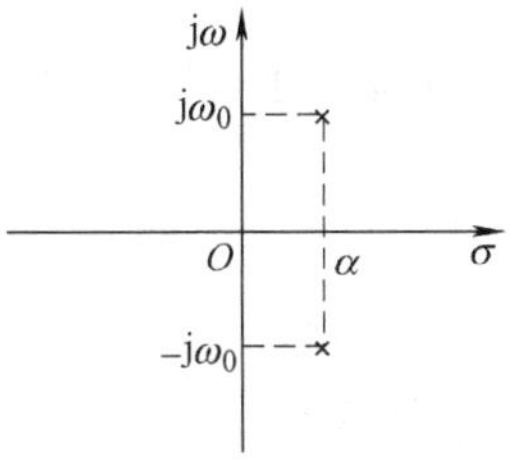	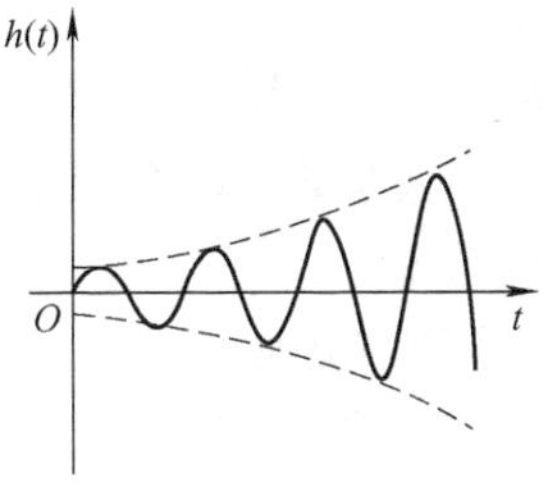	$e^{\alpha t}\sin\omega_0 t\varepsilon(t)$
$\dfrac{1}{s^2}$	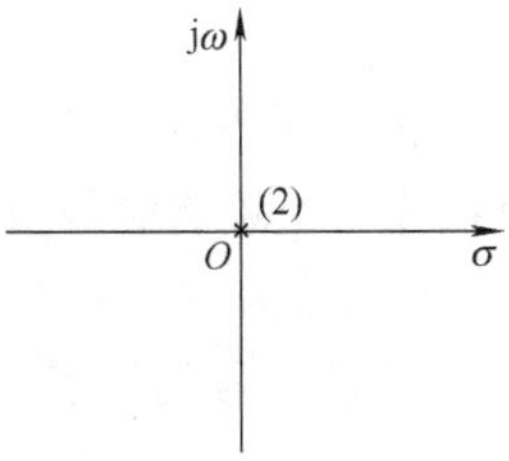	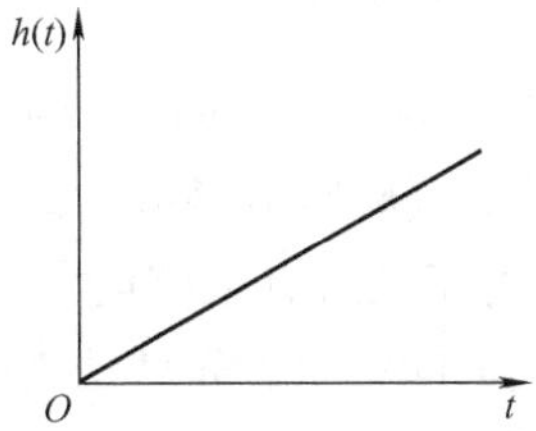	$t\varepsilon(t)$
$\dfrac{1}{(s+\alpha)^2}$	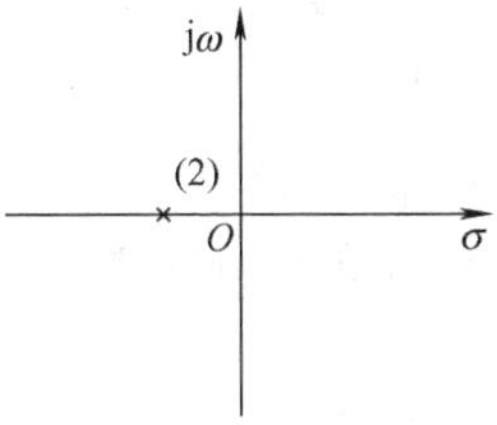	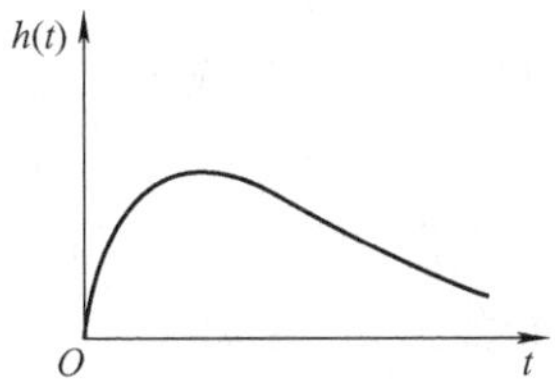	$te^{-\alpha t}\varepsilon(t)$
$\dfrac{2\omega_0 s}{(s^2+\omega_0^2)^2}$	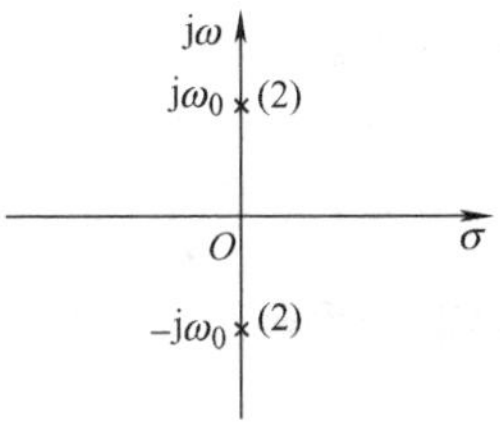	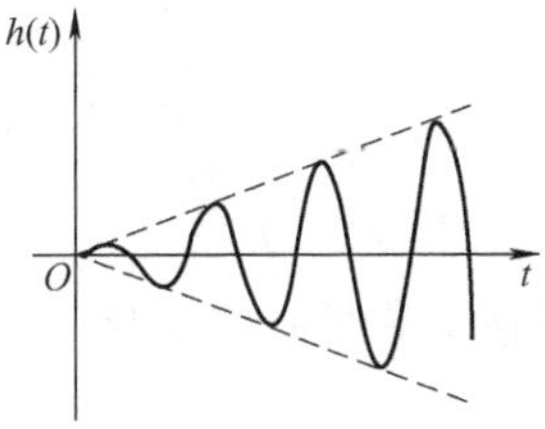	$t\sin\omega_0 t\varepsilon(t)$

7.5.3 系统函数与系统的稳定性

连续 LTI 系统的稳定性是系统自身的性质之一，系统是否稳定与外接激励信号无关，系统的稳定性可从冲激响应 $h(t)$ 或系统函数 $H(s)$ 得以判断。对于因果系统，从时域角度观察，当时间 t 趋于无限大时，$h(t)$ 是增长、还是趋于有限值或者衰减为 0，可判断系统的稳定性；而从 s 域角度分析，通过确定 $H(s)$ 在 s 平面中极点分布的位置，也可判断系统是否具有稳定性。从稳定性考虑，因果系统可划分为稳定系统、不稳定系统、临界稳定（边界稳定）系统三种情况。

（1）稳定系统

如果系统函数 $H(s)$ 全部极点落于 s 左半平面（不包括虚轴），则可以满足

$$\lim_{t\to\infty}[h(t)]=0 \tag{7-29}$$

即系统是稳定的。

（2）不稳定系统

如果系统函数 $H(s)$ 极点落于 s 右半平面或在虚轴上具有二阶以上的极点，则 $h(t)$ 的变化幅度是随时间递增的，即系统是不稳定的。

（3）临界稳定系统

如果 $H(s)$ 极点落在虚轴上，且只有一阶，则冲激响应 $h(t)$ 在时间无穷远处会收敛于一个非零数值或形成一个等幅振荡，即系统是临界稳定的。

7.5.4 系统函数与系统频率响应

系统的频率响应函数 $H(\mathrm{j}\omega)$ 反映出系统对于不同频率成分的传输特性，其中 $|H(\mathrm{j}\omega)|$ 称为系统的幅频响应函数，$\varphi(\omega)$ 称为系统的相频响应函数。通过第 5 章内容可知，当频率 ω_0 为正弦或者余弦信号通过频率响应函数为 $H(\mathrm{j}\omega)$ 的连续 LTI 系统时，其稳态响应信号仍为同频率的正弦或者余弦信号，只是信号的幅度和相位会发生变化，取决于频率响应函数 $H(\mathrm{j}\omega)$ 在 $\omega=\omega_0$ 的幅频响应值和相频响应值。

当连续时间 LTI 系统稳定时，系统函数的收敛域必然包括 s 平面的虚轴，因此系统的频率响应函数可以直接由系统函数 $H(s)$ 得到，即

$$H(s)\big|_{s=\mathrm{j}\omega}=H(\mathrm{j}\omega)=|H(\mathrm{j}\omega)|\mathrm{e}^{\mathrm{j}\varphi(\omega)} \tag{7-30}$$

下面根据系统函数 $H(s)$ 在 s 平面的零、极点分布绘制幅频响应特性 $|H(\mathrm{j}\omega)|\sim\omega$ 和相频响应特性曲线 $\varphi(\omega)\sim\omega$。

系统函数的零/极点增益的形式为

$$H(s)=K\cdot\frac{\prod\limits_{i=1}^{m}(s-z_i)}{\prod\limits_{j=1}^{n}(s-p_j)} \tag{7-31}$$

取 $s=\mathrm{j}\omega$，即在 s 平面中，复变量 s 沿虚轴移动，得到

$$H(\mathrm{j}\omega)=K\cdot\frac{\prod\limits_{i=1}^{m}(\mathrm{j}\omega-z_i)}{\prod\limits_{j=1}^{n}(\mathrm{j}\omega-p_j)} \tag{7-32}$$

由此看出，系统的频率特性仅取决于零、极点的分布，而与增益系数 K 无关。分子中任一因子（$\mathrm{j}\omega-z_i$）相当于由零点 z_i 指向虚轴上某点 $\mathrm{j}\omega$ 的一个零点矢量；分母中任一因子（$\mathrm{j}\omega-p_j$）可以看作是由极点 p_j 指向虚轴上某点 $\mathrm{j}\omega$ 的一个极点矢量。

对于任意零点 z_i、极点 p_j，相应的复数因子（矢量）表示为

$$\mathrm{j}\omega-z_i=N_i\mathrm{e}^{\mathrm{j}\psi_i} \tag{7-33}$$

$$\mathrm{j}\omega-p_j=M_j\mathrm{e}^{\mathrm{j}\theta_j} \tag{7-34}$$

其中，N_i、M_j 分别表示两矢量的模，ψ_i、θ_j 则分别表示两矢量的辐角，如图 7-7 所示。将式(7-33) 及式(7-34) 代入式(7-32)，可得

$$H(\mathrm{j}\omega)=K\frac{N_1\mathrm{e}^{\mathrm{j}\psi_1}N_2\mathrm{e}^{\mathrm{j}\psi_2}\cdots N_m\mathrm{e}^{\mathrm{j}\psi_m}}{M_1\mathrm{e}^{\mathrm{j}\theta_1}M_2\mathrm{e}^{\mathrm{j}\theta_2}\cdots M_n\mathrm{e}^{\mathrm{j}\theta_n}}=K\frac{N_1N_2\cdots N_m}{M_1M_2\cdots M_n}\mathrm{e}^{\mathrm{j}[(\psi_1+\psi_2+\cdots+\psi_m)-(\theta_1+\theta_2+\cdots+\theta_n)]}=|H(\mathrm{j}\omega)|\mathrm{e}^{\mathrm{j}\varphi(\omega)}\tag{7-35}$$

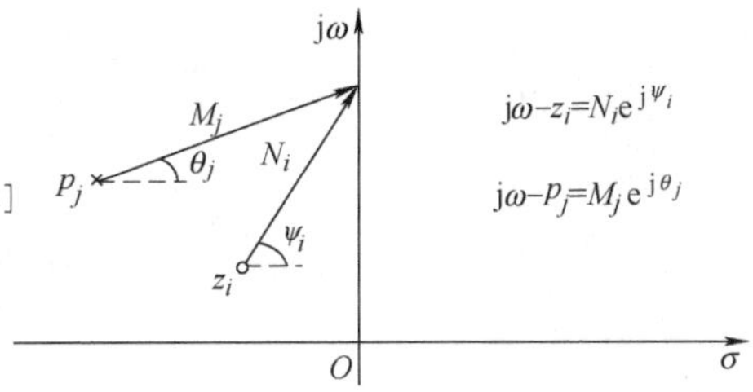

图 7-7　系统函数的零、极点矢量表示

其中

$$|H(\mathrm{j}\omega)|=K\frac{N_1N_2\cdots N_m}{M_1M_2\cdots M_n}\tag{7-36}$$

$$\varphi(\omega)=(\psi_1+\psi_2+\cdots+\psi_m)-(\theta_1+\theta_2+\cdots+\theta_n)\tag{7-37}$$

当 ω 沿虚轴 $\mathrm{j}\omega$ 从 $-\infty$ 到 $+\infty$ 的运动过程中，各零点矢量和极点矢量的模和辐角都随之改变。利用式(7-36) 和式(7-37) 可以粗略估计得出幅频特性曲线 $|H(\mathrm{j}\omega)|$ 和相频特性曲线 $\varphi(\omega)$ 的变化趋势，这种方法又称为 s 平面几何分析。

【例 7-5】 试分析图 7-8a 所示 RC 低通滤波网络的频响特性。

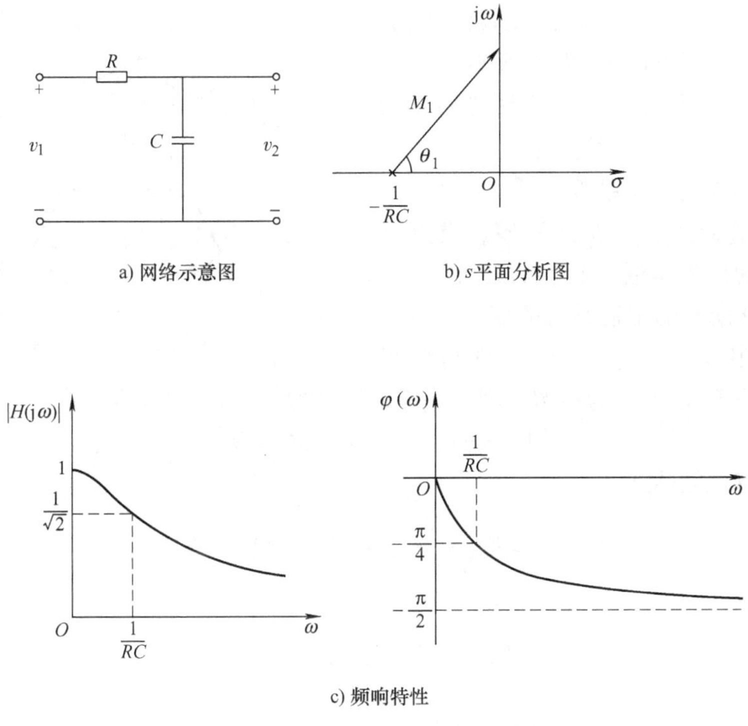

图 7-8　RC 低通滤波网络

解： 该滤波器网络的系统函数为

$$H(s)=\frac{V_2(s)}{V_1(s)}=\frac{1}{sC}\frac{1}{\left(R+\frac{1}{sC}\right)}=\frac{\frac{1}{RC}}{s+\frac{1}{RC}}$$

由图 7-8b 可知，极点位于 $p_1=-1/RC$ 处，则 $H(\mathrm{j}\omega)$ 表示为

$$H(\mathrm{j}\omega)=\frac{1}{RC}\cdot\frac{1}{M_1\mathrm{e}^{\mathrm{j}\theta_1}}=|H(\mathrm{j}\omega)|\mathrm{e}^{\mathrm{j}\varphi(\omega)}$$

其中

$$|H(\mathrm{j}\omega)|=\frac{1}{RC}\cdot\frac{1}{M_1}$$

$$\varphi(\omega)=-\theta_1$$

当ω从$0\to\infty$时，M_1从$\frac{1}{RC}\to\infty$，$|H(\mathrm{j}\omega)|$从1逐渐衰减为0，同时$\varphi(\omega)$从0逐渐逼近于$-\pi/2$，由此可得系统的频响曲线，如图7-8c所示，可以看出，该RC网络为低通滤波网络，截止频率为$\omega_c=1/RC$。

7.6 全通系统和最小相移系统

1. 全通系统

如果系统函数的所有极点位于左半平面，所有零点位于右半平面，并且零/极点关于jω轴互相对称，则称这样的系统函数为全通函数，对应的系统为全通系统或全通网络。其中“全通”是指该系统的幅频特性为常数，即对于各种频率的正弦信号都能按相同的幅度传输系数通过。

下面给出为什么具有这种零、极点分布的系统表现出“全通”特性的分析。

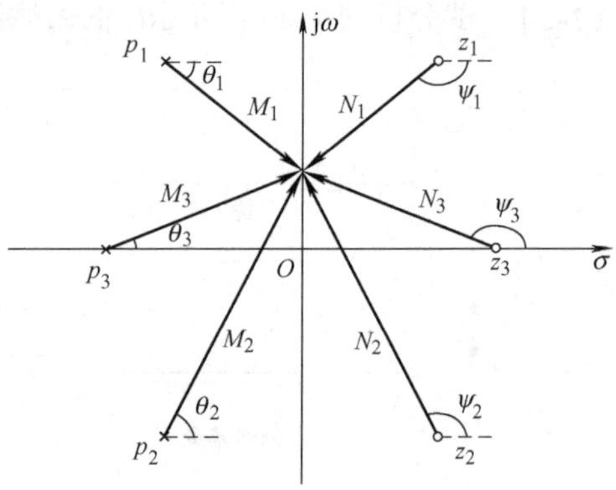

图7-9 全通系统的零、极点分布图

如图7-9所示的全通系统的零、极点分布图中，其中零点z_1、z_2、z_3分别与极点p_1、p_2、p_3关于jω轴互为镜像，因此相应的零/极点矢量长度相等。即

$$M_1=N_1,\ M_2=N_2,\ M_3=N_3 \tag{7-38}$$

系统的频率特性表达式为

$$\begin{aligned}H(\mathrm{j}\omega)&=K\frac{N_1N_2N_3}{M_1M_2M_3}\mathrm{e}^{\mathrm{j}[(\psi_1+\psi_2+\psi_3)-(\theta_1+\theta_2+\theta_3)]}\\&=K\mathrm{e}^{\mathrm{j}[(\psi_1+\psi_2+\psi_3)-(\theta_1+\theta_2+\theta_3)]}\end{aligned} \tag{7-39}$$

由于$N_1N_2N_3$与$M_1M_2M_3$相消，幅频特性等于常数K，即

$$|H(\mathrm{j}\omega)|=K \tag{7-40}$$

因此具有全通特性。下面研究相频特性：

当$\omega=0$时，可得$\theta_1=-\theta_2$，$\theta_3=0$，$\psi_1=-\psi_2$，$\psi_3=\pi$，于是有$\varphi=\pi$。

当ω沿jω轴向上移动时，由于θ_2、θ_3增加，θ_1由负逐渐变正，ψ_2、ψ_3减小，ψ_1负得更多，因此φ下降；而当$\omega\to\infty$时，$\theta_1=\theta_2=\theta_3=\pi/2$，$\psi_1=-3\pi/2$，$\psi_2=\psi_3=\pi/2$，所以$\varphi=-2\pi$。

由此可得φ角的全部变化过程为从π经零点缓慢下降，最终趋于-2π。该系统的幅频特性和相频特性曲线如图7-10所示。

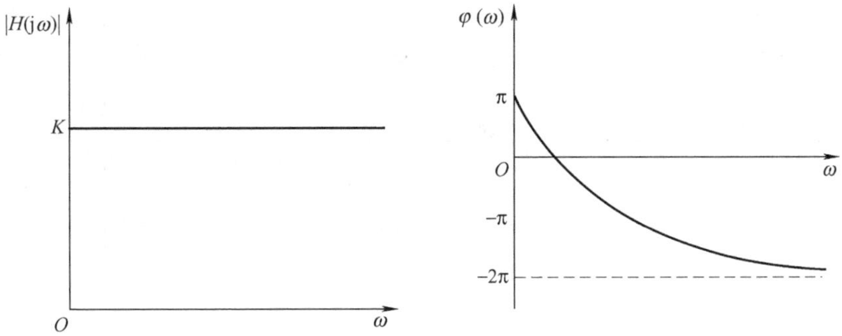

图 7-10　全通系统的幅频、相频特性曲线

由此可见，全通系统只改变信号的相频特性但不改变信号的幅频特性。利用这一特性，全通系统可以用作相位均衡器或相位器。

【例 7-6】 某网络的系统函数为 $H(s)=\dfrac{s^2-s+1}{s^2+s+1}$，试判断其是否为全通函数。

解：可求得该系统函数的零点为 $z_{1,2}=\dfrac{1}{2}\pm \mathrm{j}\dfrac{\sqrt{3}}{2}$，极点 $p_{1,2}=-\dfrac{1}{2}\pm \mathrm{j}\dfrac{\sqrt{3}}{2}$。

由此可以画出零、极点分布图如图 7-11 所示。可以看出 $H(s)$ 的零、极点互为镜像，所以可推知该网络为全通网络。

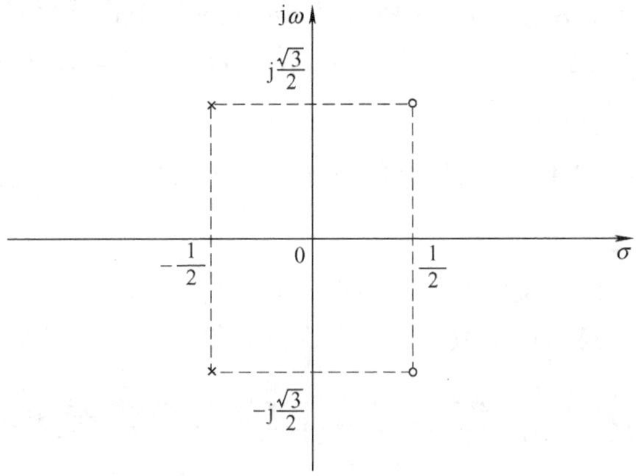

图 7-11　例 7-6 零/极点分布图

2. 最小相移系统

若一个系统函数的零点仅位于左半平面或 jω 轴，则称这个网络函数为“最小相移函数”，该网络称为“最小相移网络”。类似地，若存在至少一个零点在右半平面的网络函数称为“非最小相移网络函数”，对应的网络称为“非最小相移网络”。

任意一个非最小相移函数都可以表示为最小相移函数和全通函数的乘积，即将非最小相移网络转化为最小相移网络与全通网络的级联。如图 7-12a 所示非最小相移网络可转化为最小相移网络（见图 7-12b）和全通网络（见图 7-12c）的函数之积。

推导如下：

设非最小相移函数在右半平面的零点位于

$$z_{1,2}=\sigma_0\pm \mathrm{j}\omega_0 \tag{7-41}$$

它在系统函数 $H(s)$ 分子中的复数因子为

$$[s-(\sigma_0+\mathrm{j}\omega_0)][s-(\sigma_0-\mathrm{j}\omega_0)]=(s-\sigma_0)^2+\omega_0^2 \tag{7-42}$$

所以 $H(s)$ 可表示为

$$H(s)=H_{\min}(s)[(s-\sigma_0)^2+\omega_0^2] \tag{7-43}$$

由于余下的 $H_{\min}(s)$ 必然为最小相移函数，接下来改写式(7-43) 如下：

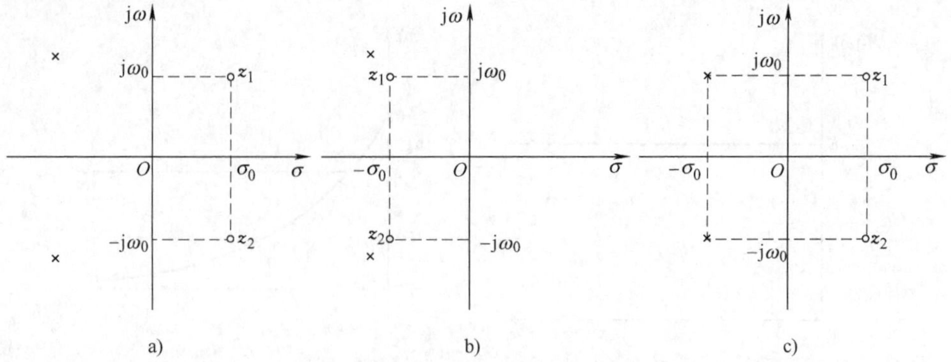

图 7-12　非最小相移网络可转化为最小相移网络与全通网络的级联

$$H(s)=H_{\min}(s)[(s+\sigma_0)^2+\omega_0^2]\cdot\frac{(s-\sigma_0)^2+\omega_0^2}{(s+\sigma_0)^2+\omega_0^2} \tag{7-44}$$

其中，$H_{\min}(s)[(s+\sigma_0)^2+\omega_0^2]$为最小相移函数，其零点全部位于复平面的左侧，如图 7-12b 所示；而$[(s-\sigma_0)^2+\omega_0^2]/[(s+\sigma_0)^2+\omega_0^2]$为全通函数，其零、极点关于虚轴对称，如图 7-12c 所示。

【例 7-7】 若某网络的系统函数为$H(s)=\dfrac{(s+1)(s+2)}{(s+3)(s+4)(s+5)}$，试判断其是否为最小相移系统。

解：由系统函数易得零点$z_1=-1$，$z_2=-2$；极点为$p_1=-3$，$p_2=-4$，$p_3=-5$。

易得该函数在右半平面没有零点，故为最小相移系统。

7.7　连续时间 LTI 系统的框图表示和模拟

7.7.1　连续系统的框图表示

1. 基本运算器的 s 域模型

对于连续系统，可以用模拟框图来表示一个系统，其中模拟基本运算器的 s 域模型如图 7-13 所示。

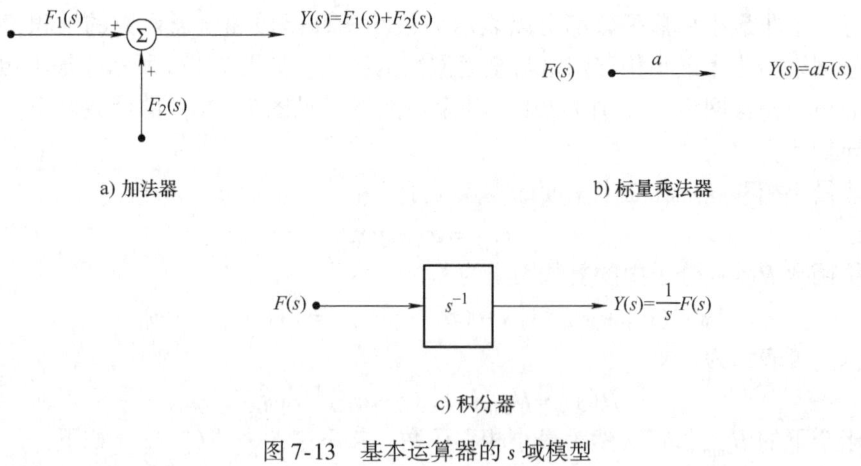

图 7-13　基本运算器的 s 域模型

2. 系统串联

图7-14a是系统的串联框图，且两个子系统的系统函数分别为

$$H_1(s)=\frac{X(s)}{F(s)},\ H_2(s)=\frac{Y(s)}{X(s)} \tag{7-45}$$

则信号通过串联系统的响应为

$$Y(s)=H_2(s)X(s)=H_2(s)H_1(s)F(s) \tag{7-46}$$

根据系统函数的定义，串联系统的系统函数为

$$H(s)=\frac{Y(s)}{F(s)}=H_1(s)H_2(s) \tag{7-47}$$

由式(7-47)可以看出，串联系统的系统函数等于各子系统的系统函数乘积，其关系如图7-14b所示。

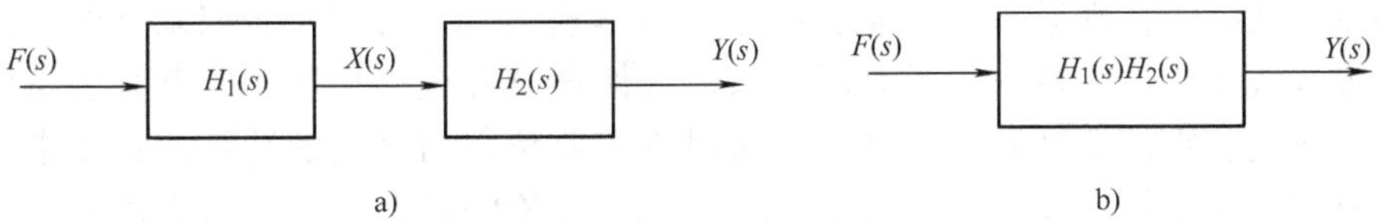

图7-14　两个子系统的级联

3. 系统并联

图7-15a为系统的并联框图。信号通过并联系统的响应为

$$Y(s)=H_1(s)F(s)+H_2(s)F(s)=[H_1(s)+H_2(s)]F(s) \tag{7-48}$$

根据系统函数的定义，并联系统的系统函数为

$$H(s)=\frac{Y(s)}{F(s)}=H_1(s)+H_2(s) \tag{7-49}$$

由式(7-49)可以看出，并联系统的系统函数等于各子系统的系统函数之和，其关系如图7-15b所示。

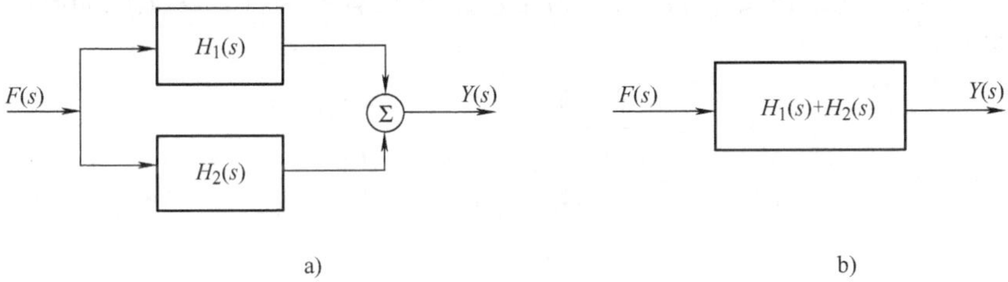

图7-15　两个子系统的并联

4. 反馈环路

图7-16是系统的反馈环路，其特点是通过一定方式把系统的输出量的一部分返回到输入端，与输入量进行比较形成反馈。图中$H_1(s)$称为前向通路的系统函数，$H_2(s)$称为反馈通路的系统函数。

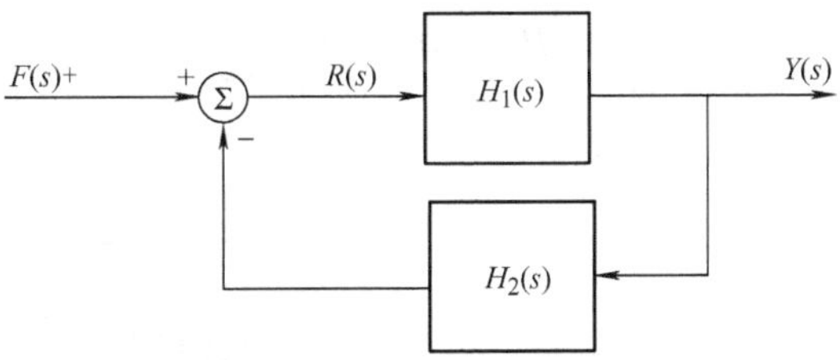

图7-16　反馈环路

首先，根据系统框图的连接关系，建立方程

$$\begin{cases}Y(s)=R(s)H_1(s)\\R(s)=F(s)-H_2(s)Y(s)\end{cases} \tag{7-50}$$

然后，消去中间变量 $R(s)$，得到信号通过反馈环路的系统响应为

$$Y(s)=\frac{H_1(s)}{1+H_1(s)H_2(s)}F(s) \tag{7-51}$$

根据系统函数的定义，反馈环路系统的系统函数为

$$H(s)=\frac{Y(s)}{F(s)}=\frac{H_1(s)}{1+H_1(s)H_2(s)} \tag{7-52}$$

7.7.2 连续 LTI 系统的 s 域模拟

将一个实际的物理系统模型化，抽象为数学表达式，有利于研究系统的性能。例如对于连续线性时不变系统，可以用常系数线性微分方程来描述。但有时也需要对实际系统进行实验室模拟来研究其性能。这时不需要仿制出真实的系统，只要求模拟的系统与真实系统具有相同的微分方程即可。本节讨论的系统模拟，即为这种数学意义上的模拟。在模拟相同的系统函数时，通过不同的运算可以得到不同的实现方案。其中常用的实现方案有直接型、级联型和并联型。

1. 直接型

描述连续时间 LTI 系统的微分方程的一般形式为

$$\begin{aligned}&y^n(t)+a_{n-1}y^{(n-1)}(t)+\cdots+a_1y'(t)+a_0y(t)\\=&b_mf^m(t)+b_{m-1}f^{(m-1)}(t)+\cdots+b_1f'(t)+b_0f(t)\end{aligned}$$

由此可以求出相应的系统函数 $H(s)$ 为

$$H(s)=\frac{b_ms^m+b_{m-1}s^{m-1}+\cdots+b_1s+b_0}{s^n+a_{n-1}s^{n-1}+\cdots+a_1s+a_0}$$

由于物理可实现系统要求 $m\leqslant n$，为了使结果具有普遍性，这里取 $m=n$，则可将 $H(s)$ 表示为

$$H(s)=\frac{b_ns^n+b_{n-1}s^{n-1}+\cdots+b_1s+b_0}{s^n+a_{n-1}s^{n-1}+\cdots+a_1s+a_0} \tag{7-53}$$

为了便于理解，下面以一个二阶系统为例进行讨论。设二阶系统的系统函数为

$$H(s)=\frac{b_2s^2+b_1s+b_0}{s^2+a_1s+a_0} \tag{7-54}$$

然后将系统函数改写为

$$H(s)=\frac{1}{s^2+a_1s+a_0}\cdot(b_2s^2+b_1s+b_0)=H_1(s)H_2(s)$$

其中

$$H_1(s)=\frac{1}{s^2+a_1s+a_0}$$

$$H_2(s)=b_2s^2+b_1s+b_0$$

这里，可以把系统 $H(s)$ 看作两个子系统 $H_1(s)$ 与 $H_2(s)$ 的级联。如图 7-17 所示，

其中

$$X(s)=F(s)H_1(s)=\frac{1}{s^2+a_1s+a_0}F(s) \tag{7-55}$$

$$Y(s)=X(s)H_2(s)=(b_2s^2+b_1s+b_0)F(s) \tag{7-56}$$

对上述两式进行拉普拉斯逆变换可得到 $H_1(s)$ 与 $H_2(s)$ 两个子系统的微分方程为

$$x''(t)+a_1x'(t)+a_0x(t)=f(t) \tag{7-57}$$

$$y(t)=b_2x''(t)+b_1x'(t)+b_0x(t) \tag{7-58}$$

根据第 2 章介绍的连续 LTI 系统的模拟框图画法，可以得到式(7-57)所示反馈系统的模拟框图如图 7-18a 中虚线部分所示。再根据式(7-58)可知，利用 $x''(t)$、$x'(t)$ 和 $x(t)$ 分别乘以适当的系数再相加就可以得到 $y(t)$，如图 7-18a 所示。由于积分器元件的系统函数为 $1/s$，所以可得该系统在 s 域的框图如图 7-18b 所示，其中 $F(s)$、$s^2X(s)$、$sX(s)$ 和 $X(s)$ 分别为 $f(t)$、$x''(t)$、$x'(t)$ 和 $x(t)$ 在 s 域的表达式。

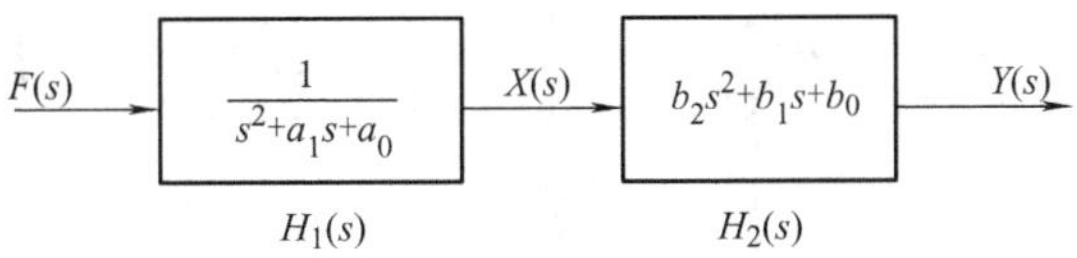

图 7-17 两个子系统的级联

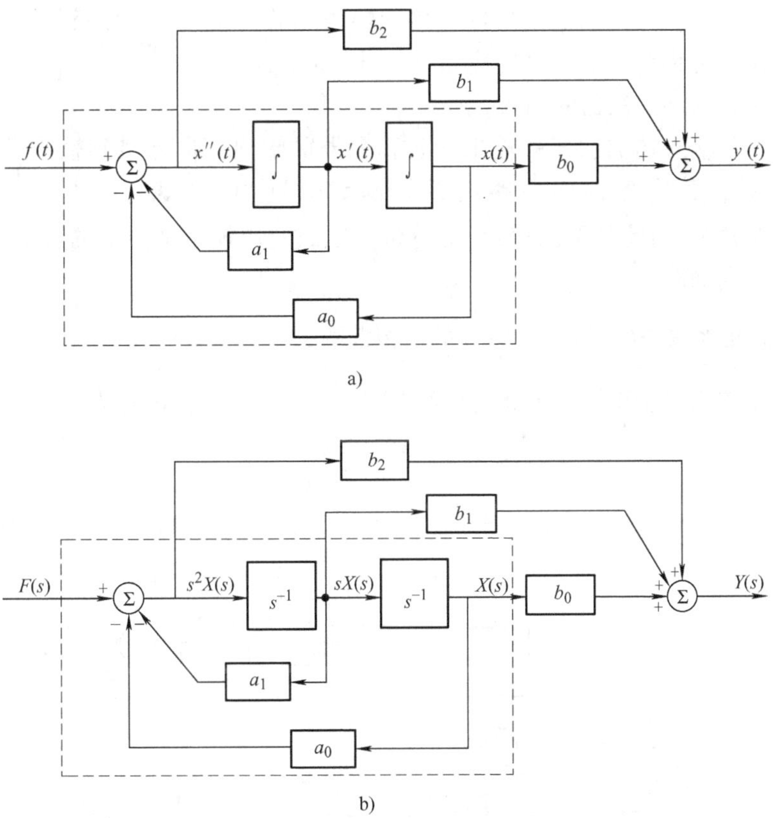

图 7-18 二阶系统时域框图与 s 域框图

根据以上分析，可以进一步分析得出 n 阶连续 LTI 系统的模拟框图，如图 7-19 所示。由于是利用积分器实现的，因此可以将式(7-53) 的系统函数改写为

$$H(s)=\frac{b_n+b_{n-1}s^{-1}+\cdots+b_1s^{-(n-1)}+b_0s^{-n}}{1+a_{n-1}s^{-1}+\cdots+a_1s^{-(n-1)}+a_0s^{-n}} \tag{7-59}$$

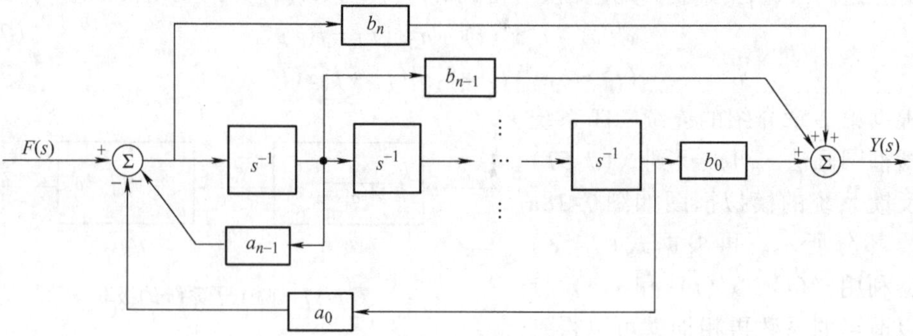

图 7-19　n 阶连续 LTI 系统的 s 域模拟框图

通过比较式(7-53) 和图 7-19，可以得出绘制 n 阶连续 LTI 系统的 s 域模拟框图的一般规律：

第 1 步，画出 n 个级联的积分器。

第 2 步，将各积分器的输出反馈连接到输入端的加法器，形成反馈回路，各反馈回路的系统函数分别为 $-a_{n-1}s^{-1}$，$-a_{n-2}s^{-2}$，…，$-a_1s^{-(n-1)}$，$-a_0s^{-n}$，同时可以将负号标注在输入端加法器的输入。

第 3 步，将输入端加法器的输出和各积分器的输出正向连接到输出端的加法器，构成前向通路，其中各前向通路的系统函数分别为 b_n，$b_{n-1}s^{-1}$，$b_{n-2}s^{-2}$，…，$b_1s^{-(n-1)}$，b_0s^{-n}。由此可见，$H(s)$ 的分母多项式对应模拟框图中的反馈回路，分子多项式对应前向通路。

【例 7-8】 画出系统 $H(s)=\dfrac{4s+2}{s^2+3s+6}$的模拟框图。

解： 由于该系统为二阶系统，因此需要两个积分器。将 $H(s)$ 改写为

$$H(s)=\frac{4s^{-1}+2s^{-2}}{1+3s^{-1}+6s^{-2}}$$

由分子分母可知，模拟框图有两条反馈回路，一条前向通路。如图 7-20 所示。

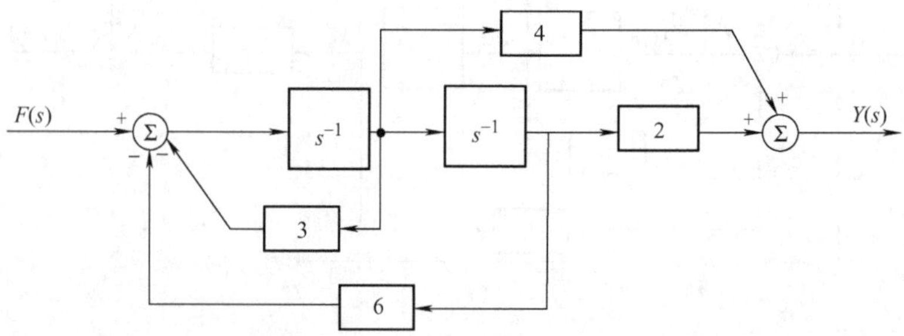

图 7-20　例 7-8 系统的 s 域模拟框图

2. 级联型

若将 $H(s)$ 的分子和分母关于 s 的多项式分解为一阶或二阶实系数因子形式，然后将它们组成一阶或二阶子系统，即化为

$$H(s)=H_1(s)H_2(s)\cdots H_i(s) \tag{7-60}$$

对每一个子系统按照直接型结构画出框图，最后将这些子系统连接起来便可得到连续 LTI 系统级联型 s 域模拟框图。

【例 7-9】 已知某连续时间 LTI 系统的系统函数为 $H(s)=\dfrac{2s+4}{(s+3)(s^2+2s+2)}$，试画出该系统的级联模型。

解： 由于该系统有一对共轭复数极点 $-1+\mathrm{j}$ 和 $-1-\mathrm{j}$。对于实际的系统，希望其系统函数都为实数。因此，为了保证级联的各子系统系数为实数，可以将具有共轭复数极点的两个一阶系统合并为一个二阶系统。因此可以将系统函数表示为

$$H(s)=\frac{1}{s+3}\cdot\frac{2s+4}{s^2+2s+2}=\frac{s^{-1}}{1+3s^{-1}}\cdot\frac{2s^{-1}+4s^{-2}}{1+2s^{-1}+2s^{-2}}$$

模拟框图如图 7-21 所示。

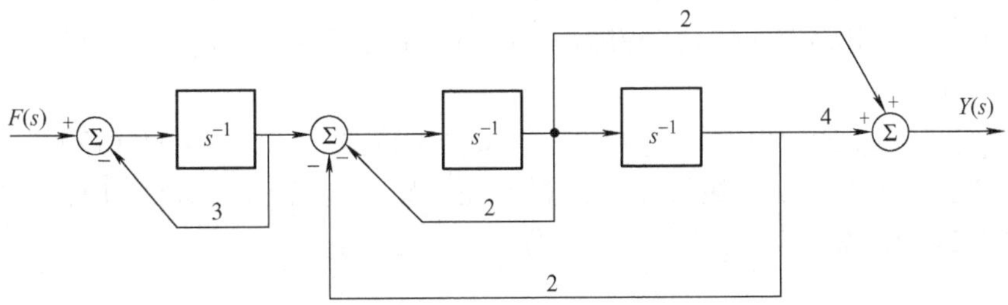

图 7-21 例 7-9 模拟框图

3. 并联型

若将系统函数 $H(s)$ 展开成部分分式，形成一阶、二阶子系统并联的形式，即

$$H(s)=H_1(s)+H_2(s)+\cdots+H_j(s) \tag{7-61}$$

按照直接型结构，画出各子系统的模拟框图，然后将它们并联起来，即可得到连续时间 LTI 系统并联型结构的 s 域模拟框图。

【例 7-10】 已知某连续时间 LTI 系统的系统函数为 $H(s)=\dfrac{2s^2+7s+5}{(s+1)(s+2)^2}$，试画出该系统的并联型模拟框图。

解： 将系统函数展开成

$$H(s)=\frac{2}{s+1}+\frac{-2}{s+2}+\frac{1}{(s+2)^2}$$

由于上式中出现了重极点，而重极点的各项可组成级联形式，再与其他项组成并联形式，其模拟框图如图 7-22 所示。

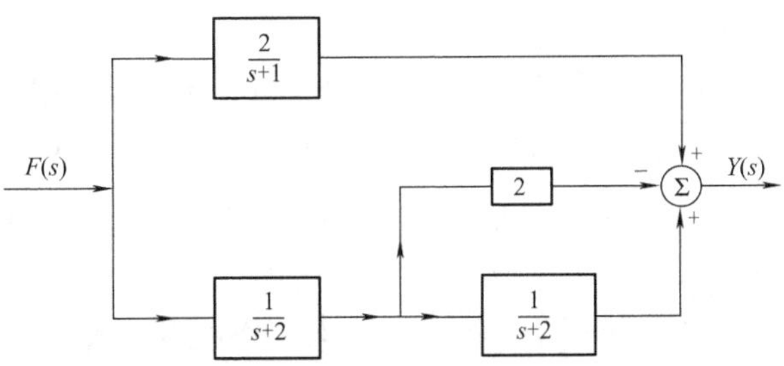

图 7-22 例 7-10 模拟框图

习　题

7-1　已知某连续 LTI 系统的系统函数为 $H(s)=\dfrac{s+5}{s^2+4s+3}$，试完成：

（1）写出系统的输入—输出之间关系的微分方程；

（2）计算系统在激励 $f(t)=\mathrm{e}^{-2t}\varepsilon(t)$ 作用下的零状态响应。

7-2　已知某连续 LTI 系统的阶跃响应 $s(t)=(1-\mathrm{e}^{-2t})\varepsilon(t)$，为使其系统的零状态响应 $y_{zs}(t)=(1-\mathrm{e}^{-2t}-t\mathrm{e}^{-2t})\varepsilon(t)$，系统的激励信号 $f(t)$ 应该是什么形式？

7-3　利用拉普拉斯变换求解下列连续 LTI 系统的系统函数、零输入响应、零状态响应和全响应。

（1）$y''(t)+5y'(t)+6y(t)=f'(t)+4f(t)$, $f(t)=\varepsilon(t)$, $y(0_-)=1$, $y'(0_-)=2$

（2）$y''(t)+4y'(t)+4y(t)=3f'(t)+2f(t)$, $f(t)=\varepsilon(t)$, $y(0_-)=-2$, $y'(0_-)=3$

（3）$y''(t)+4y'(t)+3y(t)=f'(t)-3f(t)$, $f(t)=\mathrm{e}^{-2t}\varepsilon(t)$, $y(0_-)=0$, $y'(0_-)=1$

（4）$y''(t)+4y'(t)+8y(t)=3f'(t)+f(t)$, $f(t)=\mathrm{e}^{-t}\varepsilon(t)$, $y(0_-)=5$, $y'(0_-)=3$

7-4　利用 s 域分析法计算如图 7-23 所示电路的回路电流 $i(t)$。已知电路的初始储能 $u_C(0_-)=1\mathrm{V}$，电感上的初始电流为 $i_L(0_-)=1\mathrm{A}$，激励信号 $f(t)=\varepsilon(t)$，$L=1\mathrm{H}$，$R=2\Omega$, $C=1\mathrm{F}$。

7-5　如图 7-24 所示电路在 $t=0$ 之前开关处于位置“1”，在 $t=0$ 时刻开关从“1”切换到“2”，画出电路的 s 域模型，计算流经电感的电流 $y(t)$。已知 $f(t)=2\varepsilon(t)$，$L=1\mathrm{H}$，$R=2\Omega$, $C=2\mathrm{F}$。

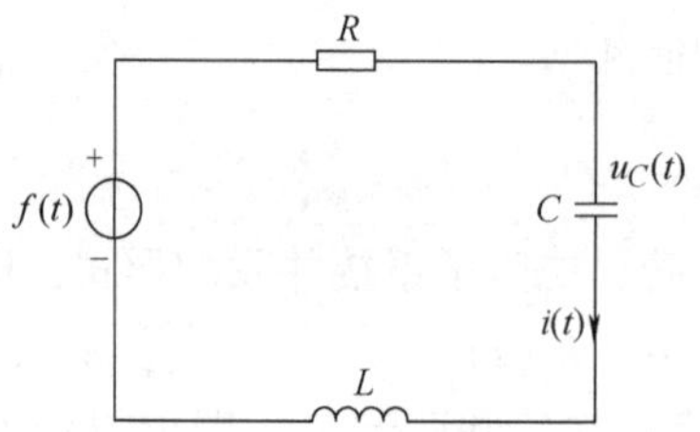

图 7-23　习题 7-4 图

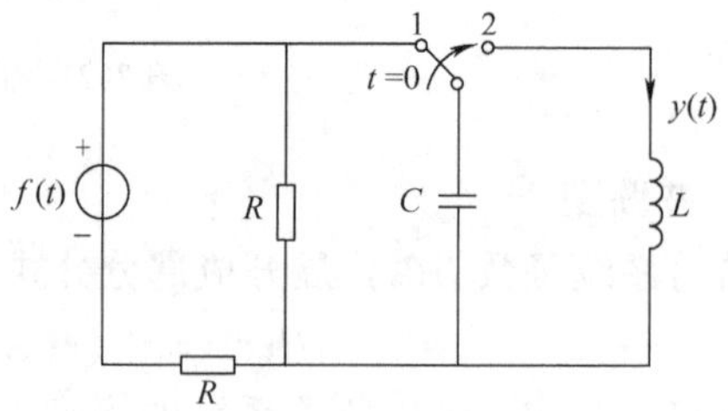

图 7-24　习题 7-5 图

7-6　如图 7-25 所示电路在 $t=0$ 之前一直处于闭合状态，画出电路的 s 域模型，并求开关打开后流经电感的电流 $y(t)$。已知 $f(t)=10\varepsilon(t)$，$L=1\mathrm{H}$，$R_1=2\Omega$, $R_2=5\Omega$, $C=0.2\mathrm{F}$。

7-7　如图 7-26 所示电路，画出电路的 s 域模型，计算流经电感的电流 $y(t)$。已知 $u_C(0_-)=5\mathrm{V}$, $i_L(0_-)=4\mathrm{A}$, $f(t)=\varepsilon(t)$, $L=0.5\mathrm{H}$，$R_1=0.2\Omega$, $R_2=1\Omega$, $C=1\mathrm{F}$。

7-8　已知系统函数 $H(s)=\dfrac{s+2}{s^2+5s+4}$，计算输入分别为：

（1）$5\cos\left(2t+\dfrac{\pi}{3}\right)$；　（2）$10\sin\left(2t+\dfrac{\pi}{4}\right)$；　（3）$5\cos\left(3t+\dfrac{\pi}{3}\right)+\sin(2t)$ 时系统的稳态响应。

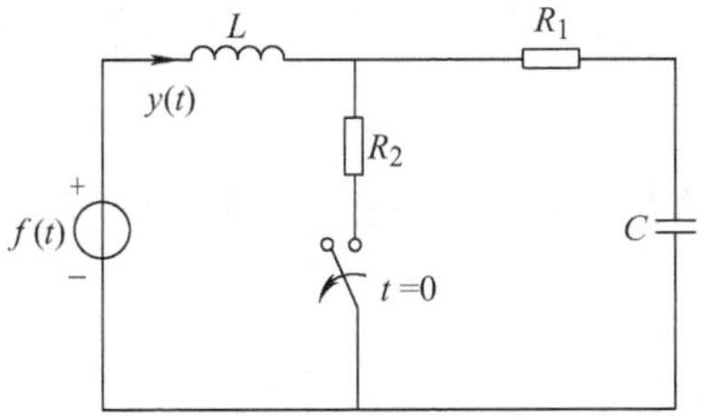

图 7-25 习题 7-6 图

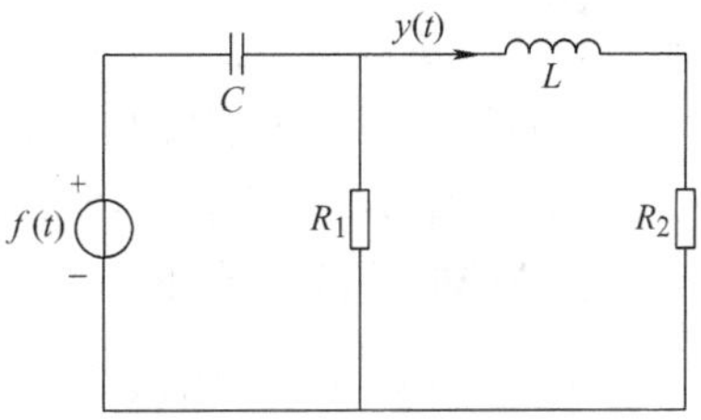

图 7-26 习题 7-7 图

7-9 已知某连续 LTI 系统的零、极点如图 7-27 所示，已知其阶跃响应的终值是 4，计算激励信号 $f(t)=\mathrm{e}^{-t}\varepsilon(t)$ 的零状态响应。

7-10 已知某连续 LTI 系统的零、极点图如图 7-28 所示，且 $H(\infty)=1$，试完成：

（1）求系统函数 $H(s)$ 及冲激响应 $h(t)$；

（2）判断系统是否稳定？如果稳定，求频率响应函数 $H(\mathrm{j}\omega)$，并计算在激励信号 $3\cos t\varepsilon(t)$ 作用下的稳态响应。

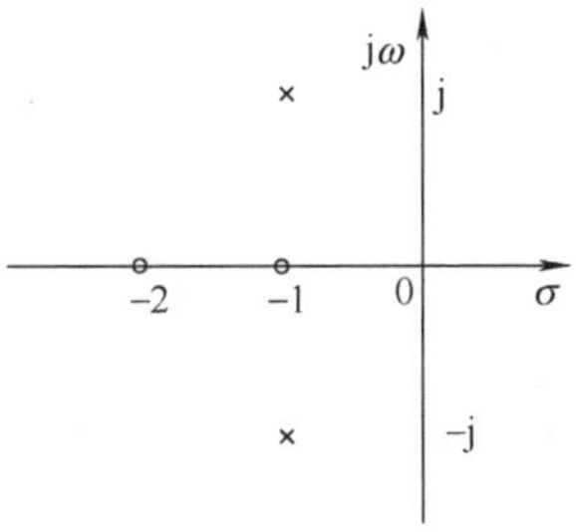

图 7-27 习题 7-9 图

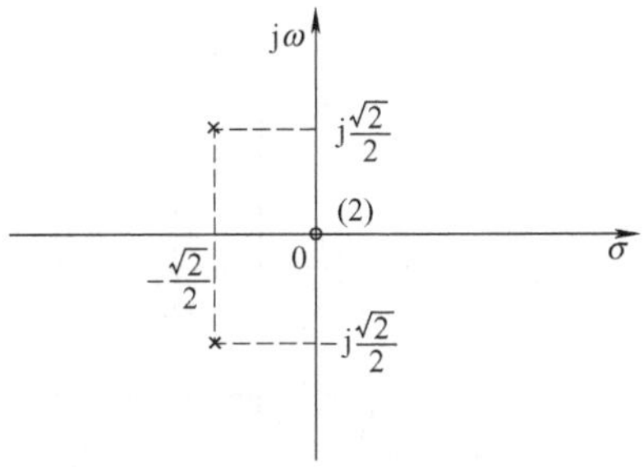

图 7-28 习题 7-10 图

7-11 已知下列因果连续 LTI 系统的系统函数 $H(s)$，试判断系统是否稳定？并给出理由。

（1）$H(s)=\dfrac{s+5}{s^2+3s+2}$　（2）$H(s)=\dfrac{s+1}{s^2+3s}$　（3）$H(s)=\dfrac{1}{s^2+4}$

（4）$H(s)=\dfrac{1}{s^2+2s+5}$　（5）$H(s)=\dfrac{s+1}{s^2-4s+8}$　（6）$H(s)=\dfrac{1}{(s^2+1)^2}$

7-12 已知系统函数 $H(s)=\dfrac{4s+5}{s^2+5s+6}$，试绘制系统的零、极点分布图，计算系统的单位冲激响应 $h(t)$，并判断系统是否稳定？

7-13 根据图 7-29 所示的零、极点分布图，定性地画出相应系统的幅频响应和相频响应图，假设系统的增益系数 $K=1$。

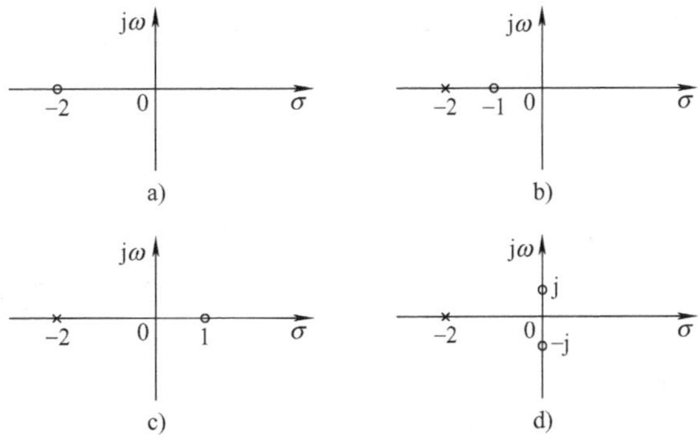

图 7-29 习题 7-13 图

7-14 已知某因果连续系统的

系统函数为 $H(s)=\dfrac{s^2+4s+5}{s^2+3s+2}$，如果 $f(t)=\mathrm{e}^{-3t}\varepsilon(t)$，$y(0_-)=1$，$y'(0_-)=1$。试计算系统的零输入响应、零状态响应和全响应。

7-15 写出如图 7-30 所示复合系统的系统函数，并计算复合系统的单位冲激响应 $h(t)$。各个子系统的系统函数如下：

$$H_1(s)=\frac{1}{s+1},\quad H_2(s)=\frac{1}{s+2},\quad H_3(s)=\frac{1}{s},\quad H_4(s)=H_2(s)。$$

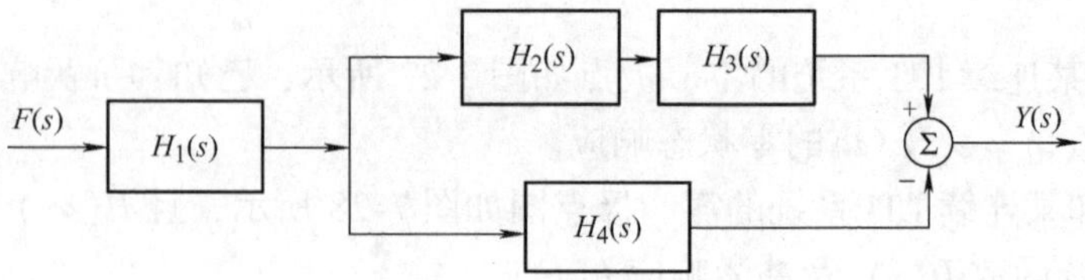

图 7-30 习题 7-15 图

7-16 写出如图 7-31 所示 s 域框图所描述系统的系统函数。

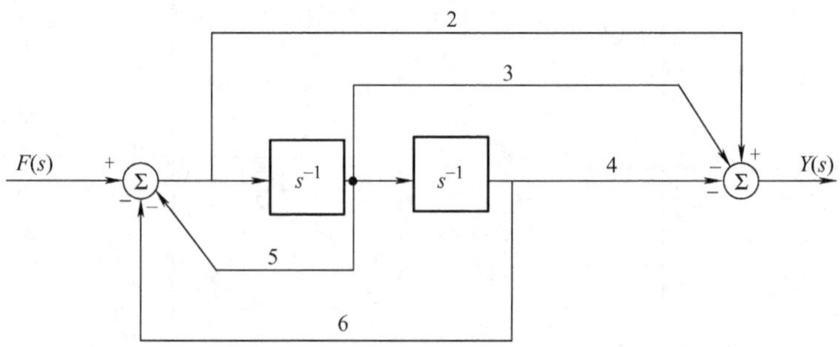

图 7-31 习题 7-16 图

7-17 试分别画出下列因果连续 LTI 系统的直接型模拟框图。

（1）$H(s)=\dfrac{2s+5}{s^2+7s+6}$ （2）$H(s)=\dfrac{s^2+2s-4}{s^2+5s+4}$ （3）$H(s)=\dfrac{s-2}{s(s+2)(s+3)}$

7-18 写出如图 7-32 所示连续 LTI 系统的系统函数 $H(s)$，并判断使系统稳定的常数 β 的取值范围。

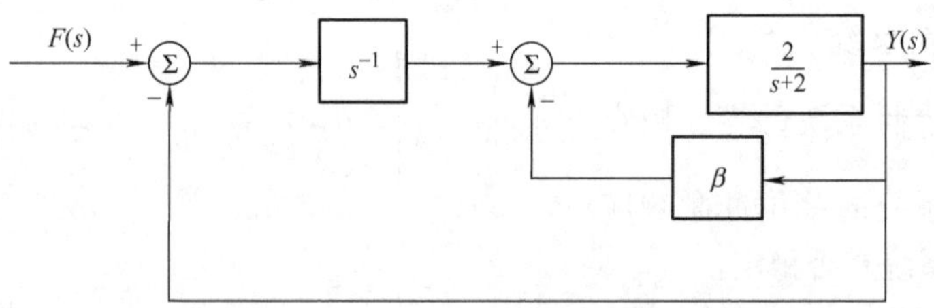

图 7-32 习题 7-18 图

第8章 离散时间系统的时域分析

8.1 引言

离散时间系统的研究源远流长，17 世纪发展起来的经典数值分析技术奠定了这方面的数学基础。20 世纪 40 ~50 年代，抽样数据控制系统的研究取得了重大进展。20 世纪 60 年代以后，计算机科学的进一步发展与应用标志着离散时间系统的理论研究和实践进入了一个新阶段。1965 年，库利（J. W. Cooley）与图基（J. W. Tukey）在前人工作的基础上发表了计算傅里叶变换高效算法的文章，该算法称为快速傅里叶变换（Fast Fourier Transform，FFT）。FFT 算法的出现引起了人们极大的兴趣，迅速地得到了广泛应用。与此同时，超大规模集成电路研制的进展使得体积小、重量轻、成本低的离散时间系统有可能得以实现。在信号与系统分析的研究中，人们开始以一种新的观点——数字信号处理的观点来认识和分析各种问题。20 世纪末期，数字信号处理技术迅速发展，应用日益广泛，在通信、雷达、控制、航空与航天、遥感、声呐、生物医学、地震学、核物理学、微电子学等诸多领域已卓见成效。随着应用技术的发展，离散时间信号与系统自身的理论体系逐步形成，并且日趋丰富和完善。

另一方面，不能认为数字化技术将取代一切连续时间系统的应用。实际上人类在自然界中遇到的待处理信号相当多的部分都属于连续时间信号，借助离散时间系统对其处理时，需经 A/D 和 D/A 转换环节，转换部分及其前后往往不可能避免连续时间系统的出现。此外，当工作频率较高时，直接采用数字集成器件尚有一些困难，此时采用连续时间系统处理或许更为简便。因此模拟信号处理与传输系统仍在一定范围内发挥作用。

在许多通信与电子设备中，经常遇到连续时间系统与离散时间系统组合成的“混合系统”。例如，“软件无线电”（software radio）是继模拟通信、数字通信之后的最新一代通信技术。它是充分数字化的无线电通信系统，其 A/D、D/A 转换器尽可能靠近天线，在射频端和终端最低限度地保留了部分连续时间系统。因而可将此系统看成一台带有天线的“超级”计算机。它充分发挥了数字系统的优点，利用可编程技术选择多种功能和体制，在通用化、模块化、兼容性、灵活性诸方面使无线电通信设备的面貌焕然一新。软件无线电显示了当代数字化技术发展的最新特征，也说明了适当利用连续时间系统的必要性。

离散时间信号与系统的分析理论与连续时间信号与系统的分析理论存在着很大相似性。连续时间系统的数学模型是用微分方程描述的。与之相应，离散时间系统则采用差分方程表示。差分方程与微分方程的求解方法在相当大的程度上一一对应。在连续时间系统中，卷积方法的研究与应用有着极其重要的意义；与此类似，在离散时间系统的研究中，序列卷积和（简称卷积）的方法具有同样重要的地位。在连续时间系统中，广泛地应用变换域方法——拉普拉斯变换与傅里叶变换方法，并运用系统函数的概念来处理各种问题；在离散时间系统中也同样普遍地运用 z 变换和系统函数的概念。参照连续时间系统的某些方法学习离散时间系统理论时，必须注意它们之间存在着一些重要差异，包括数学模型的建立与求解、系统性能分析以及系统实现原理等。

8.2 离散时间信号

8.2.1 离散时间信号的表示

离散时间信号又称离散时间序列，它可以由连续时间信号等间隔抽样得到，或者本身就是随时间离散取值的变化量。它既可以采用代数表达式表示，也可以采用图形的方式或者集合的方式进行表示。

图 8-1 所示为某离散时间序列的图形表示，线段的长短代表各序列值的大小。它也可以采用集合的方式表示如下：

$$f(k)=\{1,-1,\dot{1},2,1,0,1,-0.5\},\quad k\in \mathrm{Z}$$

其中标点的位置表示序号是零的位置。

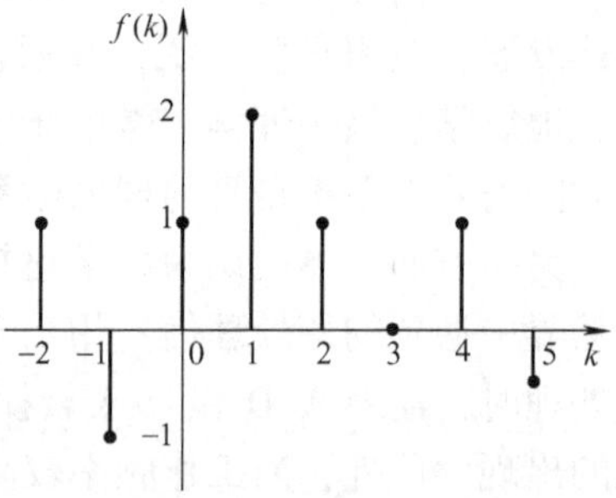

图 8-1　离散时间序列

根据离散变量 k 的取值范围不同，离散时间序列 $f(k)$ 又可以分为双边序列、单边序列和有限序列。

1）当 $k\in(-\infty,\infty)$ 时，序列 $f(k)$ 都存在非零的序列值，那么该序列称为双边序列，如图 8-2a 所示。

2）当 $k\in[N_1,\infty)$ 时，序列 $f(k)$ 存在非零的序列值，那么该序列称为右边序列，如图 8-2b 所示。

3）当 $k\in(-\infty,N_2]$ 时，序列 $f(k)$ 存在非零的序列值，则该序列称为左边序列，如图 8-2c 所示。

4）仅当 $k\in[N_1,N_2]$ 时，序列 $f(k)$ 存在非零的序列值，那么该序列称为有限长序列，如图 8-2d 所示。

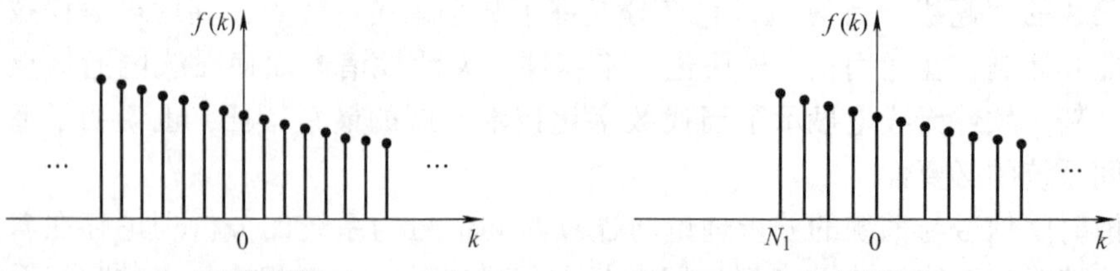

图 8-2　离散时间序列类型

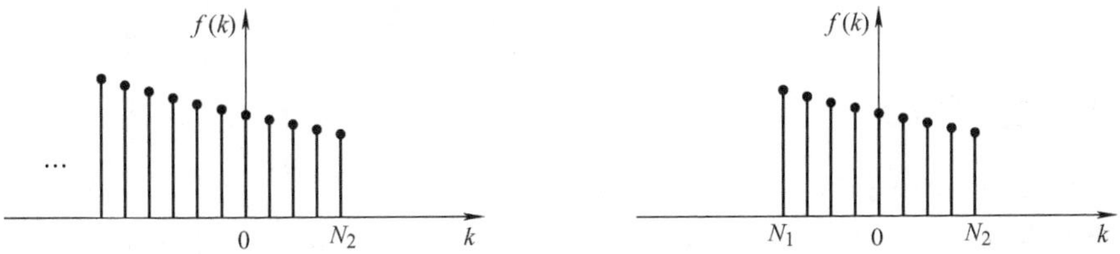

c) 左边序列　　d) 有限长序列

图 8-2　离散时间序列类型（续）

此外，当 $k\in[N_1,\infty)$ 且 $N_1\geqslant 0$ 时，那么该右边序列又称为因果序列；而 $k\in(-\infty, N_2]$ 且 $N_2<0$ 时，该左边序列又称为反因果序列。

8.2.2　常用的基本序列

下面介绍一些常用的典型序列。

1. 单位脉冲序列

$$\delta(k)=\begin{cases}1, & k=0\\ 0, & k\neq 0\end{cases} \tag{8-1}$$

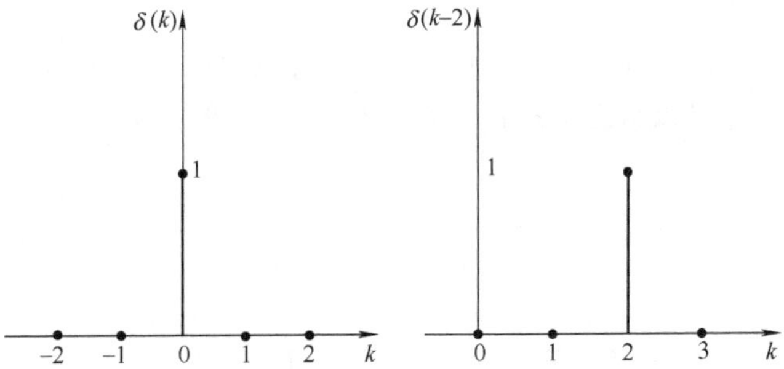

a) 单位脉冲序列δ(k)　　b) 经过平移的脉冲序列δ(k-2)

图 8-3　单位脉冲序列

此序列只在 $k=0$ 处取单位值 1，其余样点上都为零，如图 8-3a 所示。它在离散时间系统中的作用，类似于连续时间系统中的单位冲激函数 $\delta(t)$。但是，应注意它们之间的重要区别，$\delta(t)$ 可理解为在 $t=0$ 点脉宽趋于无穷小，幅度为无限大的理想脉冲信号；而 $\delta(k)$ 在 $k=0$ 点取有限值，其值等于 1，可以将其视为 $\delta(t)$ 的强度值。经过平移的脉冲序列如图 8-3b 所示。

利用单位脉冲序列可以表示任意的离散时间序列，如图 8-1 所示序列可以写成如下表达式：

$$f(k)=\delta(k+2)-\delta(k+1)+\delta(k)+2\delta(k-1)+\delta(k-2)+\delta(k-4)-0.5\delta(k-5)$$

2. 单位阶跃序列

$$\varepsilon(k)=\begin{cases}1, & k\geqslant 0\\ 0, & k<0\end{cases} \tag{8-2}$$

单位阶跃序列如图 8-4 所示，类似于连续时间系统中的单位阶跃信号 $\varepsilon(t)$。但应注意 $\varepsilon(t)$ 在 $t=0$ 点发生跳变，往往不予定义（或定义为1/2），而 $\varepsilon(k)$ 在 $k=0$ 处明确规定为 $\varepsilon(0)=1$。

阶跃序列 $\varepsilon(k)$ 和单位脉冲序列的关系如下：

$$\varepsilon(k)=\sum_{i=0}^{\infty}\delta(k-i) \tag{8-3}$$

$$\delta(k)=\varepsilon(k)-\varepsilon(k-1) \tag{8-4}$$

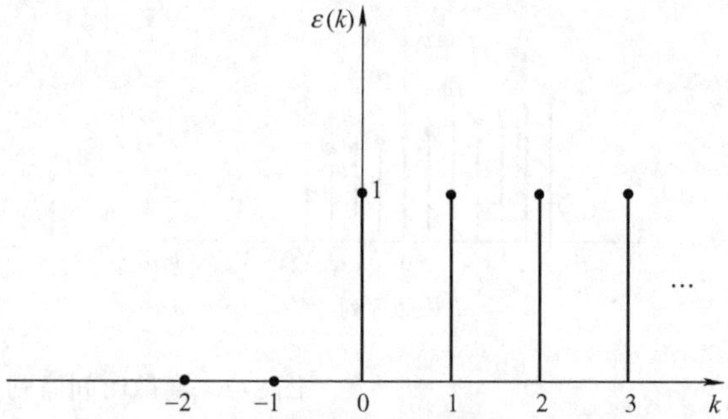

图 8-4　单位阶跃序列

3. 矩形序列

$$R_N(k)=\begin{cases}1, & 0\leqslant k\leqslant N-1\\ 0, & k<0 \text{ or } n\geqslant N\end{cases} \tag{8-5}$$

从 $k=0$ 开始，到 $k=N-1$，共有 N 个幅度为 1 的数值，其余各点皆为零，如图 8-5 所示。它可以理解为由连续时间系统中的矩形脉冲抽样得到。将该序列往右平移 k 个单位，得到的矩形序列记为 $R_N(k-m)$，该序列的不等于 0 的取值范围从 $k=m$ 到 $k=m+N-1$。

$R_N(k)$ 还可以写成如下表达形式：

$$R_N(k)=\varepsilon(k)-\varepsilon(k-N)=\sum_{i=0}^{N-1}\delta(k-i) \tag{8-6}$$

4. 单位斜坡序列

$$r(k)=k\varepsilon(k) \tag{8-7}$$

单位斜坡序列如图 8-6 所示。它与连续时间系统中的斜坡函数 $f(t)=t\varepsilon(t)$ 相像。类似地，还可以给出 $k^2\varepsilon(k)$，$k^3\varepsilon(k)$，…，等序列。

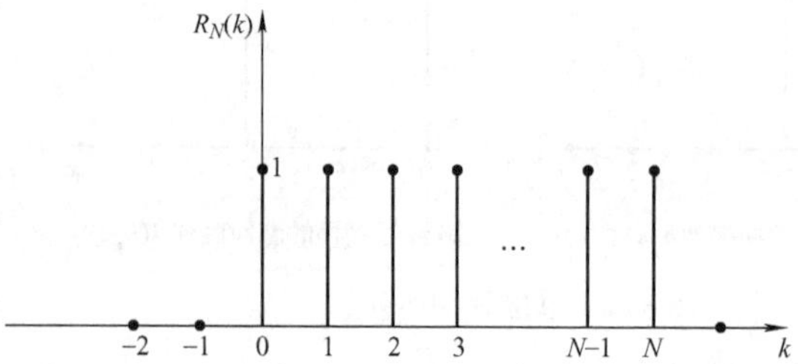

图 8-5　矩形序列

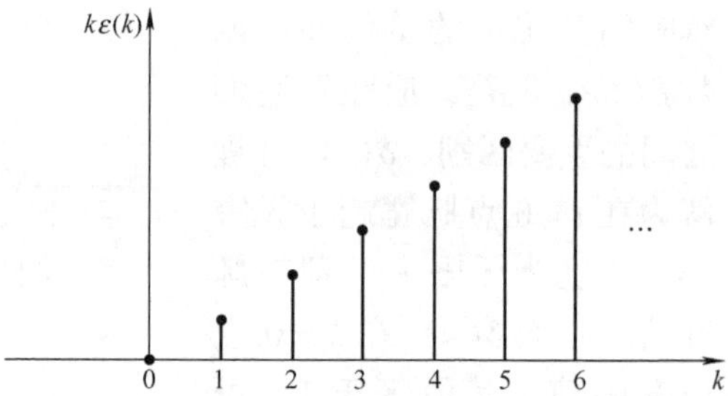

图 8-6　单位斜坡序列

单位斜坡序列和单位阶跃序列的关系如下：

$$\varepsilon(k)=r(k+1)-r(k) \tag{8-8}$$

$$r(k)=\sum_{i=-\infty}^{k-1}\varepsilon(i) \tag{8-9}$$

5. 实指数序列

$$f(k)=a^k \tag{8-10}$$

其中常数 a 为实数。当 $|a|<1$ 时序列收敛，其中 $a>0$ 序列都取正值，如图 8-7a 所示，而当 $a<0$ 时序列在正、负之间摆动，如图 8-7c 所示；当 $|a|>1$ 时序列是发散的，分别如图 8-7b、d 所示。

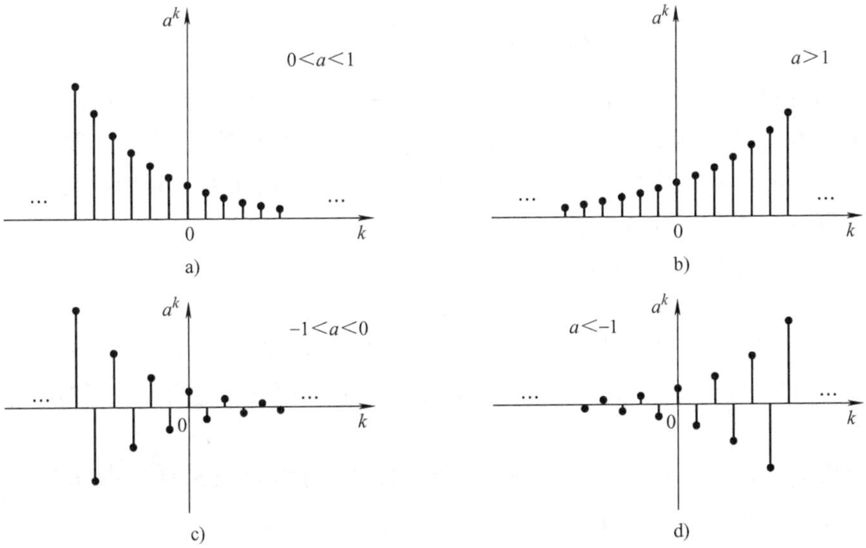

图 8-7 实指数序列

6. 正弦序列

$$f(k)=\sin(\Omega k) \tag{8-11}$$

正弦序列如图 8-8 所示，式中 Ω 称为正弦序列的数字角频率，它反映序列值依次周期性重复的速率。例如 $\Omega=0.2\pi$，则序列值每 10 个重复一次正弦包络的数值。显然，若 $\Omega/2\pi=m/N$ 为有理数（其中 m 和 N 为不可约的正整数），则该正弦序列是周期序列；若 $\Omega/2\pi$ 不是有理数，则正弦序列就是非周期序列。但无论正弦序列是否呈周期性，都称 Ω 为正弦序列的数字角频率。

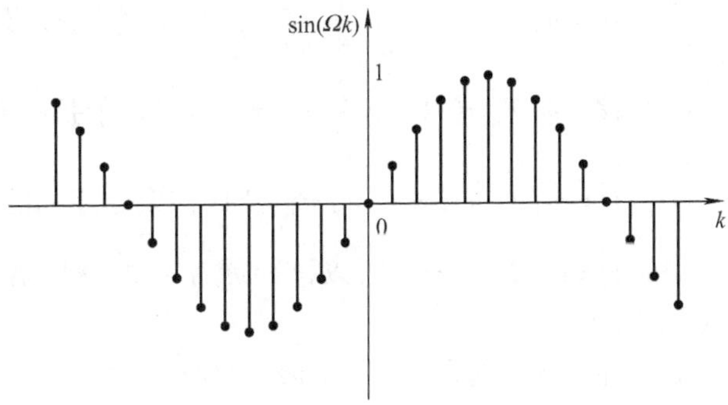

图 8-8 正弦序列

证明：假定正弦序列 $\sin(\Omega k)$ 是周期为 N 的周期序列，那么它满足

$$\sin[\Omega(k+N)]=\sin(\Omega k+\Omega N)=\sin(\Omega k) \tag{8-12}$$

显然，只有满足 $\Omega N=2m\pi$ 时，上述等式才能成立，即 $\Omega/2\pi=m/N$。

正弦序列往往是由连续的正弦信号进行等距抽样得到的，下面解释二者之间的关系。

若连续正弦信号为

$$f(t)=\sin(\omega_0 t) \tag{8-13}$$

其抽样结果为

$$f(k)=f(kT_s)=\sin(\omega_0 T_s k) \tag{8-14}$$

因此有

$$\Omega=\omega_0 T_s=2\pi\cdot\frac{f_0}{f_s}=2\pi\cdot\frac{m}{N} \tag{8-15}$$

式中，T_s 是抽样间隔时间；f_s 是抽样频率（$f_s=1/T_s$）。为区分 ω_0 与 Ω，称 ω_0 为连续域的角频率，而 Ω 为离散域的数字角频率。可以认为 Ω 是 f_0 对于 f_s 取归一化之值 2π（f_0/f_s）。如果 m/N 是有理数，那么该正弦序列是周期序列，其周期为 N，是对原正弦信号的 m 个周期采样 N 个点得到的。

与正弦序列相对应，还有余弦序列

$$f(k)=\cos(\Omega k) \tag{8-16}$$

【例 8-1】 对于连续余弦信号 $\cos\pi t$，分别采用 $T_s=0\text{s}$，0.1s，0.2s，0.5s，0.8s，1s 以及 2s 的抽样间隔进行采样，画出抽样以后的余弦序列的波形，并说明其周期是多少。

解：原余弦信号的角频率 $\omega_0=\pi$，在不同的抽样间隔 T_s 进行采样所获得的序列情况如下：

（1）$\Omega=\omega_0 T_s=0$，该余弦序列的周期 $N=1$；

（2）$\Omega=\omega_0 T_s=0.1\pi=\frac{1}{20}\times2\pi$，所以该余弦序列的周期 $N=20$；

（3）$\Omega=\omega_0 T_s=0.2\pi=\frac{1}{10}\times2\pi$，所以该余弦序列的周期 $N=10$；

（4）$\Omega=\omega_0 T_s=0.5\pi=\frac{1}{4}\times2\pi$，所以该余弦序列的周期 $N=4$；

（5）$\Omega=\omega_0 T_s=0.8\pi=\frac{2}{5}\times2\pi$，所以该余弦序列的周期 $N=5$；

（6）$\Omega=\omega_0 T_s=\pi=\frac{1}{2}\times2\pi$，所以该余弦序列的周期 $N=2$；

（7）$\Omega=\omega_0 T_s=2\pi$，所以该余弦序列的周期 $N=1$，其波形与 $\Omega=0$ 的情况完全一致。

上述各个频率的余弦序列的波形如图 8-9 所示。由图可知，当数字角频率 Ω 从 0 增加到 π 时，余弦序列的幅值变化越来越剧烈；而数字角频率 Ω 从 π 增加到 2π 时，余弦序列的幅值变化趋于缓慢。而且由于 $\cos[(\Omega\pm2\pi)k]=\cos(\Omega k)$，所以数字角频率 Ω 的有效取值范围为 $[-\pi,\pi)$，这一点与连续余弦信号的角频率 ω_0 的取值范围是 $[-\infty,\infty)$ 不同。另外值得注意的是，当 $\Omega=0$ 或 2π 时，采样的序列值恒等于常数 1，信息出现很大损失。根据奈奎斯特采样定理的要求，只有当采样频率 ω_s 大于信号上限频率 ω_0 的两倍，采样后的序列才不会发生信息损失，对于本题而言，即要求抽样间隔 $0<T_s\leqslant1\text{s}$，采样后的序列不会发生信息损失情况。

7. 复指数序列

$$f(k)=z^k \tag{8-17}$$

式中，常量 z 为复数，因此该序列称为复指数序列，它的每个序列值都可以是复数，具有实部与虚部。令 $z=re^{j\Omega}$，那么该序列又可写成

$$f(k)=r^k e^{j\Omega k}=r^k\cos(\Omega k)+jr^k\sin(\Omega k) \tag{8-18}$$

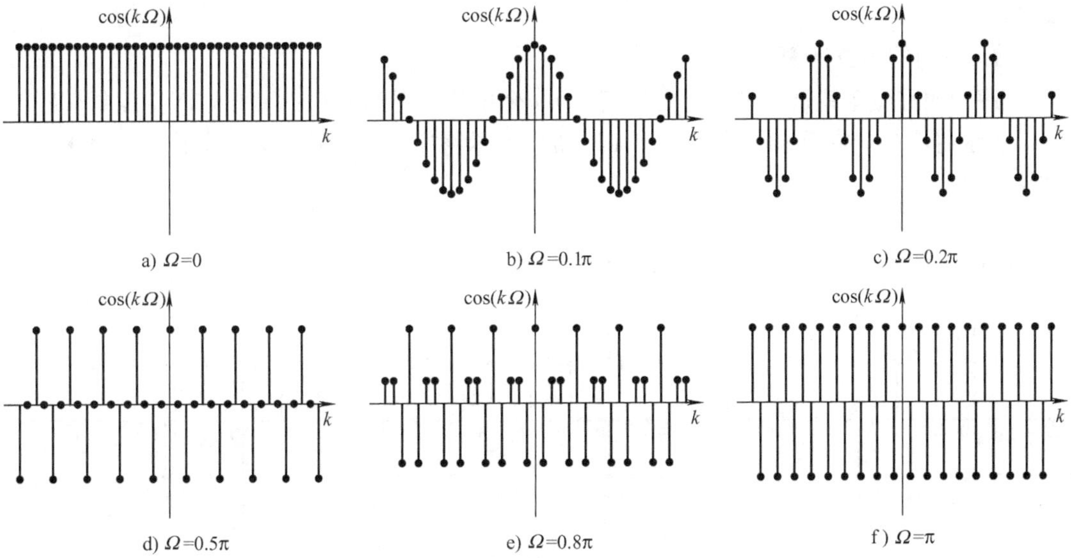

图 8-9 不同 Ω 取值的余弦序列波形

由此可见，复指数序列的实部和虚部分别是按指数规律变换的余弦序列和正弦序列。而当 $r=1$ 时，复指数序列就变为了虚指数序列，即

$$f(k)=\mathrm{e}^{\mathrm{j}\Omega k}=\cos(\Omega k)+\mathrm{j}\sin(\Omega k) \tag{8-19}$$

虚指数序列可以看作沿着复平面上的单位圆作圆周运动的点的轨迹，如图 8-10 所示。其运动的速率取决于数字角频率 Ω 的大小。而余弦序列和正弦序列则可以分别看成该点运动轨迹在实轴或虚轴上的投影。

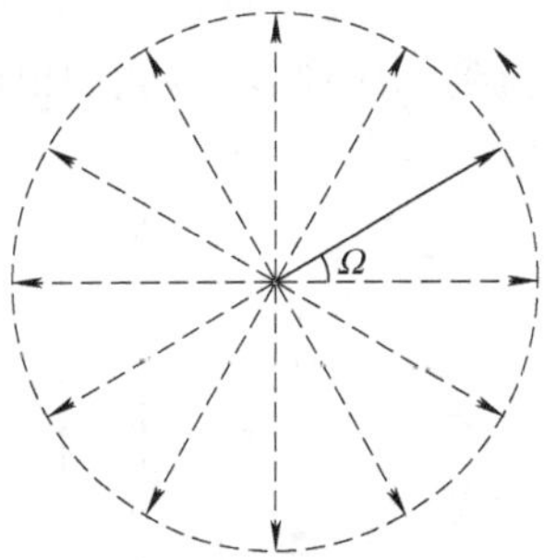

图 8-10 虚指数序列 $\mathrm{e}^{\mathrm{j}\Omega k}$ 的运动轨迹

8.2.3 序列的分解

在引入了单位脉冲序列 $\delta(k)$ 的定义后，任意序列表示为加权、延迟的单位脉冲序列之和

$$f(k)=\sum_{i=-\infty}^{\infty} f(i)\delta(k-i) \tag{8-20}$$

很明显，这是由于

$$\delta(k-i)=\begin{cases}1, & k=i\\ 0, & k\neq i\end{cases} \tag{8-21}$$

$$f(i)\delta(k-i)=\begin{cases}f(i), & k=i\\ 0, & k\neq i\end{cases} \tag{8-22}$$

因此，序列成立。在后面将运用这一概念引入序列卷积和运算。

8.2.4 序列的基本运算

与连续时间系统的研究类似，在离散系统分析中，同样经常遇到离散时间信号的运算，包括序列自身的移位、反转、尺度变换以及序列的相加、相乘、差分、累加等运算。

1. 序列的移位运算

序列的移位运算是指将序列 $f(k)$ 移动 n 个单位，得到 $f(k\pm n)(n>0)$。其中 $f(k-n)$ 表示将序列向右移动 n 个单位，$f(k+n)$ 表示将序列向左移动 n 个单位，如图 8-11 所示。

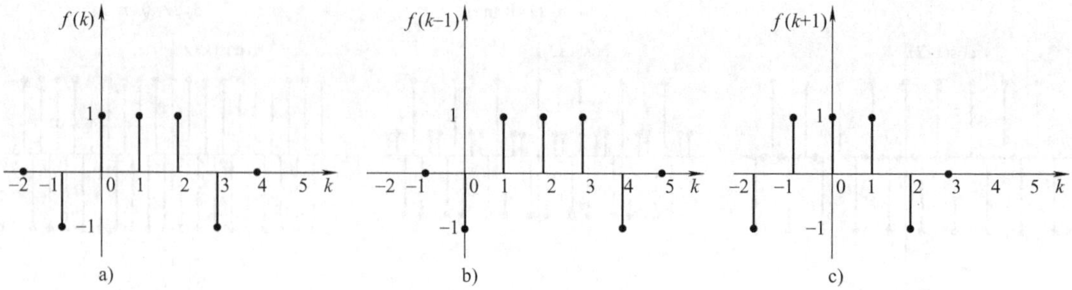

图 8-11　序列的移位运算

运算框图如图 8-12 所示，图中 D 表示单位延时环节，即 $y(k)=f(k-1)$。

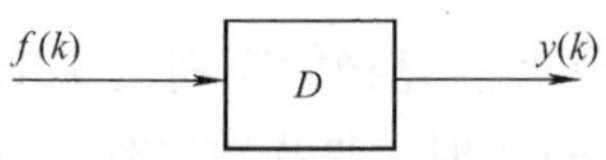

图 8-12　单位延时环节运算框图

2. 序列的反转运算

序列的反转是指将序列 $f(k)$ 关于纵轴作对称反转得到的序列 $f(-k)$，如图 8-13 所示。

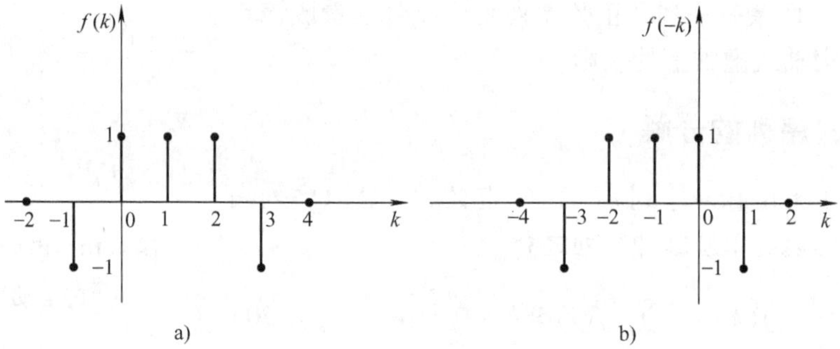

图 8-13　序列的反转运算

3. 序列的尺度变换

序列的尺度变换是指从原序列 $f(k)$ 当中抽取样本，或者样本之间补零的方式增加样本数量的过程。例如 $f(Mk)$ 表示从原序列中每隔 $M-1$ 个样本点抽取（Decimation）一个样本；而序列的 L 倍内插（Interpolation）则定义为

$$g(k)=\begin{cases}f\left(\dfrac{k}{L}\right), & k\text{ 是 }L\text{ 的整数倍}\\ 0, & \text{其他情况}\end{cases} \tag{8-23}$$

这意味着原序列中相邻的两个样本点之间插入 $L-1$ 个零点。图 8-14 中分别给出序列抽

取和序列内插的过程示意图。

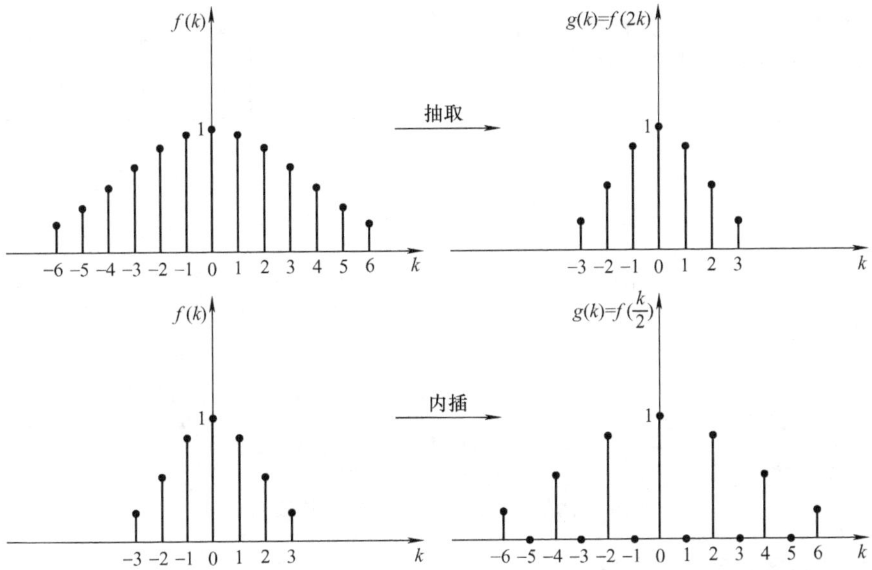

图 8-14　序列的尺度变换

4. 序列的相加与相乘

序列 $f_1(k)$ 与 $f_2(k)$ 相加是指两序列同序号的数值逐项对应相加构成一个新序列

$$f(k)=f_1(k)+f_2(k) \tag{8-24}$$

类似地，序列相乘表示同序号的数值逐项对应相乘构成一个新的序列

$$f(k)=f_1(k)\cdot f_2(k) \tag{8-25}$$

序列的加法和乘法运算过程如图 8-15 所示，运算框图如图 8-16 所示。

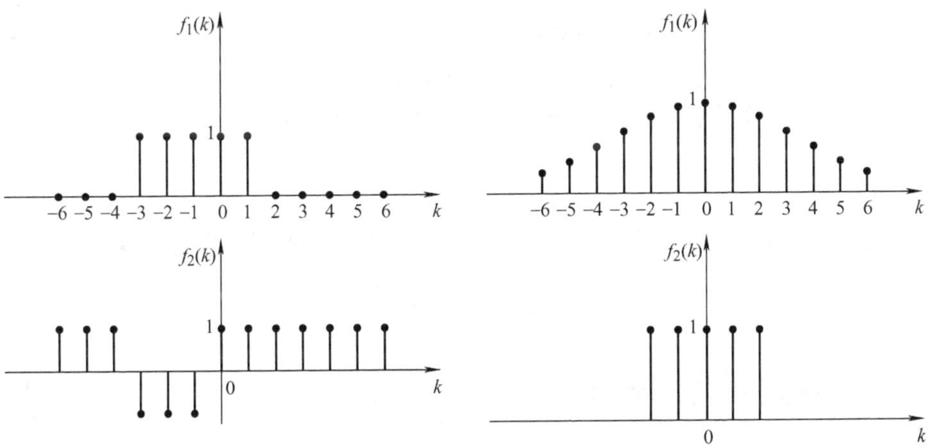

图 8-15　序列的加法和乘法运算

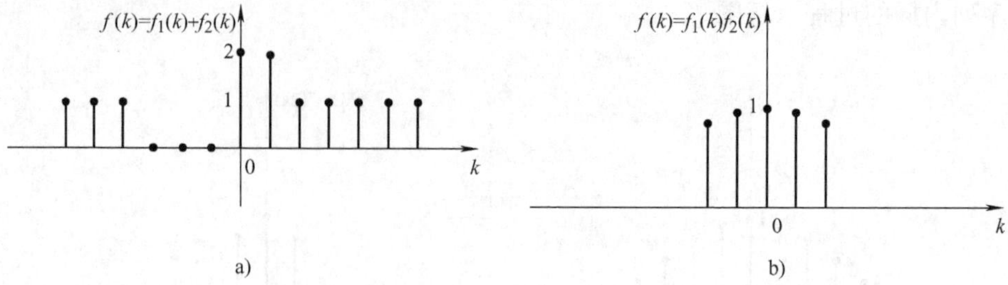

图 8-15　序列的加法和乘法运算（续）

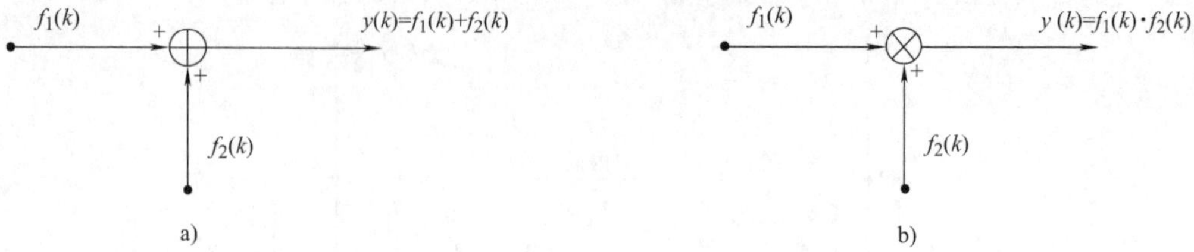

图 8-16　序列的加法和乘法运算框图

5. 序列的差分与求和运算

序列的差分运算类似于连续信号的微分运算，它分为前向差分和后向差分两种：

前向差分表示为

$$\Delta f(k)=f(k+1)-f(k) \tag{8-26}$$

后向差分表示为

$$\nabla f(k)=f(k)-f(k-1) \tag{8-27}$$

以此类推，二阶差分可分别表示为

$$\Delta^2 f(k)=\Delta[\Delta f(k)]=\Delta f(k+1)-\Delta f(k)=f(k+2)-2f(k+1)+f(k) \tag{8-28}$$

$$\nabla^2 f(k)=\nabla[\nabla f(k)]=\nabla f(k)-\nabla f(k-1)=f(k)-2f(k-1)+f(k-2) \tag{8-29}$$

利用差分定义的概念，单位脉冲序列 $\delta(k)$ 可以表示为单位阶跃序列的后向差分运算，即

$$\delta(k)=\nabla\varepsilon(k)=\varepsilon(k)-\varepsilon(k-1) \tag{8-30}$$

离散因果系统中一般主要使用后向差分运算。

序列的求和运算类似于连续信号的积分运算，定义如下：

$$y(k)=\sum_{-\infty}^{k} f(i) \tag{8-31}$$

单位阶跃序列 $\varepsilon(k)$ 可以表示为单位脉冲序列的求和形式，即

$$\varepsilon(k)=\sum_{-\infty}^{k} \delta(i) \tag{8-32}$$

8.3　离散序列的卷积

根据前面介绍的序列分解过程，任意的离散序列可以表示成经过平移的单位脉冲序列求和的形式。该求和表示形式实际上就是一种离散序列的卷积运算，下面首先给出离散序列卷积运算的定义。

8.3.1 序列卷积和的定义

一般而言，若有两个序列$f_1(k)$ 和$f_2(k)$，其离散卷积和定义为

$$y(k)=f_1(k)*f_2(k)=\sum_{i=-\infty}^{\infty}f_1(i)f_2(k-i) \tag{8-33}$$

其中，符号$*$代表序列卷积和运算。

如果序列$f_1(k)$ 为因果序列，而$f_2(k)$ 为无限长序列，那么有

$$y(k)=f_1(k)*f_2(k)=\sum_{i=0}^{\infty}f_1(i)f_2(k-i) \tag{8-34}$$

另外，如果序列$f_1(k)$ 和$f_2(k)$ 均为因果序列，那么有

$$y(k)=f_1(k)*f_2(k)=\sum_{i=0}^{k}f_1(i)f_2(k-i) \tag{8-35}$$

在定义了离散序列的卷积和以后，式(8-20) 就可以写成卷积形式：

$$f(k)=f(k)*\delta(k)=\sum_{i=-\infty}^{\infty}f(i)\delta(k-i) \tag{8-36}$$

8.3.2 序列卷积和的计算

计算序列卷积和的方法有很多，包括解析法、图解法和列表法。

1. 解析法

当两个离散序列可以用代数表达式表示时，可以选择解析法计算两个序列的卷积。

【例 8-2】 计算序列 $a^k\varepsilon(k)$ 和 $b^k\varepsilon(k)$ 的卷积和。

解： 根据序列卷积和的定义

$$y(k)=a^k\varepsilon(k)*b^k\varepsilon(k)=\sum_{i=-\infty}^{\infty}a^i\varepsilon(i)b^{k-i}\varepsilon(k-i)$$

考虑到$i\geqslant0$ 时，$\varepsilon(i)\neq0$；且$k-i\geqslant0$ 时，$\varepsilon(k-i)\neq0$，因此$0\leqslant i\leqslant k$，则

$$y(k)=\sum_{i=0}^{k}a^ib^{k-i}=\left[b^k\sum_{i=0}^{k}\left(\frac{a}{b}\right)^i\right]\varepsilon(k)=\begin{cases}\left[b^k\dfrac{1-\left(\dfrac{a}{b}\right)^{k+1}}{1-\dfrac{a}{b}}\right]\varepsilon(k) & ,a\neq b\\(k+1)b^k\varepsilon(k) & ,a=b\end{cases}$$

$$=\begin{cases}\dfrac{b^{k+1}-a^{k+1}}{b-a}\varepsilon(k) & ,a\neq b\\b^k(k+1)\varepsilon(k) & ,a=b\end{cases}$$

2. 图解法

当两个序列$f_1(k)$ 和$f_2(k)$ 是有限长序列时，可以采用图解法计算序列的卷积。主要分为如下几个步骤：

1）将序列$f_1(k)$ 和$f_2(k)$ 的自变量k改为i，得到$f_1(i)$ 和$f_2(i)$。

2）将其中一个序列做对称反转，如将$f_2(i)$ 反转得到$f_2(-i)$。

3）将$f_2(i)$ 向右平移k个单位，得到$f_2(k-i)$，其中k为平移参变量；当$k>0$时，序列向右移动，当$k<0$时，序列向左移动。

4）将序列 $f_1(i)$ 和 $f_2(k-i)$ 对应位置点相乘得到序列 $f_1(i)\ f_2(k-i)$。

5）对乘积以后的序列求和。

下面举例说明图解法计算序列卷积和的过程。

【例 8-3】 计算如图 8-17 所示两个矩形序列 $R_3(k)$ 和 $R_5(k)$ 的卷积和。

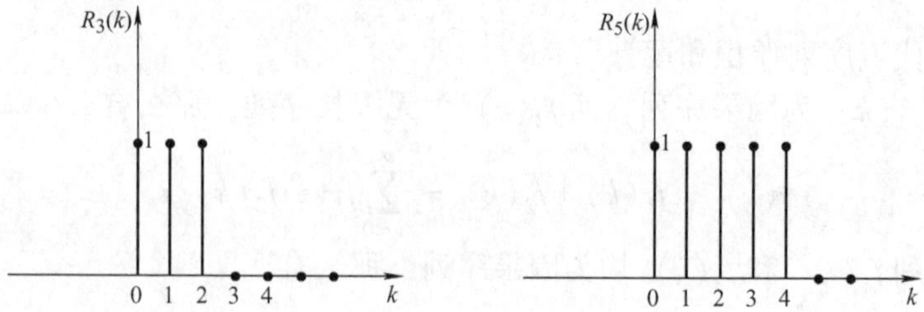

图 8-17　矩形序列 $R_3(k)$ 与 $R_5(k)$

解：首先将序列 $R_3(k)$ 和 $R_5(k)$ 的自变量 k 替换为 i，得到 $R_3(i)$ 和 $R_5(i)$，并将序列 $R_5(i)$ 对称反转，结果如图 8-18a、b 所示。然后将序列 $R_5(-i)$ 向右平移 k 个单位，得到 $R_5(k-i)$，如图 8-18c 所示。当 $k<0$ 或 $k>6$ 时，序列 $R_3(k)$ 与序列 $R_5(k-i)$ 没有公共区域，因此卷积和为零。其他情况，依次取 $k=0$，1，2，3，4，5，6，然后将序列相乘求和，如图 8-18d ~ j 所示。最终的卷积和计算结果如图 8-18k 所示。

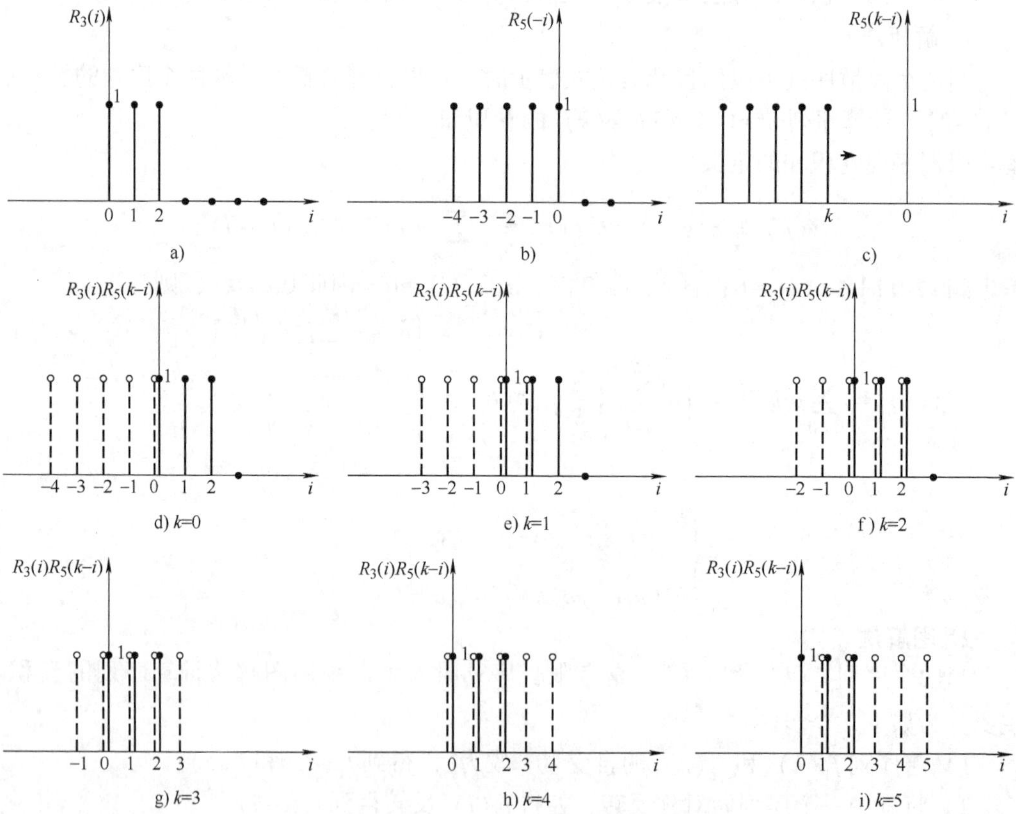

图 8-18　图解法计算序列卷积和

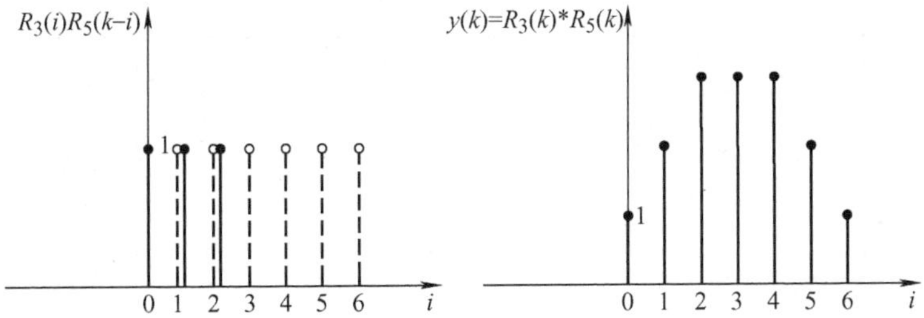

j) k=6　　k)

图 8-18　图解法计算序列卷积和（续）

3. 列表法

列表法可以方便地计算有限长序列卷积和。假设 $f_1(k)$ 和 $f_2(k)$ 是因果序列，根据序列卷积和的定义

$$y(k) = f_1(k) * f_2(k) = \sum_{i=0}^{k} f_1(i) f_2(k-i)$$

将上述公式定义的计算过程展开：

当 $k=0$ 时，$y(0)=f_1(0)f_2(0)$；

当 $k=1$ 时，$y(1)=f_1(0)f_2(1)+f_1(1)f_2(0)$；

当 $k=2$ 时，$y(2)=f_1(0)f_2(2)+f_1(1)f_2(1)+f_1(2)f_2(0)$；

当 $k=3$ 时，$y(3)=f_1(0)f_2(3)+f_1(1)f_2(2)+f_1(2)f_2(1)+f_1(3)f_2(0)$；

当 $k=4$ 时，$y(4)=f_1(0)f_2(4)+f_1(1)f_2(3)+f_1(2)f_2(2)+f_1(3)f_2(1)+f_1(4)f_2(0)$；

…

以上过程可以归纳成列表法，如图 8-19 所示，将序列 $f_1(k)$ 的值排成一列，$f_2(k)$ 的值排成一行，行与列相交的位置保存对应序列点的乘积，不难看出对角线上的各个序列值就对应 $f_1(i)f_2(k-i)$，而对角线上各个数值的求和即为 $y(k)$ 的值。

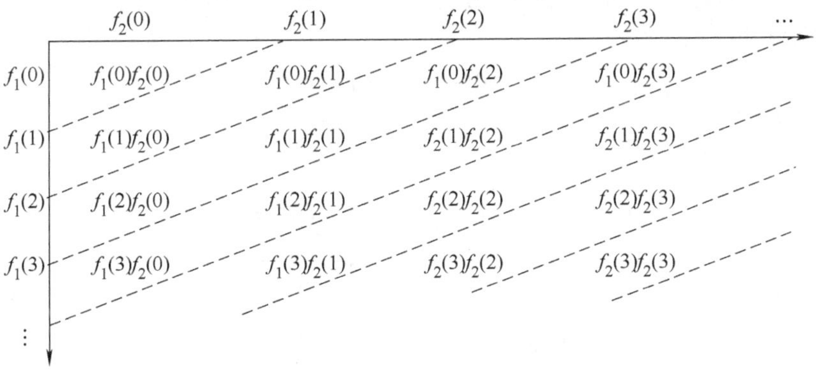

图 8-19　列表法计算卷积和

【例 8-4】 计算序列 $f_1(k)=\{\dot{1}, 2, 2, 3\}$ 与 $f_2(k)=\{\dot{1}, 0, 1, 2, 1\}$ 的卷积和。

解： 计算过程如图 8-20 所示，则 $y(k)=\{\dot{1}, 2, 3, 7, 7, 9, 8, 3\}$

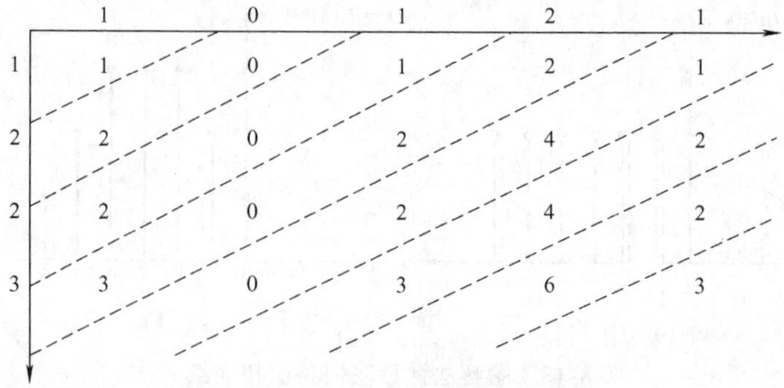

图 8-20 例8-4 计算卷积和过程

利用列表法同样可以计算非因果的有限长序列的卷积和，只需注意卷积和序列结果的第一个非零值的序号为参与卷积的两个序列的第一个非零值序号之和。

8.3.3 序列卷积和的性质

1. 交换律

$$f_1(k)*f_2(k)=f_2(k)*f_1(k) \tag{8-37}$$

两序列卷积和的结果与卷积次序无关。

2. 分配律

$$[f_1(k)+f_2(k)]*f_3(k)=f_1(k)*f_3(k)+f_2(k)*f_3(k) \tag{8-38}$$

3. 结合率

$$[f_1(k)*f_2(k)]*f_3(k)=f_1(k)*[f_2(k)*f_3(k)] \tag{8-39}$$

4. 位移特性

若$f_1(k)*f_2(k)=y(k)$，那么

$$f_1(k-m)*f_2(k-n)=y(k-m-n) \tag{8-40}$$

由位移特性可知

$$f(k)*\delta(k-m)=f(k-m) \tag{8-41}$$

5. 差分特性

若$f_1(k)*f_2(k)=y(k)$，那么

$$\nabla f_1(k)*f_2(k)=f_1(k)*\nabla f_2(k)=\nabla y(k) \tag{8-42}$$

$$\Delta f_1(k)*f_2(k)=f_1(k)*\Delta f_2(k)=\Delta y(k)$$

6. 求和特性

若$f_1(k)*f_2(k)=y(k)$，那么

$$f_1(k)*\sum_{i=-\infty}^{k}f_2(i)=\sum_{i=-\infty}^{k}f_1(i)*f_2(k)=\sum_{i=-\infty}^{k}y(i) \tag{8-43}$$

依据该性质可得

$$f(k)*\varepsilon(k)=\sum_{i=-\infty}^{k}f(i) \tag{8-44}$$

【例 8-5】 已知 $f_1(k)=\left(\frac{1}{2}\right)^k\varepsilon(k-2)$，$f_2(k)=\delta(k)-\delta(k-1)$。计算两序列的卷积和。

解： 本题可以利用卷积和的位移性质，即

$$\begin{aligned} f_1(k)*f_2(k) &= \left(\frac{1}{2}\right)^k\varepsilon(k-2)*[\delta(k)-\delta(k-1)] \\ &= \left(\frac{1}{2}\right)^k\varepsilon(k-2)*\delta(k)-\left(\frac{1}{2}\right)^k\varepsilon(k-2)*\delta(k-1) \\ &= \left(\frac{1}{2}\right)^k\varepsilon(k-2)-\left(\frac{1}{2}\right)^{k-1}\varepsilon(k-3) \end{aligned}$$

【例 8-6】 已知 $f_1(k)=(0.5)^k\varepsilon(k)$，$f_2(k)=1$，$f_3(k)=\varepsilon(k)$。求 $f_1(k)*f_2(k)$，$f_1(k)*f_3(k)$。

解： (1) 根据序列卷积和定义，考虑到 $f_2(k-i)=1$，得

$$f_1(k)*f_2(k)=\sum_{i=-\infty}^{\infty}(0.5)^i\varepsilon(i)$$

由于 $i<0$ 时 $\varepsilon(i)=0$，因而求和下限可改为 $i=0$，于是有

$$f_1(k)*f_2(k)=\sum_{i=0}^{\infty}(0.5)^i=\frac{1}{1-0.5}=2$$

(2) 利用序列卷积和的求和性质

$$f_1(k)*f_2(k)=(0.5)^k\varepsilon(k)*\varepsilon(k)=\sum_{i=-\infty}^{k}(0.5)^i\varepsilon(i)$$

上式中，当 $i<0$ 时 $\varepsilon(i)=0$，故求和下限可改写为 0，同时隐含着 $k\geqslant0$；

$$f_1(k)*f_2(k)=\sum_{i=0}^{k}(0.5)^i=\left[\frac{1-(0.5)^{k+1}}{1-0.5}\right]\varepsilon(k)=[2-(0.5)^k]\varepsilon(k)$$

8.4 离散时间系统

8.4.1 离散系统定义

输入序列 $f(k)$ 经过一个离散时间系统，得到的输出序列为 $y(k)$，如图 8-21a 所示。

图 8-21 离散时间系统

显然，此系统的功能是将输入序列 $f(k)$ 加工处理为 $y(k)$ 的运算，可以记为

$$y(k)=T[f(k)] \tag{8-45}$$

如图 8-21b 所示。按离散时间系统的性能，可以划分为线性、非线性、时不变、时变等各种类型。本书主要讨论的是“线性时不变因果系统”。

在实际工程中进行信号处理时，需要将物理世界的连续时间信号量经过 A/D 环节采样变成数字信号，再经过离散时间系统运算处理，输出为数字信号，然后数字信号还需要再经过 D/A 环节转换成模拟信号，最后用于控制生产过程，如图 8-22 所示。

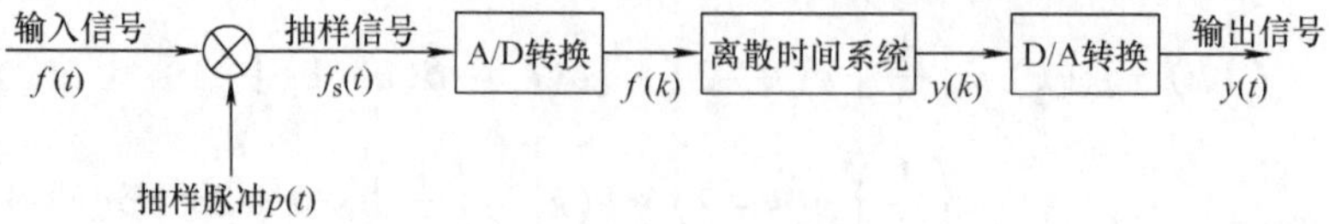

图 8-22　数字信号处理过程

为了研究离散时间系统的性能，需要建立离散系统的数学模型。与连续系统类似，描述离散系统有两种时域描述方法：差分方程模型和系统功能框图。下面分别讨论这两种模型描述方法。

8.4.2　常系数差分方程

连续系统的微分方程由描述输入信号 $f(t)$ 以及输出信号 $y(t)$ 及其各阶微分线性叠加组成。而在差分方程中，构成方程的各项则由离散序列以及序列移位运算构成。为了说明如何由离散时间系统引出描述该系统的差分方程，下面首先通过简单例子说明差分方程的构成，然后进一步给出一般性差分方程的表示方法。

【例 8-7】 某人按月存款 $f(k)$ 元，$k=1, 2, \cdots$ 表示第 k 月，银行的月存款利率为 α，按复利计算。请给出其银行账户按月结余的数学模型。

解：令 $y(k)$ 表示该银行账户上第 k 个月末的存款结余，那么第 k 个月末的存款结余 $y(k)$ 主要由三部分构成：上个月末的本息和 $y(k-1)$，上个月末的本息和在当月产生的利息 $\alpha y(k-1)$ 以及当月的净存款 $f(k)$，可写作

$$y(k)=y(k-1)+\alpha y(k-1)+f(k)$$

整理可得

$$y(k)-(1+\alpha)y(k-1)=f(k)$$

上式即为该银行账户按月结余的输入—输出方程，等式右边是已知的输入序列，左边为未知的输出序列。

由于存款的月份是按照整数取值，因此该方程描述的是一个离散时间系统。该方程的左端由未知序列 $y(k)$ 及其移位序列 $y(k-1)$ 构成，方程的右端是由输入序列构成，这种由已知输入序列和未知输出序列构成的方程称为差分方程。方程左边未知输出序列的最高值和最低值之间的差值称为差分方程的阶次，因此上式为一阶差分方程。另外由于各序列前的系数是常数，所以又称为常系数线性差分方程。该系统的模拟框图如图 8-23 所示。

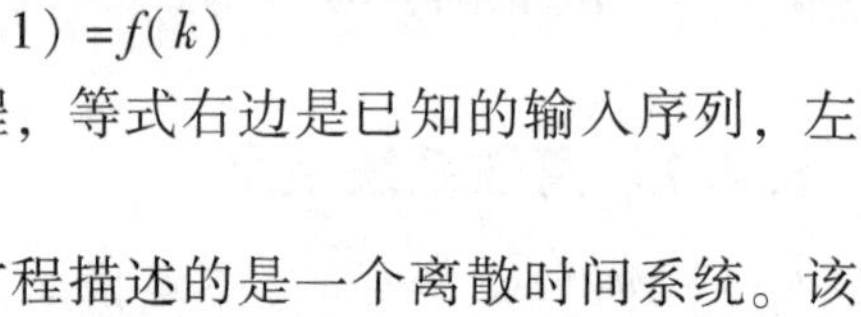

图 8-23　例 8-7 系统模拟框图

由以上分析容易看出，差分方程与微分方程在形式上有很多相似之处，而且在一定条件下可以互相转化。假设某一阶连续系统微分方程为

$$y'(t)+ay(t)=f(t)$$

对于连续时间信号 $y(t)$ 和 $f(t)$，若在 $t=kT_s$ 各点进行均匀采样，获得其采样值 $y(kT_s)$ 和 $f(kT_s)$。同时，假设采样间隔 T_s 足够小，那么 $y(t)$ 的微分结果可以近似表示为

$$y'(t) \approx \frac{y[kT_s]-y[(k-1)T_s]}{T_s} \tag{8-46}$$

代入到微分方程中，可得

$$\frac{y[kT_s]-y[(k-1)T_s]}{T_s}+ay(kT_s)=f(kT_s) \tag{8-47}$$

略去采样间隔 T_s，整理后得差分方程为

$$y(k)-\frac{1}{1+aT_s}y(k-1)=\frac{T_s}{1+aT_s}f(k) \tag{8-48}$$

必须注意，微分方程近似写作差分方程的条件是采样间隔 T_s 要足够小，T_s 越小，近似程度越好。实际上，利用计算机来求解微分方程的数值解法时（如欧拉法、龙格—库塔法），就是根据这一原理完成的。

与微分方程的分类相对应，差分方程也可划分为线性的和非线性的，常系数的和参变系数的。一般情况下，线性、时不变离散时间系统需要由常系数线性差分方程描述。在一般情况下，如果单输入单输出的线性时不变系统的输入序列为 $f(k)$，输出序列为 $y(k)$，那么描述系统激励和响应之间的关系模型是一个 N 阶线性常系数差分方程，即

$$\begin{aligned} &y(k)+a_1y(k-1)+\cdots+a_{N-1}y(k-N+1)+a_Ny(k-N)= \\ &b_0f(k)+b_1f(k-1)+\cdots+b_{M-1}f(k-M+1)+b_Mf(k-M) \end{aligned} \tag{8-49}$$

式中，$a_i(i=1,2,\cdots,N)$ 和 $b_j(j=0,1,2,\cdots,M)$ 为常数。已知激励信号 $f(k)$ 的位移阶次为 M，输出响应 $y(k)$ 的位移阶次为 N。其中 M 和 N 较大者称为微分方程的阶次，通常 $N>M$。各序列的序号一般按照递减的方式排列，因此称为后向差分方程。差分方程还可以表达成为前向差分方程的形式，它和后向差分方程表达的系统没有本质区别，这里就不作讨论了。一般情况下，对于因果系统使用后向差分方程形式更为简单，因此更加常用。

8.4.3 系统框图表示

离散时间系统还可以采用系统模拟框图来表示。在连续时间系统中，系统内部的信号之间的数学运算关系可归结为微分（或积分）、乘系数、加法运算。在具体的电路设计中，通常是利用 R、L、C 等基本电路元件组成网络，以完成所需的功能。与此对应，在离散时间系统中，序列之间的基本运算关系是延时（移位）、乘系数、加法运算。延时器与积分器类似，在数字系统中相当于存储缓冲区。在离散系统框图中，通常以符号“T”或符号“D”表示单位延时，符号⊕表示两序列相加，在信号传送线上方标注系数，以示与此系数相乘。

【例 8-8】 一个自回归移动平均系统的差分方程为

$$y(k)-0.5y(k-1)=f(k)+f(k-1)$$

试画出其系统框图。

解：

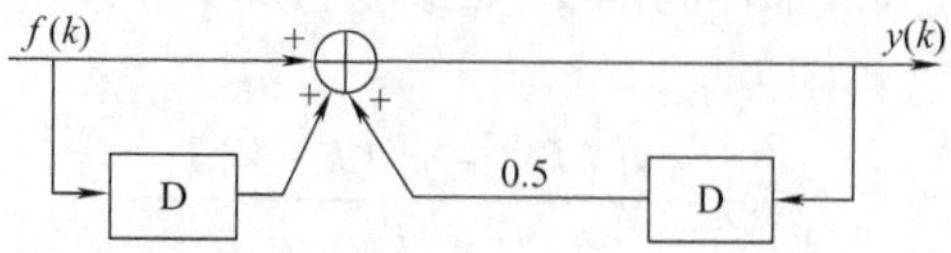

图 8-24　例 8-8 系统模拟框图

【例 8-9】 某离散系统的系统框图如图 8-25 所示，写出描述该系统的差分方程。

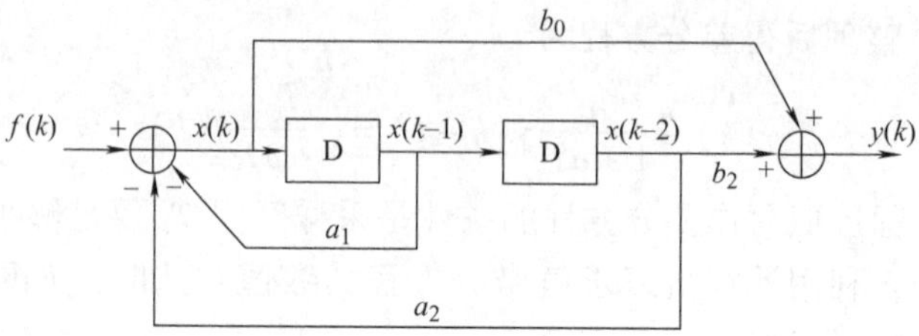

图 8-25　例 8-9 系统模拟框图

解：根据左边加法器的运算可得

$$x(k)=f(k)-a_1x(k-1)-a_2x(k-2)$$

即

$$x(k)+a_1x(k-1)+a_2x(k-2)=f(k) \tag{8-50}$$

同样，根据右边加法器的运算可得

$$y(k)=b_0x(k)+b_2x(k-2)$$

为了消去中间变量 $x(k)$ 及其移位项 $x(k-1)$ 和 $x(k-2)$，将上式变化可得

$$a_1y(k-1)=a_1b_0x(k-1)+a_1b_2x(k-3)$$

$$a_2y(k-2)=a_2b_0x(k-2)+a_2b_2x(k-4)$$

将上面三个式子相加，得

$$y(k)+a_1y(k-1)+a_2y(k-2)$$
$$=b_0[x(k)+a_1x(k-1)+a_2x(k-2)]+b_2[x(k-2)+a_1x(k-3)+a_2x(k-4)]$$

然后将式(8-50) 及其移位的结果代入方程的右边，可得系统的差分方程为

$$y(k)+a_1y(k-1)+a_2y(k-2)=b_0f(k)+b_2f(k-2)$$

8.4.4　离散时间系统的分类

与连续时间系统类似，离散时间系统也可以采用相同的标准对其进行分类。假设系统的输入序列为 $f(k)$，输出序列为 $y(k)$。

1. 无记忆系统和有记忆系统

若 k 时刻的系统输出 $y(k)$ 只取决于当前 k 时刻的系统输入 $f(k)$，那么该系统是无记忆系统；如果还和在此时刻之前的输入和输出有关，则称为有记忆系统。

2. 线性和非线性系统

若已知

$$y_1(k)=T[f_1(k)],y_2(k)=T[f_2(k)]$$

那么仅当系统同时满足如下性质时，

$$y_1(k)+y_2(k)=T[f_1(k)+f_2(k)],ay_1(k)=T[ay_1(k)] \tag{8-51}$$

表明系统是线性的。式中 a 为常数。第一个性质称为叠加性，第二个性质称为齐次性。当系统满足线性性质时，有下式成立

$$ay_1(k)+by_2(k)=T[af_1(k)+bf_2(k)] \tag{8-52}$$

由离散系统的线性性质可以推出它具有差分性质和求和性质，即

$$T\{\nabla f(k)\}=\nabla T\{f(k)\} \tag{8-53}$$

$$T\{\sum_{-\infty}^{k}f(i)\}=\sum_{-\infty}^{k}T\{f(i)\} \tag{8-54}$$

3. 时变和非时变系统

对于离散时间系统，如果输入序列的移位或延时仅引起输出序列相应的移位和延时，则称该系统是时不变系统。即满足

$$y(k-k_0)=T[f(k-k_0)] \tag{8-55}$$

否则称系统为时变系统。

4. 因果和非因果系统

因果系统是指系统在 k 时刻的响应只与当前 k 时刻的输入以及过去的输入和输出有关，而和未来的输入和输出没有关系，否则即为非因果系统。

5. 稳定与不稳定系统

当且仅当任何一个有界的输入序列 $f(k)$ 都会产生一个有界的输出序列 $y(k)$ 时，即

$$|f(k)|\leqslant M_f$$

那么

$$|y(k)|\leqslant M_y \tag{8-56}$$

其中，M_f 和 M_y 为常数，则称该系统为输入有界输出有界的稳定系统。

8.5 离散 LTI 系统的响应

离散时间 LTI 系统的数学模型是常系数线性差分方程，常系数线性差分方程的一般形式可表示为

$$y(k)+a_1y(k-1)+\cdots+a_{N-1}y(k-N+1)+a_Ny(k-N)=b_0f(k)+ b_1f(k-1)+\cdots+b_{M-1}f(k-M+1)+b_Mf(k-M) \tag{8-57}$$

式中，$a_i(i=1,2,\cdots,N)$ 和 $b_j(j=0,1,2,\cdots,M)$ 为常数。利用求和符号，亦可将式(8-57)简写为

$$\sum_{n=0}^{N}a_ny(k-n)=\sum_{m=0}^{M}b_mf(k-m) \tag{8-58}$$

这里，$a_0=1$。因此，分析离散序列通过系统的响应可以采取经典解法，但也面临着连续时间系统经典求解同样的问题，即当系统的激励项比较复杂时，难以确定特解的形式。求解常系数线性差分方程的方法一般有以下几种。

8.5.1 递推法

差分方程的离散系统描述方式非常适合利用计算机进行迭代求解。这种方法概念清楚，运算方便，缺点是只能得到其数值解，不能直接给出一个完整的解析式作为解答（也称闭式解答）。

【例 8-10】 已知差分方程 $y(k)-3y(k-1)=f(k)$，$y(-1)=1$，求解系统在单位阶跃序列作用下的响应。

解：首先将差分方程改写成迭代形式：

$$y(k)=3y(k-1)+\varepsilon(k)$$

将 $k=0$ 代入，得

$$y(0)=3y(-1)+\varepsilon(0)=3+1=4$$

将 $k=1$ 代入，得

$$y(1)=3y(0)+\varepsilon(1)=3\times4+1=13$$

将 $k=2$ 代入，得

$$y(2)=3y(1)+\varepsilon(2)=3\times13+1=40$$

将 $k=3$ 代入，得

$$y(3)=3y(2)+\varepsilon(3)=3\times40+1=121$$

$$\vdots$$

利用迭代法求解差分方程，求解过程简单直观，方便以计算机编程实现，但不易直接给出闭式解答。在利用计算机进行仿真计算时，迭代算法是常用的一种方法。

8.5.2 时域经典求解

与常系数微分方程的时域经典法类似，也可以利用齐次解与特解的方法求解差分方程。然后代入系统的初始条件求待定系数，从而得到系统的全解。

1. 齐次解 $y_h(k)$

一般差分方程对应的齐次方程的形式为

$$y(k)+a_1y(k-1)+\cdots+a_{N-1}y(k-N+1)+a_Ny(k-N)=0 \tag{8-59}$$

其解称为齐次解（通解），或者系统的自由响应。

对于 N 阶的齐次差分方程，它的齐次解是由若干个形式为 $C\alpha^k$ 的项组合而成。将 $y(k)=C\alpha^k$ 代入，化简得到

$$\alpha^N+a_1\alpha^{N-1}+\cdots+a_{N-1}\alpha+a_N=0 \tag{8-60}$$

式(8-60) 称为差分方程的特征方程，它的 N 个根 α_n 称为差分方程的特征根，记为 α_1，α_2，…，α_N。根据特征根不同的取值情况，差分方程齐次解的形式也不尽相同，如表 8-1 所示。

表 8-1 不同类型特征根与对应的齐次解函数形式

特征根 α	齐次解 $y_h(k)$
单实数根	$C\alpha^k$
m 重实数根	$(C_0+C_1k+\cdots+C_{n-1}k^{m-1})\alpha^k$
共轭复根 $\alpha_{1,2}=a\pm \mathrm{j}b=\rho \mathrm{e}^{\mathrm{j}\Omega_0}$	$\rho^k[C\cos(\Omega_0k)+D\sin(\Omega_0k)]$

表中所有待定系数由差分方程的初始条件决定。确定了特征方程的根，齐次解形式也就确定了。

2. 特解 $y_p(k)$

特解的形式取决于激励信号的形式，其物理意义是激励信号引起的强迫响应，表 8-2 列出了几种不同的激励信号对应的特解形式。

表 8-2　输入序列 $f(k)$ 与对应的特解形式

输入序列 $f(k)$	特解 $y_p(k)$
$\varepsilon(k)$	$P\varepsilon(k)$
$k^m\varepsilon(k)$	$(P_1+P_2k+\cdots+P_mk^m)\varepsilon(k)$，所有特征根均不为 1
$a^k\varepsilon(k)$	$Pa^k\varepsilon(k)$，a 不是特征根 $(P_0+P_1k+\cdots+P_rk^r)a^k\varepsilon(k)$，$a$ 是 r 重根
$\sin(\Omega_0k)\varepsilon(k)$， $\cos(\Omega_0k)\varepsilon(k)$	$[P\cos(\Omega_0k)+Q\sin(\Omega_0k)]\varepsilon(k)$ 或 $P\sin(\Omega_0k+\theta)\varepsilon(k)$
$e^{j\Omega_0k}\varepsilon(k)$	$Pe^{j(\Omega_0k+\theta)}\varepsilon(k)$

根据激励信号，将对应的特解形式代入到差分方程中，即可求出相应的待定系数常数。

3. 全解 $y(k)$

差分方程的齐次解和特解之和即为系统的全解：

$$y(k)=y_h(k)+y_p(k) \tag{8-61}$$

由于所讨论的系统属于因果系统，因此 $k\geqslant0$。

【例 8-11】 已知差分方程 $y(k)+4y(k-1)+3y(k-2)=f(k)$，系统的初始状态：$y(-1)=1$，$y(-2)=1$，试求该系统在指数序列激励 $2^k\varepsilon(k)$ 作用下的全解。

解：(1) 该系统的特征方程为

$$\alpha^2+4\alpha+3=0$$

因此，特征根 $\alpha_1=-3$，$\alpha_2=-1$，求得系统的齐次解为

$$y_h(k)=[C_1(-3)^k+C_2(-1)^k]\varepsilon(k)$$

(2) 由于激励信号是指数序列，所以特解为

$$y_p(k)=P2^k\varepsilon(k)$$

代入差分方程可得

$$P2^k+4P2^{k-1}+3P2^{k-2}=2^k$$

消去 2^k，解得 $P=4/15$，所以特解为

$$y_p(k)=\frac{4}{15}2^k\varepsilon(k)$$

(3) 系统的完全解为

$$y(k)=y_h(k)+y_p(k)=\left[C_1(-3)^k+C_2(-1)^k+\frac{4}{15}2^k\right]\varepsilon(k)$$

已知系统的初始状态 $(-1)=1$，$y(-2)=1$，代入差分方程，求得系统的初始条件

$$y(0)=f(0)-4y(-1)-3y(-2)=-6$$

$$y(1)=f(1)-4y(0)-3y(-1)=23$$

那么有

$$C_1+C_2+\frac{4}{15}=-6$$

$$-3C_1-C_2+\frac{8}{15}=23$$

解得 $C_1=-81/10$，$C_2=11/6$，所以系统的完全解为

$$y(k)=\left[-\frac{81}{10}(-3)^k+\frac{11}{6}(-1)^k+\frac{4}{15}2^k\right]\varepsilon(k)$$

该系统的自由响应即为系统的齐次解，而强迫响应则是系统的特解。另外，该系统无暂态响应，只有稳态响应。

8.6 零输入响应和零状态响应

零输入响应 $y_{zi}(k)$ 是指系统在外部激励信号为零时，仅由系统的初始状态引起的输出响应。在输入为零时，描述 N 阶离散时间 LTI 系统的差分方程模型即为齐次差分方程，因此系统零输入响应的形式与齐次差分方程的解形式一致。不同的地方在于：在求取待定系数时，零输入响应利用的是系统的初始状态的值，即 $y(-1)$，$y(-2)$，…，而系统的齐次解则是利用系统的初始条件 $y(0)$，$y(1)$，…，初始条件中包含了激励信号的作用。

零状态响应 $y_{zs}(k)$ 则是指系统在初始状态为零时，即 $y(-1)=y(-2)=\cdots=y(-N)=0$，仅由系统的外加激励所引起的输出响应。零状态响应的求解可以采用经典解法求解，它包含齐次解和特解两部分，由于存在外部激励，因此需要采用递推的方式确定系统的初始条件，从而求出待定系数值。

差分方程的全解 $y(k)$ 则为零输入响应 $y_{zi}(k)$ 和零状态响应 $y_{zs}(k)$ 之和，即

$$y(k)=y_{zi}(k)+y_{zs}(k) \tag{8-62}$$

【例 8-12】 若已知某离散时间 LTI 系统的差分方程为

$$y(k)+4y(k-1)+3y(k-2)=2^k\varepsilon(k)$$

系统的初始状态为 $y(-1)=1$，$y(-2)=1$，求系统的零输入响应、零状态响应和全响应。

解：(1) 零输入响应

系统的特征方程为

$$\alpha^2+4\alpha+3=0$$

因此，特征根 $\alpha_1=-3$，$\alpha_2=-1$，求得系统的齐次解为

$$y_{zi}(k)=C_1(-3)^k+C_2(-1)^k$$

由于系统的初始状态为 $y(-1)=1$，$y(-2)=1$，代入上式

$$\begin{cases}-\frac{1}{3}C_1-C_2=1\\ \frac{1}{9}C_1+C_2=1\end{cases}$$

解得 $C_1=-9$，$C_2=2$，因此系统的零输入响应为

$$y_{zi}(k)=[-9(-3)^k+2(-1)^k]\varepsilon(k)$$

（2）零状态响应

对于系统的零状态响应，有 $y_{zs}(-1)=0$，$y_{zs}(-2)=0$，代入到差分方程，可得系统的初始条件为

$$y_{zs}(0)=f(0)-4y_{zs}(-1)-3y_{zs}(-2)=1$$

$$y_{zs}(1)=f(1)-4y_{zs}(0)-3y_{zs}(-1)=-2$$

首先，根据激励信号的形式，确定系统的特解

$$y_p(k)=P2^k\varepsilon(k)$$

代入到差分方程两边，得

$$P2^k+4P2^{k-1}+3P2^{k-2}=2^k$$

消去 2^k，比较左右两边的系数，可得 $P=4/15$，因此有

$$y_p(k)=\frac{4}{15}2^k\varepsilon(k)$$

那么系统的零状态响应解的形式为

$$y_{zs}(k)=C_1(-3)^k+C_2(-1)^k+\frac{4}{15}2^k\varepsilon(k)$$

代入系统的初始条件，得

$$\begin{cases}C_1+C_2+\dfrac{4}{15}=1\\-3C_1-C_2+\dfrac{8}{15}=-2\end{cases}$$

解得 $C_1=7/6$，$C_2=-11/10$，最后得系统的零状态响应为

$$y_{zs}(k)=\left[\frac{9}{10}(-3)^k-\frac{1}{6}(-1)^k+\frac{4}{15}2^k\right]\varepsilon(k)$$

（3）系统的全解

$$y(k)=y_{zi}(k)+y_{zs}(k)=\left[-\frac{81}{10}(-3)^k+\frac{11}{6}(-1)^k+\frac{4}{15}\times2^k\right]\varepsilon(k)$$

将本例的计算结果与例 8-11 的计算结果相比较，可以发现按齐次解 + 特解的方式与按零输入响应 + 零状态响应的方法计算所得的系统全响应结果一致。系统的自由响应对应于零输入的自由响应与零状态响应中的自由响应之和，而系统的强迫响应则由零状态响应的特解构成。

8.7 系统的单位脉冲响应

单位脉冲序列 $\delta(k)$ 作用于离散 LTI 系统所产生的零状态响应称为脉冲响应，用符号 $h(k)$ 表示。它的作用类似于连续 LTI 系统的冲激响应 $h(t)$，可以用来表征离散 LTI 系统的系统特性。

由于单位脉冲序列 $\delta(k)$ 只在 $k=0$ 时取值且 $\delta(0)=1$，在 $k>0$ 以后都为零。那么，对于因果系统而言，单位脉冲序列瞬时作用在系统以后，其激励信号变为 0，此时描述离散 LTI 系统的差分方程变为了齐次差分方程。单位脉冲序列对系统的作用相当

于改变了系统的初始条件，因此只需要结合系统的初始零状态 $y(-1)=y(-2)=\cdots=y(-N)=0$ 以及递推方程可以确定系统的初始条件 $y(0)$，$y(1)$，…，就可以确定齐次解中的待定系数值。

【例 8-13】 系统差分方程式为

$$y(k)+4y(k-1)+3y(k-2)=f(k)$$

求系统的单位脉冲响应。

解： 根据单位脉冲响应的定义

$$h(k)+4h(k-1)+3h(k-2)=\delta(k)$$

且 $h(-1)=h(-2)=0$。首先，根据递推方程，求出系统的初始条件为

$$h(0)=\delta(0)-4h(-1)-3h(-2)=1$$
$$h(1)=\delta(1)-4h(0)-3h(-1)=-4$$

然后列出系统特征方程

$$\alpha^2+4\alpha+3=0$$

解得系统特征根 $\alpha_1=-3$，$\alpha_2=-1$，于是系统的单位脉冲响应 $h(k)$ 为

$$h(k)=C_1(-3)^k+C_2(-1)^k$$

代入系统的初始条件 $h(0)=1$，$h(1)=-4$，得

$$\begin{cases} C_1+C_2=1 \\ -3C_1-C_2=-4 \end{cases}$$

求得 $C_1=3/2$，$C_2=-1/2$，最后得系统的单位脉冲响应 $h(k)$ 为

$$h(k)=\left[\frac{3}{2}(-3)^k-\frac{1}{2}(-1)^k\right]\varepsilon(k)$$

8.8 零状态响应的卷积和表示

根据 8.2.3 节序列分解的内容，任意序列都可以表达为一系列单位脉冲序列的线性加权求和的形式：

$$f(k)=\sum_{i=-\infty}^{\infty}f(i)\delta(k-i) \tag{8-63}$$

这里，k 是时移参数。权重 $f(i)$ 表示信号 $f(k)$ 在 $k=i$ 位置的采样值。

已知离散 LTI 系统的单位脉冲响应 $h(k)=T[\delta(k)]$，由于 LTI 系统具备时不变特性，因此有 $h(k-i)=T[\delta(k-i)]$。这意味着单位脉冲序列经过时移后通过系统，将产生一个时移的单位脉冲响应。然后，将时域分解形式的任意序列 $f(k)$ 通过系统所得到的响应信号记为

$$y_{zs}(k)=T\left[\sum_{i=-\infty}^{\infty}f(i)\delta(k-i)\right] \tag{8-64}$$

利用 LTI 系统的线性特性，可以得到

$$y_{zs}(k)=\sum_{i=-\infty}^{\infty}f(i)T[\delta(k-i)] \tag{8-65}$$

由于系统同时具备时不变特性，可以得到

$$y_{zs}(k) = \sum_{i=-\infty}^{\infty} f(i)h(k-i) \tag{8-66}$$

因此，任意序列$f(k)$通过一个线性系统的零状态响应，可以表达为经过时移的一系列系统单位脉冲响应的线性加权求和的形式。而这个计算公式正好满足序列卷积和定义，即

$$y_{zs}(k) = f(k) * h(k) = \sum_{i=-\infty}^{\infty} f(i)h(k-i) = \sum_{i=-\infty}^{\infty} h(i)f(k-i) \tag{8-67}$$

由此可见，离散系统的输出响应即为输入序列$f(k)$和系统单位脉冲响应$h(k)$的卷积和运算结果。很显然，系统的单位脉冲响应为描述和研究离散 LTI 系统提供了一个强有力的工具。只要已知某离散系统的单位脉冲响应，就可以计算得到任意序列通过该系统所产生的响应。

【例 8-14】 已知离散 LTI 系统的单位阶跃响应$g(k)=[2^k+3\cdot 5^k+10]\varepsilon(k)$。

(1) 求该系统的单位脉冲响应$h(k)$；

(2) 求激励为$f(k)=(1+3^k)\varepsilon(k)$时的零状态响应。

解：(1) 单位脉冲响应$h(k)$是指系统在单位脉冲序列$\delta(k)$通过系统产生的，即

$$h(k)=T\{\delta(k)\}=T\{\varepsilon(k)-\varepsilon(k-1)\}=T\{\varepsilon(k)\}-T\{\varepsilon(k-1)\}=g(k)-g(k-1)$$

所以有

$$h(k)=[2^k+3\cdot 5^k+10]\varepsilon(k)-[2^{k-1}+3\cdot 5^{k-1}+10]\varepsilon(k-1)$$

可以把上式简化，考虑$k=0$和$k\geqslant 1$两种情况，最后得

$$h(k)=14\delta(k)+[2^{k-1}+12\cdot 5^{k-1}]\varepsilon(k-1)$$

(2) 系统的零状态响应$y_{zs}(k)$为

$$\begin{aligned}y_{zs}(k)&=f(k)*h(k)=(1+3^k)\varepsilon(k)*\{14\delta(k)+[2^{k-1}+12\cdot 5^{k-1}]\varepsilon(k-1)\}\\&=14(1+3^k)\varepsilon(k)+(1+3^k)\varepsilon(k)*2^{k-1}\varepsilon(k-1)+(1+3^k)\varepsilon(k)*12\cdot 5^{k-1}\varepsilon(k-1)\end{aligned}$$

下面先计算

$$\begin{aligned}(1+3^k)\varepsilon(k)*2^k\varepsilon(k)&=\sum_0^k(1+3^i)2^{k-i}=2^k\sum_0^k\left[\left(\frac{1}{2}\right)^i+\left(\frac{3}{2}\right)^i\right]\\&=2^k\left[\frac{1-\left(\frac{1}{2}\right)^{k+1}}{1-\frac{1}{2}}+\frac{1-\left(\frac{3}{2}\right)^{k+1}}{1-\frac{3}{2}}\right]\varepsilon(k)=(3^{k+1}-1)\varepsilon(k)\end{aligned}$$

$$\begin{aligned}(1+3^k)\varepsilon(k)*12\cdot 5^k\varepsilon(k)&=12\sum_0^k(1+3^i)5^{k-i}=12\cdot 5^k\sum_0^k\left[\left(\frac{1}{5}\right)^i+\left(\frac{3}{5}\right)^i\right]\\&=12\cdot 5^k\left[\frac{1-\left(\frac{1}{5}\right)^{k+1}}{1-\frac{1}{5}}+\frac{1-\left(\frac{3}{5}\right)^{k+1}}{1-\frac{3}{5}}\right]\varepsilon(k)\\&=(9\cdot 5^{k+1}-6\cdot 3^{k+1}-3)\varepsilon(k)\end{aligned}$$

再利用卷积和的移位性质，代入得

$$y_{zs}(k)=14(1+3^k)\varepsilon(k)+(3^k-1)\varepsilon(k-1)+(9\cdot 5^k-6\cdot 3^k-3)\varepsilon(k-1)$$
$$=(3^{k+2}+9\cdot 5^k+10)\varepsilon(k)$$

8.9 离散系统的稳定性和因果性

1. 因果系统

因果系统定义为系统某时刻的输出只取决于当前时刻以及过去的输入。离散 LTI 系统属于因果系统的充分必要条件是

$$h(k)=0,\quad k<0 \tag{8-68}$$

即系统的单位脉冲响应 $h(k)$ 是因果序列。

证明：

(1) 充分性

若 $k<0$ 时，$h(k)=0$，那么根据式(8-67)，可得 k_0 时刻的输出为

$$y_{zs}(k_0)=\sum_{i=-\infty}^{k_0}f(i)h(k_0-i) \tag{8-69}$$

这意味着系统当前时刻 $k=k_0$ 的输出值 $y_{zs}(k_0)$ 只取决于 $i\leqslant k_0$ 的输入值 $f(i)$，充分性得证。

(2) 必要性

根据式(8-67) 改写成

$$y_{zs}(k_0)=\sum_{i=-\infty}^{\infty}h(i)f(k_0-i)=\sum_{i=0}^{\infty}h(i)f(k_0-i)+\sum_{i=-\infty}^{-1}h(i)f(k_0-i) \tag{8-70}$$

由于系统属于因果系统，因此当前时刻 $k=k_0$ 的输出值 $y_{zs}(k_0)$ 只取决于 $i\leqslant k_0$ 的输入值 $f(i)$，而和未来的值无关。上式第一项是由过去的输入值的加权线性组合；而第二项中，$f(k_0-i)$ 代表着将来的输入值，因此 $h(i)(i<0)$ 必须为零，从而得证。

当离散 LTI 系统满足因果系统条件时，任意序列 $f(k)$ 通过系统的零状态响应可写为

$$y_{zs}(k)=f(k)*h(k)=\sum_{i=-\infty}^{k}f(i)h(k-i) \tag{8-71}$$

2. 稳定系统

对于离散 LTI 系统，其具有稳定性的充要条件是离散系统的单位脉冲响应 $h(k)$ 绝对可和，即

$$\sum_{k=-\infty}^{\infty}|h(k)|<\infty \tag{8-72}$$

证明：

(1) 充分性

根据式(8-66)，并利用不等式 $|a+b|<|a|+|b|$，可得

$$|y_{zs}(k)|=\left|\sum_{i=-\infty}^{\infty}f(i)h(k-i)\right|\leqslant\sum_{i=-\infty}^{\infty}|f(i)||h(k-i)| \tag{8-73}$$

如果输入序列 $f(k)$ 有界，即满足 $|f(k)|\leqslant M_f$（其中 M_f 为常数），那么由式(8-73)

可得

$$|y_{zs}(k)|\leqslant\sum_{i=-\infty}^{\infty}M_f|h(k-i)|=M_f\sum_{i=-\infty}^{\infty}|h(i)| \tag{8-74}$$

可见如果系统的单位脉冲响应 $h(k)$ 绝对可和，即满足 $\sum_{i=-\infty}^{\infty}|h(i)|<M_h$（其中 M_h 为常数），那么有

$$|y_{zs}(k)|\leqslant M_fM_h \tag{8-75}$$

因此，可知系统的输出响应也是有界的，满足离散系统稳定的条件。

（2）必要性

如果输入序列 $f(k)$ 有界，即满足 $|f(k)|\leqslant M_f$（其中 M_f 为常数），并且输出序列 $y_{zs}(k)$ 亦有界，满足 $|y_{zs}(k)|\leqslant M_y$（其中 M_y 为常数）。根据式(8-67) 可得

$$y_{zs}(k)=\sum_{i=-\infty}^{\infty}h(i)f(k-i) \tag{8-76}$$

构造一个输入序列 $f(k)$ 如下：

$$f(k)=\mathrm{sgn}[h(-k)]=\begin{cases}1, & h(-k)>0\\ 0, & h(-k)=0\\ -1, & h(-k)<0\end{cases} \tag{8-77}$$

显然该输入序列是有界的，那么

$$y_{zs}(0)=\sum_{i=-\infty}^{\infty}h(i)f(-i)=\sum_{i=-\infty}^{\infty}h(i)\mathrm{sgn}[h(i)]=\sum_{i=-\infty}^{\infty}|h(i)| \tag{8-78}$$

由于系统是有界的，因此

$$\sum_{i=-\infty}^{\infty}|h(i)|\leqslant M_y \tag{8-79}$$

所以系统的单位脉冲响应 $h(k)$ 满足绝对可和的条件，从而得证。

【例 8-15】 某离散系统的单位脉冲响应为 $h(k)=a^k\varepsilon(k+2)$，试分析该系统的因果性和稳定性。

解：由于单位脉冲响应 $h(k)$ 在 $k=-2$，-1 时，存在非零的值，所以系统是非因果系统。另外

$$\sum_{k=-\infty}^{\infty}|h(k)|=\sum_{k=-2}^{\infty}|a^k|=\sum_{k=-2}^{\infty}|a|^k=|a|^{-2}+|a|^{-1}+\sum_{k=0}^{\infty}|a|^k$$

可以看出，当 $|a|<1$ 时，无穷项等比级数求和的极限是存在的，因此系统是稳定的；否则，当 $|a|\geqslant1$ 时，系统是不稳定的。

习 题

8-1 画出下列序列的波形。

（1）$f(k)=2^k\varepsilon(k)$

（2）$f(k)=2^{-k-1}\varepsilon(k+1)$

（3）$f(k)=2^k[\varepsilon(3-k)-\varepsilon(-k)]$

(4) $f(k)=(k+2)\varepsilon(k)$

(5) $f(k)=\sin\left(\frac{k\pi}{4}\right)[\varepsilon(k)-\varepsilon(k-7)]$

(6) $f(k)=(-0.5)^{k}\cos\left(\frac{k\pi}{3}\right)\varepsilon(k)$

8-2　写出图 8-26 所示各波形的代数表达式。

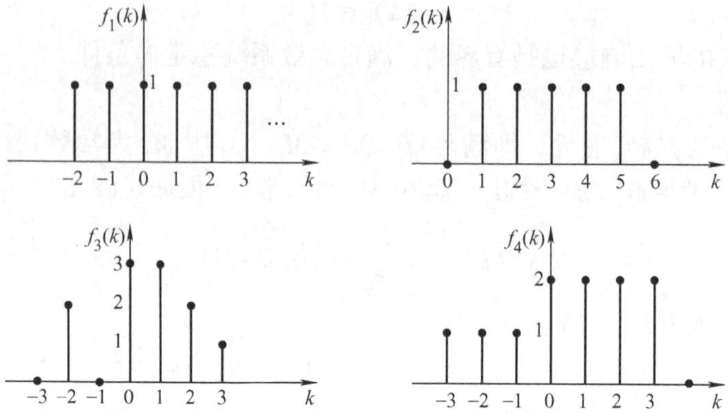

图 8-26　习题 8-2 图

8-3　判断下列序列是否为周期信号，如果是周期信号，指出其周期是多少？

(1) $f(k)=\sin\left(\frac{1}{4}k\right)$

(2) $f(k)=\cos\left(\frac{3}{5}\pi k\right)$

(3) $f(k)=\cos\left(\frac{1}{4}\pi k\right)+\sin\left(\frac{1}{3}\pi k\right)$

(4) $f(k)=\cos^{2}\left(\frac{1}{6}\pi k\right)$

8-4　已知序列 $f_3(k)$ 和 $f_4(k)$ 波形如图 8-26 所示，画出下列序列的波形。

(1) $f(k)=f_3\left(\frac{1}{2}k\right)$　　(2) $f(k)=f_4(2k+1)$

8-5　计算下列序列的卷积和。

(1) $\left(\frac{1}{3}\right)^{k}\varepsilon(k)*\varepsilon(k-1)$

(2) $2*2^{k}\varepsilon(-k)$

(3) $2^{k}\varepsilon(-k-1)*2^{-k}\varepsilon(k-1)$

(4) $2^{k-1}\varepsilon(k-1)*3^{k-2}\varepsilon(k-2)$

8-6　利用图解法计算图 8-26 中序列 $f_1(k)*f_2(k)$ 卷积和。

8-7　利用列表法计算序列 $f(k)$ 和 $h(k)$ 的卷积和。

(1) $f(k)=\{\dot{1},2,1,3\}$，$h(k)=\{\dot{1},0,2,4\}$

(2) $f(k)=\{-3,\dot{4},6,0,-1\}$，$h(k)=\varepsilon(k)-\varepsilon(k-4)$

8-8 一质点沿着水平方向作直线运动，其在某一秒内走过的距离等于前一秒走过距离的一半。若令 $y(k)$ 表示质点在第 k 秒末所在的位置，写出 $y(k)$ 的差分方程。

8-9 在核子反应器中的每个粒子经过1s后分裂为两个粒子，假设在 $k=0$s 时开始每秒注入到反应器中 $f(k)$ 个粒子，设 $y(k)$ 表示第 k 秒末反应器中的粒子数目，写出其差分方程。

8-10 求解下列差分方程所描述的离散 LTI 系统的零输入响应。

(1) $y(k)+3y(k-1)+2y(k-2)=f(k)$，$y(-1)=0$，$y(-2)=1$

(2) $y(k)+2y(k-1)+y(k-2)=f(k)-f(k-1)$，$y(-1)=1$，$y(-2)=-3$

(3) $y(k)-y(k-1)+y(k-2)=f(k)$，$y(-1)=0$，$y(-2)=1$

8-11 计算下列差分方程所描述 LTI 系统的单位脉冲响应。

(1) $y(k)+2y(k-1)=f(k-1)$

(2) $y(k)+y(k-1)+\frac{1}{4}y(k-2)=f(k)$

(3) $y(k)-\frac{3}{4}y(k-1)+\frac{1}{8}y(k-2)=f(k)$

(4) $y(k)-5y(k-1)+6y(k-2)=f(k)-3f(k-2)$

8-12 计算如图8-27所示系统的单位脉冲响应。

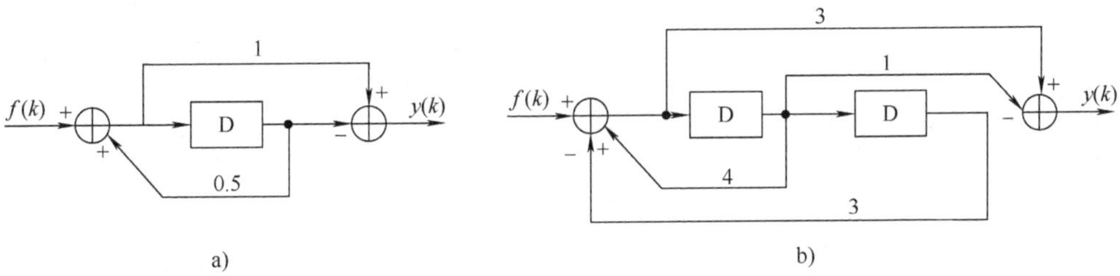

图8-27 习题8-12图

8-13 利用卷积和计算下列差分方程的零状态响应。

(1) $y(k)+3y(k-1)=\varepsilon(k)$

(2) $y(k)+4y(k-1)+3y(k-2)=2^k\varepsilon(k)$

8-14 已知某离散 LTI 系统的差分方程为

$$y(k)-y(k-1)-2y(k-2)=f(k)$$

系统的初始状态 $y(-1)=-1$，$y(-2)=1/4$，计算系统在输入序列 $f(k)=\varepsilon(k)$ 作用下的全响应。

8-15 已知某离散 LTI 系统的差分方程为

$$y(k)-\frac{5}{6}y(k-1)+\frac{1}{6}y(k-2)=f(k)$$

系统的初始状态 $y(-1)=0$，$y(-2)=1$，输入序列 $f(k)=\varepsilon(k)$。

(1) 求系统的单位脉冲响应 $h(k)$；

(2) 求系统的零输入响应、零状态响应和完全响应；

(3) 分析系统响应中哪些是暂态响应分量，哪些是稳态响应分量。

8-16　图 8-28 所示复合系统由三个子系统构成，它们的单位脉冲响应分别为 $h_1(k)=\varepsilon(k)$，$h_2(k)=\varepsilon(k-5)$，求复合系统的单位脉冲响应。

8-17　已知系统的单位脉冲响应如下：

（1）$h(k)=a^k\cos\left(\dfrac{\pi}{4}k\right)\varepsilon(k)$；

（2）$h(k)=a^k[\varepsilon(k+2)-\varepsilon(k-2)]$。

试分析上述系统的因果性和稳定性。

8-18　如图 8-29 所示系统，计算其单位脉冲响应 $h(k)$，如果要求系统稳定，常数 a 应如何取值？

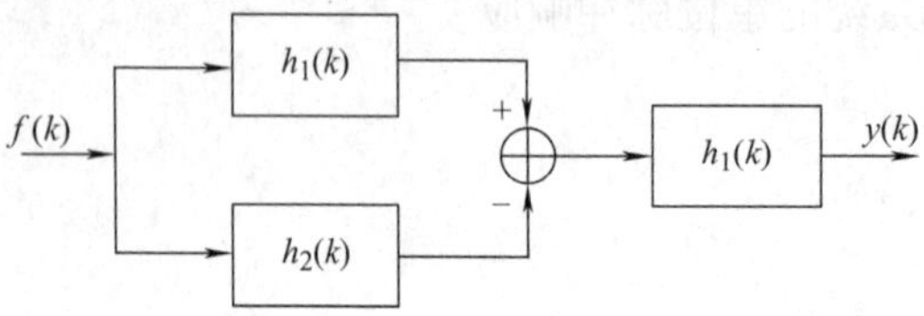

图 8-28　习题 8-16 图

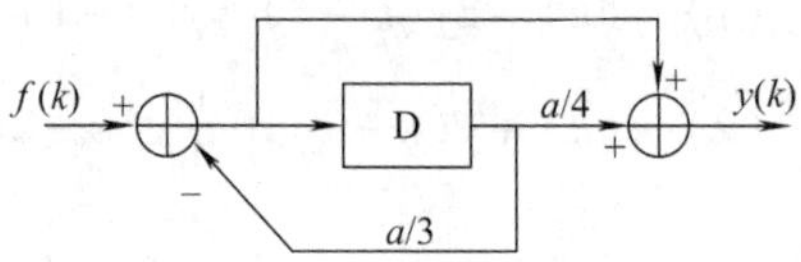

图 8-29　习题 8-18 图

第9章 离散时间系统的z域分析

$\mathcal{Z}$变换的历史最早可以追溯到法国数学家德莫伊夫（De Moivre）的工作，他在1730年提出了表示离散随机变量的概率密度函数的特征函数，该特征函数与$\mathcal{Z}$变换相同。1958年，美籍伊拉克控制理论学家 Eliahu Jury 发表了著名的论文“Sampled-Data Control System”，1964年进一步提出了$\mathcal{Z}$变换方法并建立了数字控制及数字信号处理的理论基础。$\mathcal{Z}$变换将离散时间序列转换成复频域多项式表示，它可以看作是连续信号的拉普拉斯变换在离散域的进一步推广。本章主要介绍离散时间序列的$\mathcal{Z}$变换及其性质，以及如何利用$\mathcal{Z}$变换来分析和描述线性时不变的离散系统。

9.1 $\mathcal{Z}$变换

9.1.1 从拉普拉斯变换到$\mathcal{Z}$变换

$\mathcal{Z}$变换的定义可以通过抽样信号的拉普拉斯变换导出。若连续信号$f(t)$经过均匀冲激抽样，所得到的抽样信号$f_s(t)$为

$$f_s(t) = f(t) \cdot \delta_{T_s}(t) = \sum_{k=-\infty}^{\infty} f(kT_s)\delta(t - kT_s) \tag{9-1}$$

其中T_s为抽样间隔。如果对式(9-1)左右两边同时作拉普拉斯变换，可得

$$F_s(s) = \int_{-\infty}^{\infty} f_s(t)\mathrm{e}^{-st}\mathrm{d}t = \int_{-\infty}^{\infty} \left[\sum_{k=-\infty}^{\infty} f(kT_s)\delta(t - kT_s)\right]\mathrm{e}^{-st}\mathrm{d}t \tag{9-2}$$

交换积分与求和次序，得

$$\begin{aligned}
F_s(s) &= \sum_{k=-\infty}^{\infty} f(kT_s)\left[\int_{-\infty}^{\infty} \delta(t - kT_s)\mathrm{e}^{-st}\mathrm{d}t\right] \\
&= \sum_{k=-\infty}^{\infty} f(kT_s)\mathrm{e}^{-skT_s} \\
&= \sum_{k=-\infty}^{\infty} f(kT_s)(\mathrm{e}^{sT_s})^{-k}
\end{aligned}$$

便可得到抽样信号$f_s(t)$的拉普拉斯变换

$$F_s(s) = \sum_{k=-\infty}^{\infty} f(kT_s)(\mathrm{e}^{sT_s})^{-k} \tag{9-3}$$

此时，令$z = \mathrm{e}^{sT_s}$，则式(9-3)变成了关于复变量z的函数$F(z)$

$$F(z) = \sum_{k=-\infty}^{\infty} f(kT_s)z^{-k} \tag{9-4}$$

式(9-4)称为抽样信号的 $\mathcal{Z}$ 变换。通常为了简化表示，归一化采样间隔 $T_s=1$，则式(9-4)可写为

$$F(z)=\sum_{k=-\infty}^{\infty}f(k)z^{-k} \tag{9-5}$$

该式即为离散序列 $f(k)$ 的双边 $\mathcal{Z}$ 变换。如果将序列 $f(k)$ 各样值与抽样信号 $f(t)\cdot\delta_{T_s}(t)$ 各冲激函数的强度相对应，就可借助复平面的映射 $z=\mathrm{e}^{sT_s}$，将抽样信号的拉普拉斯变换转换为离散时间序列的 $\mathcal{Z}$ 变换。

与拉普拉斯变换类似，$\mathcal{Z}$ 变换也有单边和双边之分，序列 $f(k)$ 的单边 $\mathcal{Z}$ 变换定义为

$$F(z)=\sum_{k=0}^{\infty}f(k)z^{-k}=f(0)+\frac{f(1)}{z}+\frac{f(2)}{z^2}+\cdots \tag{9-6}$$

显然，如果 $f(k)$ 为因果序列，则其双边 $\mathcal{Z}$ 变换与单边 $\mathcal{Z}$ 变换是相同的。为了表示方便，通常将序列 $f(k)$ 的 $\mathcal{Z}$ 变换记为

$$F(z)=\mathcal{Z}[f(k)]$$

而 $f(k)$ 则称为 $F(z)$ 的逆 $\mathcal{Z}$ 变换，记为

$$f(k)=\mathcal{Z}^{-1}[F(z)]$$

$f(k)$ 与 $F(z)$ 之间的关系可以简记为

$$f(k)\overset{Z}{\longleftrightarrow}F(z)$$

由于在连续时间系统分析中，非因果信号的应用较少，因此在拉普拉斯变换分析中主要侧重于讨论单边拉普拉斯变换。而对于离散时间系统，非因果序列也有一定的应用范围，因此，将着重讨论单边 $\mathcal{Z}$ 变换，同时兼顾双边 $\mathcal{Z}$ 变换分析。

9.1.2 s 平面与 z 平面之间的映射关系

上一节给出了复变量 z 与 s 存在下列关系：

$$z=\mathrm{e}^{sT_s}=\mathrm{e}^{(\sigma+\mathrm{j}\omega)T_s}=\mathrm{e}^{\sigma T_s}\cdot\mathrm{e}^{\mathrm{j}\omega T_s} \tag{9-7}$$

令

$$r=\mathrm{e}^{\sigma T_s},\quad \Omega=\omega T_s=2\pi\frac{\omega}{\omega_s} \tag{9-8}$$

那么有

$$z=r\mathrm{e}^{\mathrm{j}\Omega} \tag{9-9}$$

这里，z 平面的复变量表示成极坐标的形式，其中半径 $0\leqslant r<\infty$，数字角频率 $-\pi\leqslant\Omega<\pi$。

式(9-8)和式(9-9)表明 $s\sim z$ 平面有如下的映射关系：

1）s 平面上的虚轴（$\sigma=0$，$s=\mathrm{j}\omega$）映射到 z 平面是单位圆，左半平面平行虚轴的直线（$\sigma<0$）映射到 z 平面是半径 $r<1$ 的圆，右半平面平行虚轴的直线（$\sigma>0$）映射到 z 平面是半径 $r>1$ 的圆。

2）其右半平面（$\sigma>0$）映射到 z 平面是单位圆的圆外区域（$r>1$），而左半平面（$\sigma<0$）映射到 z 平面是单位圆的圆内区域（$r<1$）。

3）根据奈奎斯特抽样定理，当以抽样频率 ω_s 或者采样间隔 T_s 对连续信号采样时，所得抽样信号的频谱是以 ω_s 为周期的连续频谱，其有效频带范围为 $-\omega_s/2\leqslant\omega<\omega_s/2$，

相应的离散序列的数字角频率 $-\pi \leqslant \Omega < \pi$。当 $T_s \to 0$，则 $\omega_s \to \infty$，这时候 ω 的取值范围就扩大到 $(-\infty, \infty)$ 了。

$s \sim z$ 平面的映射关系如表 9-1 所示。

表 9-1 z 平面与 s 平面的映射关系

s 平面（$s=\sigma+\mathrm{j}\omega$）		z 平面（$z=r\mathrm{e}^{\mathrm{j}\Omega}$）	
虚轴 $\begin{pmatrix}\sigma=0\\ s=\mathrm{j}\omega\end{pmatrix}$	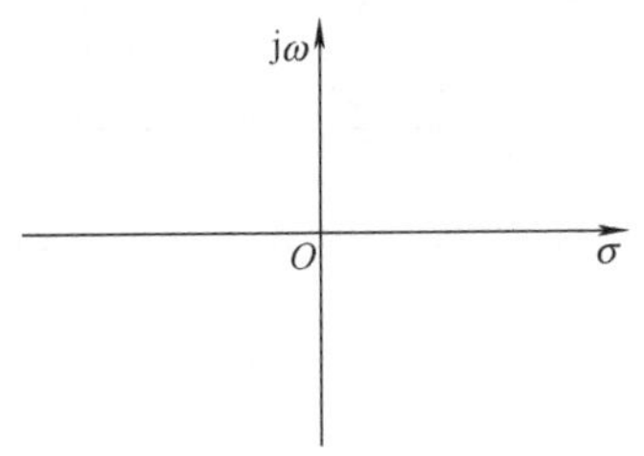	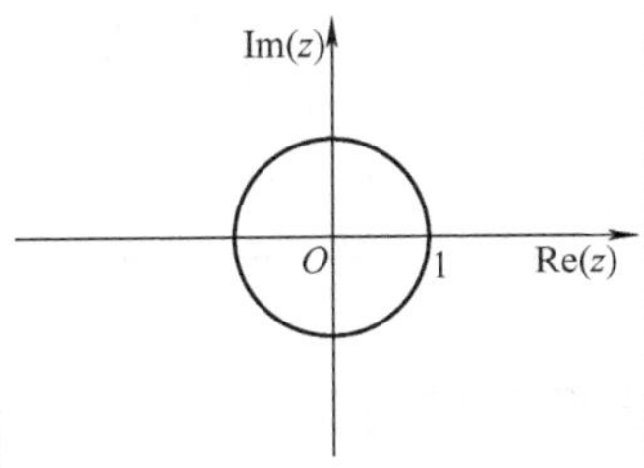	单位圆 $\begin{pmatrix}r=1\\ \Omega\text{任意取值}\end{pmatrix}$
平行虚轴的直线（$\sigma_1<0$，$\sigma_2>0$）	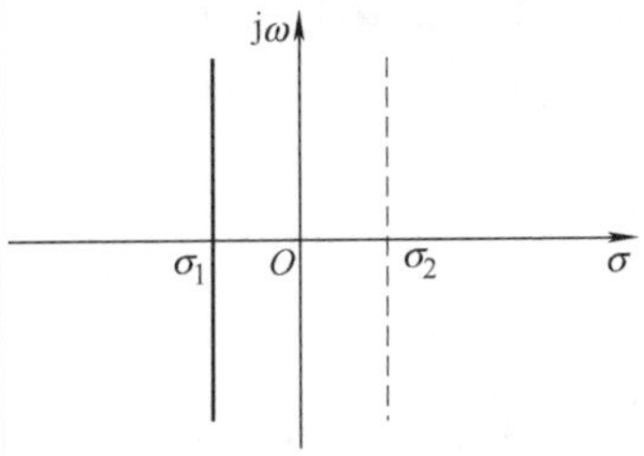	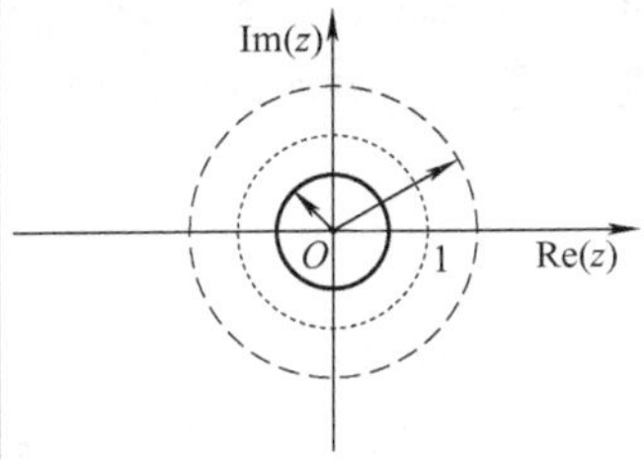	不同半径圆 $\begin{pmatrix}r_1<1,\ r_2>1\\ \Omega\text{任意取值}\end{pmatrix}$
右半平面（$\sigma>0$）	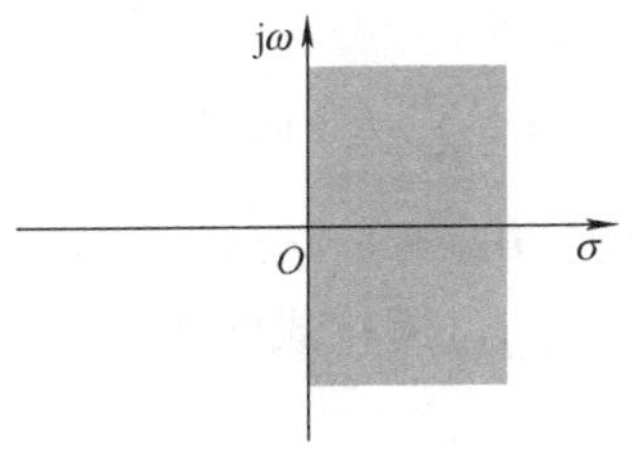	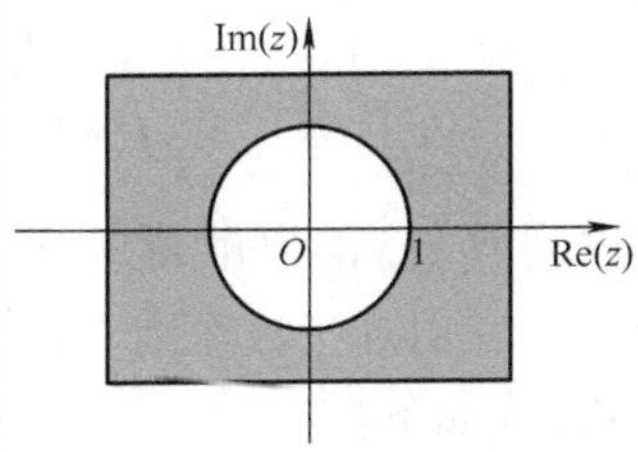	单位圆外 $\begin{pmatrix}r>1\\ \Omega\text{任意取值}\end{pmatrix}$
左半平面（$\sigma<0$）	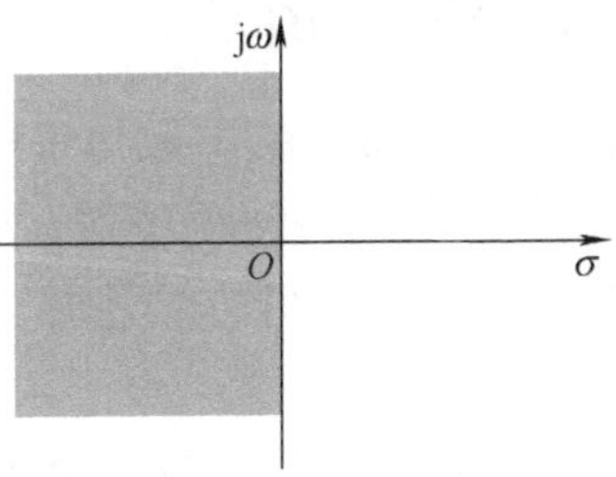	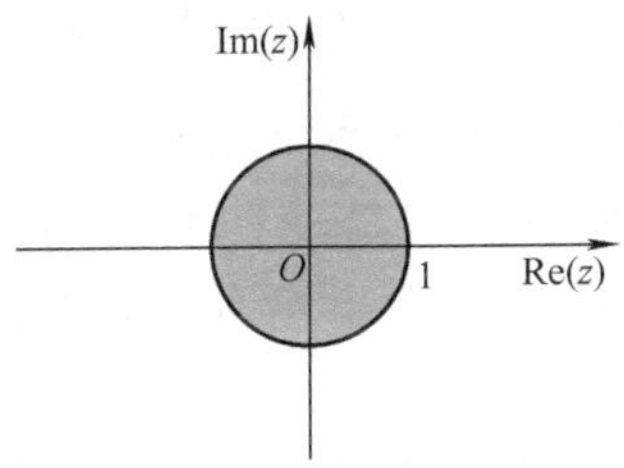	单位圆内 $\begin{pmatrix}r<1\\ \Omega\text{任意取值}\end{pmatrix}$
左半平面频带 $\begin{pmatrix}\sigma<0\\ -\dfrac{\omega_s}{2}\leqslant\omega<\dfrac{\omega_s}{2}\end{pmatrix}$	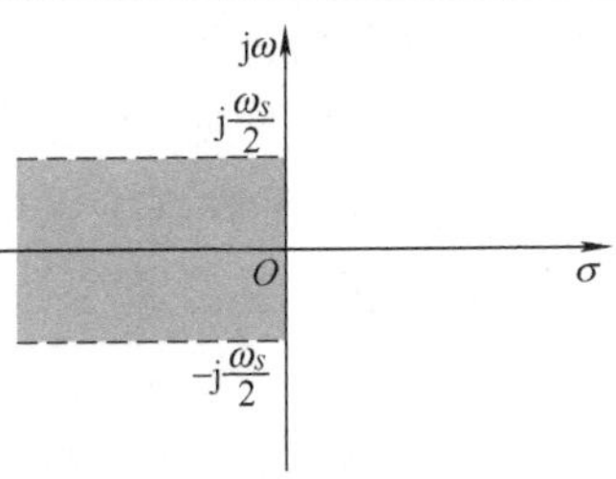	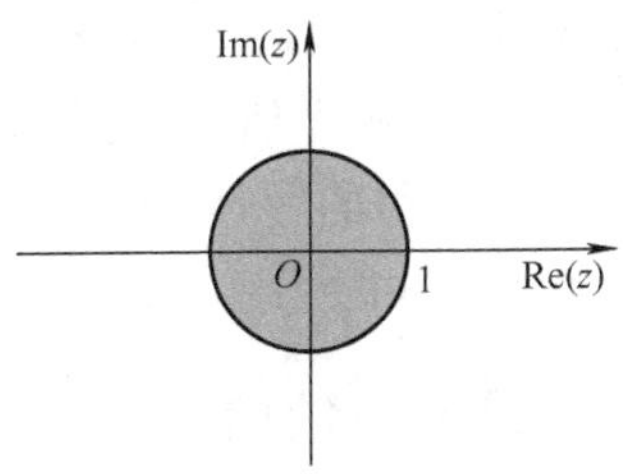	单位圆内 $\begin{pmatrix}r<1\\ -\pi\leqslant\Omega<\pi\end{pmatrix}$

（续）

s 平面（$s=\sigma+\mathrm{j}\omega$）		z 平面（$z=r\mathrm{e}^{\mathrm{j}\Omega}$）	
右半平面频带 $\left(\begin{array}{c}\sigma>0\\ -\frac{\omega_s}{2}\leqslant\omega<\frac{\omega_s}{2}\end{array}\right)$	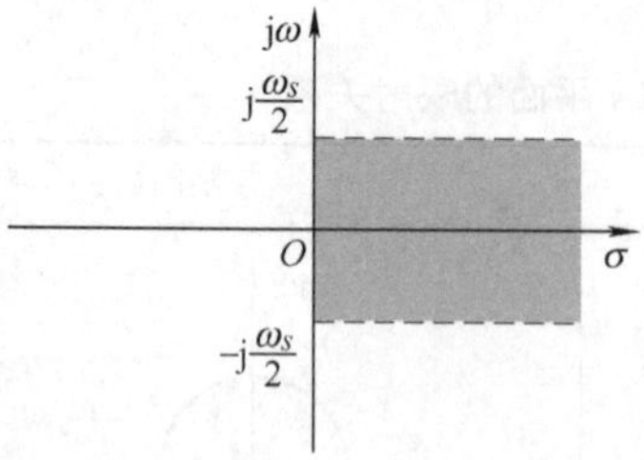	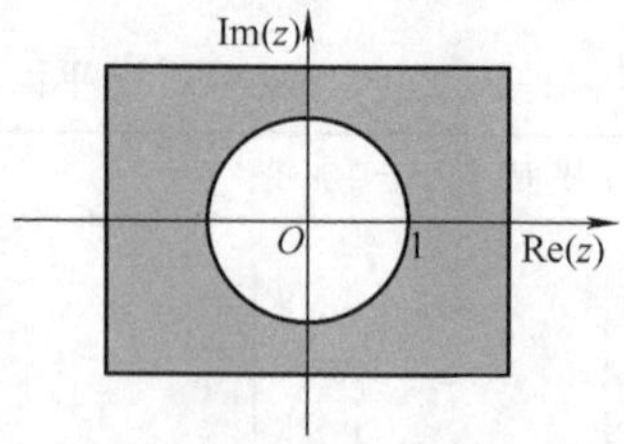	单位圆外 $\left(\begin{array}{c}r>1\\ -\pi\leqslant\Omega<\pi\end{array}\right)$

9.1.3　$\mathcal{Z}$ 变换的意义

虽然前面通过推导给出了 $\mathcal{Z}$ 变换的定义，那么离散序列 $f(k)$ 的 $\mathcal{Z}$ 变换究竟具有什么样的物理意义呢？式(9-5) 可以看作是序列 $f(k)$ 与序列 z^k 的求内积，即

$$F(z)=\langle f(k),z^k\rangle=\sum_{k=-\infty}^{\infty}f(k)z^{-k} \tag{9-10}$$

进一步将 $z=r\mathrm{e}^{\mathrm{j}\Omega}$ 代入，可得

$$F(z)=\langle f(k),(r\mathrm{e}^{\mathrm{j}\Omega})^k\rangle=\langle f(k)r^k,\mathrm{e}^{\mathrm{j}\Omega k}\rangle \tag{9-11}$$

如果令 $r=1$，则可得

$$F(\mathrm{e}^{\mathrm{j}\Omega})=\langle f(k),\mathrm{e}^{\mathrm{j}\Omega k}\rangle=\sum_{k=-\infty}^{\infty}f(k)\mathrm{e}^{-\mathrm{j}\Omega k} \tag{9-12}$$

式(9-12) 即为序列 $f(k)$ 的离散傅里叶变换（Discrete Fourier Transform，DFT），其含义是计算序列 $f(k)$ 在由虚指数序列 $\{\mathrm{e}^{\mathrm{j}\Omega k}\}_{-\pi\leqslant\Omega<\pi}$ 所构成的正交基上的序列分解。序列 $f(k)$ 的重构公式如下：

$$f(k)=\frac{1}{2\pi}\int_{-\pi}^{\pi}F(\mathrm{e}^{\mathrm{j}\Omega})\mathrm{e}^{\mathrm{j}\Omega k}\mathrm{d}\Omega \tag{9-13}$$

考虑到离散序列如果不满足绝对可和的条件，那么其离散傅里叶变换不存在。为此，通过将序列 $f(k)$ 乘以一个合适衰减的指数序列 r^k，使得序列 $f(k)r^k$ 满足绝对可和的条件。这里的思想类似于连续域里从连续信号的傅里叶变换推广到拉普拉斯变换的过程。

到此，序列 $f(k)$ 的 $\mathcal{Z}$ 变换可以看作是在 z 平面上不同半径 r 的圆上所作的离散傅里叶变换，即离散傅里叶变换的一种推广，而 z 域又称为复频域。特别指出的是，序列 $f(k)$ 的 $\mathcal{Z}$ 变换沿着单位圆上所作的变换即为离散傅里叶变换。由于离散傅里叶变换属于“数字信号处理”课程的内容，这里只是为了更好地理解 $\mathcal{Z}$ 变换的实际意义，所以介绍二者之间的关系，同时为后续课程的学习做好铺垫。

9.1.4　$\mathcal{Z}$ 变换的收敛域

对于有界序列 $f(k)$，使得 $\mathcal{Z}$ 变换所定义的无穷级数收敛的所有 z 值的集合，称为 $\mathcal{Z}$ 变换 $F(z)$ 的收敛域（ROC）。根据级数理论，级数收敛的充分必要条件是

$$\sum_{k=-\infty}^{\infty}|f(k)z^{-k}|<\infty \tag{9-14}$$

可见收敛域不仅与序列$f(k)$有关，还和复变量z的取值有关。下面通过举例说明不同类型序列的双边$\mathcal{Z}$变换的收敛域分布情况。

【例 9-1】 试求有限长矩形序列$R_N(k)$的$\mathcal{Z}$变换及其收敛域。

解：根据$\mathcal{Z}$变换的定义以及有限长等比级数求和公式

$$R_N(z)=\sum_{k=0}^{N-1}z^{-k}=\frac{1-z^{-N}}{1-z^{-1}},\ \mathrm{ROC}:|z|>0$$

所以，其收敛域是除了原点以外的整个z平面。

【例 9-2】 试求因果序列$f(k)=a^k\varepsilon(k)$的$\mathcal{Z}$变换及其收敛域。

解：根据$\mathcal{Z}$变换的定义

$$F(z)=\sum_{k=0}^{\infty}a^k z^{-k}=\sum_{k=0}^{\infty}(az^{-1})^k$$

显然，对于无穷等比序列级数，只有当等比值$|az^{-1}|<1$时，级数收敛，所以有

$$F(z)=\frac{1}{1-az^{-1}}=\frac{z}{z-a},\quad \mathrm{ROC}:|z|>|a|$$

所以，因果序列的收敛域为半径为$|a|$的圆的圆外区域，如图9-1a所示。

【例 9-3】 试求反因果序列$f(k)=-b^k\varepsilon(-k-1)$的$\mathcal{Z}$变换及其收敛域。

解：根据$\mathcal{Z}$变换的定义

$$F(z)=\sum_{k=-\infty}^{-1}-b^kz^{-k}=1-\sum_{k=0}^{\infty}(b^{-1}z)^k$$

对于无穷等比序列级数，只有当等比值$|b^{-1}z|<1$时，级数收敛，所以有

$$F(z)=1-\frac{1}{1-b^{-1}z}=\frac{z}{z-b},\quad \mathrm{ROC}:|z|<|b|$$

所以反因果序列的收敛域为半径为$|b|$的圆的圆内区域，如图9-1b所示。

【例 9-4】 试求双边序列$f(k)=a^k\varepsilon(k)-b^k\varepsilon(-k-1)$的$\mathcal{Z}$变换及其收敛域。

解：根据$\mathcal{Z}$变换的定义

$$F(z)=\mathcal{Z}[a^k\varepsilon(k)]+\mathcal{Z}[-b^k\varepsilon(-k-1)]=\frac{z}{z-a}+\frac{z}{z-b},\quad \mathrm{ROC}:|a|<|z|<|b|$$

双边序列收敛域存在的条件是因果序列的收敛域和反因果序列收敛域存在交集，那么常数a和b需满足$|a|<|b|$，其收敛域为$|a|<|z|<|b|$的环形区域，如图9-1c所示。如果$|a|>|b|$，则该双边序列的Z变换不存在。

【例 9-5】 试求右边序列$f(k)=a^k\varepsilon(k+3)$的$\mathcal{Z}$变换及其收敛域。

解：根据$\mathcal{Z}$变换的定义

$$F(z)=\sum_{k=-3}^{\infty}a^kz^{-k}=\sum_{k=-3}^{-1}a^kz^{-k}+\sum_{k=0}^{\infty}(az^{-1})^k$$

$$=a^{-3}z^3+a^{-2}z^2+a^{-1}z+\frac{z}{z-a}=\frac{a^{-3}z^4}{z-a},\quad \mathrm{ROC}:|a|<|z|<\infty$$

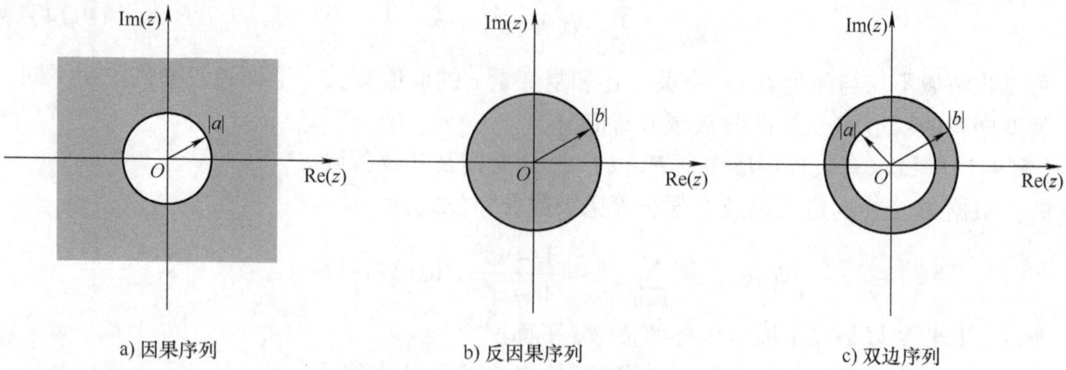

图 9-1　不同类型序列收敛域

【例 9-6】　试求左边序列 $f(k)=-b^{k}\varepsilon(-k+3)$ 的 $\mathcal{Z}$ 变换及其收敛域。

解：根据 $\mathcal{Z}$ 变换的定义

$$F(z)=\sum_{k=-\infty}^{3}-b^{k}z^{-k}=\sum_{k=-\infty}^{-1}-b^{k}z^{-k}+\sum_{k=0}^{3}-b^{k}z^{-k}$$

$$=\frac{z}{z-b}-1-bz^{-1}-b^{2}z^{-2}-b^{3}z^{-3}=\frac{b^{4}z^{-3}}{z-b},\quad \mathrm{ROC}:0<|z|<|b|$$

下面总结各种类型序列的双边 $\mathcal{Z}$ 变换的收敛域情况：

（1）有限长序列

当有限长序列同时包括因果和反因果部分时，除 $z=\infty$ 及 $z=0$ 外，$F(z)$ 在 z 平面上处处收敛，即收敛域为 $0<|z|<\infty$；当有限长序列为反因果序列时，$F(z)$ 的收敛域为 $|z|<\infty$。当有限长序列为因果序列时，$F(z)$ 的收敛域为 $|z|>0$。

（2）右边序列

当右边序列是因果序列时，假定 α 是无穷级数的收敛半径，那么该右边序列的收敛域是 $|z|>\alpha$。如果右边序列包含反因果部分时，则其收敛域不包括 $z=\infty$，即 $\alpha<|z|<\infty$。

（3）左边序列

当左边序列是反因果序列时，假定 β 是无穷级数的收敛半径，那么该左边序列的收敛域是 $|z|<\beta$。如果左边序列包含因果部分时，则其收敛域不包括 $z=0$，即 $0<|z|<\beta$。

（4）双边序列

双边序列可以看成因果序列和反因果序列 $\mathcal{Z}$ 变换的线性叠加。假设因果序列的收敛半径是 α，反因果序列的收敛半径是 β。如果满足 $\alpha<\beta$，则双边序列的收敛域 $\alpha<|z|<\beta$。所以，双边序列的收敛域通常是环形区域。如果 $\alpha>\beta$，则双边序列的 $\mathcal{Z}$ 变换不存在。

显然，收敛域取决于序列的形式。应当指出，任何序列的单边 $\mathcal{Z}$ 变换收敛域和因果序列的收敛域相同，即是半径为 α 的圆外区域（$|z|>\alpha$）。而对于序列的双边 $\mathcal{Z}$ 变换则必须标出收敛域，这是因为不同的序列可能具有相同的 $\mathcal{Z}$ 变换形式，如 $a^{k}\varepsilon(k)$ 和 $-a^{k}\varepsilon(-k-1)$ 的双边 $\mathcal{Z}$ 变换都是 $z/(z-a)$，但是收敛域却不相同，前者是半径为

$|a|$的圆外区域，后者是半径为$|a|$的圆内区域。而对于序列的单边 $\mathcal{Z}$ 变换则不需要标出收敛域。

【例 9-7】 试求序列$f(k)=a^{|k|}(0<a<1)$ 的双边 $\mathcal{Z}$ 变换及其收敛域。

解： 该序列包含因果序列和反因果序列两部分，可以改写成

$$f(k)=a^k\varepsilon(k)+\left(\frac{1}{a}\right)^k\varepsilon(-k-1)$$

所以

$$F(z)=Z\left[a^k\varepsilon(k)+\left(\frac{1}{a}\right)^k\varepsilon(-k-1)\right]=\frac{z}{z-a}-\frac{z}{z-\frac{1}{a}}=\frac{\left(a-\frac{1}{a}\right)z}{(z-a)\left(z-\frac{1}{a}\right)},\ \text{ROC}:a<|z|<\frac{1}{a}$$

9.2 常用序列的 $\mathcal{Z}$ 变换

1. 单位脉冲序列 $\boldsymbol{\delta(k)}$

根据 $\mathcal{Z}$ 变换定义

$$\mathcal{Z}[\delta(k)]=\sum_{k=0}^{\infty}\delta(k)z^{-k}=1,\ \text{ROC}:|z|\geqslant 0 \tag{9-15}$$

可见，单位脉冲序列$\delta(k)$ $\mathcal{Z}$ 变换的收敛域为整个复平面。

2. 单位阶跃序列 $\boldsymbol{\varepsilon(k)}$

根据 $\mathcal{Z}$ 变换定义

$$\mathcal{Z}[\varepsilon(k)]=\sum_{k=0}^{\infty}z^{-k} \tag{9-16}$$

若$|z|>1$，该几何级数收敛，则

$$\mathcal{Z}[\varepsilon(k)]=\frac{1}{1-z^{-1}}=\frac{z}{z-1},\ \text{ROC}:|z|>1 \tag{9-17}$$

3. 斜变序列 $\boldsymbol{k\varepsilon(k)}$

根据 $\mathcal{Z}$ 变换定义

$$\mathcal{Z}[k\varepsilon(k)]=\sum_{k=0}^{\infty}kz^{-k} \tag{9-18}$$

该 $\mathcal{Z}$ 变换可以用下面方法间接求得。

由式(9-17)，已知

$$\sum_{k=0}^{\infty}z^{-k}=\frac{z}{z-1},\quad \text{ROC}:|z|>1 \tag{9-19}$$

将式(9-19) 两边分别对 z 求导，得到

$$\sum_{k=0}^{\infty}-kz^{-k-1}=\frac{-1}{(z-1)^2},\ \text{ROC}:|z|>1 \tag{9-20}$$

整理得到斜变序列的 $\mathcal{Z}$ 变换

$$\mathcal{Z}[k\varepsilon(k)]=\sum_{k=0}^{\infty}kz^{-k}=\frac{z}{(z-1)^2},\ \text{ROC}:|z|>1 \tag{9-21}$$

4. 指数序列 $a^k\varepsilon(k)$

根据 $\mathcal{Z}$ 变换定义

$$\mathcal{Z}[a^k\varepsilon(k)] = \sum_{k=0}^{\infty} a^k z^{-k} = \sum_{n=0}^{\infty}(az^{-1})^k$$

于是可得

$$\mathcal{Z}[a^k\varepsilon(k)] = \frac{1}{1-az^{-1}} = \frac{z}{z-a},\quad \text{ROC}: |z| > |a| \tag{9-22}$$

5. 虚指数序列 $e^{j\Omega_0 k}\varepsilon(k)$

指数序列 $a^k\varepsilon(k)$ 的 $\mathcal{Z}$ 变换中，令 $a=e^{j\Omega_0}$，可得

$$\mathcal{Z}[e^{j\Omega_0 k}\varepsilon(k)] = \frac{z}{z-e^{j\Omega_0}},\quad \text{ROC}: |z| > 1 \tag{9-23}$$

6. 正弦序列 $\sin(\Omega_0 k)\varepsilon(k)$ 与余弦序列 $\cos(\Omega_0 k)\varepsilon(k)$

由于正弦序列和余弦序列与虚指数序列存在如下关系：

$$\cos(\Omega_0 k)\varepsilon(k) = \frac{e^{j\Omega_0 k}\varepsilon(k) + e^{-j\Omega_0 k}\varepsilon(k)}{2}$$

两边同时作 $\mathcal{Z}$ 变换

$$\begin{aligned}\mathcal{Z}[\cos(\Omega_0 k)\varepsilon(k)] &= \frac{\mathcal{Z}[e^{j\Omega_0 k}\varepsilon(k)] + \mathcal{Z}[e^{-j\Omega_0 k}\varepsilon(k)]}{2} = \frac{1}{2}\left(\frac{z}{z-e^{j\Omega_0}} + \frac{z}{z-e^{-j\Omega_0}}\right)\\ &= \frac{z^2 - z\cos\Omega_0}{z^2 - 2z\cos\Omega_0 + 1},\quad \text{ROC}: |z| > 1\end{aligned} \tag{9-24}$$

同理可得

$$\mathcal{Z}[\sin(\Omega_0 k)\varepsilon(k)] = \frac{z\sin\Omega_0}{z^2 - 2z\cos\Omega_0 + 1},\quad \text{ROC}: |z| > 1 \tag{9-25}$$

9.3 $\mathcal{Z}$ 变换的基本性质

1. 线性

若已知

$$\begin{aligned}f_1(k) &\stackrel{z}{\longleftrightarrow} F_1(z),\alpha_1 < |z| < \beta_1\\ f_2(k) &\stackrel{z}{\longleftrightarrow} F_2(z),\alpha_2 < |z| < \beta_2\end{aligned} \tag{9-26}$$

则

$$af_1(k) + bf_2(k) \stackrel{z}{\longleftrightarrow} aF_1(z) + bF_2(z), \max(\alpha_1,\alpha_2) < |z| < \min(\beta_1,\beta_2) \tag{9-27}$$

其中 a、b 为任意常数。相加后序列的 $\mathcal{Z}$ 变换收敛域一般为两个序列收敛域的重叠部分。在某些情况下，收敛域可能扩大。

【例 9-8】 试求序列 $f(k)=a^k\varepsilon(k)-a^k\varepsilon(k-1)$ 的 $\mathcal{Z}$ 变换。

解法 1： 令 $x(k)=a^k\varepsilon(k), y(k)=a^k\varepsilon(k-1)$，那么

$$X(z) = \frac{z}{z-a},\quad |z| > |a|$$

而

$$Y(z) = \sum_{k=1}^{\infty} a^k z^{-k} = \sum_{k=0}^{\infty} a^k z^{-k} - 1 = \frac{z}{z-a} - 1 = \frac{a}{z-a}, \quad |z| > |a|$$

所以

$$F(z) = X(z) - Y(z) = 1, \quad |z| \geqslant 0$$

可见，本例中线性叠加后的序列的 $\mathcal{Z}$ 变换收敛域扩大了，由 $|z| > |a|$ 扩展到整个 z 平面。

解法 2：

$$f(k) = a^k\varepsilon(k) - a^k\varepsilon(k-1) = a^k[\varepsilon(k) - \varepsilon(k-1)] = a^k\delta(k) = \delta(k)$$

所以

$$F(z) = 1, \quad |z| \geqslant 0$$

2. 位移特性（时移特性）

位移特性表示序列位移后的 $\mathcal{Z}$ 变换与原序列 $\mathcal{Z}$ 变换的关系，包括序列的左移（超前）或右移（延迟）两种情况。根据选取的变换形式是单边 $\mathcal{Z}$ 变换还是双边 $\mathcal{Z}$ 变换，它们的位移特性基本相同，但又各有不同的特点。下面分为几种情况进行讨论。

（1）双边 $\mathcal{Z}$ 变换

若已知

$$f(k) \overset{z}{\longleftrightarrow} F(z), \quad \alpha < |z| < \beta$$

则序列右移 m 个单位后，它的双边 $\mathcal{Z}$ 变换等于

$$f(k-m) \overset{Z}{\longleftrightarrow} z^{-m}F(z), \alpha < |z| < \beta \tag{9-28}$$

证明：

根据双边 $\mathcal{Z}$ 变换的定义，可得

$$\mathcal{Z}[f(k-m)] = \sum_{k=-\infty}^{\infty} f(k-m)z^{-k}$$

令 $i = k - m$，代入可得

$$\mathcal{Z}[f(k-m)] = z^{-m}\sum_{i=-\infty}^{\infty} f(i)z^{-i} = z^{-m}F(z) \tag{9-29}$$

同样，可得左移序列的双边 Z 变换

$$\mathcal{Z}[f(k+m)] = z^m F(z) \tag{9-30}$$

（2）单边 $\mathcal{Z}$ 变换

若 $f(k)$ 是双边序列，其单边 $\mathcal{Z}$ 变换为

$$f(k)\varepsilon(k) \overset{z}{\longleftrightarrow} F(z), \quad |z| > \alpha$$

则序列右移 m 个单位后，它的单边 $\mathcal{Z}$ 变换等于

$$f(k-m)\varepsilon(k) \overset{z}{\longleftrightarrow} z^{-m}\left[F(z) + \sum_{k=-m}^{-1} f(k)z^{-k}\right], \quad |z| > \alpha \tag{9-31}$$

证明：

根据单边 $\mathcal{Z}$ 变换的定义，可得

$$\mathcal{Z}[f(k-m)\varepsilon(k)] = \sum_{k=0}^{\infty} f(k-m)z^{-k} = \sum_{k=0}^{m-1} f(k-m)z^{-k} + \sum_{k=m}^{\infty} f(k-m)z^{-k}$$

令 $i=k-m$，代入可得

$$\begin{aligned}\mathcal{Z}[f(k-m)\varepsilon(k)] &= \sum_{i=-m}^{-1} f(i)z^{-(i+m)} + \sum_{i=0}^{\infty} f(i)z^{-(i+m)} \\ &= \sum_{i=-m}^{-1} f(i)z^{-(i+m)} + z^{-m}\sum_{i=0}^{\infty} f(i)z^{-i} \\ &= z^{-m}\left[\sum_{i=-m}^{-1} f(i)z^{-i} + F(z)\right]\end{aligned} \tag{9-32}$$

同样，可以得到序列左移 m 个单位后的单边 $\mathcal{Z}$ 变换

$$\mathcal{Z}[f(k+m)\varepsilon(k)] = z^{m}\left[F(z) - \sum_{k=0}^{m-1} f(k)z^{-k}\right] \tag{9-33}$$

【例 9-9】 已知序列 $f(k)=3^k-1$，计算 $f(k-1)\varepsilon(k)$ 的 $\mathcal{Z}$ 变换。

解法 1： $f(k)$ 是一个双边序列，首先计算序列 $f(k)$ 的单边 $\mathcal{Z}$ 变换，

$$F(z)=\mathcal{Z}[f(k)\varepsilon(k)]=\mathcal{Z}[3^k\varepsilon(k)-\varepsilon(k)]=\frac{z}{z-3}-\frac{z}{z-1}=\frac{2z}{(z-3)(z-1)}$$

利用单边 $\mathcal{Z}$ 变换的右移性质，得

$$\mathcal{Z}[f(k-1)\varepsilon(k)]=z^{-1}[F(z)+f(-1)z]=z^{-1}\left[\frac{2z}{(z-3)(z-1)}-\frac{2}{3}z\right]=-\frac{2}{3}\cdot\frac{z(z-4)}{(z-3)(z-1)}$$

解法 2： 由于

$$f(k-1)\varepsilon(k)=3^{k-1}\varepsilon(k)-\varepsilon(k)=\frac{1}{3}\cdot 3^k\varepsilon(k)-\varepsilon(k)$$

直接计算其 $\mathcal{Z}$ 变换

$$\mathcal{Z}[f(k-1)\varepsilon(k)]=\frac{1}{3}\cdot\frac{z}{z-3}-\frac{z}{z-1}=-\frac{2}{3}\cdot\frac{z(z-4)}{(z-3)(z-1)}$$

3. 指数加权特性（z 域尺度变换）

若已知常数 $a\neq 0$，有

$$f(k)\overset{Z}{\longleftrightarrow}F(z),\quad \alpha<|z|<\beta$$

则

$$a^k f(k)\overset{Z}{\longleftrightarrow}F\left(\frac{z}{a}\right),\quad |a|\alpha<|z|<|a|\beta \tag{9-34}$$

证明：

因为

$$\begin{aligned}\mathcal{Z}[a^k f(k)] &= \sum_{k=-\infty}^{\infty} a^k f(k)z^{-k} \\ &= \sum_{k=-\infty}^{\infty} f(k)\left(\frac{z}{a}\right)^{-k}\end{aligned} \tag{9-35}$$

所以

$$\mathcal{Z}[a^k f(k)]=F\left(\frac{z}{a}\right),\quad |a|\alpha<|z|<|a|\beta \tag{9-36}$$

【例 9-10】 计算 $a^k\cos(\Omega_0 k)\varepsilon(k)$，$a^k\sin(\Omega_0 k)\varepsilon(k)$ 的 $\mathcal{Z}$ 变换。

解：已知序列 $\cos(\Omega_0 k)\varepsilon(k)$ 和 $\sin(\Omega_0 k)\varepsilon(k)$ 的 $\mathcal{Z}$ 变换分别为

$$\mathcal{Z}[\cos(\Omega_0 k)\varepsilon(k)]=\frac{z^2-z\cos\Omega_0}{z^2-2z\cos\Omega_0+1},\quad |z|>1$$

$$\mathcal{Z}[\sin(\Omega_0 k)\varepsilon(k)]=\frac{z\sin\Omega_0}{z^2-2z\cos\Omega_0+1},\quad |z|>1$$

利用 $\mathcal{Z}$ 变换的指数加权性质，有

$$\mathcal{Z}[a^k\cos(\Omega_0 k)\varepsilon(k)]=\frac{\left(\frac{z}{a}\right)^2-\frac{z}{a}\cos\Omega_0}{\left(\frac{z}{a}\right)^2-2\frac{z}{a}\cos\Omega_0+1}=\frac{z^2-za\cos\Omega_0}{z^2-2za\cos\Omega_0+a^2},\quad |z|>|a|$$

$$\mathcal{Z}[a^k\sin(\Omega_0 k)\varepsilon(k)]=\frac{\frac{z}{a}\sin\Omega_0}{\left(\frac{z}{a}\right)^2-2\frac{z}{a}\cos\Omega_0+1}=\frac{za\sin\Omega_0}{z^2-2za\cos\Omega_0+a^2},\quad |z|>|a|$$

4. 乘 k 特性（z 域微分）

若已知

$$f(k)\xleftrightarrow{Z}F(z),\quad \alpha<|z|<\beta$$

则

$$kf(k)\xleftrightarrow{Z}-z\frac{\mathrm{d}}{\mathrm{d}z}F(z),\quad \alpha<|z|<\beta \tag{9-37}$$

该式表明序列的线性加权（乘 k）等效于其 $\mathcal{Z}$ 变换求导再乘以 $-z$。

证明：

因为

$$F(z)=\sum_{k=-\infty}^{\infty}f(k)z^{-k}$$

两边对 z 求导数，得

$$\frac{\mathrm{d}}{\mathrm{d}z}F(z)=\frac{\mathrm{d}}{\mathrm{d}z}\sum_{k=-\infty}^{\infty}f(k)z^{-k} \tag{9-38}$$

交换求导和求和的次序，式(9-38) 变为

$$\begin{aligned}\frac{\mathrm{d}}{\mathrm{d}z}F(z)&=\sum_{k=-\infty}^{\infty}f(k)\frac{\mathrm{d}}{\mathrm{d}z}(z^{-k})\\&=-z^{-1}\sum_{k=-\infty}^{\infty}kf(k)z^{-k}\\&=-z^{-1}\mathcal{Z}[kf(k)]\end{aligned} \tag{9-39}$$

所以

$$\mathcal{Z}[kf(k)]=-z\frac{\mathrm{d}}{\mathrm{d}z}F(z),\quad \alpha<|z|<\beta \tag{9-40}$$

【例 9-11】 求斜变序列 $k\varepsilon(k)$ 的 $\mathcal{Z}$ 变换。

解：由于

$$\mathcal{Z}[\varepsilon(k)]=\frac{z}{z-1}$$

那么利用序列乘 k 性质，有

$$\begin{aligned}\mathcal{Z}[k\varepsilon(k)]&=-z\frac{\mathrm{d}}{\mathrm{d}z}\mathcal{Z}[\varepsilon(k)]\\&=-z\frac{\mathrm{d}}{\mathrm{d}z}\left(\frac{z}{z-1}\right)\\&=\frac{z}{(z-1)^2}\end{aligned}$$

5. 序列的反转

若

$$f(k)\overset{Z}{\longleftrightarrow}F(z),\quad \alpha<|z|<\beta$$

则

$$f(-k)\overset{Z}{\longleftrightarrow}F(z^{-1}),\quad \frac{1}{\beta}<|z|<\frac{1}{\alpha} \tag{9-41}$$

证明：

根据 $\mathcal{Z}$ 变换的定义，有

$$\mathcal{Z}[f(-k)]=\sum_{k=-\infty}^{+\infty}f(-k)z^{-k}=\sum_{k=-\infty}^{+\infty}f(k)z^{k}=\sum_{n=-\infty}^{+\infty}f(k)(z^{-1})^{-k}=F(z^{-1}) \tag{9-42}$$

从而得证。

6. 初值定理

若已知 $f(k)$ 是因果序列，有

$$F(z)=\mathcal{Z}[f(k)]=\sum_{k=0}^{\infty}f(k)z^{-k},\ |z|>\alpha$$

则

$$f(0)=\lim_{z\to\infty}F(z) \tag{9-43}$$

证明：

因为

$$F(z)=\sum_{k=0}^{\infty}f(k)z^{-k}=f(0)+f(1)z^{-1}+f(2)z^{-2}+\cdots \tag{9-44}$$

当 $z\to\infty$，在式(9-44）的级数中除了第一项 $f(0)$ 外，其余各项都趋近于零，所以

$$f(0)=\lim_{z\to\infty}F(z)$$

从而得证。

【例 9-12】 已知某因果序列的 $\mathcal{Z}$ 变换为

$$F(z)=\frac{2z^2+1}{z^2+z+1}$$

计算该序列的初值。

解：利用初值定理，有

$$f(0)=\lim_{z\to\infty}F(z)=\lim_{z\to\infty}\frac{2z^2+1}{z^2+z+1}=\lim_{z\to\infty}\frac{2+z^{-2}}{1+z^{-1}+z^{-2}}=2$$

7. 终值定理

若已知$f(k)$是因果序列，有

$$F(z)=\mathcal{Z}[f(k)]=\sum_{k=0}^{\infty}f(k)z^{-k},\quad |z|>\alpha$$

则

$$f(\infty)=\lim_{z\to 1}(z-1)F(z) \tag{9-45}$$

证明：

利用单边$\mathcal{Z}$变换的时移性质，有

$$\mathcal{Z}[f(k+1)-f(k)]=z[F(z)-f(0)]-F(z)=(z-1)F(z)-zf(0) \tag{9-46}$$

另一方面，利用单边$\mathcal{Z}$变换的定义，有

$$\mathcal{Z}[f(k+1)-f(k)]=\sum_{k=0}^{\infty}[f(k+1)-f(k)]z^{-k}=f(1)-f(0)+[f(2)-f(1)]z^{-1}+[f(3)-f(2)]z^{-2}+\cdots \tag{9-47}$$

比较式(9-46)与式(9-47)左右两边，得

$$f(1)-f(0)+[f(2)-f(1)]z^{-1}+[f(3)-f(2)]z^{-2}+\cdots=(z-1)F(z)-zf(0) \tag{9-48}$$

当序列$f(k)$的收敛域包含单位圆时，令$z=1$代入式(9-48)

$$f(\infty)-f(0)=\lim_{z\to 1}(z-1)F(z)-f(0) \tag{9-49}$$

整理得

$$f(\infty)=\lim_{z\to 1}(z-1)F(z)$$

从而得证。

从推导过程中可知，终值定理只有当$k\to\infty$时$f(k)$的终值存在才可以应用，或者说要求$(z-1)F(z)$的收敛域包含单位圆。

【例9-13】 已知因果序列的$\mathcal{Z}$变换分别为

$$(1)\ F(z)=\frac{z+1}{z^2-3z+2}\qquad (2)\ F(z)=\frac{1}{z^2-5z+6}$$

计算相应序列的终值。

解：(1) 利用终值定理

$$f(\infty)=\lim_{z\to 1}(z-1)F(z)=\lim_{z\to 1}(z-1)\cdot\frac{z+1}{z^2-3z+2}=\lim_{z\to 1}(z-1)\cdot\frac{z+1}{(z-1)(z-2)}=-2$$

(2)

$$F(z)=\frac{1}{z^2-5z+6}=\frac{1}{(z-2)(z-3)}$$

由于$(z-1)F(z)$的收敛域为$|z|>3$，不包含单位圆，因此不能直接应用终值定理计算其终值，该序列的终值不存在。

8. 时域卷积定理

若已知

$$f_1(k)\overset{Z}{\longleftrightarrow}F_1(z),\ \alpha_1<|z|<\beta_1$$

$$f_2(k)\overset{Z}{\longleftrightarrow}F_2(z),\ \alpha_2<|z|<\beta_2$$

则

$$f_1(k)*f_2(k)\overset{Z}{\longleftrightarrow}F_1(z)\cdot F_2(z),\ \max(\alpha_1,\alpha_2)<|z|<\min(\beta_1,\beta_2) \tag{9-50}$$

在一般情况下，其收敛域是 $F_1(z)$ 与 $F_2(z)$ 收敛域的重叠部分。

证明：

因为

$$\begin{aligned}\mathcal{Z}[f_1(k)*f_2(k)] &= \sum_{k=-\infty}^{\infty}[f_1(k)*f_2(k)]z^{-k} = \sum_{k=-\infty}^{\infty}\left\{\sum_{i=-\infty}^{\infty}f_1(i)f_2(k-i)\right\}z^{-k}\\ &= \sum_{i=-\infty}^{\infty}f_1(i)\left\{\sum_{k=-\infty}^{\infty}f_2(k-i)z^{-k}\right\}\end{aligned} \tag{9-51}$$

令 $m=k-i$，代入式(9-51)，得

$$\begin{aligned}\mathcal{Z}[f_1(k)*f_2(k)] &= \sum_{i=-\infty}^{\infty}f_1(i)\left\{\sum_{m=-\infty}^{\infty}f_2(m)z^{-(m+i)}\right\}\\ &= \sum_{i=-\infty}^{\infty}f_1(i)z^{-i}\left\{\sum_{m=-\infty}^{\infty}f_2(m)z^{-m}\right\}\\ &= \left\{\sum_{i=-\infty}^{\infty}f_1(i)z^{-i}\right\}F_2(z) = F_1(z)\cdot F_2(z)\end{aligned} \tag{9-52}$$

从而得证。

可见两个序列的时域卷积和运算等效于在 z 域中两个序列各自 $\mathcal{Z}$ 变换的乘积，其收敛域是两个序列收敛域的重叠部分。

【例 9-14】 若

$$f(k)=a^k\varepsilon(k)$$

$$g(k)=b^k\varepsilon(k)$$

求 $y(k)=f(k)*g(k)$。

解： 由于

$$F(z)=\frac{z}{z-a},\quad |z|>|a|$$

$$G(z)=\frac{z}{z-b},\quad |z|>|b|$$

由卷积定理得

$$\begin{aligned}Y(z)=\mathcal{Z}[f(k)*g(k)]=F(z)G(z)&=\frac{z^2}{(z-a)(z-b)},\ |z|>\max(|a|,|b|)\\ &=\frac{1}{a-b}\left(\frac{az}{z-a}-\frac{bz}{z-b}\right)\end{aligned}$$

所以可得

$$y(k)=\frac{1}{a-b}[a\cdot a^k\varepsilon(k)-b\cdot b^k\varepsilon(k)]=\left(\frac{a^{k+1}-b^{k+1}}{a-b}\right)\varepsilon(k)$$

表9-2中列出了$\mathcal{Z}$变换的主要性质，表中$f_1(k)\overset{\mathcal{Z}}{\longleftrightarrow}F_1(z)$，$\alpha_1<|z|<\beta_1$，$f_2(k)\overset{\mathcal{Z}}{\longleftrightarrow}F_2(z)$，$\alpha_2<|z|<\beta_2$，$f(k)\overset{\mathcal{Z}}{\longleftrightarrow}F(z)$，$\alpha<|z|<\beta$，$f(k)\varepsilon(k)\overset{\mathcal{Z}}{\longleftrightarrow}F_0(z)$，$|z|>\alpha$。

表9-2 $\mathcal{Z}$变换的主要性质（定理）

性质	序列	$\mathcal{Z}$变换	收敛域
1. 线性特性	$af_1(k)+bf_2(k)$	$aF_1(z)+bF_2(z)$	$\max(\alpha_1,\alpha_2)<\lvert z\rvert<\min(\beta_1,\beta_2)$
2. 位移特性	$f(k-m)$	$z^{-m}F(z)$	$\alpha<\lvert z\rvert<\beta$
	$f(k-m)\varepsilon(k)$	$z^{-m}\left[F_0(z)+\sum_{k=-m}^{-1}f(k)z^{-k}\right]$	$\lvert z\rvert>\alpha$
	$f(k+m)\varepsilon(k)$	$z^{m}\left[F_0(z)-\sum_{k=0}^{m-1}f(k)z^{-k}\right]$	$\lvert z\rvert>\alpha$
3. 指数加权特性	$a^kf(k)$	$F\left(\frac{z}{a}\right)$	$\lvert a\rvert\alpha<\lvert z\rvert<\lvert a\rvert\beta$
4. 乘k特性(z域微分)	$kf(k)$	$-zF'(z)$	$\alpha<\lvert z\rvert<\beta$
5. k域反转特性	$f(-k)$	$F(z^{-1})$	$\frac{1}{\beta}<\lvert z\rvert<\frac{1}{\alpha}$
6. 初值定理	$f(0)$	$\lim\limits_{z\to\infty}F_0(z)$	
7. 终值定理	$f(\infty)$	$\lim\limits_{z\to1}(z-1)F_0(z)$	
8. 卷积定理	$f_1(k)*f_2(k)$	$F_1(z)\cdot F_2(z)$	$\max(\alpha_1,\alpha_2)<\lvert z\rvert<\min(\beta_1,\beta_2)$

9.4 逆$\mathcal{Z}$变换

求解逆$\mathcal{Z}$变换的计算方法有三种：可以采用复变函数的留数定理求解，或借助长除法将$F(z)$展开幂级数得到$f(k)$，此外还可以仿照拉普拉斯变换方法将$F(z)$函数用部分分式展开法求解。这里主要介绍后两种解法。

9.4.1 幂级数展开法

由于序列$f(k)$的$\mathcal{Z}$变换定义为关于复变量z的幂级数

$$F(z)=\sum_{k=-\infty}^{\infty}f(k)z^{-k} \tag{9-53}$$

所以，只要在给定的收敛域内把$F(z)$展开成幂级数，则级数的系数就是序列$f(k)$。

在利用长除法求逆$\mathcal{Z}$变换时，需要根据收敛域范围判断序列$f(k)$的类型，然后再展开成相应的z的幂级数。在一般情况下，$F(z)$是有理函数，令分子多项式为$A(z)$，分母多项式为$B(z)$。当$F(z)$的收敛域为$|z|>\alpha$时，$f(k)$为因果序列，此时应将$F(z)$展开成z^{-1}的幂级数，所以需要将$A(z)$、$B(z)$按z的降幂次序进行排列；如果收敛域是$|z|<\beta$，则$f(k)$是反因果序列，此时应将$F(z)$展开成z的幂级数，$A(z)$、$B(z)$按z的升幂次序进行排列。然后利用长除法，便可将$F(z)$展开成幂级数，从而得到$f(k)$。

【例 9-15】 已知序列的 $\mathcal{Z}$ 变换为

$$F(z)=\frac{z}{z^2-3z+2},\quad |z|>1$$

试利用长除法求其逆 $\mathcal{Z}$ 变换。

解：根据收敛域可知，该序列为因果序列，应按 z 的降幂排列进行长除，即

$$
\begin{array}{r|l}
 & z^{-1}+3z^{-2}+7z^{-3}+\cdots \\
\hline
z^2-3z+2 & z \\
 & \underline{z-3+2z^{-1}} \\
 & \quad 3-2z^{-1} \\
 & \quad \underline{3-9z^{-1}+6z^{-2}} \\
 & \qquad 7z^{-1}-6z^{-2} \\
 & \qquad \underline{7z^{-1}-21z^{-2}+14z^{-3}} \\
 & \qquad\qquad 15z^{-2}-14z^{-3} \\
 & \qquad\qquad \cdots
\end{array}
$$

即

$$F(z)=z^{-1}+3z^{-2}+7z^{-3}+15z^{-4}+\cdots$$

所以，$f(k)=\{\dot{0},1,3,7,15,\cdots\}$。

【例 9-16】 已知序列的 $\mathcal{Z}$ 变换为

$$F(z)=\frac{z}{z^2-3z+2},\quad |z|<1$$

试利用长除法求其逆 $\mathcal{Z}$ 变换。

解：根据收敛域可知该序列为反因果序列，应按 z 的升幂排列进行长除，即

$$
\begin{array}{r|l}
 & \frac{1}{2}z+\frac{3}{4}z^2+\frac{1}{8}z^3\cdots \\
\hline
2-3z+z^2 & z \\
 & \underline{z-\frac{3}{2}z^2+\frac{1}{2}z^3} \\
 & \quad \frac{3}{2}z^2-\frac{1}{2}z^3 \\
 & \quad \underline{\frac{3}{2}z^2-\frac{9}{4}z^3+\frac{3}{4}z^4} \\
 & \qquad \frac{1}{4}z^3-\frac{3}{4}z^4 \\
 & \qquad \underline{\frac{1}{4}z^3-\frac{3}{8}z^4+\frac{1}{8}z^5} \\
 & \qquad\qquad -\frac{3}{8}z^4-\frac{1}{8}z^5 \\
 & \qquad\qquad \cdots
\end{array}
$$

即

$$F(z)=\frac{1}{2}z+\frac{3}{4}z^2+\frac{1}{8}z^3-\frac{3}{16}z^4+\cdots$$

所以

$$f(k)=\left\{\cdots,-\frac{3}{16},\frac{1}{8},\frac{3}{4},\frac{1}{2},\dot{0}\right\}$$

幂级数展开法简单直观，一般可以获得序列 $f(k)$ 的前若干个有限项，但是难以得到序列 $f(k)$ 闭合代数解。

9.4.2 部分分式展开法

序列的 $\mathcal{Z}$ 变换通常是 z 的有理数，可表示为有理分式形式。类似于拉普拉斯逆变换的部分分式展开法，这里可以先将 $F(z)$ 展开成若干个简单部分分式之和，然后分别求出各个部分分式的逆变换，再把各逆变换相加即可得到 $f(k)$。

通常 $F(z)$ 具有如下形式

$$F(z)=\frac{A(z)}{B(z)}=\frac{b_mz^m+b_{m-1}z^{m-1}+\cdots+b_1z+b_0}{z^n+a_{n-1}z^{n-1}+\cdots+a_1z+a_0},\ m<n \tag{9-54}$$

则 $F(z)$ 为有理真分式。如果出现 $m>n$ 的情况，则可以利用长除法将 $F(z)$ 转化成一个关于 z 的有限长的幂级数和一个有理真分式。

1. 当 $F(z)$ 的极点均为单极点

分母多项式 $B(z)$ 可以写成

$$B(z)=(z-p_1)(z-p_2)\cdots(z-p_n) \tag{9-55}$$

那么

$$\frac{F(z)}{z}=\frac{A_1}{z-p_1}+\frac{A_2}{z-p_2}+\cdots+\frac{A_n}{z-p_n}$$

即

$$F(z)=\frac{A_1z}{z-p_1}+\frac{A_2z}{z-p_2}+\cdots+\frac{A_nz}{z-p_n}$$

根据 $\mathcal{Z}$ 变换的线性性质可得逆 $\mathcal{Z}$ 变换的形式为

$$f(k)=(A_1p_1^k+A_2p_2^k+\cdots+A_np_n^k)\varepsilon(k) \tag{9-56}$$

【例 9-17】 已知序列的 $\mathcal{Z}$ 变换为

$$F(z)=\frac{z^2}{z^2-\frac{3}{2}z+\frac{1}{2}},\ |z|>1$$

试用部分分式展开法求其逆 $\mathcal{Z}$ 变换。

解： 根据收敛域 $|z|>1$ 可知，该序列为因果序列，

$$F(z)=\frac{z^2}{(z-1)\left(z-\frac{1}{2}\right)}$$

只包含一阶极点 $z_1=1/2$，$z_2=1$。得到以下展开式

$$\frac{F(z)}{z}=\frac{A_1}{z-\frac{1}{2}}+\frac{A_2}{z-1}$$

计算公式中待定系数

$$A_1 = \left[\frac{F(z)}{z}\left(z - \frac{1}{2}\right)\right]_{z=\frac{1}{2}} = -1$$

$$A_2 = \left[\frac{F(z)}{z}(z-1)\right]_{z=1} = 2$$

所以，$F(z)$ 展开式为

$$F(z) = \frac{-z}{z-\frac{1}{2}} + \frac{2z}{z-1}$$

再计算各个部分分式的逆 $\mathcal{Z}$ 变换并相加，得到原序列

$$f(k) = \left[-\left(\frac{1}{2}\right)^k + 2\right]\varepsilon(k)$$

【例 9-18】 已知序列的 $\mathcal{Z}$ 变换为

$$F(z) = \frac{2z^2+z+1}{z^2+5z-6}, 1 < |z| < 6$$

试用部分分式展开法求其逆 $\mathcal{Z}$ 变换。

解：根据收敛域可知，该序列为双边序列。首先把 $F(z)$ 改写成如下形式：

$$F(z) = \frac{2z^2+z+1}{(z-1)(z+6)}$$

再将 $F(z)$ 两端除以 z，得

$$\frac{F(z)}{z} = \frac{2z^2+z+1}{(z-1)(z+6)z}$$

将上式展开成部分分式形式，即

$$\frac{F(z)}{z} = \frac{A_1}{z-1} + \frac{A_2}{z+6} + \frac{A_3}{z}$$

计算公式中待定系数

$$A_1 = \left[\frac{F(z)}{z}\cdot(z-1)\right]_{z=1} = \frac{4}{7}$$

$$A_2 = \left[\frac{F(z)}{z}\cdot(z+6)\right]_{z=-6} = \frac{67}{42}$$

$$A_3 = \left[\frac{F(z)}{z}\cdot z\right]_{z=0} = -\frac{1}{6}$$

因此有

$$F(z) = \frac{4}{7}\cdot\frac{z}{z-1} + \frac{67}{42}\cdot\frac{z}{z+6} - \frac{1}{6}z^{-1}$$

根据题中给出的收敛域为 $1 < |z| < 6$ 分析：

1）第一项的极点为 $z=1$，收敛域在 $|z|=1$ 的单位圆外部，因此该极点所对应的序列只可能为因果序列。

2）第二项极点为 $z=-6$，收敛域在 $|z|=6$ 的单位圆的内部，因此该极点所对应的序列必为反因果序列。

所以，根据相应的 $\mathcal{Z}$ 变换对，可得

$$f(k)=\frac{4}{7}\varepsilon(k)-\frac{67}{42}\varepsilon(-k-1)-\frac{1}{6}\delta(k-1)$$

2. 当 $F(z)$ 的极点包含一个重极点，其余均为单极点

此时 $F(z)$ 可以写成

$$F(z)=\frac{B(z)}{(z-p_1)^m D(z)} \tag{9-57}$$

式中，p_1 是 m 重极点，$D(z)$ 所含都是单极点。则式(9-57) 展开成部分分式形式如下：

$$F(z)=A_{11}\frac{z}{z-p_1}+A_{12}\left(\frac{z}{z-p_1}\right)^2+\cdots+A_{1m}\left(\frac{z}{z-p_1}\right)^m+\sum_i\frac{A_i z}{z-p_i} \tag{9-58}$$

那么，F(z) 的逆 $\mathcal{Z}$ 变换为

$$\begin{aligned}f(k)&=A_{11}p_1^k+A_{12}(k+1)p_1^k+\cdots\frac{A_{1m}}{(m-1)!}[(k+1)(k+2)\cdots\\&\quad(k+m-1)]p_1^k+\sum_i A_i p_i^k\end{aligned} \tag{9-59}$$

式中，A_{11}，A_{12}，…，A_{1m}为待定系数。

【例 9-19】 已知序列的 $\mathcal{Z}$ 变换为

$$F(z)=\frac{z+1}{(z-1)^3(z-2)}$$

试用部分分式展开法求其逆 $\mathcal{Z}$ 变换。

解：由于 $F(z)$ 中包含三重极点 $p_1=1$，所以部分分式展开形式为

$$F(z)=A_{11}\frac{z}{z-1}+A_{12}\left(\frac{z}{z-1}\right)^2+A_{13}\left(\frac{z}{z-1}\right)^3+A_2\frac{z}{z-2}$$

先求出单根系数值

$$A_2=\frac{F(z)}{z}(z-2)\bigg|_{z=2}=\frac{z+1}{z(z-1)^3}\bigg|_{z=2}=\frac{3}{2}$$

计算重根系数

$$A_{13}=F(z)\left(\frac{z-1}{z}\right)^3\bigg|_{z=1}=\frac{z+1}{z^3(z-2)}\bigg|_{z=1}=-2$$

将 A_2 和 A_{13}值代入到部分分式表达式中

$$F(z)=\frac{z+1}{(z-1)^3(z-2)}=A_{11}\frac{z}{z-1}+A_{12}\left(\frac{z}{z-1}\right)^2-2\left(\frac{z}{z-1}\right)^3+\frac{3}{2}\cdot\frac{z}{z-2}$$

将最右边两项移至左边，得

$$\frac{z^2+4z+1}{(z-1)^2}=A_{11}\frac{z}{z-1}+A_{12}\left(\frac{z}{z-1}\right)^2$$

两边同时乘以$\left(\frac{z-1}{z}\right)^2$，并令 $z=1$，得 $A_{12}=6$。将之代入上式得

$$\frac{z^2+4z+1}{(z-1)^2}=A_{11}\frac{z}{z-1}+6\left(\frac{z}{z-1}\right)^2$$

将最右边一项移至左边，得

$$\frac{-(5z+1)}{z-1}=A_{11}\frac{z}{z-1}$$

两边同时乘以$\frac{z-1}{z}$，并令 $z=1$，得 $A_{11}=-6$，所以有

$$F(z)=\frac{-6z}{z-1}+6\left(\frac{z}{z-1}\right)^2-2\left(\frac{z}{z-1}\right)^3+\frac{3}{2}\cdot\frac{z}{z-2}$$

最后得到逆 $\mathcal{Z}$ 变换为

$$\begin{aligned}f(k)&=\left[-6+6(k+1)-(k+1)(k+2)+\frac{3}{2}\cdot 2^k\right]\varepsilon(k)\\&=\left(-k^2+3k-2+\frac{3}{2}\cdot 2^k\right)\varepsilon(k)\end{aligned}$$

9.5 差分方程的 z 域分析与求解

$\mathcal{Z}$ 变换是分析离散 LTI 系统的重要数学工具，它可以将描述离散系统的差分方程模型转换成为 z 域的代数方程。本节中主要讨论如何利用 $\mathcal{Z}$ 变换求解差分方程，该方法的原理是基于 $\mathcal{Z}$ 变换的线性特性和位移特性，将差分方程转化为代数方程，从而简化求解过程。

设离散 LTI 系统的输入序列为 $f(k)$，输出序列为 $y(k)$，那么描述离散系统激励和响应之间的关系模型是一个 N 阶线性常系数差分方程，即

$$\begin{aligned}&a_0y(k)+a_1y(k-1)+\cdots+a_{N-1}y(k-N+1)+a_Ny(k-N)=\\&b_0f(k)+b_1f(k-1)+\cdots+b_{M-1}f(k-M+1)+b_Mf(k-M)\end{aligned}\tag{9-60}$$

系统的初始状态为 $y(-1)$，$y(-2)$，…，$y(-N)$，且 $a_0=1$。

将等式两边同时取单边 $\mathcal{Z}$ 变换，并利用 $\mathcal{Z}$ 变换的位移特性可以得到

$$\sum_{i=0}^{N}a_iz^{-i}\left[Y(z)+\sum_{k=-i}^{-1}y(k)z^{-k}\right]=\sum_{j=0}^{M}b_jz^{-j}F(z)\tag{9-61}$$

整理后，可得离散系统全响应的 $\mathcal{Z}$ 变换为

$$Y(z)=\underbrace{\frac{-\sum_{i=0}^{N}\left(a_iz^{-i}\cdot\sum_{k=-i}^{-1}y(k)z^{-k}\right)}{\sum_{i=0}^{N}a_iz^{-i}}}_{\text{零输入响应}Y_{zi}(z)}+\underbrace{\left(\frac{\sum_{j=0}^{M}b_jz^{-j}}{\sum_{i=0}^{N}a_iz^{-i}}\right)\cdot F(z)}_{\text{零输入响应}Y_{zs}(z)}\tag{9-62}$$

由此可见，系统全响应 $\mathcal{Z}$ 变换 $Y(z)$ 的第一项仅与系统初始状态相关，是零输入响应的 $\mathcal{Z}$ 变换 $Y_{zi}(z)$；而第二项仅仅与系统外加激励有关，是零状态响应的 $\mathcal{Z}$ 变换 $Y_{zs}(z)$，即

$$Y_{zi}(z)=\frac{-\sum_{i=0}^{N}a_iz^{-i}\cdot\left[\sum_{k=-i}^{-1}y(k)z^{-k}\right]}{\sum_{i=0}^{N}a_iz^{-i}}\tag{9-63}$$

$$Y_{zs}(z)=\left(\frac{\sum_{j=0}^{M}b_jz^{-j}}{\sum_{i=0}^{N}a_iz^{-i}}\right)\cdot F(z) \qquad (9\text{-}64)$$

对式(9-62) ~式(9-64) 分别作单边逆 $\mathcal{Z}$ 变换，可得系统的全响应 $y(k)$、零输入响应 $y_{zi}(k)$ 和零状态响应 $y_{zs}(k)$。

【例 9-20】 离散系统的差分方程为

$$y(k)+3y(k-1)+2y(k-2)=f(k)$$

若激励 $f(k)=\varepsilon(k)$，系统初始状态 $y(-1)=-4$，$y(-2)=3$，求系统全响应 $y(k)$，零输入响应 $y_{zi}(k)$ 和零状态响应 $y_{zs}(k)$。

解：对差分方程两边取单边 $\mathcal{Z}$ 变换，得到

$$Y(z)+3z^{-1}[Y(z)+y(-1)z]+2z^{-2}[Y(z)+y(-2)z^2+y(-1)z]=F(z)$$

$$\Rightarrow Y(z)=\frac{-3y(-1)-2y(-2)-2y(-1)z^{-1}}{1+3z^{-1}+2z^{-2}}+\frac{1}{1+3z^{-1}+2z^{-2}}F(z)$$

代入系统的初始状态 $y(-1)=-4$，$y(-2)=3$，以及系统激励信号的 $\mathcal{Z}$ 变换 $F(z)=\frac{z}{z-1}$，并化简得到

$$Y(z)=\frac{z(6z+8)}{(z+2)(z+1)}+\frac{z^3}{(z+2)(z+1)(z-1)}$$

其中

$$Y_{zi}(z)=\frac{z(6z+8)}{(z+2)(z+1)}=\frac{4z}{z+2}+\frac{2z}{z+1}$$

$$Y_{zs}(z)=\frac{z^3}{(z+2)(z+1)(z-1)}=\frac{\frac{4}{3}z}{z+2}+\frac{-\frac{1}{2}z}{z+1}+\frac{\frac{1}{6}z}{z-1}$$

然后分别求逆 $\mathcal{Z}$ 变换可得

零输入响应为

$$y_{zi}(k)=[4(-2)^k+2(-1)^k]\varepsilon(k)$$

零状态响应为

$$y_{zs}(k)=\left[\frac{4}{3}(-2)^k-\frac{1}{2}(-1)^k+\frac{1}{6}\right]\varepsilon(k)$$

系统的全响应为

$$y(k)=y_{zi}(k)+y_{zs}(k)=\left[\frac{16}{3}(-2)^k+\frac{3}{2}(-1)^k+\frac{1}{6}\right]\varepsilon(k)$$

9.6 系统函数与系统特性

9.6.1 系统函数定义

离散 LTI 系统的系统函数定义为系统零状态响应的 $\mathcal{Z}$ 变换$Y_{zs}(z)$ 与系统激励的 $\mathcal{Z}$ 变换之比值，用 $H(z)$ 表示，即

$$H(z)=\frac{Y_{zs}(z)}{F(z)} \tag{9-65}$$

它可以用来表示离散系统的传输特性，如图 9-2 所示。

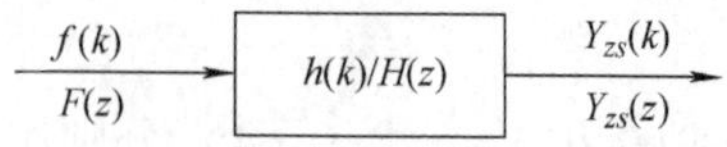

图 9-2　离散系统的传输特性

当激励信号是单位脉冲序列 $\delta(k)$ 时，它通过系统产生的零状态响应 $y_{zs}(k)$ 定义为系统的单位脉冲响应 $h(k)$，所以由式(9-65) 可得

$$H(z)=\frac{Y_{zs}(z)}{F(z)}=\frac{\mathcal{Z}[h(k)]}{\mathcal{Z}[\delta(k)]}=\mathcal{Z}[h(k)] \tag{9-66}$$

式(9-66) 表明离散 LTI 系统的系统函数 $H(z)$ 是该系统单位脉冲响应 $h(k)$ 的双边 $\mathcal{Z}$ 变换。当离散系统是因果系统时，系统函数 $H(z)$ 可表示为系统零状态响应的单边 $\mathcal{Z}$ 变换与输入信号的单边 $\mathcal{Z}$ 变换的比值。

至此，离散 LTI 系统可以有三种描述方法，分别是单位脉冲响应 $h(k)$、系统函数 $H(z)$（非因果系统需要标出收敛域）和差分方程。离散 LTI 系统的零状态响应 $y_{zs}(k)$ 既可以采用时域解法求解，也可以采用 z 域方法求解，如下式所示：

$$y_{zs}(k)=f(k)*h(k) \tag{9-67}$$

由时域卷积定理，得到

$$Y_{zs}(z)=F(z)H(z) \tag{9-68}$$

则有

$$y_{zs}(k)=Z^{-1}[F(z)H(z)] \tag{9-69}$$

【例 9-21】 求下列差分方程所描述的离散系统的系统函数和单位脉冲响应：

$$y(k)-ay(k-1)=bf(k)$$

解： 在系统零状态下，对差分方程两边取 $\mathcal{Z}$ 变换，并利用位移特性，得到

$$Y(z)-az^{-1}Y(z)=bF(z)$$

求得系统函数

$$H(z)=\frac{Y(z)}{F(z)}=\frac{b}{1-az^{-1}}=\frac{bz}{z-a}$$

再求系统函数的逆 $\mathcal{Z}$ 变换

$$h(k)=ba^k\varepsilon(k)$$

9.6.2　系统函数零点和极点

离散 LTI 系统的系统函数 $H(z)$ 是两个关于 z 变量的多项式之比，即

$$H(z)=\frac{Y_{zs}(z)}{F(z)}=\frac{\sum_{j=0}^{M}b_jz^{-j}}{\sum_{i=0}^{N}a_iz^{-i}}=\frac{B(z)}{A(z)} \tag{9-70}$$

其中，$A(z)=0$ 的根称为系统函数 $H(z)$ 的极点，$B(z)=0$ 的根称为系统函数 $H(z)$ 的零点。分别将 $A(z)$ 和 $B(z)$ 进行因式分解，可以得到其零、极点增益形式，即

$$H(z)=\frac{B(z)}{A(z)}=K\cdot\frac{\prod_{i=1}^{m}(z-z_i)}{\prod_{j=1}^{n}(z-p_j)} \tag{9-71}$$

式中，$z_i(i=0, 1, 2, \cdots, m)$ 为系统函数 $H(z)$ 的零点；$p_j(j=0, 1, 2, \cdots, n)$ 为系统函数 $H(z)$ 的极点；K 表示系统增益系数。

通常将系统函数的零、极点的位置绘制在 z 平面上，零点用○表示，极点用符号×表示，这样得到的图形称为系统函数的零、极点分布图。系统函数的零点或者极点可能存在 n 阶的情况，如果遇到这类情况，可以在零点或极点附近用括号注明阶次（n）。

例如，某离散 LTI 系统的系统函数为

$$H(z)=\frac{(z+1+\mathrm{j})(z+1-\mathrm{j})}{(z+2)^2(z-0.5+\mathrm{j}0.5)(z-0.5-\mathrm{j}0.5)}$$

该系统有一对共轭零点 $z_{1,2}=-1\pm\mathrm{j}$，而在负实轴上有一个二阶极点 $p_1=-2$，同时在单位圆内还有一对共轭极点 $p_{2,3}=0.5\pm\mathrm{j}0.5$，该系统的零、极点分布图如图 9-3 所示。

系统函数是描述系统特性的重要函数，通过对系统函数的零、极点分布情况进行分析，可以了解系统的稳定性以及时域特性和频域特性。

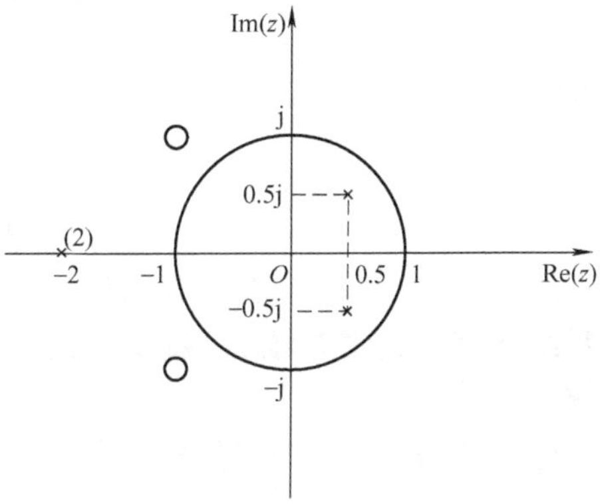

图 9-3 系统函数的零、极点分布图

9.6.3 系统函数与系统稳定性

在第 8 章离散系统的时域分析中研究了系统的单位脉冲响应 $h(k)$ 与离散 LTI 系统的稳定性和因果性之间的关系，现在从系统函数 $H(z)$ 角度来考察系统的稳定性与因果特性。

离散 LTI 系统稳定的充分必要条件是系统的单位脉冲响应 $h(k)$ 满足绝对可和条件，即

$$\sum_{k=-\infty}^{\infty}|h(k)|<\infty \tag{9-72}$$

由系统函数 $H(z)$ 的收敛域定义可知，其在收敛域内满足

$$\sum_{k=-\infty}^{\infty}|h(k)z^{-k}|<\infty \tag{9-73}$$

当 $|z|=1$（在 z 平面单位圆上）

$$\sum_{k=-\infty}^{\infty}|h(k)z^{-k}|\Big|_{z=\mathrm{e}^{\mathrm{j}\Omega}}=\sum_{k=-\infty}^{\infty}|h(k)|<\infty \tag{9-74}$$

因此，为了使系统稳定，则系统函数 $H(z)$ 的收敛域必须包含单位圆。

对于因果的离散 LTI 系统，系统的单位脉冲响应 $h(k)$ 为因果序列，其 $\mathcal{Z}$ 变换的收敛域为模最大的极点为半径的圆外区域。根据系统稳定的条件是收敛域包含单位圆，

那么意味着系统函数 $H(z)$ 的所有极点必须位于单位圆以内。

【例 9-22】 表示某离散系统的差分方程为

$$y(k)+\frac{1}{6}y(k-1)-\frac{1}{6}y(k-2)=f(k)+f(k-1)$$

（1）求系统函数 $H(z)$；

（2）讨论此因果系统 $H(z)$ 的收敛域和稳定性；

（3）求单位脉冲响应 $h(k)$；

（4）当激励 $f(k)$ 为单位阶跃序列时，求零状态响应 $y_{zs}(k)$。

解:（1）将差分方程两边取 $\mathcal{Z}$ 变换，得

$$Y(z)+\frac{1}{6}z^{-1}Y(z)-\frac{1}{6}z^{-2}Y(z)=F(z)+z^{-1}F(z)$$

于是

$$H(z)=\frac{Y(z)}{F(z)}=\frac{1+z^{-1}}{1+\frac{1}{6}z^{-1}-\frac{1}{6}z^{-2}}$$

也可以写成

$$H(z)=\frac{z(z+1)}{\left(z+\frac{1}{2}\right)\left(z-\frac{1}{3}\right)}$$

（2）$H(z)$ 的两个极点分别位于 $-1/2$ 和 $1/3$，它们都位于单位圆以内。对于因果系统而言，其收敛域为 $|z|>1/2$，包含单位圆，因此该系统是一个稳定的因果系统。

（3）将 $H(z)$ 展开成部分分式，得到

$$H(z)=-\frac{3}{5}\cdot\frac{z}{z+\frac{1}{2}}+\frac{8}{5}\cdot\frac{z}{z-\frac{1}{3}}$$

取逆 $\mathcal{Z}$ 变换，得到单位脉冲响应

$$h(k)=\left[-\frac{3}{5}\left(-\frac{1}{2}\right)^k+\frac{8}{5}\left(\frac{1}{3}\right)^k\right]\varepsilon(k)$$

（4）若激励

$$f(k)=\varepsilon(k)$$

则

$$F(z)=\frac{z}{z-1}$$

于是

$$Y_{zs}(z)=H(z)F(z)=\frac{z^2(z+1)}{(z-1)\left(z+\frac{1}{2}\right)\left(z-\frac{1}{3}\right)}$$

将 $Y_{zs}(z)$ 展开为部分分式，得到

$$Y_{zs}(z)=\frac{2z}{z-1}-\frac{1}{5}\cdot\frac{z}{z+\frac{1}{2}}-\frac{4}{5}\ \frac{z}{z-\frac{1}{3}}$$

取逆变换后，得到 $y_{zs}(k)$ 为

$$y_{zs}(k)=\left[2-\frac{1}{5}\left(-\frac{1}{2}\right)^k-\frac{4}{5}\left(\frac{1}{3}\right)^k\right]\varepsilon(k)$$

9.6.4 系统函数与系统时域特性

离散 LTI 系统的单位脉冲响应 $h(k)$ 反映了离散系统的时域特性，系统函数 $H(z)$ 与系统单位脉冲响应 $h(k)$ 互为 $\mathcal{Z}$ 变换对。系统函数 $H(z)$零、极点增益形式为

$$H(z)=K\frac{(z-z_1)(z-z_2)\cdots(z-z_m)}{(z-p_1)(z-p_2)\cdots(z-p_n)} \tag{9-75}$$

利用部分分式法，通过求逆 Z 变换即可求解系统的单位脉冲响应 $h(k)$。显然，系统函数 $H(z)$ 的极点 p_i 决定了单位脉冲响应 $h(k)$ 的基本特征，下面重点讨论因果系统 $H(z)$ 的极点分布与 $h(k)$ 时域特性之间的关系。

1. 实数单极点 $p=r_0$

$$h(k)=r_0^k\varepsilon(k) \tag{9-76}$$

若$|r_0|>1$，极点在单位圆外，$h(k)$ 为增幅指数序列；若$|r_0|<1$，极点在单位圆内，$h(k)$为衰减指数序列；若$|r_0|=1$，极点在单位圆上，$h(k)$为等幅序列或正负交替的等幅序列。

2. 共轭极点 $p_{1,2}=r_0\mathrm{e}^{\pm\mathrm{j}\Omega_0}$

$$H(z)=\frac{Az}{z-r_0\mathrm{e}^{\mathrm{j}\Omega_0}}+\frac{A^*z}{z-r_0\mathrm{e}^{-\mathrm{j}\Omega_0}} \tag{9-77}$$

为分析方便起见，令 $A=|A|\mathrm{e}^{\mathrm{j}\theta}$，可得对应系统的单位脉冲响应为

$$h(k)=2|A|r_0^k\cos(\Omega_0k+\theta)\varepsilon(k) \tag{9-78}$$

若 $r_0=1$，极点在单位圆上，$h(k)$ 为等幅振荡序列；若 $r_0>1$，极点在单位圆外，$h(k)$ 为增幅振荡序列；若 $r_0<1$，极点在单位圆内，$h(k)$ 为衰减振荡序列。

由此可见，系统函数 $H(z)$ 的极点位置决定了单位脉冲响应 $h(k)$ 的形式，而零点仅影响 $h(k)$ 的幅值和初始相位。

9.6.5 系统函数与系统频域特性

离散系统的频率响应 $H(\mathrm{e}^{\mathrm{j}\Omega})$ 是指系统的单位脉冲响应 $h(k)$ 的离散傅里叶变换，由式(9-12) 定义可得

$$H(\mathrm{e}^{\mathrm{j}\Omega})=\sum_{k=-\infty}^{\infty}h(k)\mathrm{e}^{-\mathrm{j}\Omega k} \tag{9-79}$$

而离散傅里叶变换存在的前提是单位脉冲响应 $h(k)$ 满足绝对可和的条件，也就是说系统是稳定的，这也意味着系统函数 $H(z)$ 的收敛域必须包含单位圆，否则离散系统的频率响应 $H(\mathrm{e}^{\mathrm{j}\Omega})$ 就不存在。

下面讨论基本序列 $\mathrm{e}^{\mathrm{j}\Omega_0k}(-\infty<k<\infty)$ 作用到系统上所产生的零状态响应，可写为

$$y_{zs}(k) = e^{j\Omega_0 k} * h(k) = h(k) * e^{j\Omega_0 k} = \sum_{i=-\infty}^{\infty} h(i) e^{j\Omega_0(k-i)}$$

$$= e^{j\Omega_0 k} \sum_{i=-\infty}^{\infty} h(i) e^{-j\Omega_0 i} = e^{j\Omega_0 k} \cdot H(e^{j\Omega})\big|_{\Omega=\Omega_0}$$

即

$$e^{j\Omega_0 k} \xleftrightarrow{z} e^{j\Omega_0 k} \cdot H(e^{j\Omega_0}) \tag{9-80}$$

这里，系统的初始时刻可认为是负无穷处位置。式(9-80) 表明，基本序列 $e^{j\Omega_0 k}$通过系统的稳态响应完全由系统频率响应函数 $H(e^{j\Omega})$ 在 $\Omega=\Omega_0$ 处取值决定。$H(e^{j\Omega})$ 是关于数字角频率 Ω 的复数函数，可写为

$$H(e^{j\Omega}) = |H(e^{j\Omega})| e^{j\varphi(\Omega)}$$

其中，模$|H(e^{j\Omega})|$表示系统的幅度响应；相角 φ (Ω) 表示系统的相位响应。

进一步，对于余弦序列 $\cos(\Omega_0 k)$ 通过系统的零状态响应可以借助欧拉公式，推导得到

$$y_{zs}(k) = \cos(\Omega_0 k) * h(k) = \left(\frac{e^{j\Omega_0 k} + e^{-j\Omega_0 k}}{2}\right) * h(k)$$

$$= \frac{e^{j\Omega_0 k} * h(k) + e^{-j\Omega_0 k} * h(k)}{2} = \frac{e^{j\Omega_0 k} \cdot H(e^{j\Omega_0}) + e^{-j\Omega_0 k} H(e^{-j\Omega_0})}{2} \tag{9-81}$$

由于实序列 $h(k)$ 的离散傅里叶变换 $H(e^{j\Omega})$ 与连续域一样，满足共轭对称的关系，即

$$|H(e^{j\Omega})| = |H(e^{-j\Omega})|,\ \varphi(\Omega) = -\varphi(-\Omega)$$

代入式(9-81) 可得

$$y_{zs}(k) = \frac{e^{j\Omega_0 k} \cdot |H(e^{j\Omega_0})| e^{j\varphi(\Omega_0)} + e^{-j\Omega_0 k} |H(e^{j\Omega_0})| e^{-j\varphi(\Omega_0)}}{2} \tag{9-82}$$

$$= |H(e^{j\Omega_0})| \cos[\Omega_0 k + \varphi(\Omega_0)]$$

由此可见，余弦序列通过离散 LTI 系统所产生的响应仍为同频率的余弦序列，只是其幅度与相位会发生改变，并取决于 $H(e^{j\Omega})$ 在 $\Omega=\Omega_0$ 处的响应值。如果激励序列是正弦序列，也可以得到相同的结论。从这种意义上讲，这也是为什么将 $H(e^{j\Omega})$ 称为离散系统的频域响应函数的原因。另外，式(9-82) 所给出的离散系统响应又可称为系统的正弦稳态响应。

由于当离散 LTI 系统稳定时，系统函数的收敛域包含 z 平面的单位圆，因此系统的频率响应 $H(e^{j\Omega})$ 可由系统函数 $H(z)$ 直接求出，即

$$H(e^{j\Omega}) = H(z)\big|_{z=e^{j\Omega}} = |H(e^{j\Omega})| e^{j\varphi(\Omega)} \tag{9-83}$$

$z=e^{j\Omega}$在 z 平面为单位圆，也就是说，系统函数 $H(z)$ 在 z 平面中令 z 变量沿单位圆运动即得系统的频率响应 $H(e^{j\Omega})$。

离散系统的频率响应函数 $H(e^{j\Omega})$ 具有如下特点：

(1) 周期性：$H(e^{j\Omega})$ 是关于数字角频率 Ω 的周期函数，且周期为 2π。$\Omega=0$ 附近为低频段，$\Omega=\pi$ 附近为高频段。

(2) 对称性：当 $h(k)$为实数序列时，幅度频谱$|H(e^{j\Omega})|$关于 $\Omega=0$ 以及 $\Omega=\pi$ 是偶对称，而相位频谱 $\varphi(\Omega)$则是关于 $\Omega=0$ 以及 $\Omega=\pi$ 奇对称。

证明：

（1）根据式(9-79)可得

$$H[\mathrm{e}^{\mathrm{j}(\Omega+2\pi)}]=\sum_{k=-\infty}^{\infty}h(k)\mathrm{e}^{-\mathrm{j}(\Omega+2\pi)k}=\sum_{k=-\infty}^{\infty}h(k)\mathrm{e}^{-\mathrm{j}\Omega k}\mathrm{e}^{-\mathrm{j}2\pi k}$$
$$=\sum_{k=-\infty}^{\infty}h(k)\mathrm{e}^{-\mathrm{j}\Omega k}=H(\mathrm{e}^{\mathrm{j}\Omega})\tag{9-84}$$

（2）首先证明 $H(\mathrm{e}^{\mathrm{j}\Omega})$ 关于 $\Omega=0$ 是成共轭对称关系

由式(9-79)可得

$$H(\mathrm{e}^{-\mathrm{j}\Omega})=\sum_{k=-\infty}^{\infty}h(k)\mathrm{e}^{\mathrm{j}\Omega k}\tag{9-85}$$

式(9-85)两边同时取复共轭

$$H^*(\mathrm{e}^{-\mathrm{j}\Omega})=\sum_{k=-\infty}^{\infty}h^*(k)\mathrm{e}^{-\mathrm{j}\Omega k}$$

当 $h(k)$ 为实数序列时，有 $h(k)=h^*(k)$，因此有

$$H^*(\mathrm{e}^{-\mathrm{j}\Omega})=\sum_{k=-\infty}^{\infty}h(k)\mathrm{e}^{-\mathrm{j}\Omega k}=H(\mathrm{e}^{-\mathrm{j}\Omega})\tag{9-86}$$

从而得证。

下面证明 $H(\mathrm{e}^{\mathrm{j}\Omega})$ 关于 $\Omega=\pi$ 也是成共轭对称关系。

$$H[\mathrm{e}^{\mathrm{j}(\pi+\Delta\Omega)}]=H^*[\mathrm{e}^{\mathrm{j}(\pi-\Delta\Omega)}]$$

首先

$$H[\mathrm{e}^{\mathrm{j}(\pi+\Delta\Omega)}]=\sum_{k=-\infty}^{\infty}h(k)\mathrm{e}^{-\mathrm{j}(\pi+\Delta\Omega)k}=\sum_{k=-\infty}^{\infty}h(k)\mathrm{e}^{-\mathrm{j}\Delta\Omega k}\mathrm{e}^{-\mathrm{j}\pi k}\tag{9-87}$$

$$H^*[\mathrm{e}^{\mathrm{j}(\pi-\Delta\Omega)}]=\left[\sum_{k=-\infty}^{\infty}h(k)\mathrm{e}^{-\mathrm{j}(\pi-\Delta\Omega)k}\right]^*=\sum_{k=-\infty}^{\infty}h^*(k)\mathrm{e}^{-\mathrm{j}\Delta\Omega k}\mathrm{e}^{\mathrm{j}\pi k}\tag{9-88}$$

由于 $\mathrm{e}^{-\mathrm{j}\pi}=\mathrm{e}^{\mathrm{j}\pi}$，且当 $h(k)$ 为实数序列时，有 $h(k)=h^*(k)$，所以

$$H[\mathrm{e}^{\mathrm{j}(\pi+\Delta\Omega)}]=H^*[\mathrm{e}^{\mathrm{j}(\pi-\Delta\Omega)}]\tag{9-89}$$

从而得证。

离散系统频率响应的周期性和对称性是离散LTI系统不同于连续域LTI系统的重要特性，它在设计数字滤波器中具有重要的意义。在设计低通、高通、带通和带阻滤波器时只用考虑频率响应在 $0\sim\pi$ 区间上的频率特性即可。

【例9-23】 已知某因果离散LTI系统的系统函数为

$$H(z)=\frac{z+1}{3z+1}$$

（1）粗略画出该系统的幅频特性和相频特性；

（2）若输入信号为 $f(k)=1+2\cos\left(\frac{\pi}{4}k\right)+4\sin\left(\frac{4\pi}{5}k\right)$，求系统的稳态响应 $y_{zs}(k)$。

解：（1）由于系统存在一个极点 $z=-1/3$，且位于单位圆以内，所以系统的收敛域包含单位圆，因此系统的频率响应函数 $H(\mathrm{e}^{\mathrm{j}\Omega})$ 存在，即

$$H(e^{j\Omega})=H(z)|_{z=e^{j\Omega}}=\frac{e^{j\Omega}+1}{3e^{j\Omega}+1}$$

此时，分子和分母同时乘以 $e^{-j\frac{\Omega}{2}}$，可得

$$H(e^{j\Omega})=\frac{e^{j\frac{\Omega}{2}}+e^{-j\frac{\Omega}{2}}}{3e^{j\frac{\Omega}{2}}+e^{-j\frac{\Omega}{2}}}=\frac{e^{j\frac{\Omega}{2}}+e^{-j\frac{\Omega}{2}}}{2(e^{j\frac{\Omega}{2}}+e^{-j\frac{\Omega}{2}})+(e^{j\frac{\Omega}{2}}-e^{-j\frac{\Omega}{2}})}=\frac{\cos\left(\frac{\Omega}{2}\right)}{2\cos\left(\frac{\Omega}{2}\right)+j\sin\left(\frac{\Omega}{2}\right)}=\frac{1}{2+j\tan\left(\frac{\Omega}{2}\right)}$$

所以幅频和相频响应函数分别为

$$|H(e^{j\Omega})|=\frac{1}{\sqrt{4+\tan^2\left(\frac{\Omega}{2}\right)}}$$

$$\varphi(\Omega)=-\arctan\left[\frac{1}{2}\tan\left(\frac{\Omega}{2}\right)\right]$$

图 9-4 给出了系统的幅频和相频响应图形，可见该系统是一个低通滤波器。

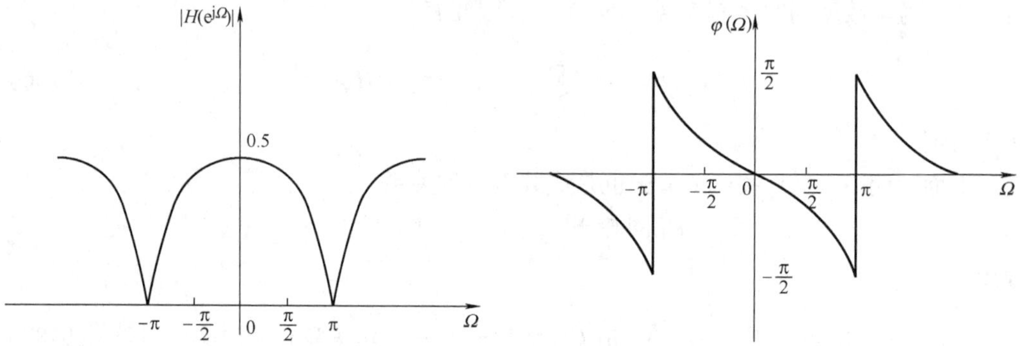

图 9-4　例9-23 系统的幅频响应和相频响应

（2）当 $\Omega=0$ 时

$$|H(e^{j0})|=0.5,\ \varphi(0)=0$$

当 $\Omega=\frac{\pi}{4}$时

$$|H(e^{j\frac{\pi}{4}})|=\frac{1}{\sqrt{4+\tan^2\left(\frac{\pi}{8}\right)}}\approx 0.489,\quad \varphi\left(\frac{\pi}{4}\right)\approx -11.7°$$

当 $\Omega=\frac{4\pi}{5}$时

$$|H(e^{j\frac{4\pi}{5}})|=\frac{1}{\sqrt{4+\tan^2\left(\frac{2\pi}{5}\right)}}\approx 0.27,\quad \varphi\left(\frac{4\pi}{5}\right)\approx -56.9°$$

因此，系统的稳态响应 $y_{zs}(k)$ 为

$$\begin{aligned}y_{zs}(k)&=H(e^{j0})+2|H(e^{j\frac{\pi}{4}})|\cos\left[\frac{\pi}{4}k+\varphi\left(\frac{\pi}{4}\right)\right]+4|H(e^{j\frac{4\pi}{5}})|\sin\left[\frac{4\pi}{5}k+\varphi\left(\frac{4\pi}{5}\right)\right]\\&=0.5+0.978\cos\left[\frac{\pi}{4}k-11.7°\right]+1.08\sin\left[\frac{4\pi}{5}k-56.9°\right]\end{aligned}$$

通过分析可知，输入序列的直流分量和低频分量经过系统处理后幅度衰减为原来的一半左右，而高频分量则得到更大程度地抑制。

9.6.6 系统频率响应函数几何绘制

对于用零、极点增益表示的系统函数

$$H(z)=K\cdot\frac{\prod_{i=1}^{m}(z-z_i)}{\prod_{j=1}^{n}(z-p_j)}$$

令 $z=e^{j\Omega}$，则得

$$H(e^{j\Omega})=K\cdot\frac{\prod_{i=1}^{m}(e^{j\Omega}-z_i)}{K\prod_{j=1}^{n}(e^{j\Omega}-p_j)}\tag{9-90}$$

可以看出，离散系统的频率响应同样取决于系统函数的零、极点，而与系统增益系数 K 无关。根据系统函数 $H(z)$ 的零、极点分布情况可以定性地描述系统的频率响应曲线，包括幅频响应 $|H(e^{j\Omega})|$ 和相频响应 $\varphi(\Omega)$。同连续时间系统类似，离散系统的频率响应也可以通过运用矢量运算法则进行分析。

利用矢量的概念，因子 $(e^{j\Omega}-p_i)$ 可以用 z 平面上由极点 p_i 指向单位圆上某点 $e^{j\Omega}$ 的矢量表示；$(e^{j\Omega}-z_j)$ 可以用零点 z_j 指向单位圆上某点 $e^{j\Omega}$ 的矢量表示，如图9-5所示。这两个矢量分别用极坐标表示为

$$\begin{cases}e^{j\Omega}-z_i=N_ie^{j\psi_i}\\ e^{j\Omega}-p_j=M_je^{j\theta_j}\end{cases}\tag{9-91}$$

式中，N_i 和 ψ_i 分别表示零点 z_i 指向单位圆上某点 $e^{j\Omega}$ 所成矢量的模与相位；M_j 和 θ_j 分别表示极点 p_j 指向单位圆上某点 $e^{j\Omega}$ 所成矢量的模和相位。所以 $H(e^{j\Omega})$ 可以改写成

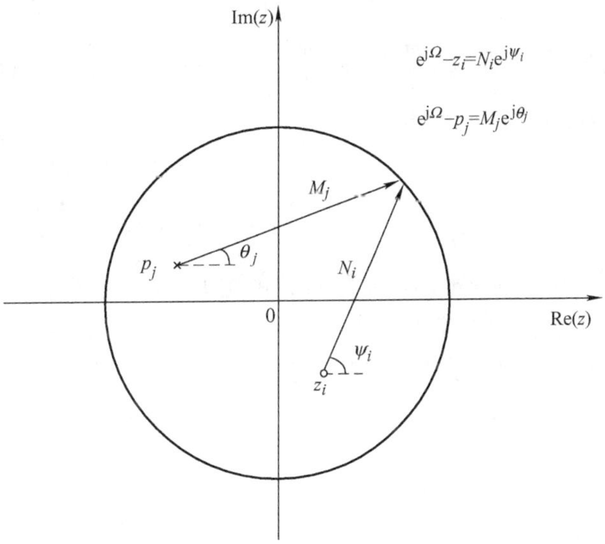

图9-5 系统函数的矢量表示

$$H(e^{j\Omega})=K\frac{N_1N_2\cdots N_m}{M_1M_2\cdots M_n}e^{j[(\psi_1+\psi_2+\cdots+\psi_m)-(\theta_1+\theta_2+\cdots+\theta_n)]}=|H(e^{j\Omega})|e^{j\varphi(\Omega)}\tag{9-92}$$

其中

$$|H(e^{j\Omega})|=K\frac{N_1N_2\cdots N_m}{M_1M_2\cdots M_n}$$

$$\varphi(\Omega)=(\psi_1+\psi_2+\cdots+\psi_m)-(\theta_1+\theta_2+\cdots+\theta_n) \tag{9-93}$$

当任意点 $e^{j\Omega}$ 沿单位圆从0到 2π 转动一周时，可以得出离散系统一个周期的幅频响应和相频响应。由于离散系统的频率响应函数是以 2π 为周期的连续频谱，同时对于单位脉冲响应为实数函数的系统，其系统的幅频响应关于 $\Omega=0$ 以及 $\Omega=\pi$ 偶对称，相频响应关于 $\Omega=0$ 以及 $\Omega=\pi$ 奇对称。因此在绘制频率响应曲线时，仅绘出 Ω 在 $0\sim\pi$ 区间上的频率特性即可。

【例 9-24】 已知某因果离散 LTI 系统的系统函数

$$H(z)=\frac{1-\alpha}{2}\times\frac{z+1}{z-\alpha}$$

其中 $\alpha=2/3$，试用矢量法定性画出该系统的幅频响应 $H(e^{j\Omega})$ 和相频响应 $\varphi(\Omega)$。

解： 由系统函数 $H(z)$ 可得出系统有一个零点和一个极点，其零、极点分布如图 9-6a 所示。由向量法可求出：

当 $\Omega=0$ 时

$$|H(e^{j0})|=\frac{1-\alpha}{2}\cdot\frac{2}{1-\alpha}=1$$

$$\varphi(0)=\psi(0)-\theta(0)=0$$

当 $\Omega=\pi/2$ 时

$$|H(e^{j\frac{\pi}{2}})|=\frac{1-\alpha}{2}\cdot\frac{\sqrt{1+\alpha^2}}{\sqrt{2}}\approx0.14$$

$$\varphi\left(\frac{\pi}{2}\right)=\psi\left(\frac{\pi}{2}\right)-\theta\left(\frac{\pi}{2}\right)=\frac{\pi}{4}-\left[\pi-\arctan\left(\frac{1}{\alpha}\right)\right]\approx-0.44\pi$$

当 $\Omega=\pi$ 时

$$|H(e^{j\pi})|=0$$

$$\varphi(\pi)=\psi(\pi)-\theta(\pi)=\frac{\pi}{2}-\pi=-\frac{\pi}{2}$$

当 $0<\Omega<\pi$ 时，M 随着 Ω 的增大而增大，N 随着 Ω 的增大而减小，因而 $|H(e^{j\Omega})|=N/M$ 随着 Ω 的增大而减小。相角 $\varphi(\Omega)=\psi(\Omega)-\theta(\Omega)$ 随着 Ω 的增大而减小。由此可以定性地画出系统的幅频响应和相频响应，分别如图 9-6b、c 所示。

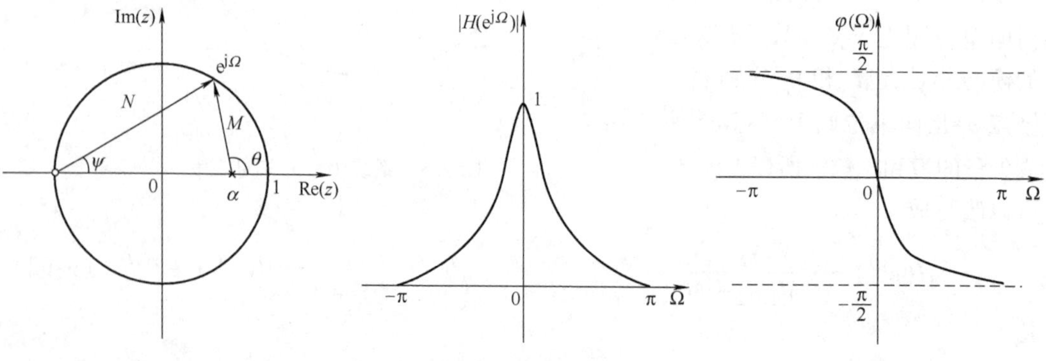

a) 系统的零、极点分布 b) 系统的幅频响应 c) 系统的相频响应

图 9-6 例9-24 图

9.7 离散 LTI 系统的框图表示

9.7.1 离散系统的框图表示

1. 基本运算器的 z 域模型

对于离散系统，同样可以利用模拟框图来表示一个系统，其中模拟基本运算器的 z 域模型如图 9-7 所示。

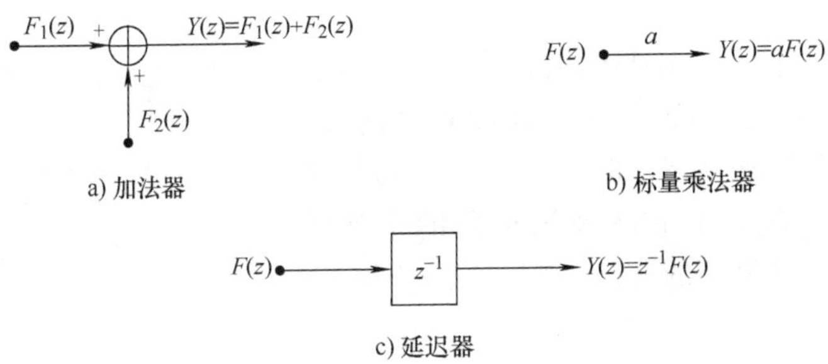

图 9-7 基本运算器的 z 域模型

2. 系统串联

图 9-8a 是系统的串联框图，且两个子系统的系统函数分别为

$$H_1(z)=\frac{X(z)}{F(z)},\ H_2(z)=\frac{Y(z)}{X(z)} \tag{9-94}$$

则离散序列通过串联系统的响应为

$$Y(z)=H_2(z)X(z)=H_2(z)H_1(z)F(z) \tag{9-95}$$

根据系统函数的定义，串联系统的系统函数为

$$H(z)=\frac{Y(z)}{F(z)}=H_1(z)H_2(z) \tag{9-96}$$

由式(9-96) 可以看出，串联系统的系统函数等于各子系统的系统函数乘积，其关系如图 9-8b 所示。

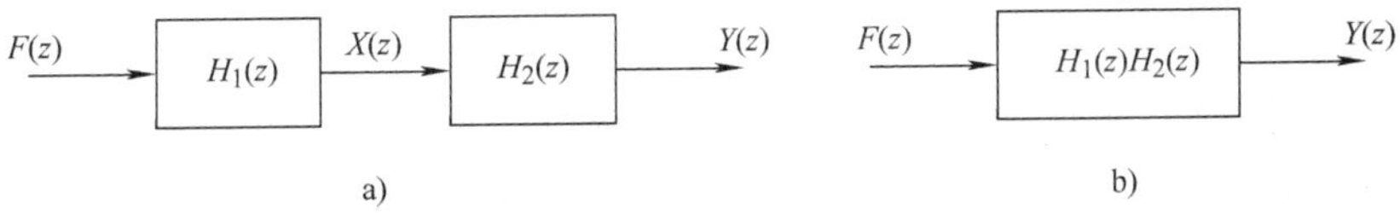

图 9-8 两个子系统的级联

3. 系统并联

图 9-9a 为系统的并联框图。信号通过并联系统的响应为

$$Y(z)=H_1(z)F(z)+H_2(z)F(z)=[H_1(z)+H_2(z)]F(z) \tag{9-97}$$

根据系统函数的定义，并联系统的系统函数为

$$H(z)=\frac{Y(z)}{F(z)}=H_1(z)+H_2(z) \tag{9-98}$$

由式(9-98) 可以看出，并联系统的系统函数等于各子系统的系统函数之和，其关

系如图 9-9b 所示。

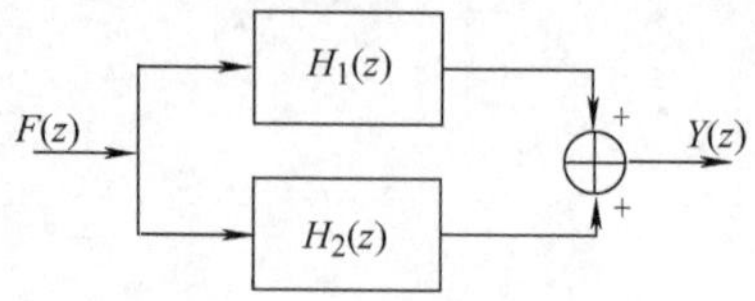

a)

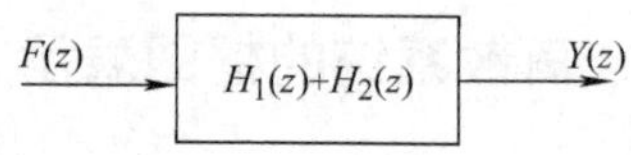

b)

图 9-9　两个子系统的并联

4. 反馈环路

图 9-10 是系统的反馈环路框图。其特点是通过一定方式把系统的输出量的一部分返回到输入端，与输入量进行比较形成反馈。图中 $H_1(z)$ 称为前向通路的系统函数，$H_2(z)$ 称为反馈通路的系统函数。首先，根据系统框图的连接关系，建立方程

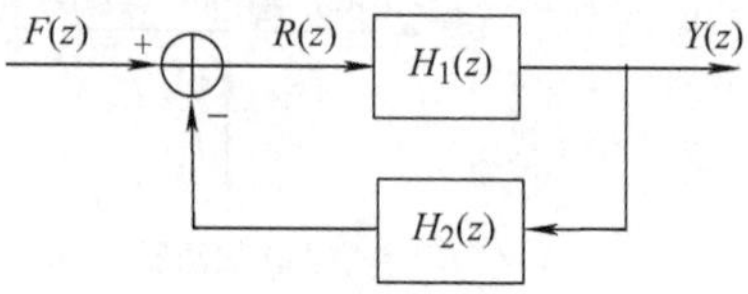

图 9-10　反馈环路

$$\begin{cases} Y(z) = R(z)H_1(z) \\ R(z) = F(z) - H_2(z)Y(z) \end{cases} \tag{9-99}$$

然后，消去中间变量 $R(z)$，得到信号通过反馈环路的系统响应为

$$Y(z) = \frac{H_1(z)}{1 + H_1(z)H_2(z)}F(z) \tag{9-100}$$

根据系统函数的定义，反馈环路系统的系统函数为

$$H(z) = \frac{Y(z)}{F(z)} = \frac{H_1(z)}{1 + H_1(z)H_2(z)} \tag{9-101}$$

9.7.2　离散 LTI 系统的 z 域模拟

离散 LTI 系统的 z 域模拟主要是采用加法器、延时环节以及标量乘法器等基本运算单元来模拟实际的离散系统。系统模拟可以通过差分方程，也可以通过系统函数进行模拟。在模拟相同的系统函数时，通过不同的运算可以得到不同的实现方案。其中常用的实现方案有直接型、级联型和并联型。

1. 直接型

描述离散时间 LTI 系统的差分方程的一般形式为

$$y(k) + a_1 y(k-1) + \cdots + a_{N-1}y(k-N+1) + a_N y(k-N) = b_0 f(k) + b_1 f(k-1) + \cdots + b_{M-1}f(k-M+1) + b_M f(k-M) \tag{9-102}$$

由此可以求出相应的系统函数 $H(z)$ 为

$$H(z) = \frac{b_0 + b_1 z^{-1} + \cdots + b_{M-1}z^{-(M-1)} + b_M z^{-M}}{1 + a_1 z^{-1} + \cdots + a_{N-1}z^{-(N-1)} + a_N z^{-N}}$$

由于物理可实现系统要求 $M \leqslant N$，为了使结果具有普遍性，这里取 $M = N$，则可将 $H(z)$ 表示为

$$H(z) = \frac{b_0 + b_1 z^{-1} + \cdots + b_{N-1}z^{-(N-1)} + b_N z^{-N}}{1 + a_1 z^{-1} + \cdots + a_{N-1}z^{-(N-1)} + a_N z^{-N}} \tag{9-103}$$

将其与连续系统的系统函数 $H(s)$ 相比较，可以发现两者非常相似，只需要将 s^{-1} 换成 z^{-1}，就可以得到离散 LTI 系统的 z 域模拟直接型框图，如图 9-11 所示。

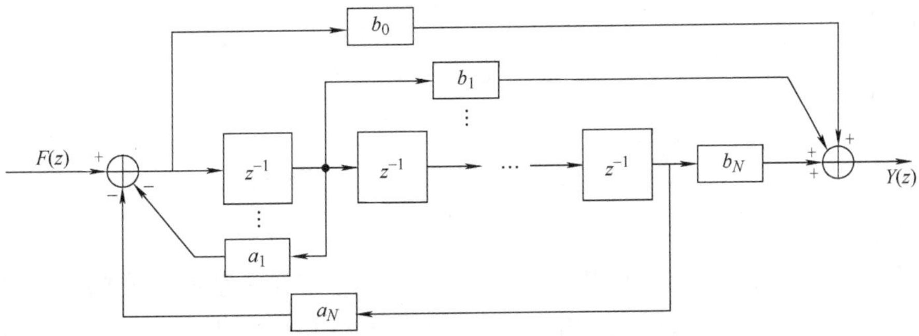

图 9-11 N 阶离散 LTI 系统的 z 域直接型模拟框图

下面总结以下绘制 N 阶离散 LTI 系统的 z 域模拟框图的一般规律：

第 1 步，画出 N 个级联的积分器；

第 2 步，将各延时器的输出反馈连接到输入端的加法器形成反馈回路，各反馈回路的系统函数分别为 $-a_1z^{-1}$，$-a_2z^{-2}$，…，$-a_{N-1}z^{-(N-1)}$，$-a_Nz^{-N}$，同时可以将负号标注在输入端加法器的输入；

第 3 步，将输入端加法器的输出和各延时器的输出正向连接到输出端的加法器，构成前向通路，其中各前向通路的系统函数分别为 b_0，b_1z^{-1}，b_2z^{-2}，…，$b_{N-1}z^{-(N-1)}$，b_Nz^{-N}。由此可见，$H(z)$ 的分母多项式对应模拟框图中的反馈回路，分子多项式对应前向通路。

2. 级联型

若将 $H(z)$ 的分子和分母关于 z 的多项式分解为一阶或二阶实系数因子形式，然后将它们组成一阶或二阶子系统，即化为

$$H(z)=H_1(z)H_2(z)\cdots H_i(z) \tag{9-104}$$

对每一个子系统按照图 9-11 所示规律，画出直接型结构图，最后将这些子系统连接起来便可得到离散 LTI 系统级联型 z 域模拟框图。

【例 9-25】 已知某连续时间 LTI 系统的系统函数为

$$H(z)=\frac{2z+4}{\left(z+\dfrac{1}{2}\right)(z^2+z+1)}$$

试画出该系统的级联模型。

解： 由于该系统有一个实数极点 $p_1=-1/2$，一对共轭复数极点 $p_{2,3}=-1/2\pm \mathrm{j}\sqrt{3}/2$。对于实际的系统，希望其系统函数都为实数。因此，为了保证级联的各子系统系数为实数，可以将具有共轭复数极点的两个一阶系统合并为一个二阶系统。因此可以将系统函数表示为

$$H(z)=\frac{z^{-1}}{1+\dfrac{1}{2}z^{-1}}\cdot\frac{2z^{-1}+4z^{-2}}{1+z^{-1}+z^{-2}}$$

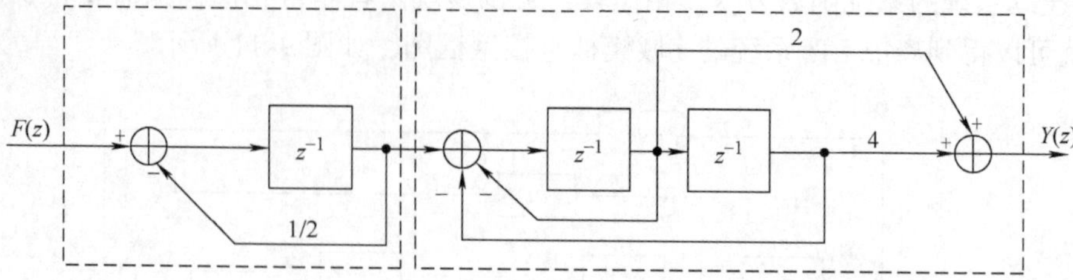

图 9-12　例 9-25 所示系统的 z 域级联型模拟框图

3. 并联型

若将系统函数 $H(z)$ 展开成部分分式，形成一阶、二阶子系统并联的形式，即

$$H(z)=H_1(z)+H_2(z)+\cdots+H_j(z) \tag{9-105}$$

按照直接型结构，画出各子系统的模拟框图，然后将它们并联起来，即可得到离散时间 LTI 系统并联型结构的 z 域模拟框图。

【例 9-26】 试画出例 9-25 所示系统的并联模型。

解：将系统函数展开成如下形式：

$$H(z)=\frac{2z+4}{\left(z+\frac{1}{2}\right)(z^2+z+1)}=\frac{4}{z+\frac{1}{2}}-\frac{4z}{z^2+z+1}=\frac{4z^{-1}}{1+\frac{1}{2}z^{-1}}-\frac{4z^{-1}}{1+z^{-1}+z^{-2}}$$

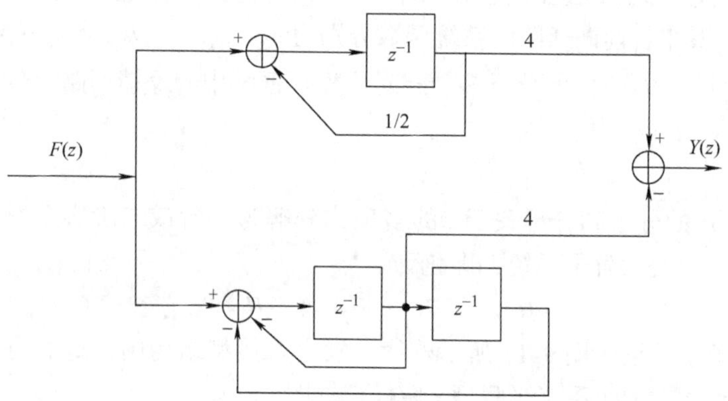

图 9-13　例 9-25 所示系统的 z 域并联型模拟框图

习　题

9-1　计算下列序列的双边 $\mathcal{Z}$ 变换，并注明收敛域。

(1) $f(k)=\{1,2,\dot{2},1,3,4\}$　　(2) $f(k)=\left(\frac{1}{2}\right)^k\varepsilon(-k-1)$

(3) $f(k)=2^k\varepsilon(-k-1)+\left(\frac{1}{3}\right)^k\varepsilon(k)$　　(4) $f(k)=3^k\varepsilon(k+2)$

(5) $f(k)=\left(-\frac{1}{3}\right)^k\varepsilon(-k+1)$　　(6) $f(k)=\left(\frac{1}{4}\right)^{|k|}\varepsilon(k)$

9-2　计算下列序列的单边 $\mathcal{Z}$ 变换，并注明收敛域。

(1) $f(k)=\left(\frac{1}{2}\right)^{k}\varepsilon(k)+\delta(k)$　　(2) $f(k)=2^{k}\varepsilon(k)+\left(\frac{1}{3}\right)^{k}\varepsilon(k)$

(3) $f(k)=\left(-\frac{1}{3}\right)^{-k}\varepsilon(k)$　　(4) $f(k)=\cos\left(\frac{\pi}{4}k\right)\varepsilon(k)$

(5) $f(k)=\sin\left(\frac{\pi}{2}k+\frac{\pi}{4}\right)\varepsilon(k)$

9-3 利用$\mathcal{Z}$变换的性质计算下列序列的$\mathcal{Z}$变换。

(1) $f(k)=2^{k-2}\varepsilon(k-2)$　　(2) $f(k)=\varepsilon(k)-2\varepsilon(k-4)$

(3) $f(k)=(-1)^{k}k\varepsilon(k)$　　(4) $f(k)=(k-1)\varepsilon(k-1)$

(5) $f(k)=k(k-1)\varepsilon(k-1)$　　(6) $f(k)=(k+1)^{2}\varepsilon(k)$

9-4 计算下列单边周期序列的单边$\mathcal{Z}$变换。

(1) $f(k)=\begin{cases}1, k=2n,\\ 0, k=2n+1,\end{cases}\quad n=0,1,2,\cdots$

(2) $y(k)=\sum\limits_{i=0}^{k}(-1)^{i}f(k-i)$

9-5 已知因果序列的$\mathcal{Z}$变换如下，利用$\mathcal{Z}$变换的初值定理和终值定理计算$f(0)$，$f(1)$，$f(\infty)$。

(1) $F(z)=\dfrac{z^{2}+1}{\left(z+\frac{1}{2}\right)\left(z-\frac{1}{3}\right)}$　　(2) $F(z)=\dfrac{2z^{2}-z}{(z-2)\left(z+\frac{1}{3}\right)}$

9-6 利用幂级数展开法计算$F(z)=\dfrac{2z^{2}-5z+4}{z^{2}-3z+2}$的逆$\mathcal{Z}$变换，收敛域分别为

(1) $|z|>2$；　(2) $|z|<1$；　(3) $1<|z|<2$。

9-7 利用部分分式法计算下列$F(z)$的逆$\mathcal{Z}$变换。

(1) $F(z)=\dfrac{z}{(z-1)(z-2)}$，$|z|>2$　　(2) $F(z)=\dfrac{z^{2}-3z+8}{(z-2)(z+2)(z+3)}$，$|z|>3$

(3) $F(z)=\dfrac{3z^{2}+2}{(z-1)(z-2)^{3}}$，$|z|>2$　　(4) $F(z)=\dfrac{z}{(z-1)(z-2)}$，$|z|<1$

(5) $F(z)=\dfrac{3z^{2}+2}{(z-1)(z-2)}$，$1<|z|<2$　　(6) $F(z)=\dfrac{z^{2}}{z^{2}+4}$，$|z|>2$

9-8 利用$\mathcal{Z}$变换求解下列差分方程的全解。

(1) $y(k)-0.9y(k-1)=0.1\varepsilon(k)$，$y(-1)=2$

(2) $y(k)+3y(k-1)+2y(k-2)=\varepsilon(k)$，$y(-1)=0$，$y(-2)=0.5$

(3) $y(k)-4y(k-1)+3y(k-2)=(-1)^{k}\varepsilon(k)$，$y(-1)=1$，$y(-2)=0$

9-9 计算下列离散LTI系统的零输入响应、零状态响应和全响应。

(1) $y(k)-\frac{1}{3}y(k-1)=f(k)$，$f(k)=\left(\frac{1}{2}\right)^{k}\varepsilon(k)$，$y(-1)=1$

(2) $y(k)-\frac{1}{3}y(k-1)=f(k)+f(k-1)$，$f(k)=\left(\frac{1}{2}\right)^{k}\varepsilon(k)$，$y(-1)=1$

(3) $y(k)-\frac{4}{3}y(k-1)+\frac{1}{3}y(k-2)=f(k)$，$f(k)=\left(\frac{1}{2}\right)^{k}\varepsilon(k)$，$y(-1)=1$，$y(-2)=2$

（4）$y(k)+5y(k-1)+4y(k-2)=f(k)$，$f(k)=2^k\varepsilon(k)$，$y(-1)=0$，$y(-2)=1$

9-10　已知某 LTI 系统在阶跃序列 $\varepsilon(k)$ 作用下的阶跃响应为 $g(k)=\left(\frac{1}{2}\right)^k\varepsilon(k)$，试求：

（1）该系统的系统函数 $H(z)$ 和单位脉冲响应 $h(k)$；

（2）在 $f(k)=\left(\frac{1}{3}\right)^k\varepsilon(k)$ 激励下产生的零状态响应 $y(k)$。

9-11　如图 9-14 所示离散 LTI 系统，它由三个子系统构成，已知 $h_1(k)=2\cdot(0.5)^k\varepsilon(k)$，$h_2(k)=(-0.5)^k\varepsilon(k)$。试求：

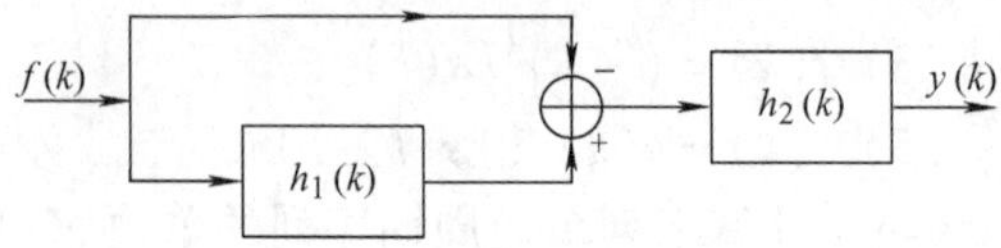

图 9-14　习题 9-11 系统模拟框图

（1）该离散系统的系统函数 $H(z)$；

（2）系统的单位阶跃响应 $g(k)$；

（3）写出系统的差分方程。

9-12　已知某一阶离散 LTI 系统，当初始状态 $y(-1)=1$，输入为 $f_1(k)=\varepsilon(k)$ 时，其全响应为 $y_1(k)=2\varepsilon(k)$；当初始状态 $y(-1)=-1$，输入为 $f_2(k)=0.5k\varepsilon(k)$ 时，其全响应为 $y_2(k)=(k-1)\varepsilon(k)$。求输入 $f(k)=\left(\frac{1}{2}\right)^k\varepsilon(k)$ 时系统的零状态响应。

9-13　已知描述某离散 LTI 系统的差分方程为

$$y(k)-3y(k-1)+2y(k-2)=f(k-1)-2f(k-2)$$

系统的初始状态为 $y(-1)=-\frac{1}{2}$，$y(-2)=-\frac{3}{4}$，当输入序列为 $f(k)$ 时，系统的完全响应为 $y(k)=2(2^k-1)\varepsilon(k)$，试求 $f(k)$。

9-14　某离散 LTI 系统在激励信号 $\varepsilon(k)$ 的作用下的零状态响应为 $y_{zs}(k)=\left[\left(\frac{1}{2}\right)^k-\left(\frac{1}{3}\right)^k+2\right]\varepsilon(k)$，试确定描述该系统的差分方程。

9-15　已知某离散 LTI 系统的系统函数 $H(z)$，试画出其零、极点分布图，并判断系统的稳定性。

（1）$H(z)=\dfrac{z+1}{z\left(z^2+2z+\frac{3}{4}\right)}$　　（2）$H(z)=\dfrac{z^2+z-1}{z^2-z+\frac{1}{2}}$

9-16　某离散 LTI 系统的系统函数为 $H(z)=\dfrac{z^2+3z+2}{2z^2-(K-1)z+1}$，为了使得系统稳定，常数 K 应满足什么条件？

9-17　某离散 LTI 系统的系统函数为 $H(z)=\dfrac{z^2-1}{z^2+0.5z+K+1}$，为了使得系统稳定，常数 K 应满足什么条件？

9-18　离散系统的系统函数 $H(z)$ 的零、极点分布图如图 9-15 所示，已知当 $z\to\infty$ 时，$H(\infty)=1$。

(1) 求出系统函数 $H(z)$；

(2) 写出其幅频响应的表达式$|H(e^{j\Omega})|$，粗略画出$0\leqslant\Omega\leqslant2\pi$的幅频响应曲线。

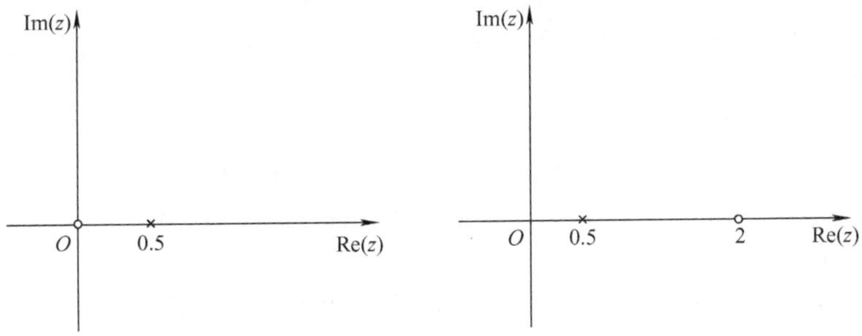

图 9-15 习题 9-18 零、极点图

9-19 某离散 LTI 系统的时域模拟框图如图 9-16 所示。

(1) 求系统函数 $H(z)$ 和单位冲激响应 $h(k)$；

(2) 画出系统的零、极点图，指出收敛域，并判断系统稳定性；

(3) 当输入序列 $f(k)=24\cos(2\pi k)$ 时系统的稳态响应。

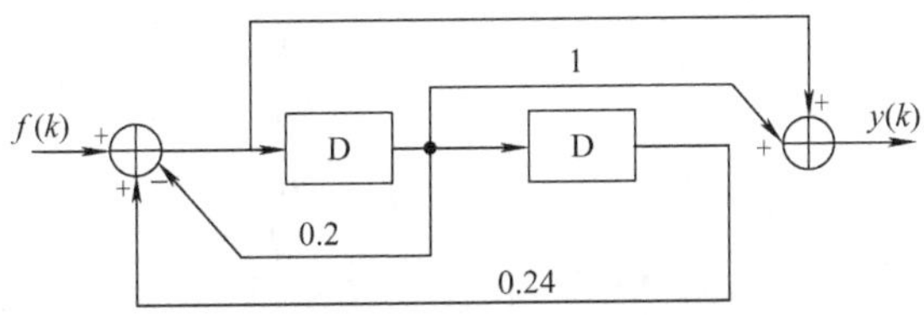

图 9-16 习题 9-19 系统模拟框图

9-20 试画出下列离散 LTI 系统的直接型、级联型和并联型的模拟框图。

(1) $H(z)=\dfrac{1+z^{-2}}{\left(1+\frac{1}{2}z^{-1}\right)\left(1+\frac{1}{3}z^{-2}\right)}$　　(2) $H(z)=\dfrac{0.2z+0.6}{(z-0.2)(z-1)}$

(3) $H(z)=\dfrac{1+3z^{-1}}{(1+z^{-1}+z^{-2})\left(1+\frac{1}{2}z^{-1}\right)}$　　(4) $H(z)=\dfrac{z(z+1)}{(z-0.5)(z-0.4)(z+0.2)}$

9-21 某因果离散 LTI 系统的系统函数为 $H(z)=\dfrac{1-a^{-1}z^{-1}}{1-az^{-1}}$，其中 a 为常数。

(1) 若要求系统稳定，确定常数 a 的取值范围；

(2) 求出系统的幅频响应函数$|H(e^{j\Omega})|$；

(3) 试证明这是一个全通型滤波器（即幅频响应函数为常数）。

参考文献

[1] 郑君里，应启珩，杨为理．信号与系统：上册、下册［M］．2 版．北京：高等教育出版社，2000.

[2] 熊庆旭，刘峰，常青．信号与系统［M］. 北京：高等教育出版社，2011.

[3] 吴大正．信号与线性系统分析［M］. 4 版．北京：高等教育出版社，2008.

[4] CHAPARRO L F，宋琪．信号与系统：使用 MATLAB 分析与实现［M］. 2 版．北京：清华大学出版社，2017.

[5] 姚敏，吴政南．信号与线性系统分析［M］. 武汉：华中科技大学出版社，2019.

[6] 宗伟，盛惠兴，杜鹏英．信号与系统分析［M］. 3 版．北京：中国电力出版社，2015.

[7] 马金龙，等．信号与系统［M］. 2 版．北京：科学出版社，2020.

[8] 陈后金．信号与系统［M］. 2 版．北京：高等教育出版社，2015.

[9] 奥本海姆，等．信号与系统［M］. 刘树棠，译．2 版．北京：电子工业出版社，2013.

[10] 徐守时，谭勇，郭武．信号与系统理论方法与应用［M］. 3 版．合肥：中国科学技术大学出版社，2018.